ORGANISCHE CHEMIE IN EINZELDARSTELLUNGEN

HERAUSGEGEBEN VON

HELLMUT BREDERECK UND EUGEN MÜLLER

5

DIE BIOCHEMIE DER VIREN

VON

GERHARD SCHRAMM

PROFESSOR DR. PHIL.

MAX-PLANCK-INSTITUT FÜR VIRUSFORSCHUNG, TÜBINGEN

MIT 67 ABBILDUNGEN

SPRINGER-VERLAG

BERLIN · GÖTTINGEN · HEIDELBERG

1954

ISBN-13: 978-3-642-86219-9 e-ISBN-13: 978-3-642-86218-2
DOI: 10.1007/978-3-642-86218-2

Softcover reprint of the hard cover 1st edition 1954

BERLIN · GÖTTINGEN · HEIDELBERG

BRUHLSCHE UNIVERSITÄTSDRUCKEREI GIESSEN

Vorwort der Herausgeber.

Entsprechend unserer Absicht, in unserer Sammlung auch die Biochemie besonders zu pflegen, erscheint mit dem vorliegenden Band als erster Beitrag aus dem Gebiet der Biochemie eine „Biochemie der Viren".

Wir sind uns sehr wohl bewußt, daß es im gegenwärtigen Stadium der Virus-Forschung nicht möglich ist, ein solches Buch allein für den Chemiker oder selbst für den Biochemiker zu schreiben. Es richtet sich daher in gleicher Weise an biochemisch interessierte Chemiker, Mediziner, Biologen und auch Physiker. Vom Standpunkt der Biochemie geschrieben, versucht es die Eigenschaften und Wirkungen der Viren als Ganzes zu erfassen.

HELLMUT BREDERECK. EUGEN MÜLLER.

Vorwort.

Das Gebiet der Virusforschung ist weit verzweigt. Human- und Veterinärmediziner, Phytopathologen, Entomologen und Mikrobiologen, Biochemiker und Biophysiker sind an ihr in gleichem Maße beteiligt. Es sind eine Reihe von Werken erschienen, in denen Teilgebiete, wie etwa die menschlichen Viruskrankheiten oder die pflanzlichen Virosen, vom Standpunkt der jeweiligen Fachrichtung behandelt werden.

Das vorliegende Büchlein stellt einen Versuch dar, die Eigenschaften und Wirkungen der Viren als Ganzes vom Standpunkt der Biochemie zu überschauen. Bei der lebhaften Entwicklung, in der sich die Virusforschung befindet, ist es schwer, diese Aufgabe befriedigend zu lösen. Erleichtert wurde es dem Verfasser dadurch, daß er Gelegenheit hatte, mit sehr verschiedenartigen Viren selbst zu experimentieren oder wenigstens ihre Bearbeitung aus nächster Nähe zu beobachten.

Es wird eine erste Einführung erstrebt, die eine Querverbindung zwischen den beteiligten Fachrichtungen herstellen soll. Im ersten Teil sind die allgemeinen Probleme und die Methoden zur Untersuchung der Viren geschildert. Um einem Leserkreis mit sehr verschiedenartigem Interesse und unterschiedlicher Vorbildung gleichermaßen verständlich zu sein, wurde den einzelnen Abschnitten jeweils ein Überblick über die Grundlagen der Verfahren vorangestellt. Dies bringt allerdings die Gefahr mit sich, daß dem Spezialisten einige Kapitel zu banal, andere schwer verständlich erscheinen. Im zweiten Teil werden die Virusarten im einzelnen besprochen und die bisher gesammelten biochemischen Daten nach Möglichkeit kritisch gewertet.

Die Literatur konnte selbstverständlich nicht vollständig berücksichtigt werden; dies gilt vor allem für den allgemeinen Teil. Durch Hinweise auf ausführliche Arbeiten dürfte aber auch eine Einarbeitung in sehr spezielle Fragestellungen möglich sein.

Zu besonderem Dank bin ich Frl. Dr. Wiedemann für ihre Mitarbeit an dem Manuskript verpflichtet.

Tübingen, im Dezember 1953.

Gerhard Schramm.

Inhaltsverzeichnis.

A. Allgemeiner Teil.

B. Spezieller Teil.

Beschreibung der einzelnen Virusarten.

A. Allgemeiner Teil.

I. Einleitung.

Die Viren nehmen eine Mittelstellung ein zwischen den parasitären Mikroorganismen und den endogenen selbstvermehrungsfähigen Einheiten der Zelle, den Chromosomen und Plastiden. Auch sie besitzen die Fähigkeit zur Selbstreproduktion und können Mutationen erleiden. Den biologisch nachweisbaren Veränderungen bei der Mutation entsprechen chemische Veränderungen in der Struktur der Virusteilchen, die Generationen hindurch unverändert auf die Nachkommen übertragen werden können. Die Eigenschaften der Nachkommen werden also nicht durch die Zelle bestimmt, in der sie entstehen, sondern durch das Virusteilchen, das sie erzeugt. Dies ist aber das wesentliche Kennzeichen der Selbstvermehrung. Die Voraussetzungen, unter denen eine Vermehrung erfolgen kann, sind bei den Organismen verhältnismäßig einfach. Sie besitzen einen Stoffwechsel, der ihnen gestattet, aus einfachen Stoffen ihrer Umgebung das komplizierte Gesamtsystem des Organismus aufzubauen. Isolierte Teile aus diesem System, wie etwa die Chromosomen, sind als solche nicht vermehrungsfähig. Voraussetzung hierfür ist ein spezifisches intaktes Cytoplasma. Die Viren sind ebenfalls nicht in der Lage, sich außerhalb der lebenden Zelle zu vermehren, da ihnen ein Stoffwechsel fehlt. Es gelingt nicht, sie auf unbelebten Nährböden zu züchten. Sie stellen aber keine derartig speziellen Ansprüche an die Art des Cytoplasmas, in dem sie sich vermehren. Wenn es auch unter gewissen Umständen gelingt, einen Zellkern in ein fremdes Cytoplasma zu verpflanzen, so ist doch im allgemeinen die gegenseitige Verknüpfung der Bestandteile in einer Gesamtzelle so eng, daß eine erfolgreiche Übertragung nicht möglich ist. Für die Viren ist dagegen gerade die Infektiosität, d. h. die Fähigkeit, in eine fremde Zelle einzudringen, kennzeichnend. Im allgemeinen bedeutet der Eintritt eines Virus in die Wirtszelle eine Schädigung für diese, so daß die meisten Viren Krankheitserreger sind, jedoch ist die krankmachende Wirkung nicht wesentlich für die Virusnatur eines Agens. Es kann auch zu einer mehr oder weniger harmlosen Symbiose kommen, die durch viele Zellgenerationen ohne Schädigung vom Wirt vertragen wird, oder es kann sogar von positivem Wert für die Zelle sein, das Virus zu beherbergen. Es sei hier nur an die tumorbildenden Viren erinnert, die den infizierten Zellen eine gewisse Überlegenheit gegenüber den anderen Zellen des Organismus verschaffen. Weiterhin sind in der letzten Zeit Agentien bekannt geworden, die zumindestens den Viren sehr nahestehen und deren Anwesenheit für die befallene Zelle von Vorteil ist. Es sind dies die von SONNEBORN[1]

[1] SONNEBORN, T. M.: Cold Spring Harbor Symp. Quant. Biol. 11, 236 (1946).

untersuchten $\varkappa$-Faktoren der Paramäcien. Diese verleihen gewissen Paramäcienrassen (killers) die Eigenschaft, andere Individuen (sensitives), die diesen Faktor nicht besitzen, zu töten. Der $\varkappa$-Faktor ist nach Art eines Virus übertragbar. Je nachdem, ob man einen exogenen Ursprung annimmt oder nicht, kann er als Virus oder als normaler selbstvermehrungsfähiger Plasmabestandteil bezeichnet werden, wobei der fließende Übergang zwischen diesen beiden biologischen Gebilden deutlich zutage tritt.

Auch in ihrem strukturellen Aufbau nehmen die Viren eine Mittelstellung ein zwischen den vollständigen Organismen und den vermehrungsfähigen Zellorganellen. Ihre Größe ist im allgemeinen geringer als die der Mikroorganismen. Es ist bisher üblich gewesen, vermehrungsfähige Agentien, deren Größe unter 300 mμ liegt, als Viren anzusprechen. Heute darf dieses Kriterium für sich allein nicht mehr als ausreichend zur Unterscheidung zwischen Mikroorganismen und Viren betrachtet werden, denn es sind Mikroorganismen bekannt geworden, die sich durch eigenen Stoffwechsel und Vermehrung auf künstlichen Nährböden eindeutig als solche erweisen, die aber in ihrer Größe und Gestalt den Viren, die diese biologischen Fähigkeiten nicht besitzen, sehr ähnlich sind. Es sind dies die bläschenförmigen Abwasserorganismen und die L-Organismen, die wahrscheinlich eine besondere Zustandsform der Bakterien darstellen. Innerhalb der Viren findet man sehr mannigfache Formen. Allen ist gemeinsam, daß sie Protein und Nucleinsäure enthalten, die gleichen Bestandteile, die sich auch in den selbstvermehrungsfähigen Einheiten der Zelle finden. Die größten Virusarten sind in ihrem Aufbau den oben erwähnten Mikroorganismen sehr ähnlich. Eine Unterscheidung ist hier nur durch die biologischen Merkmale möglich. Strukturelle Unterschiede konnten hier nicht festgestellt werden, jedoch fehlen noch eingehende Untersuchungen über die Ausstattung mit Enzymen, die vielleicht interessante Verschiedenheiten zutage fördern würden. Mit abnehmender Größe wird auch der chemische Aufbau der Viren immer einfacher. Bei den größeren tierischen Virusarten finden wir noch Merkmale, die einer Zelle entsprechen, etwa eine Membran und Innenstrukturen, die sich im Elektronenmikroskop zu erkennen geben. Chemisch lassen sich in diesen Viren außer Protein und Nucleinsäure noch Lipoide und Kohlenhydrate nachweisen. Bei den Viren mittlerer Größe ist die chemische Zusammensetzung ebenfalls recht kompliziert, jedoch ist ihr Aufbau sehr verschieden von dem einer Zelle. Sie gleichen vielmehr Teilen einer Zelle, die zusätzlich mit den für die spezielle Virusfunktion, nämlich das Eindringen in die Wirtszelle, notwendigen Vorrichtungen ausgerüstet sind. Es lassen sich enzymatische Faktoren nachweisen, die zerstörend auf die Zellmembran wirken. Bei den einfachsten pflanzlichen Virusarten haben wir es schließlich mit kristallisierbaren Molekülen definierter Zusammensetzung zu tun, die in ihrem Aufbau normalen, nicht vermehrungsfähigen Eiweißstoffen entsprechen. Außer Protein und Nucleinsäure sind keine weiteren Bestandteile nachweisbar. Es handelt sich also mit Sicherheit nicht um Organismen. Sie sind viel eher mit vermehrungsfähigen Zellelementen zu vergleichen, denn wir können uns durchaus vorstellen, daß ein Gen nur aus einem einzigen Molekül nach Art dieser Viren besteht. Schließlich sind auch Agentien bekannt, die ebenfalls virusähnliche Eigenschaften besitzen, d. h. sich in den Zellen, von denen sie aufgenommen wurden, vermehren, die jedoch noch einfacher gebaut sind als die pflanzlichen Virusarten. Es sind dies Faktoren, die die Umwandlung gewisser Pneumokokkentypen[1] oder Colibakterien[2] bewirken können. In ihnen konnte kein Protein nachgewiesen werden, sie scheinen aus reiner Desoxyribosenucleinsäure zu bestehen. Die weitere Forschung wird noch zeigen müssen, ob es zweckmäßig ist, diese Faktoren als Viren zu bezeichnen.

Nach unseren heutigen Kenntnissen läßt sich das Wesen der Viren wohl am besten dadurch beschreiben, daß wir sie als Zellelemente besonderer Art auffassen, die die Fähigkeit besitzen, die Zelle, in der sie gebildet werden, zu verlassen und von außen in eine andere Zelle einzudringen. Außerhalb der Zelle besitzen sie keine Vermehrungsfähigkeit, da ihnen ein Stoffwechsel fehlt. Sie erlangen diese Fähigkeit, indem sie sich in den Stoffwechsel einer fremden Zelle einschalten.

Es wird daher zweckmäßig sein, die Virusforschung, die sich aus der Bakteriologie entwickelt hat, näher an die Cytologie oder, vom Standpunkt des Chemikers aus betrachtet, an die Cytochemie anzuschließen.

Der Beginn der Virusforschung stand ganz unter klinischen Aspekten. Das Wort Virus, was aus dem Lateinischen übersetzt das Giftige bedeutet, wurde bis zu den Zeiten PASTEURs auf krankmachende Agentien im allgemeinen angewendet. In dem Maße, wie die Ätiologie der durch Mikroorganismen verursachten Infektionen aufgeklärt wurde, wurde der Virusbegriff eingeengt und vorzugsweise bei solchen Infektionskrankheiten benutzt, deren Ursache unsicher war. BAWDEN meint hierzu: „Das Wort Virus sei ein bequemer Mantel für Unwissenheit gewesen und bleibe es in weitem Umfang bis zum heutigen Tage.“ Ich selbst bin im Zweifel, ob der Leser nach Durchsicht dieses Buches BAWDEN beipflichten wird oder nicht.

Die ersten Ergebnisse, die ein gewisses Licht auf die heute als Viren bezeichneten Agentien warfen, wurden von D. IWANOWSKI 1892 erzielt. Er zeigte, daß die schon früher von ADOLF MAYER (1886) als Infektionskrankheit erkannte Mosaikkrankheit des Tabaks durch den Preßsaft kranker Pflanzen übertragbar bleibt, wenn man diesen durch bakteriendichte Chamberland-Filter filtriert. Die allgemeine Bedeutung dieses Experiments wurde von ihm aber nicht erkannt, da er die Infektiosität auf einen filtrierbaren, nicht vermehrungsfähigen Giftstoff oder auf Materialfehler des verwendeten Filters zurückführte. Unabhängig hiervon führte BEIJERINCK 1898 die gleichen Filtrationsexperimente aus und stellte außerdem fest, daß der Erreger der Mosaikkrankheit durch Agar diffundieren kann. Unter dem Eindruck dieser Experimente erschien ihm das Tabakmosaikvirus als grundsätzlich verschieden von den Bakterien und er bezeichnete es als „contagium vivum fluidum“.

[1] AVERY, T., C. M. MCLEOD u. M. MCCARTY: J. of Exper. Med. 79, 137 (1944).
[2] BOIVIN, A.: Cold Spring Harbor Symp. Quant. Biol. 12, 7 (1947).

In unserer heutigen Terminologie würde dies ein „infektiöses, vermehrungsfähiges, molekulardisperses Agens" bedeuten. In der Zwischenzeit erschienen 1897 die Arbeiten von LÖFFLER und FROSCH über die Filtrierbarkeit des Virus der Maul- und Klauenseuche. Von REED und CARROL wurde 1901 die Filtrierbarkeit des ersten menschenpathogenen Virus, des Erregers des Gelbfiebers, nachgewiesen. Diese Ergebnisse verhalfen nunmehr allgemein der Ansicht zum Durchbruch, daß es vermehrungsfähige Agentien gibt, die kleiner sind als Bakterien. Sie wurden zum Unterschied von den Mikroorganismen als filtrierbare Viren bezeichnet. Nachdem heute das Wort Virus nicht mehr auf Mikroorganismen angewendet wird, ist der Zusatz „filtrierbar" überflüssig geworden. Die geringe Größe der Viren, die unterhalb der Sichtbarkeitsgrenze des Lichtmikroskops liegt, und die Unmöglichkeit, Viren auf künstlichen Nährböden zu züchten, hat dazu geführt, daß schon sehr frühzeitig physikalisch-chemische Verfahren bei der Erforschung der Viren angewendet wurden. Solange jedoch die Viren allgemein als kompliziert zusammengesetzte kleine Mikroorganismen galten, schien es hoffnungslos, die gesamte Struktur eines Virusteilchens mit Mitteln zu erfassen, wie sie in der Chemie für die Strukturaufklärung eines Moleküls üblich sind. Ein neuer Abschnitt in der Entwicklung der chemischen Virusforschung wurde durch die Arbeiten von W. M. STANLEY[1] eingeleitet, dem es als erstem im Jahre 1935 gelang, ein Virus, nämlich das Tabakmosaikvirus, mit chemischen Mitteln als einheitliches Proteid darzustellen. BAWDEN konnte zeigen, daß es sich um ein Nucleoproteid handelt. Nur wenig später wurde von BAWDEN und PIRIE[2] ein anderes Pflanzenvirus, das Bushy stunt-Virus der Tomate in völlig kristallisiertem Zustand gewonnen. Die Bedeutung dieser Befunde liegt vor allem darin, daß die Kristallisierbarkeit einer Substanz ein besonders augenfälliges Kriterium für ihre Einheitlichkeit ist, denn nur Moleküle völlig gleicher Struktur können ein regelmäßiges Kristallgitter bilden.

Es erschien nunmehr sinnvoll, die Präparationstechnik der organischen Chemie, insbesondere der Eiweißchemie, auf die Darstellung und Untersuchung der Viren anzuwenden. Die weitere Entwicklung hat gezeigt, daß diese Betrachtungsweise für die einfachen Virusarten angemessen ist. In einigen Fällen kann man hoffen, auf diese Weise zu einer völligen Strukturaufklärung zu gelangen. Bei den komplizierten Virusarten dürfen wir dagegen keine definierte Zusammensetzung im chemischen Sinne erwarten, diese besitzen vielmehr ähnlich den Organismen eine gewisse Variabilität in Größe und Zusammensetzung, so daß hier eine Technik angewendet werden muß, die der Analyse eines Organismus entspricht. So ist hier die Angabe eines exakten Teilchengewichts unmöglich. Die Untersuchung der Virusteilchen selbst stellt aber nur einen Teil der chemischen Virusforschung dar. Die umfassendere Aufgabe ist die Analyse der biochemischen Wirkung auf die infizierte Zelle. Diese dynamischen Vorgänge sind aber weit schwerer zu erfassen als der Aufbau der ruhenden Virusteilchen, sie münden in die allgemeine

[1] STANLEY, W. M.: Science (Lancaster, Pa.) **81**, 644 (1935).
[2] BAWDEN, F. C., u. N. W. PIRIE: Brit. J. Path. **19**, 251 (1938).

Cytologie ein, deren Wechselspiel trotz der großen Fortschritte der letzten Jahre noch weithin im Dunkeln liegt.

Die Biochemie wird niemals den Anspruch erheben, die Probleme der Virusforschung allein von sich aus lösen zu können. Man findet sogar die Meinung vertreten, daß biochemische Fragestellungen unwichtig oder für den Fortschritt der Erkenntnis wenig förderlich seien, es käme allein auf die Untersuchung der biologischen Phänomene an. Vor dieser Auffassung sei gewarnt. Es braucht hier nur auf das verwandte Gebiet der Enzymologie verwiesen werden. Solange man glaubte, auf die Reindarstellung der Enzyme verzichten zu können und sie allein nach ihren Wirkungen beurteilte, verwickelte man sich in ein immer undurchdringlicher werdendes Dickicht einander widersprechender Meinungen. Erst nachdem reine Enzyme gewonnen waren, gelang es schrittweise auch verwickelte fermentative Zusammenhänge klar zu erfassen. Man kann daher nur erwarten, Einblick in die Wirkungen der Viren zu erhalten, wenn zunächst ihr Aufbau und ihre chemischen Eigenschaften bekannt sind.

II. Einteilung und Benennung der Virusarten.

Der historischen Entwicklung der Virusforschung entsprechend hat man zunächst versucht, die Viren nach ihren pathogenen Wirkungen zu charakterisieren. Die heute üblichen Namen der einzelnen Virusarten beziehen sich meist auf den Wirt, den sie befallen. Die Viren besitzen eine mehr oder weniger ausgeprägte Wirtspezifität. So lassen sich bestimmte Stämme des Poliomyelitisvirus des Menschen nur auf den Affen, andere Virusarten, wie das der Tollwut, auf eine ganze Reihe von Säugetieren, z. B. Mensch, Hund und Maus und auf Vögel übertragen. Zu dieser Wirtspezifität tritt noch eine Gewebespezifität, die als Tropismus bezeichnet wird. Es gibt Virusarten, die nur die Haut befallen (dermotrop) oder nur das Nervengewebe (neurotrop) oder nur in bestimmten Organen sich vermehren (organotrop). Wirtspezifität und Tropismus sind variabel. So gibt es Mutanten des dermotropen Pockenvirus, die ausgesprochen neurotrope Eigenschaften besitzen. Sehr verschiedenartige Viren können sich im gleichen Wirt vermehren und umgekehrt können nahe verwandte Viren eine völlig verschiedene Wirtspezifität besitzen. Eine Einteilung der Viren, die auf diesen biologischen Eigenschaften beruht, ist daher wenig befriedigend. Der umfassendste Versuch dieser Art stammt von HOLMES[1]. Er führt die Viren als neue Ordnung „Virales" in die Biologie ein und benutzt eine einheitliche binomiale Benennung, wie sie in der Biologie üblich ist. Zweifellos können einzelne Virusarten auch als chemische Stoffe behandelt und nach den in der Chemie üblichen Richtlinien charakterisiert werden, die biologische Benennung hat aber den Vorteil, daß in den Namen auch genetische Zusammenhänge angedeutet werden können, wie sie in dieser Art in der Chemie nicht bekannt sind. Auch als Chemiker wird man daher die binomiale biologische Benennung grundsätzlich gutheißen. Nach der Art des Wirtes teilt HOLMES die Viren in 3 Untergruppen ein:

[1] HOLMES, F. O.: The filterable viruses.

1. Viren, die Bakterien infizieren: Bakteriophagen (Phaginae);
2. Viren, die höhere Pflanzen infizieren: Phytophaginae;
3. Viren, die Tiere (Insekten, Säugetiere, Vögel) infizieren: Zoophaginae.

Innerhalb dieser letzten Gruppe sind zwei Untergruppen bisher genauer bekannt: a) Insektenviren, b) Viren der Warmblüter. Auch in anderen Tierklassen, z. B. Fischen[1] und Reptilien, sind Viruskrankheiten bekannt, jedoch sind diese noch wenig untersucht. Schwerwiegende Überschneidungen zwischen diesen Unterordnungen sind nicht bekannt geworden. Es muß allerdings darauf hingewiesen werden, daß verschiedene phytopathogene Viren sich in den Insektenüberträgern vermehren und eine gewisse Willkür darin liegt, die Pflanzen hier als Hauptwirt zu bezeichnen. Die weitere Einteilung nimmt Holmes nach der Art der Krankheitssymptome vor und kommt auf diese Weise zu einem System, das aus 13 Familien, 32 Genera und 248 Species besteht. Nach dem System von Holmes sind in einem Genus oft sehr verschiedenartige Viren vereinigt, so daß diese Art der Einteilung besonders auf dem Gebiet der tierpathogenen Viren kaum Aussicht hat, sich durchzusetzen.

Bei der Einteilung der Viren sollten wie bei den Bakterien die Morphologie und die serologischen Beziehungen der Viren selbst in den Vordergrund gestellt werden. Hierbei wird man unter Morphologie nicht nur die äußere Gestalt, sondern auch die durch biochemische Untersuchungen faßbare Innenstruktur der Viren verstehen. Bei der Untersuchung der normalen Zellbestandteile spielt die Art ihrer Nucleinsäure eine besondere Rolle. Vielleicht wird dieses Merkmal auch bei der Systematik der Viren von Bedeutung werden. Die einfachen Pflanzenviren enthalten nur Ribonucleinsäure (RNS) (s. S. 60), die tierischen Virusarten mit wenigen Ausnahmen nur Desoxyribonucleinsäure (DNS) (s. S. 60). Dieser Unterschied könnte in einer verschiedenen Genese der Viren seinen Ursprung haben. Nach den bisherigen Erfahrungen gehen morphologische und serologische Verwandtschaft insofern miteinander parallel, als zwischen morphologisch stark voneinander abweichenden Viren bisher niemals mit Sicherheit eine serologische Verwandtschaft festgestellt wurde. Auf dem Gebiet der phytopathogenen Viren ergibt sich noch eine zusätzliche Möglichkeit zur Feststellung der Verwandtschaft. Es hat sich gezeigt, daß sich nahe verwandte Viren gegenseitig von der Infektion ausschließen.

Eine Einteilung nach morphologischen Gesichtspunkten wurde von H. Ruska[2] vorgeschlagen. Für das Gebiet der phytopathogenen Viren liegen ähnliche Vorschläge von Bawden[3], für das der Insektenviren von Steinhaus[4] vor. Die Einteilung der Viren nach morphologischen Gesichtspunkten hat den Nachteil, daß die morphologisch nicht genügend charakterisierten Viren vorläufig außerhalb des Systems bleiben müssen. Die Zahl der nicht ausreichend untersuchten Virusarten ist zur Zeit

[1] Roegner-Aust, S., u. F. Schleich: Z. Naturforsch. **6 b**, 448 (1951).
[2] Ruska, H.: Handbuch der Virusforschung, 2. Ergänzungsband 1950, 221.
[3] Bawden, F. C.: Plant viruses.
[4] Steinhaus, E.: Bacter. Rev. **3**, 203 (1949).

noch sehr erheblich. Auf Grund dieser Schwierigkeiten ist die Internationale Nomenklaturkommission 1950 zu dem Schluß gekommen, daß es bisher noch nicht möglich ist, ein befriedigendes System der Virusarten aufzustellen. Um den Überblick zu erleichtern, ist es jedoch zweckmäßig, zunächst eine vorläufige Gruppeneinteilung zu treffen, bei der morphologisch ähnliche und immunologisch miteinander verwandte Viren zusammengefaßt sind. In Anlehnung an die bereits vorhandenen Vorschläge könnte man etwa folgende Gruppen unterscheiden.

1. Bakteriophagen.

Unter den Phagen gibt es einen großen Formenreichtum, der sich von kleinen, annähernd kugelförmigen Teilchen mit einem Durchmesser von 10 mμ bis zu großen kaulquappenförmigen Gebilden mit einem Durchmesser von einigen Hundert mμ erstreckt. Die morphologische Charakterisierung der Bakteriophagen ist aber noch sehr lückenhaft. HOLMES führt 46 verschiedene Phagenspecies an, die nach der Art ihres Wirtorganismus geordnet sind: z. B. Phagen der Coligruppe, der Salmonellen, der Streptokokken, der Staphylokokken, der Vibrionen und des Corynebacterium diphtheriae. Die meisten der von HOLMES aufgeführten Phagen wurden in dem Arbeitskreis um BURNET isoliert. Eingehendere morphologische Untersuchungen liegen eigentlich nur über bestimmte Phagen der Gruppe Escherichia coli und einen Staphylokokkenphagen vor. Gerade diese Phagen fehlen aber in dem System von HOLMES.

2. Phytopathogene Viren.

Bei den phytopathogenen Viren kann man bisher morphologisch drei Gruppen unterscheiden.

a) Annähernd kugelförmige, kristallisierbare Virusmoleküle.

Diese Viren stellen hinsichtlich ihrer Struktur und Zusammensetzung die einfachsten bisher bekannten Arten dar. Sie bestehen nur aus Protein und RNS. Die Übertragung kann durch Einreiben in die Blätter erfolgen. Ein typischer Vertreter dieser Klasse ist z. B. das Bushy stunt-Virus der Tomate. Weiterhin gehören hierzu: Tabak-Nekrose-Virus, Turnip yellow mosaic-Virus, Southern bean mosaic-Virus und wahrscheinlich noch einige bisher nicht genauer untersuchte Arten: Tobaccoring spot-Virus und Alfalfa-Mosaik-Virus.

b) Stäbchenförmige Viren.

Auch die Viren dieser Gruppe sind einheitlich, einige lassen sich in Form parakristalliner Nadeln gewinnen. Die natürliche Übertragung geschieht meist durch Insekten, doch gelang bei einigen auch eine Übertragung durch Einreiben der Blätter. Der am besten untersuchte Vertreter dieser Klasse ist das Tabakmosaikvirus (TMV). Ferner gehören hierzu das Kartoffel X-Virus, das Kartoffel Y-Virus sowie wahrscheinlich das Severe etch-Virus (Tabak), das Hyoscyamus-Mosaik-Virus und das Zuckerrüben-Gelbsucht-Virus. Bei TMV und X-Virus sind Insektenüberträger unbekannt.

c) Große, sich in Insekten vermehrende Pflanzenviren.

Die Viren dieser Gruppe werden ausschließlich durch Insekten verbreitet. Es ist anzunehmen, daß sie sich sowohl in den Insekten als auch in den Pflanzen vermehren. Näher untersucht wurde bisher nur das Potato yellow dwarf-Virus. In seiner Morphologie ist es den typischen Insektenviren sehr ähnlich.

3. Zoopathogene Virusarten.

a) Insektenviren.

In Anlehnung an HOLMES wurden die Insektenviren von STEINHAUS[1] in 4 Genera eingeteilt.

α) **1. Genus: Borrelina (Polyederviren).** Diese Gruppe umfaßt Insektenviren, die in den infizierten Zellen in Form von Polyeder-Einschlüssen vorkommen. Diese Polyeder umgeben jeweils eine größere Anzahl von Virusteilchen. Die Virusteilchen selbst sind stäbchenförmig. Zu diesem Genus gehören 14 Arten, darunter das Polyedervirus der Seidenraupe (Bombyx mori), der Nonne (Lymantia monacha) und des Schwammspinners (Porthetria dispar). Es gibt auch Viruskrankheiten der Insekten, bei denen die Polyeder keine stäbchenförmigen, sondern sphärische Virusteilchen enthalten. Von BERGOLD[2] wurden diese in dem Genus *Smithia* zusammengefaßt. Ein typischer Vertreter ist Smithia rotunda Bergold.

β) **2. Genus: Paillotella.** Das zweite Genus umfaßt Insektenviren, die polymorphe Einschlüsse von sehr verschiedener Größe erzeugen. Es ist hier nur eine Art bekannt, Paillotella pieris, die morphologisch nur unvollkommen charakterisiert ist. Die Berechtigung zur Einführung dieses Genus wird daher nicht allgemein anerkannt[2].

γ) **3. Genus: Bergoldia (Kapselviren).** Die Viren dieser Gruppe erzeugen sehr kleine, aber mikroskopisch unterscheidbare Einschlüsse in den infizierten Zellen. Diese bestehen jeweils aus einem einzigen Viruspartikel, das in einer Kapsel aus nicht infektiösem Material eingeschlossen ist. Es wurden 6 verschiedene Arten beschrieben. Der typische Vertreter ist das Kapselvirus von Cacoecia murinana: Bergoldia calypta.

δ) **4. Genus: Morator.** Diese Gruppe umfaßt Viren, die keine pathologischen Einschlußkörper erzeugen. Es sind bisher nur die Species Morator aetatulae bekannt, die bei Bienen Sackbrut hervorruft, und Morator nudus, die bei der Raupe der Baumwollmotte Cirphis unipuncta vorkommen.

b) Viren der Warmblüter.

Diese Gruppe umfaßt bei HOLMES 60 verschiedene Species. Die von ihm vorgeschlagene Einteilung und Benennung erscheint jedoch bei dieser Gruppe besonders wenig angemessen und wird sich kaum in dieser Form durchsetzen. Nach ihrer Größe und Gestalt könnte man die Viren etwa folgendermaßen unterteilen.

---

[1] Vgl. S. 6, Anm. 4.

[2] BERGOLD, G.: In Advances in Virus Research.

α) **Annähernd kugelförmige Viren mit einem Durchmesser von < 50 mμ.** Diese Gruppe umfaßt tierische Virusarten, die zwar nicht kristallisieren, aber in ihrem physikalisch-chemischen Verhalten doch eine relativ große Einheitlichkeit zeigen. Als typischer Vertreter kann das *Papillomvirus* des Baumwollschwanzkaninchens gelten. Ferner gehören in diese Gruppe eine Reihe von Viren, die allgemeine Erkrankungen hervorrufen. Genauer untersucht ist nur das *Virus der Maul- und Klauenseuche*, wahrscheinlich sind aber auch die Viren der *Afrikanischen Pferdesterbe*, der *Schweinepest*, der *Rinderpest* und der *infektiösen Anämie der Pferde* hier einzuordnen.

Weitere Viren dieser Gruppe lassen sich unter dem Begriff der *Encephalitisviren* zusammenfassen. Sie sind vorwiegend neurotrop und werden in der Natur durch Insekten verbreitet. Man kennt vier verschiedene Typen, zwischen denen keine immunologischen Verwandtschaften festzustellen sind:

a) amerikanische Pferde-Encephalitis Weststamm;

b) amerikanische Pferde-Encephalitis Oststamm;

c) Venezuela-Pferde-Encephalitis;

d) japanische B-Encephalitis und damit verwandte Stämme wie St. Louis-Encephalitis, West-Nile-Encephalitis, Gelbfieber und Dengue.

Dem Gelbfiebervirus nahe steht das Virus des Rift-Valley-Fiebers.

Ferner gehören in die Gruppe der Viren mit einem Durchmesser unter 50 mμ:

die verschiedenen Poliomyelitisstämme (Lansing, Brunhilde, Leon),

die Coxsackie-Viren (A und B),

die Encephalomyokarditis-Viren EMC (russische Frühsommer-Encephalitis, Virus des Louping-ill, THEILERsches Virus der Maus).

Vielleicht gehört auch das Virus der *lymphocytischen Choriomeningitis*, dessen Größe nicht genau bekannt ist, in diese Gruppe.

β) **Kugelförmige Viren mit einem Durchmesser zwischen 50 und 150 mμ.** Typische Vertreter dieser Gruppe sind das *Influenzavirus* und das Virus der *Klassischen Geflügelpest.* Ferner gehören hierher wahrscheinlich auch das *Virus der Mäusepneumonie* (Horsfall) und das *Herpes simplex-Virus*, das seinerseits wieder mit dem *Virus der Aujeszky-Krankheit* und dem *B-Virus* verwandt sein soll sowie das Virus der *Blauzungenkrankheit* und ein Teil der *tumorbildenden Viren.* Auch einige neurotrope Viren, deren Morphologie noch wenig untersucht ist, sind wohl hier einzuordnen, so die *Viren der Tollwut* und der *Bornaschen Krankheit* der Pferde.

γ) **Viren mit unregelmäßigen Formen.** Als charakteristisches Beispiel sei hier das Virus der *Atypischen Geflügelpest* (Newcastle Disease) zu nennen. Dieses zeigt auf elektronenmikroskopischen Abbildungen unregelmäßig geformte Teilchen mit einem Durchmesser von etwa 200 mμ, deren Gestalt von der Salzkonzentration der Lösung abhängig ist. Die Teilchen sind nicht homogen und lassen eine Innenstruktur erkennen. Sehr ähnlich dem Virus der Atypischen Geflügelpest ist das *Mumpsvirus*, zu dem vielleicht auch immunologische Beziehungen bestehen.

δ) **Quaderförmige Viren.** Im Elektronenmikroskop erscheinen diese Viren als quaderförmige Gebilde mit einer deutlich erkennbaren Innenstruktur. Ein typischer Vertreter ist das Virus der *Kuhpocken* (Vaccine) mit einer Grundfläche von 260 × 210 mμ und einer Höhe von etwa 50 mμ. Mit diesem Virus nahe verwandt sind die Erreger verschiedener anderer Pockenkrankheiten der Säugetiere und Vögel, so der *Menschenpocken* (Variola), der *Mäusepocken* (Ektromelie) und der *Kanarienpocken*. Ferner sind hier einzuordnen das *Kaninchenmyxom* und das damit

Tabelle 1. *Überblick über die Größe der Viren.*

	Partikelgewicht in 10^6	Dimensionen in mμ
I. Bakteriophagen		
T_7	40	45
T_6	100—200	—[1]
II. Phytopathogene Viren		
1. kugelförmige		
Turnip yellow mosaic	4	19
Tobacco ring spot	4	19
Southern bean mosaic	6,6	24
Tabaknekrose	~8	~23
Bushy stunt	10,6	29
2. stäbchenförmige		
Tabakmosaik	40	15×280
Kartoffel X	40	10×600
Kartoffel Y	75	13×700
3. große	—	—
III. Zoopathogene Viren		
a) Insektenviren		
Polyeder (Bombyx mori)	300	290×40
Kapsel (Cacoecia murinana)	450	260×50
b) Viren der Warmblüter		
1. unter 50 mμ		
Maul- und Klauenseuche	5—10	20
Papillom	45	44
Pferde-Encephalitis (WEE)	24	40
Poliomyelitis	10	30
Encephalomyokarditis	10	30
Coxsackie	10	30
2. zwischen 50 und 100 mμ		
Klassische Geflügelpest	151	70
Influenza	300	100
Mäusepneumonie	300	40—140
3. unregelmäßig		
Atypische Geflügelpest	800	200
Mumps	~800	230
4. quaderförmige		
Varicellen	—	180×210
Vaccine	3000	260×210
5. Psittakose-Gruppe		
Psittakose	—	300—400
Bronchopneumonie der Maus	—	230—430
PPLO		
SEIFFERTscher Organismus	—	700

[1] Siehe S. 178.

verwandte *Fibromvirus* sowie das *Virus des Molluscum contagiosum*. Von den meisten Autoren wird das Virus der *Varicellen* und des *Zoster* ebenfalls hier eingefügt. Es hat eine Grundfläche von 180 × 210 mμ.

ε) **Viren der Psittakose-Lymphogranulom-Gruppe.** Zu dieser Gruppe gehören die größten bisher bekannten Viren. Sie besitzen eine bläschenförmige Gestalt und nähern sich in ihrem Aufbau den pleuropneumonieähnlichen Organismen (PPLO). Aus diesem Grunde wurden beide Gruppen von Ruska unter dem Namen Cysticeten zusammengefaßt. Der typische Vertreter dieser Viren ist das Virus der *Psittakose* (Papageienkrankheit), das einen Durchmesser von 200—400 mμ besitzt. Von ihm existieren wahrscheinlich mehrere verschiedene Stämme, von denen einige auch als Erreger der Atypischen Pneumonie des Menschen in Frage kommen. Ferner gehören in diese Gruppe die *Viren des Lymphogranulom inguinale, des Trachoms, der Bronchopneumonie der Maus* (Gönnert) sowie die Erreger einiger anderer tierischer Pneumonien.

ξ) **Nicht klassifizierbare Viren.** Die Zahl der morphologisch nicht klassifizierbaren Viren ist sehr groß, allein in dem System von Holmes findet man über 30 Arten. Auch von einigen klinisch gut untersuchten zoopathogenen Virusarten ist die Morphologie wenig gesichert. Es sei hier nur auf die Viren der *Hepatitis*, der *Masern* und der *Röteln* hingewiesen.

Um den Überblick über die hier erwähnten Virusarten zu erleichtern, ist die Gruppeneinteilung in Tab. 1 noch einmal zusammengefaßt. Zum Vergleich der Größe der einzelnen Viren ist das Partikelgewicht, bezogen

Tabelle 2. *Scheinbare Durchmesser einiger weniger gut untersuchter Viren in mμ.*

Encephalitisviren	
Japanische B	15—22
St. Louis	20—30
Gelbfieber	17—25
Dengue	17—25
Rift Valley	23—35
EMC-Viren	
Louping ill	15—22
Russische Frühsommer-Encephalitis	15—22
Neurotrope Viren	
Choriomeningitis	40—60
Borna-Krankheit	85—125
Tollwut	100—150
Viren von Allgemeinerkrankungen	
Infektiose Anamie der Pferde	18—50
Schweinepest	35
Pferdesterbe	40
Herpes	100—200
Aujeszky	125
Blauzungen	100—150
Staupe	100
Tumorbildende Viren	
Brustkrebsfaktor	20—30
Rous-Sarkom	100

auf Sauerstoff gleich 16 angegeben. Durch Division dieser Werte durch die LOSCHMIDTsche Zahl $6{,}02 \cdot 10^{23}$ erhält man das Teilchengewicht in Gramm. Bei den häufig sehr unregelmäßigen Formen der Viren hat die Angabe eines Durchmessers als einzigen Parameter wenig Sinn. Bei den einfachen Viren sind Durchmesser bzw. die im Elektronenmikroskop beobachteten Dimensionen hinzugefügt. In Tab. 2 sind die scheinbaren Durchmesser einiger weniger gut untersuchter Viren zusammengefaßt. Die meisten Werte sind durch Ultrafiltration erhalten worden, ohne daß das Virus vorher in reiner Form isoliert worden wäre.

III. Nachweis und quantitative Bestimmung der Viren.

Um wahrscheinlich zu machen, daß eine Krankheit durch ein Virus bewirkt wird, muß gefordert werden, daß

1. die Krankheit auf andere Organismen übertragbar ist;
2. das infektiöse Agens eine Größe unterhalb 300 mμ besitzt, also z. B. durch bakteriendichte Filter nicht zurückgehalten wird und
3. der Erreger sich auf künstlichen Nährböden nicht vermehrt.

Um eine endgültige Sicherung zu erlangen, darf aber auch in der Virusforschung nicht von den Henle-Koch-Postulaten abgegangen werden. Um einen Parasiten als Erreger einer Krankheit gelten zu lassen, fordert ROBERT KOCH: „Die parasitischen Mikroorganismen in allen Fällen der betreffenden Krankheit aufzufinden, sie ferner in solcher Menge und Verteilung nachzuweisen, daß alle Krankheitserscheinungen dadurch ihre Erklärung finden, und schließlich für jede einzelne infektiöse Krankheit einen morphologisch wohl definierten Mikroorganismus als Parasiten festzustellen.“ Es wird also konstanter *Nachweis, Isolierung und Charakterisierung* des Erregers verlangt.

Diese Forderungen sind bei den Viren sehr viel schwieriger zu erfüllen als bei den Mikroorganismen und machen die Anwendung spezieller Forschungsmethoden notwendig, die von den üblichen mikrobiologischen Verfahren abweichen.

Pathogene Mikroorganismen können häufig unmittelbar in den erkrankten Geweben mikroskopisch nachgewiesen werden. Wegen ihrer geringen Größe ist dies bei den Viren nur in seltenen Fällen möglich. Größere Virusarten können als Granula durch besondere Färbemethoden mikroskopisch sichtbar gemacht werden. Besonders bewährt hat sich hierbei die Färbung mit Viktoriablau nach HERZBERG oder die Methode nach GIEMSA. Morphologische Feinheiten lassen sich mikroskopisch auch mit Spezialmethoden, wie UV- und Fluorescenzmikroskopie, nicht erkennen, auch färbetechnische Unterschiede zwischen einzelnen Virusarten sind bisher nicht aufgefunden worden. Auch mit den modernen Methoden der Elektronenmikroskopie bleibt der direkte Nachweis schwierig — es sei denn, daß sich die Viren durch eine sehr charakteristische Form von den übrigen Zellbestandteilen unterscheiden —, denn ein Analogon zur histologischen Färbetechnik hat sich in der Elektronenmikroskopie noch nicht entwickelt. Beim Tabakmosaikvirus ist ausnahmsweise ein direkter Nachweis im Preßsaft erkrankter Pflanzen möglich, da das Virus hier in sehr hoher Konzentration vorliegt, bis zu 3 g/l, und eine auffallende stäbchenförmige Gestalt besitzt, die normalen Bestandteilen der Zelle nicht zukommt. Die in Laienkreisen weit verbreitete Meinung, daß es zum Nachweis eines Virus genügt, das erkrankte Gewebe in 10000—100000facher Vergrößerung zu betrachten, ist leider ein Irrtum.

Um ein unbekanntes Virus morphologisch zu charakterisieren, ist es immer notwendig, dieses mit physikalischen oder chemischen Methoden anzureichern und von allen nicht-infektiösen Begleitstoffen zu befreien. Bei den Mikroorganismen kann diese Isolierung durch Züchtung auf künstlichen Nährböden erfolgen. Bei den Viren, die sich nur intracellulär vermehren, ist dagegen sehr leicht eine Verwechslung mit normalen Gewebestrukturen möglich. Bei der Züchtung in lebenden Organismen muß auch immer mit der Möglichkeit gerechnet werden, daß diese noch andere Krankheitserreger enthalten, die sich mit dem ursprünglichen Stamm vermischen und diesen unter Umständen ganz überdecken. Es muß daher sorgfältig geprüft werden, ob der zum Schluß isolierte Erreger mit dem ursprünglichen identisch ist.

In der Bakteriologie ist es verhältnismäßig einfach, von einem einzelnen Erreger ausgehend eine reine Kultur eines bestimmten Stammes zu gewinnen. In der Virusforschung kann man nur in einzelnen Fällen reine Klone bekommen. Einzelne pflanzliche Viren erzeugen keine allgemeinen Symptome, sondern nur lokalisierte Infektionsherde (s. S. 17). So bleibt TMV auf Nicotiana glutinosa auf diese Einzelherde beschränkt und das dazwischenliegende Gebiet enthält kein Virus. Diese Einzelherde werden wahrscheinlich durch ein einziges Virusmolekül hervorgerufen. Trennungsversuche mit einer künstlichen Mischung zweier sich nahestehender Virusarten zeigten jedenfalls, daß sehr selten beide Virusarten in einem Einzelherd zusammen vorkommen[1]. Durch Ausstechen der lokalen Nekrosen können daher die Nachkommen eines einzigen Virusteilchens in reiner Form gewonnen und durch weitere Übertragung vermehrt werden. Besonders einfach gelingt die Isolierung reiner Klone bei den Bakteriophagen. Die zu untersuchende Phagenlösung wird mit Agar versetzt, bei 50° C verflüssigt, geeignete sensible Bakterien hinzugefügt und die Mischung in einer Petrischale ausgegossen. Jede vorhandene Phagenteilchen erzeugt in dem entstehenden Bakterienrasen ein Loch infolge der Lyse der dort vorhandenen Bakterien. Durch Abimpfung von einzelnen Löchern können die Nachkommen jedes einzelnen Phagenteilchens für sich untersucht werden. Einzelne tierpathogene Virusarten rufen auf der Chorioallantois-Membran des Hühnereis Einzelherde hervor, die ebenfalls voneinander getrennt weiter verimpft werden können. Diese Technik ist aber nicht sehr zuverlässig. Kürzlich wurde von DULBECCO und VOGT[2] ein wichtiger Fortschritt erzielt, indem sie die bei den Bakteriophagen übliche Technik auf die Untersuchung tierischer Virusarten übertrugen. Es gelang ihnen,

---

[1] FRIEDRICH-FREKSA, H., G. MELCHERS u. G. SCHRAMM: Biol. Zbl. **65**, 187 (1946).

[2] DULBECCO R., u. M. VOGT: In Mikrobiologie Kongreß, Symposium.

verschiedene Gewebe durch Behandlung mit Trypsin in einzelne Zellen aufzulösen und diese in Form eines gleichmäßigen Rasens in Petrischalen zu züchten. Durch Aufbringen von Viruslösung auf diesen Rasen erhält man ebenfalls isolierte Löcher, von denen abgeimpft werden kann.

Die biologische Charakterisierung kann nur die Beziehungen des Virus zum Wirtsorganismus beschreiben und aufklären. Die in der Bakteriologie so wertvolle Untersuchung der Physiologie der isolierten Teilchen außerhalb der lebenden Zelle kann bei den Viren nicht angewendet werden, da ihnen physiologische Kennzeichen, wie Gärfähigkeit oder andere Stoffwechseleigentümlichkeiten und ein durch Wachstum und Vermehrung bedingter Formwechsel in vitro fehlen. Zur Charakterisierung und Unterscheidung der einzelnen Virusarten genügt die Beschreibung der erzeugten Krankheitssymptome nicht. Sie bleibt aber trotzdem die wichtigste Grundlage, auf der alle anderen biologischen Untersuchungen aufbauen. Eine besondere Beachtung verdienen hierbei die Erscheinungen, die eine quantitative Beziehung zur verabfolgten Virusdosis erkennen lassen, da ein guter Test zur Bestimmung der Virusaktivität eine wesentliche Voraussetzung auch für die weiteren biochemischen Untersuchungen darstellt. Die zur vollständigen Charakterisierung notwendige Beschreibung der einzelnen Virusteilchen erfolgt bei den einfach zusammengesetzten kristallisierten Virusarten mit chemischen Methoden, etwa durch Angabe des Molgewichts, der analytischen Zusammensetzung, der Kristallform usw. Bei den komplizierten, nicht kristallisierten Virusarten können Gestalt und Aufbau mit physikalisch-chemischen Methoden nicht mehr exakt erfaßt werden. Die Untersuchung von Art und Zahl der Komponenten, aus denen sich derartige Teilchen zusammensetzen, kann aber für die Einordnung der Viren von besonderer Bedeutung sein. Zur Erfassung ihrer äußeren Gestalt ist das Elektronenmikroskop von besonderem Wert. Allerdings soll man sich auf die elektronenmikroskopische Untersuchung allein nicht verlassen, da bei dieser Methode die Teilchen sich grundlegend verändern können. Hat man schließlich durch die Reinigungstechnik morphologisch definierte Partikel erhalten, so bleibt die weitere Aufgabe, deren Identität mit dem Virus zu beweisen. Diese bildet meistens den schwierigsten Teil bei der Beschreibung einer neuen Virusart. Der Identitätsbeweis ist in vielen Fällen nicht mit genügender Sorgfalt geführt worden, was zu großen Verwirrungen Anlaß gab.

Es sollen hierbei folgende Kriterien beachtet werden:

1. Bei gleichartiger Aufarbeitung von normalem Gewebe dürfen Partikel gleicher Größe und Gestalt nicht aufzufinden sein.

2. Die Partikel müssen in allen physikalischen und chemischen Eigenschaften, wie z. B. Größe, Sedimentationskonstante, pH-Empfindlichkeit und Löslichkeit mit dem wirksamen Agens übereinstimmen. Zwei Beispiele mögen das Verfahren näher erläutern. Durch biologische Testversuche kann man bestimmen, bei welcher Tourenzahl in der Zentrifuge das aktive Agens ausgeschleudert wird. Diese biologisch ermittelte Sedimentationsgeschwindigkeit muß mit der des isolierten Virusteilchens übereinstimmen. Weiterhin läßt sich durch eine biologische

Auswertung feststellen, bei welcher Porengröße ein Virus gerade noch ein Filter durchdringt. Der durch diese Ultrafiltration ermittelte Durchmesser des Virus muß mit dem Durchmesser der rein dargestellten Teilchen übereinstimmen.

3. Die isolierten Partikel müssen serologisch darauf geprüft werden, ob sie mit dem spezifischen Antiserum gegen den Krankheitserreger reagieren.

4. Mit Antiserum gegen normale Zellbestandteile sollte möglichst keine Reaktion auftreten. Es hat sich allerdings gezeigt, daß diese Forderung wohl nur bei den einfachen Pflanzenviren erfüllt werden kann. Viele tierische Virusarten enthalten Antigene der normalen Wirtszellen, die sich auf keine Weise aus dem Virusteilchen entfernen lassen und daher wohl als Bestandteile der Virusteilchen anzusehen sind. Immerhin sollte auch in diesen Fällen darauf geachtet werden, diese aus dem Wirt stammenden Antigene auf ein möglichst geringes Maß zurückzuführen.

1. Quantitative Bestimmung der Viruswirksamkeit.

Die Bearbeitung einer tierischen Virusseuche im großen Stil ist davon abhängig, ob es gelingt, ein billiges Versuchstier zu finden, an dem die Auswertung vorgenommen werden kann. Unsere Kenntnisse über manche wichtige Tierseuchen, z. B. die infektiöse Anämie der Pferde, sind nur deshalb so gering, weil ihre Erforschung ein allzu kostbares Tiermaterial erfordert. Auch bei vielen menschlichen Viruskrankheiten ergibt sich die Schwierigkeit, daß kein geeignetes Versuchstier aufzufinden ist. So konnte z. B. die Virusätiologie der Hepatitis erst in jüngster Zeit wahrscheinlich gemacht werden, da die Versuche hier nur mit Freiwilligen durchzuführen sind. Auch die häufig diskutierte Mitbeteiligung eines Virus am Scharlach konnte noch nicht geklärt werden, da nur Affen und diese in höchst unsicherer Weise auf Scharlach ansprechen. Ein bequemes Versuchstier, das bei sehr vielen tierischen Virusarten benützt werden kann, ist der Hühnerembryo. Trotz der hohen Ansprüche, die die meisten Viren an die Spezifität ihres Wirts stellen, vermehren sich sehr viele im bebrüteten Hühnerei. Da hier eine gegenseitige Infektion ausgeschlossen ist, können große Versuchsserien auf relativ kleinem Raum durchgeführt werden. Die Allantois-Flüssigkeit ist auch ein besonders geeignetes Ausgangsmaterial für die Reindarstellung der Viren. Ein recht allgemein anwendbares Versuchstier, an dem in letzter Zeit viele Übertragungen durchgeführt wurden, sind neugeborene, noch saugende Mäuse (Beispiele unter Coxsackie- und Maul- und Klauenseuchevirus). Ein weiteres allgemein brauchbares Züchtungsverfahren ist die Gewebekultur. Häufig wird das Medium von Maitland und Maitland benützt, das aus feinzerteilter Hühner- oder Kaninchenniere, Thyrode-lösung und frischem Serum zusammengesetzt ist.

Auf dem Gebiet der tierpathogenen Virusarten wird die Viruswirksamkeit meistens durch Bestimmung des Endpunkts einer Verdünnungsreihe ermittelt. Hierzu wird die zu untersuchende Lösung stufenweise so weit verdünnt, bis gerade noch ein bestimmtes charakteristisches Krankheitssymptom, am besten der letale Ausgang auftritt. Als Grenzdosis wird diejenige Virusmenge gewählt, bei der 50% der infizierten Individuen erkranken bzw. sterben. Die Lage dieses Endpunkts kann rechnerisch nach REED und MÜNCH[1] oder graphisch nach BERGOLD[2] ermittelt werden.

Das häufig verwandte Rechenverfahren soll an einem Beispiel, der Bestimmung der Aktivität einer Kartoffel Y-Virus-Lösung durch Verdünnung auf Nicotiana glutinosa erläutert werden (Tab. 3). Das Verfahren geht davon aus, daß alle Individuen, die bei einer bestimmten niederen Konzentration positiv reagieren, dies bei einer

Tabelle 3.

Verdunnung	Zahl an Pflanzen		Summen		Anteil	positiv %
	positiv	negativ	positiv	negativ		
10^{-1}	8 ↑	0	21	0	21/21	100
10^{-2}	8	0	13	0	13/13	100
10^{-3}	4	4	5	4	5/9	55,5
10^{-4}	1	7	1	11	1/12	8,3
10^{-5}	0	8 ↓	0	19	0/19	0

höheren Konzentration erst recht getan hatten. Infolgedessen werden alle bis zu dieser Konzentration positiven Individuen zusammengezählt. Das Umgekehrte gilt für die negativ reagierenden, hier zahlt man alle bei einer gegebenen und sämtlichen höheren Konzentrationen negativen Individuen zusammen. Aus den Prozentzahlen der bei den einzelnen Verdünnungen positiv reagierenden Pflanzen wird dann die Konzentration, die 50% positive erzeugen würde, nach der Beziehung:

$$\frac{\text{Prozentzahl über } 50\% - 50\%}{\text{Prozentzahl über } 50\% - \text{Prozentzahl unter } 50\%}$$

ermittelt.

$$\frac{55{,}5 - 50}{55{,}5 - 8{,}3} = \frac{5{,}5}{47{,}2} = 0{,}117 \sim 0{,}12$$

$$50\%\text{-Konzentration} = 10^{-3{,}12} = 7{,}6 \cdot 10^{-4}.$$

Der 50%-Endpunkt liegt also bei einer Konzentration von $7{,}6 \cdot 10^{-4}$.

Bei den Verdünnungsverfahren kann die Wirksamkeit meist nur sehr roh, etwa auf eine Zehnerpotenz, bestimmt werden. Um eine größere Genauigkeit zu erreichen, ist bei dieser Art des Testes ein sehr großes Versuchsmaterial erforderlich.

Bei dem Verdünnungstest ist es besonders nachteilig, daß die zu untersuchenden Lösungen in einem sehr weiten Konzentrationsgebiet gemessen werden müssen, wenn keinerlei Anhaltspunkte über den Virusgehalt vorliegen. Es handelt sich hier meistens um eine Alles-oder-Nichts-Reaktion. Bei Unterdosierung tritt kein Krankheitssymptom, beim Überschreiten der Grenzdosis der Tod ein. Sehr viel bequemer sind Teste, die auf graduellen Unterschieden der Viruswirksamkeit aufgebaut sind. Als solches von der Virusdosis abhängiges Symptom läßt sich bei den tierpathogenen Viren z. B. die Länge der Inkubationszeit oder die Überlebensdauer benutzen. Wenn eine entsprechende Eichkurve

[1] REED, L. J., u. H. MÜNCH: Amer. J. Hyg. 27, 493 (1938).
[2] BERGOLD, G.: Z. Naturforsch. 2b, 122 (1947).

aufgestellt ist, aus der der Zusammenhang zwischen Virusdosis und der Zeit bis zum Auftreten der Krankheitssymptome bzw. des Todes hervorgeht, braucht man zur Aktivitätsbestimmung keine Verdünnungsreihe anzustellen, sondern nur eine Lösung mit einer bestimmten Konzentration an eine Serie von Versuchstieren zu verimpfen. Ein solcher Test wurde z.B. von GARD[1] zur Bestimmung des THEILERschen Virus, von BEARD[2] beim Kaninchenpapillomvirus und von BRYAN[3] beim Rous-Sarkom ausgearbeitet. Bei einzelnen Virusarten kann als dosisabhängige Größe auch die Zahl der Läsionen benützt werden, die in einer geeigneten Zellunterlage erzeugt werden.

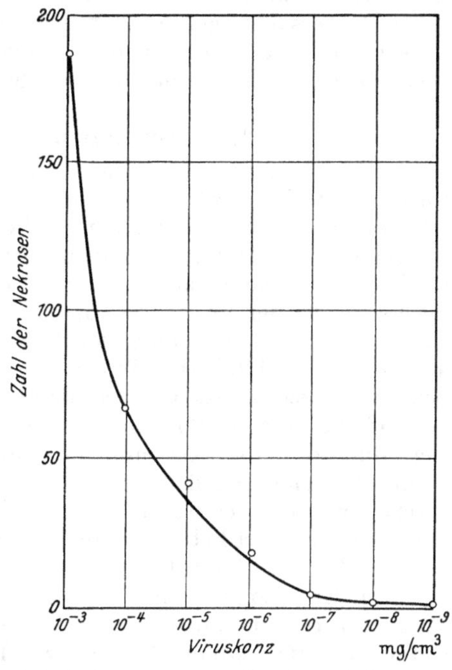

Abb. 1. Auswertung von Tabakmosaikvirus auf Phaseolus vulgaris, durchschnittliche Zahl der Nekrosen je Blatthälfte (nach STANLEY).

Besonders häufig wird der Einzelherdtest bei den pflanzenpathogenen Virusarten benutzt. HOLMES[4] fand, daß die Zahl der nekrotischen Einzelherde, die TMV auf den Blättern von Nicotiana glutinosa, Phaseolus vulgaris (Gartenbohne) und Datura stramonium (Stechapfel) erzeugt, von der Viruskonzentration abhängt, mit der die Blätteroberfläche eingerieben wurde. Zum Vergleich wird eine Standardlösung mit bekanntem Virusgehalt mit ausgewertet, indem auf der einen Blatthälfte die zu prüfende Lösung, auf der anderen eine Lösung mit bekannter Viruskonzentration aufgetragen wird (Einzelheiten s. bei TMV). Durch diesen verhältnismäßig genauen Test (Fehlerbreite 10%) ist die experimentelle Erforschung des Tabakmosaikvirus außerordentlich erleichtert worden. Die Abhängigkeit der Zahl der Läsionen von der Viruskonzentration ist aus Abb. 1 ersichtlich.

Die Wirksamkeit der Bakteriophagen wird durch ein analoges Verfahren bestimmt, indem man die Zahl der auf einer Bakterienkultur erzeugten Löcher (plaques) auszählt. Die Zahl der Plaques ist gleich der Zahl der auf die Bakterienkultur aufgebrachten Phagenteilchen. Die für die gesamte Virusforschung bahnbrechenden Erfolge, die in der Phagenforschung erzielt wurden, sind im wesentlichen diesem genauen und verhältnismäßig bequemen Test zu verdanken.

---

[1] GARD, S.: J. of Exper. Med. **72**, 69 (1940).
[2] BEARD, J. W., u. W. R. BRYAN: J. Inf. Dis. **66**, 245 (1940).
[3] BRYAN: W. R.: J. Nat. Cancer Inst. (Bethesda) **6**, 225 (1945).
[4] HOLMES, F. O.: Bot. Gaz. **87**, 39 (1929).

Bei einzelnen tierpathogenen Virusarten kann ein Einzelherdtest auf der Chorioallantois-Membran des bebrüteten Hühnereis durchgeführt werden. Diese Methode wurde z. B. von BURNET[1] und LUSH zur Bestimmung des Herpes-Virus und von KEOGH[2] zur Bestimmung des Vaccine-Virus angewendet. Über technische Einzelheiten dieser Methoden und ihre Anwendbarkeit bei verschiedenen Viren wurden neuerdings wieder einige Untersuchungen angestellt[3]. Diese älteren Verfahren dürften jedoch durch die Technik von DULBECCO und VOGT[4] überholt sein, wenn auch noch nicht feststeht, ob diese bei allen Virusarten anwendbar ist.

2. Virusmenge und Infektionserfolg.

Es wurde mehrfach versucht, die Beziehung zwischen der Konzentration der Viruslösung und der Infektionshäufigkeit quantitativ zu erfassen, um daraus die Zahl der für die Infektion einer Zelle notwendigen Teilchen zu ermitteln. Eine ausführliche Zusammenstellung findet sich bei ZIMMER[5]. Das Interesse konzentrierte sich hierbei hauptsächlich auf die Frage, ob der Verlauf der Konzentrations-Infektions-Kurven durch eine statistische Verteilung von Treffervorgängen oder durch die biologische Variabilität des Wirts gegenüber der Infektion bedingt ist. Eine Entscheidung ist dadurch möglich, daß im ersten Fall der Kurvenverlauf durch eine Poisson-Verteilung, im zweiten durch die Gauß-Verteilung oder die sehr ähnliche Binomialverteilung dargestellt werden kann. Bei einer Gauß-Verteilung kann die Mitwirkung eines Treffergeschehens ausgeschlossen werden. Über die Zahl der zur Infektion notwendigen Partikel kann in diesem Fall keine Aussage gemacht werden, denn ob eine Infektion eintritt oder nicht, hängt im wesentlichen von der Empfänglichkeit der Wirtszelle ab. Findet man jedoch eine Poisson-Verteilung mit dem Exponenten Null, eine sog. Eintrefferkurve, so folgt hieraus, daß ein Teilchen zur Infektion genügt, unabhängig von der Empfänglichkeit des Wirts. Auf Grund zahlreicher Untersuchungen an pflanzlichen Virusarten fanden YOUDEN und Mitarbeiter[6], daß die Zahl der Läsionen y mit der Konzentration x nach $y = N\,(1 - e^{-\alpha x})$ zunimmt, wobei N und α zunächst als rein formale Konstanten eingeführt werden. Später gelang es BALD[7] auf Grund eingehender Untersuchungen, diesen Konstanten eine Bedeutung beizulegen. N ist hiernach die Zahl der maximal möglichen Infektionserfolge und α das Produkt aus $N_1 \cdot p$, wo N_1 die Zahl der Virusteilchen in der unverdünnten Probe und p die Wahrscheinlichkeit des Eindringens für ein Teilchen ist. Die ausgezeichnete Übereinstimmung der Meßwerte mit der Eintrefferkurve wird besonders deutlich, wenn man die Versuchsergebnisse auf

[1] BURNET, F. M., u. D. LUSH: J. of Path. **48**, 275 (39).
[2] KLOGH, E. V.: J. of Path. **43**, 441 (1936).
[3] REID, D. B. W., I. F. CRAWLEY u. A. I. RHODES: J. of Immun. **63**, 165 (1949).
[4] DULBECCO R., u. M. VOGT: s. S. 13, Anm. 2.
[5] ZIMMER, K. G.: Biol. Zbl. **63**, 142 (1943).
[6] YOUDEN, W. J., H. P. BEALE u. J. D. GUTHRIE: Contr. Boyce Thompson Inst. **7**, 37 (1937).
[7] BALD, J. G.: Ann. Appl. Biol. **24**, 33, 56, 77 (1937); Austral. J. Exper. Biol. **15**, 211 (1937).

logarithmischem Wahrscheinlichkeitspapier aufträgt und als Ordinate y/N, als Abszisse jedoch das Verhältnis der bei dem jeweiligen Versuchspunkt benutzten Konzentration zu derjenigen wählt, für die $y/N = 1/2$. Bei dieser Darstellung bilden Trefferkurven Krumme, Gauß-Kurven aber Gerade, die sich sämtlich in einem Punkt schneiden und daher gut vergleichbar sind (s. Abb. 2). Es kann daher der Schluß gezogen werden, daß ein Einzelherd durch ein einziges Virusteilchen erzeugt wird.

Anders liegen die Verhältnisse bei den tierpathogenen Virusarten. BONÉT-MAURY[1] fand bei Versuchen mit Poliomyelitisvirus und Herpesvirus Kurven, die einer Normalverteilung entsprachen und hält die Mitwirkung eines Treffergeschehens für unwahrscheinlich. Auch beim Papillomvirus wird der Infektionserfolg allein durch die biologische Empfindlichkeit des Wirts bestimmt[2]. PARKER[3] bestimmte Konzentrations-Infektions-Kurven bei verschiedenen Stämmen des Vaccinevirus und fand, daß auch hier der Kurvenverlauf besser durch eine Gauß-Verteilung als durch eine Eintrefferkurve wiedergegeben werden kann. SPRUNT und MCDEARMAN[4] erhielten dagegen bei mehreren Versuchsreihen mit Vaccinevirus Ergebnisse, die mit den Eintrefferkurven gut übereinstimmten und lediglich kleine Abweichungen im Sinne einer überlagerten biologischen Variabilität zeigten. Es gelang ihnen, durch unspezifische Maßnahmen die Empfindlichkeit der Kaninchen gegen das Vaccinevirus um 30—50% herabzusetzen, ohne daß der Verlauf der Konzentrations-Infektions-Kurven dadurch merklich geändert wurde. Dieses Ergebnis ist schwer zu verstehen, wenn man annimmt, daß der Infektionserfolg allein von der biologischen Variabilität bestimmt wird. Eine klare Entscheidung für oder gegen die Treffertheorie ist also zur Zeit bei den tierpathogenen Viren noch nicht möglich.

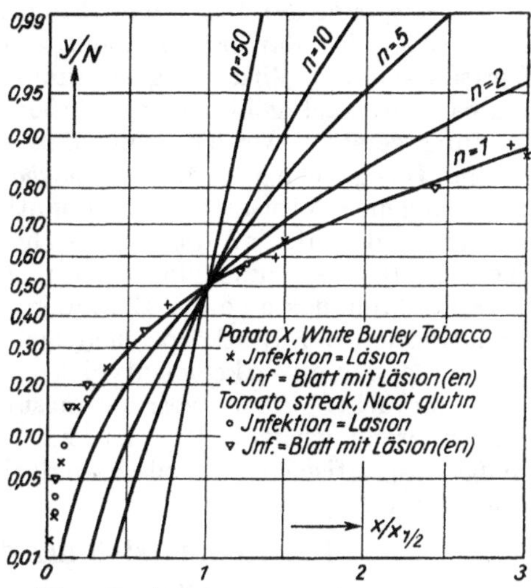

Abb. 2. Konzentrations-Infektions-Kurve für zwei Pflanzenviren (nach ZIMMER).

Die Zahl der zur Infektion notwendigen Virusteilchen läßt sich auch aus der gerade noch wirksamen Grenzdosis berechnen. Beim Virus der atypischen Geflügelpest (s. S. 240) wurde gefunden, daß noch etwa 6 Teilchen genügen, um mit 50% Wahrscheinlichkeit eine Infektion des

[1] BONÉT-MAURY, P.: Ann. Inst. Pasteur **68**, 491 (1942); J. Chim. phys. **39**, 116 (1942).
[2] BRYAN, W. R., u. J. W. BEARD: J. Inf. Dis. **67**, 5 (1940).
[3] PARKER, R. F.: J. of Exper. Med. **67**, 725 (1938).
[4] SPRUNT, D. H., u. S. MCDEARMAN: J. of Immun. **38**, 81 (1940).

Hühnerembryos zu erzeugen. Beim Vaccinevirus (s. S. 245) genügen im Mittel 4 Teilchen. Da es hier äußerst unwahrscheinlich ist, daß zwei Teilchen zugleich in eine Zelle gelangen, kann geschlossen werden, daß ein Teilchen zur Infektion genügt. Beim Papillomvirus sind dagegen 108 Virusteilchen für 50% Infektion notwendig[1].

Weitere Methoden zur Bestimmung der Virusmenge.

Zur quantitativen Bestimmung der Viren können neben biologischen auch *serologische Methoden* mit Erfolg angewendet werden. Man muß sich hierbei aber darüber im klaren sein, daß man nur die serologische Wirksamkeit der Virusmenge bestimmt, die nicht immer mit der infektiösen parallel geht. Durch äußere Einflüsse kann die infektiöse Wirkung zerstört werden, ohne daß sich das serologisch bemerkbar macht. Das gleiche gilt für die *Hämagglutinationsreaktion*, die bei vielen tierpathogenen Virusarten zum quantitativen Nachweis dienen kann. Sie beruht darauf, daß die Viren sich mit bestimmten Receptoren der Erythrocyten verbinden und diese hierdurch verklumpen. Es wird in einer Verdünnungsreihe der Endpunkt bestimmt, bei dem gerade keine Agglutination der Blutkörperchen mehr eintritt. Auch hier ist zu bemerken, daß die Wirksamkeit nicht mit der Infektiosität parallel zu gehen braucht. Auch vermehrungsunfähige Teilchen können noch agglutinierend wirken. Die gleichen Bedenken gelten gegen die noch weniger spezifischen chemisch-analytischen Methoden der Eiweißbestimmung.

IV. Reindarstellung der Virusarten.

1. Allgemeine Grundlagen[2,3].

Um dem Nichtchemiker das Verständnis für die präparativen Methoden der Viruschemie zu erleichtern, erscheint es zweckmäßig, einen kurzen Überblick über die allgemeine Struktur der Eiweißstoffe zu geben. Die Eiweißstoffe bauen sich aus Aminosäuren auf, die zu langen Peptidketten verbunden sind.

$$H_2N-\underset{|}{\overset{R}{C}}H-CO-(NH-\overset{R}{C}H-CO)_x-NH-\overset{R}{C}H-COOH$$

Bei den meist unlöslichen, fibrillären Eiweißstoffen sind die Polypeptidketten entweder völlig gestreckt oder spiralig aufgewunden (s. Abb. 3). Bei den löslichen, corpusculären Eiweißstoffen sind die Polypeptidketten stärker geknickt, so daß das Gesamtmolekül sich der Form einer Kugel nähert. Alle Viren gehören zu den corpusculären Eiweißstoffen. Auch die stäbchenförmigen Moleküle von der Art des TMV und des Kartoffel Y-Virus sind als Assoziate corpusculärer Proteine aufzufassen. Über die Art, wie die Peptidkette in den corpusculären Proteinen gefaltet ist, sind unsere Kenntnisse noch sehr gering.

[1] Bryan, W. R., u. J. W. Beard: J. Inf. Dis. **66**, 245 (1940).

[2] Zusammenfassende Darstellung s. G. Schramm: Größe und Form von Proteinmolekülen. In Stuart, Physik der Hochpolymeren II. Berlin-Göttingen-Heidelberg: Springer-Verlag 1953.

[3] Zahn, H.: Angew. Chem. **64**, 295 (1952).

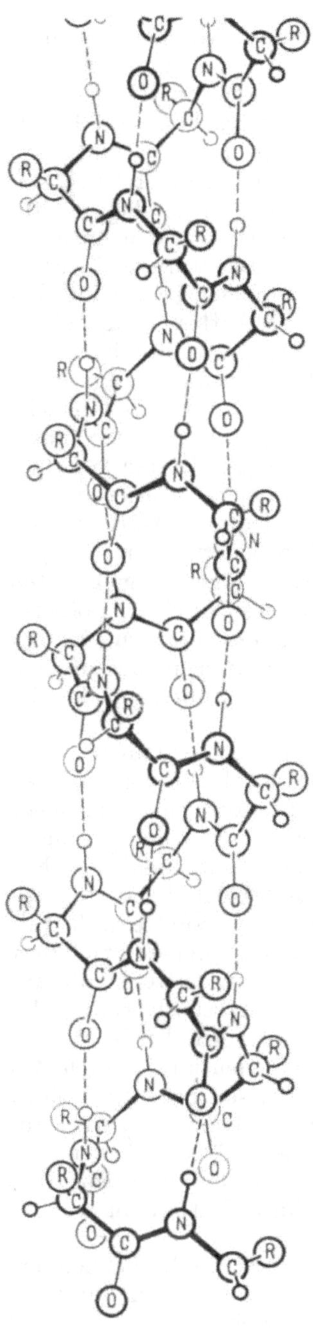

Abb. 3. α-Spirale nach PAULING und COREY. 3,7 Aminosäurereste je Windung. Energiearmster Zustand der Peptidkette, stabilisiert durch H-Brücken in Richtung der Längsachse. Die H-Brücken sind durch gestrichelte Linien wiedergegeben.

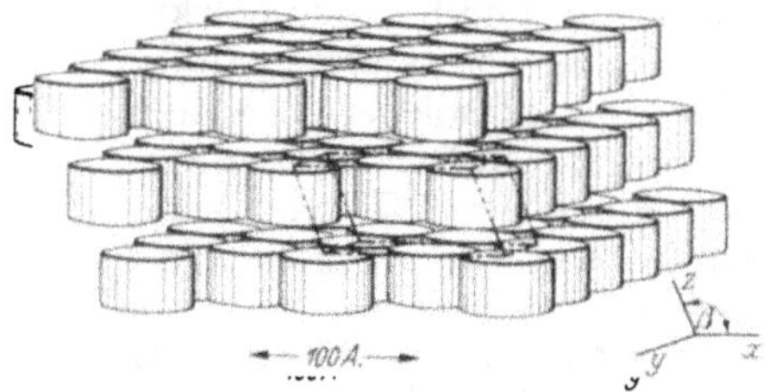

Abb. 4. Packung der Hämoglobinmoleküle im Kristallgitter. Zwischenräume durch Wassermoleküle ausgefüllt (nach PERUTZ).

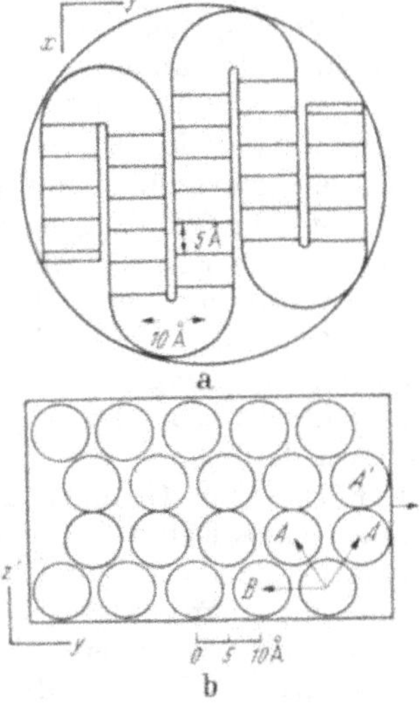

Abb. 5.
Innenstruktur der Hämoglobinmoleküle nach PERUTZ, a) Horizontaler Querschnitt mit geknickter α-Spirale, b) Vertikaler Querschnitt. Es sind 4 Schichten zu erkennen. Wahrscheinlich enthält das Molekül jedoch 6 Schichten.

Am besten bekannt ist das Hämoglobinmolekül nach der Röntgenuntersuchung von PERUTZ[1]. Das Molekül ist aus mehreren Schichten aufgebaut; jede Schicht besteht aus einer spiralig aufgewundenen Peptidkette, die mehrfach geknickt ist, so daß etwa 5 parallel gelagerte Stränge eine Schicht bilden (s. Abb. 4 u. 5). Nach unseren bisherigen Kenntnissen dürfen wir

[1] PERUTZ, M. F.: Nature (London) 168, 653 (1950).

uns den Aufbau anderer corpusculärer Proteine ähnlich vorstellen. Jedoch wird die Art der Faltung für den betreffenden Eiweißstoff spezifisch sein. Die räumliche Anordnung der Peptidkette wird im wesentlichen durch innermolekulare Wasserstoffbrücken stabilisiert. Diese sind gegen äußere Einflüsse recht empfindlich. Wird eine größere Anzahl solcher Wasserstoffbindungen in einem Molekül zerstört, so kann die spezifische räumliche Anordnung in der Peptidkette zusammenbrechen. Dieser Übergang vom geordneten in den ungeordneten Zustand wird als *Denaturierung* bezeichnet. Denaturierend wirken vor allem Substanzen, die ihrerseits Wasserstoffbindungen mit den Proteinen eingehen können oder Einflüsse, die zur Auflösung der relativ schwachen H-Bindungen führen können, wie Temperaturerhöhung und extreme p_H-Werte. Das auffallendste Merkmal eines denaturierten Proteins ist seine Unlöslichkeit bei mittleren p_H-Werten. Die Ursache hierfür liegt darin, daß die Wasserstoffbindungen nicht mehr innermolekular abgesättigt sind, sondern die ungeordneten Ketten verschiedener Moleküle miteinander vernetzt sind. Nach der Denaturierung sind die Proteine nicht mehr kristallisierbar, ihre biologische Aktivität und die serologische Spezifität ist verschwunden. Die Denaturierung verläuft im allgemeinen irreversibel, nur bei bestimmten sorgfältig gereinigten Proteinen läßt sich der Vorgang reversibel gestalten. Bei der präparativen Trennung der Eiweißstoffe kommt es vor allem darauf an, Methoden zu finden, um diese reversibel und ohne Denaturierung auszufällen. Da sich die Proteine hierbei in ihrer Löslichkeit stark unterscheiden, ist eine Fraktionierung möglich.

Die Eiweißstoffe sind Ionen mit einer bestimmten Anzahl positiver und negativer Ladungen, die im wesentlichen durch die vorhandenen sauren und basischen Gruppen gegeben ist. Die zur Auflösung eines Kristalls oder eines festen Eiweißstoffes notwendige Energie wird durch die Hydratation geliefert. Die Löslichkeit wird also unter sonst gleichen Bedingungen um so größer sein, je stärker das Molekül hydratisiert wird.

Durch Zugabe von Salzen oder organischen Lösungsmitteln, die mit Wasser mischbar sind, kann die Löslichkeit der Proteine vermindert werden. Die fällende Wirkung der organischen Lösungsmittel beruht auf einer Verringerung der Hydratation. Für die Wechselwirkung der Protein-Ionen untereinander und mit den Wassermolekülen ist das sie umgebende elektrische Feld von maßgebender Bedeutung. Durch Zugabe großer Salzmengen wird die Reichweite dieses Feldes verkürzt, wodurch die Wechselwirkung mit den Wasserdipolen verringert wird. Gleichzeitig werden aber auch die abstoßenden Kräfte zwischen den gleichsinnig geladenen Protein-Ionen verkleinert, so daß die Assoziation durch die v. d. Waalsschen Kräfte, die nur auf kurze Entfernung wirken, erleichtert wird.

Geringe Salzmengen können unter Umständen die Löslichkeit erhöhen, indem die entgegengesetzt geladenen Salz-Ionen die Protein-Ionen aus dem Bodenkörper in die Lösung hineinziehen.

Bei Eiweißstoffen, bei denen der Schwerpunkt der positiven und der negativen Ladungen annähernd zusammenfällt (geringes Dipolmoment), beobachtet man einen geringeren Einfluß des Salzgehalts auf die Löslichkeit als bei solchen mit größerem Abstand zwischen den Ladungsschwerpunkten und damit größerem Dipolmoment. Die erste Art von Eiweißstoffen wird als Albumine, die zweite als Globuline bezeichnet. Globuline sind in salzfreiem Medium häufig ganz unlöslich, durch geringe Salzzusätze wird ihre Löslichkeit erhöht, durch etwas größere Salzmengen wieder erniedrigt, da die Gegenionen die elektrischen Felder um die geladenen Gruppen stark beeinflussen. Bei den Albuminen ist der Salzeinfluß weniger ausgeprägt, da sich die Ladungen wegen ihres geringen Abstands gegenseitig abschirmen und die Gegenionen infolgedessen nur eine schwache Wirkung auf die elektrischen Felder des Gesamtions besitzen. Sie sind daher auch in salzarmem Medium löslich und fallen erst bei höherer Salzkonzentration wieder aus. Das Oberflächenpotential und damit die Löslichkeit wird auch durch die Wasserstoffionenkonzentration beeinflußt. Am isoelektrischen Punkt, d. h. bei demjenigen p_H, bei dem die Zahl der positiven und der negativen Ladungen gleich groß ist, besitzen die meisten Eiweißstoffe ein Löslichkeitsminimum. Da hier die Gesamtladung der Proteinmoleküle Null ist, ist die gegenseitige Abstoßung sehr gering und infolgedessen die Aggregation begünstigt. Auch die schwerlöslichen Verbindungen der Eiweißstoffe mit basischen oder sauren Fällungsmitteln beruhen wohl darauf, daß die Ladung des Proteins in ihnen verringert ist.

2. Chemische Darstellungsverfahren[1, 2].

Die Viren sind zum Teil recht empfindliche Gebilde, und darauf muß bei der Auswahl der Fraktionierungsmethoden Rücksicht genommen werden. Neben den chemischen Fällungsverfahren haben sich daher auch die physikalischen Methoden, wie fraktionierte Zentrifugierung und die elektrophoretische Trennung, besonders bewährt, weil sie sehr schonend sind. Je nach Bedarf können auch physikalische und chemische Methoden miteinander kombiniert werden. Die Wahl des Ausgangsmaterials ist sehr wichtig. Dabei ist daran zu denken, daß die biologischen Nachweismethoden im allgemeinen sehr empfindlich sind. Es ist daher nicht gesagt, daß sich das Virus auch aus allen Geweben in wägbaren Mengen isolieren läßt, in denen es biologisch nachweisbar ist. Aber nicht nur die Viruskonzentration ist von Bedeutung, sondern auch die Art der Beimengungen, da sich diese in Einzelfällen nur schwer vom Virus trennen lassen. Die Extraktion aus den Geweben bietet im allgemeinen keine Schwierigkeiten. Zur Zerstörung der Zellen ist es günstig, diese durch Einfrieren zum Platzen zu bringen. Haufig werden die Zellen auch durch einen Homogenisator zerkleinert. Als Ausgangsmaterial für die Gewinnung der tierischen Virusarten eignet sich in vielen Fällen die Allantois-Flüssigkeit des Hühnereis. Die Pflanzenviren werden am einfachsten aus dem Preßsaft der eingefrorenen Pflanzenteile gewonnen.

---

[1] Zusammenfassende Darstellung s. G. SCHRAMM: Angew. Chem. 54, 7 (1941).
[2] BEARD, J. W.: Purified animal viruses. J. of Immun. 58, 49 (1948).

Das am häufigsten gebrauchte chemische Fällungsverfahren beruht darauf, daß die Eiweißstoffe in hochkonzentrierten Salzlösungen reversibel ausflocken. Hierbei wird nur selten Denaturierung beobachtet. Zum *Aussalzen* wird vorwiegend Ammonsulfat benutzt, da wegen der großen Löslichkeit dieses Salzes hohe Konzentrationen angewendet werden können und außerdem das zweiwertige Sulfation stärker aussalzende Wirkung hat als einwertige Ionen. Weiterhin werden auch Magnesiumsulfat, Natriumsulfat oder Natriumchlorid benutzt.

Durch wiederholte Fällung bei verschiedenem p_H gelingt es, Verunreinigungen abzutrennen und einheitliche Eiweißfraktionen darzustellen. Fällungen mit Ammonsulfat finden bei der Darstellung verschiedener kristallisierter Pflanzenviren Anwendung, z. B. bei dem TMV und seinen Verwandten, dem Bushy stunt-Virus der Tomate und dem Kartoffel X-Virus. Auch Bakteriophagen und tierische Virusarten wie das Virus der Maul- und Klauenseuche und das Myxomvirus werden ohne Verlust ihrer Aktivität durch Ammonsulfat ausgefällt. Bei der atypischen Geflügelpest ist ebenfalls eine Salzfällung möglich. Doch zeigte sich hier deutlich, daß die chemische Methode den physikalischen unterlegen ist, da sie zu wesentlichen Wirksamkeitsverlusten führt.

Einige Eiweißstoffe sind am isoelektrischen Punkt praktisch unlöslich, so daß sie allein durch Einstellung dieser Wasserstoffionenkonzentration aus der Lösung ausgefällt werden. Dieses Verfahren wird als *isoelektrische Fällung* bezeichnet und findet ebenfalls bei der Darstellung von Virusproteinen Verwendung. So sind z. B. das TMV und das Kartoffel X-Virus in der Nähe des isoelektrischen Punktes in einem mehr oder weniger breiten p_H-Gebiet fast völlig unlöslich. Das Bushy stunt-Virus zeigt dagegen kein solches Löslichkeitsminimum. Bei den tierpathogenen Virusarten führt die isoelektrische Fällung meist nicht zum Erfolg, da bei einem p_H oberhalb 5 die meisten normalen Gewebebestandteile ebenfalls ausfallen.

Im Gegensatz zu der Chemie der niedermolekularen Stoffe kann bei den Eiweißstoffen die *Temperaturabhängigkeit der Löslichkeit* nur in seltenen Fällen zur Reinigung benutzt werden, da man wegen ihrer Wärmeempfindlichkeit nur ein geringes Temperaturintervall zur Verfügung hat. Eine eigenartige Temperaturabhängigkeit wurde beim Bushy stunt- und beim Tabak-Nekrose-Virus beobachtet. Das amorphe Bushy stunt-Virus ist bei 0° C löslicher als bei Zimmertemperatur, während sich das kristallisierte Virus umgekehrt verhält und auf diese Weise gereinigt werden kann.

Die Unterschiede in der *Temperaturempfindlichkeit* der Eiweißstoffe lassen sich oft zur Reinigung benutzen. So können bei der Darstellung des TMV aus dem Tabaksaft störende Eiweißstoffe dadurch entfernt werden, daß man den Saft etwa 10 min auf 70° C erwärmt. Hierdurch flocken chlorophyllhaltige Verunreinigungen aus, während das Virusprotein in Lösung bleibt. Die gleiche Trennung kann auch durch Einfrieren des Saftes auf —12° C durchgeführt werden, wobei ebenfalls die störenden Beimengungen unlöslich werden. Auch beim Poliomyelitisvirus und einigen anderen tierischen Virusarten gelingt es, durch langes

Einfrieren störende Beimengungen unlöslich zu machen und zu entfernen. Bei der Erniedrigung der Temperatur scheidet sich zunächst reines Eis aus, und in der flüssigen Phase reichern sich die Salze und Proteine an. Die hohe Salzkonzentration kann als solche denaturierend wirken. Bei komplizierten Strukturen kann es außerdem durch die Ausdehnung des Wassers beim Erstarren zu hohen Druckunterschieden kommen, die ebenfalls zerstörend wirken.

Die Eiweißstoffe lassen sich weiterhin durch Zusatz von organischen, *mit Wasser mischbaren Lösungsmitteln* ausfällen. So kann das TMV oder das Tabak-Nekrose-Virus durch Alkohol, das Maul- und Klauenseuchevirus durch Aceton in der Kälte ohne Wirksamkeitsverlust ausgefällt werden. Auch das Influenzavirus kann durch Fällung mit Methylalkohol angereichert werden, wobei der entstehende Niederschlag in 0,5 m Phosphatpuffer ohne nennenswerten Aktivitätsverlust wieder löslich ist. Bei lipoidreichem Ausgangsmaterial, z. B. bei der Darstellung der neurotropen Viren aus Gehirnsuspensionen, ist es zweckmäßig, die Lösung mit Äther zu schütteln, da hierdurch die für die weitere Darstellung sehr störenden Lipoide entfernt werden und gleichzeitig ein großer Teil der Begleitproteine unlöslich wird. Viele Virusproteine werden durch die organischen Lösungsmittel bei Zimmertemperatur denaturiert, so daß es sich empfiehlt, derartige Fällungen möglichst bei tiefer Temperatur durchzuführen.

Eiweißstoffe können auch durch Schwermetallsalze, wie Bleiacetat, Silberacetat, oder durch Basenfällungsmittel, wie Pikrinsäure oder Phosphorwolframsäure, Tannin usw. ausgefällt werden. Hierbei wird ebenfalls häufig Denaturierung beobachtet, so daß diese Fällungsmittel nur mit Vorsicht anzuwenden sind. Eine alkalische Bleiacetatfällung wurde von NORTHROP zur Reinigung des Phagenproteins benutzt. Auch STANLEY wandte ursprünglich zur Reinigung des TMV eine Bleifällung an, die aber später wieder verlassen wurde, da sie zu Wirksamkeitsverlusten führt.

Von COHEN[1] wurden größere polyvalente Anionen wie Heparin oder Polyanetholsulfosäure (liquoide Roche) zur Kristallisation von Virusprotein, z. B. des Bushy stunt-Virus, verwendet. In den Viruskristallen ist das Fällungsmittel nicht nachweisbar. Demnach müßte es sich um eine Art Aussalzeffekt handeln. Von WARREN[2] und Mitarbeitern wurde das Protamin Salmin zur Ausfällung der größeren tierischen Virusarten benutzt, z. B. des Vaccine-, Influenza-, Herpes- und Tollwutvirus. Das Protamin zerstört die Viruswirksamkeit nicht und seine Bindung an das Virus ist so locker, daß sie bei der Suspension in 1 m NaCl wieder zerfällt. Kleinere Viren von der Art der Coxsackie- oder der Encephalitisviren werden durch Protamin nicht gefällt, sie bleiben in der überstehenden Flüssigkeit, während Gewebetrümmer und andere Verunreinigungen ausgefällt werden. Ähnliche Beobachtungen wurden früher schon von BAWDEN und PIRIE[3] gemacht, die TMV mit Clupein ausfällen konnten.

[1] COHEN, S.: Proc. Soc. Exper. Biol. a. Med. **51**, 104 (1942).

[2] WARREN, J., M. L. WEIL, S. B. RUSS u. H. JEFFRIES: Proc. Soc. Exper. Biol. a. Med. **72**, 662 (1949). — WARREN, J.: Bacter. Rev. **14**, 200 (1950).

[3] BAWDEN, F. C., u. N. W. PIRIE: Proc. Roy. Soc. (London) B **125**, 275 (1937).

Eine andere Gruppe spezieller schwerlöslicher Verbindungen sind die Präcipitate, die sich bei der serologischen Reaktion der Virusproteine mit den entsprechenden Antikörpern bilden. Da es sich bei den Präcipitaten um reversible Verbindungen handelt, ist es unter Umständen möglich, die Antikörper aus diesen wieder abzutrennen und auf diese Weise die Virusproteine in reiner Form zu gewinnen. Wegen der Beständigkeit des TMV gegen proteolytische Enzyme kann aus der Virus-Antikörperverbindung mit Pepsin der Antikörper abgebaut und entfernt und so das vollaktive TMV wieder gewonnen werden.

Ein ähnliches Reinigungsverfahren ist bei denjenigen Virusarten möglich, die eine Hämagglutination zeigen. So kann z. B. das Influenzavirus an Hühnererythrocyten adsorbiert und von diesen wieder eluiert werden. Es wird hierbei ein Reinigungseffekt beobachtet, doch gelingt eine vollständige Abtrennung von den inaktiven Proteinen nicht.

Es ist vielfach versucht worden, Virusproteine durch Adsorption an Aluminiumhydroxyd, Aktivkohlen und anderen stark wirkenden Adsorbentien anzureichern. Von Lo Grippo[1] wird eine Anreicherung der Viren durch Adsorption an Kationenaustauscher empfohlen. Diese Verfahren waren allerdings nur in einigen Fällen erfolgreich, meist gelingt es nicht, das Virusprotein unzerstört wieder von dem Adsorbens abzulösen. Außerdem ist hierbei eine starke Verdünnung der virushaltigen Lösung unvermeidlich. In den Fällen, wo es gelingt, ein Adsorbens ausfindig zu machen, das nur die inaktiven Begleitstoffe, jedoch nicht das Virusprotein adsorbiert, kann unter Umständen eine partielle Reinigung erzielt werden. Erfolgversprechend scheint dagegen eine andere Art von Adsorption zu sein, die von Tiselius[2] entwickelt wurde und als „Aussalzeffekt" bezeichnet wird. Als Adsorbens wird hierbei Papier oder Papierbrei verwendet. Diese entwickeln nur sehr geringe adsorptive Kräfte gegenüber den Eiweißstoffen. Setzt man aber den Eiweißlösungen Salz zu in einer Konzentration, die noch nicht zur Ausfällung des Proteins ausreicht, so wird nunmehr die Lösung instabil, so daß eine Adsorption an das Papier erfolgen kann. Die Elution bietet in diesem Fall keine Schwierigkeiten, da die Adsorptionskräfte nur schwach sind. Die Methode führte bei dem Encephalomyelitisvirus der Maus (Theilersches Virus) zu einer beträchtlichen Steigerung der Aktivität[3]. Von Shepard[4] wurde gefunden, daß mit dieser Methode verschiedene T-Phagen im Mikromaßstab voneinander getrennt werden können. Das Virus des Rous-Sarkom kann in 0,9%iger NaCl-Lösung an Celit (Kieselgurpräparat) adsorbiert und bei einer niedrigeren Salzkonzentration wieder eluiert werden (Riley)[5].

3. Reindarstellung der Viren durch fraktionierte Zentrifugierung.

Die Viren besitzen fast immer ein höheres Teilchengewicht als die anderen löslichen Proteine der Zelle. Durch Anwendung geeigneter

[1] Lo Grippo, G. A.: Proc. Soc. Exper. Biol. a. Med. **74**, 208 (1950).
[2] Tiselius, A.: Ark. Kemi Mineralogi och Geologi **26** B (1949).
[3] Leyon, H.: Ark. f. Kemi **1**, 313 (1950).
[4] Shepard, C. C.: J. of Immun. **68**, 179 (1950).
[5] Riley, V. T.: Science (Lancaster, Pa.) **107**, 573 (1948).

Schwerefelder gelingt es daher meistens, die Virusproteine auszuschleudern, ohne daß größere Mengen der löslichen Proteine in das Sediment geraten. Strukturelemente der Zelle, die in der Größenordnung der Viren liegen, werden durch das wiederholte Ausschleudern häufig unlöslich, so daß durch abwechselndes hoch- und niedertouriges Zentrifugieren eine beträchtliche Reinigung erzielt werden kann. Diese Reinigungsmethode wird bei der Darstellung der tierischen Virusarten fast ausschließlich angewendet und ist schon frühzeitig zur Reinigung herangezogen worden. So reinigte LEDINGHAM[1] 1931 die Elementarteilchen des Kuhpockenvirus und der Geflügelpest auf diese Weise. Von SCHLESINGER[2] wurden bereits 1933 auf entsprechendem Wege Bakteriophagen in verhältnismäßig reiner Form gewonnen. Für die größeren tierischen Virusarten, Quaderviren, atypische Geflügelpest, genügt zur Sedimentation eine Drehzahl von etwa 15000—16000 Umdr./min, entsprechend 20000 g. Diese Drehzahlen lassen sich mit elektrisch betriebenen Zentrifugen ohne weiteres erreichen. Bei höheren Drehzahlen, wie sie für die kleineren Virusarten notwendig sind, werden zweckmäßigerweise Zentrifugen verwendet, deren Rotor zur Vermeidung von Reibung im Vakuum rotiert. Um den Erfordernissen der Virusforschung Rechnung zu tragen, sind verschiedene derartige hochtourige Zentrifugentypen entwickelt worden. Diese arbeiten teilweise mit elektrischem Antrieb (Spinco, Belmont, Californien), teilweise mit Luftantrieb (Phywe, Göttingen). (Näheres s. S. 44). Für die Verarbeitung größerer Flüssigkeitsmengen sind kontinuierlich arbeitende Zentrifugen vom Typ Sharples besonders bequem. Die Reinigung wird im allgemeinen so vorgenommen, daß zunächst der Gewebeextrakt durch niedertouriges Zentrifugieren in einer gewöhnlichen Laboratoriumszentrifuge von gröberen Gewebetrümmern befreit wird. Dann wird das Virus bei höherer Tourenzahl ausgeschleudert. Es ist hierbei darauf zu achten, daß die Drehzahl nicht höher gewählt wird, als unbedingt erforderlich ist, denn sonst werden die Viruspartikel zu scharf zusammengepreßt, aggregieren und werden unlöslich. Es genügt, die Drehzahl so zu wählen, daß die Sedimentation in $^1/_2$—2 Std. beendigt ist. Das Sediment, welches meist in Form eines klaren Gels anfällt, wird in einem kleineren Volumen eines geeigneten Lösungsmittels wieder aufgenommen. Hierbei bewährt es sich, die Lösung durch Aufziehen in einer kleinen Rekordspritze kräftig durchzuwirbeln. Anschließend wird dann die Lösung wieder niedertourig zentrifugiert, um die entstandenen Aggregate normaler Gewebebestandteile zu entfernen. Zur weiteren Reinigung kann nochmals hochtourig und anschließend niedertourig zentrifugiert werden. Doch darf der Prozeß nicht zu oft wiederholt werden, da sonst ebenfalls Wirksamkeitsverluste auftreten können.

Bei der Darstellung durch Zentrifugierung ist zu bemerken, daß auch in normalen Geweben oder Gewebeflüssigkeiten verhältnismäßig hochmolekulare Komponenten vorkommen können, die die Reinigung erschweren. So findet man z. B. in der so häufig als Ausgangsmaterial

[1] LEDINGHAM, J. C. G.: Lancet **2**, 525 (1931).
[2] SCHLESINGER, M.: Biol. Z. **264**, 6 (1933).

verwendeten Allantoisflüssigkeit normale Proteine mit hohen Sedimentationskonstanten. Eine Verwechslung dieser hochmolekularen Komponenten mit dem Virus ist insofern leicht möglich, als es sich bei ihnen um pathologische Produkte handeln kann, die in nicht infizierten Eiern nicht auftreten. Sie sind aber unspezifisch und weisen keine Verwandtschaft mit dem Virus auf. Daneben treten aber auch spezifische nicht-infektiöse Begleitstoffe des Virus auf, die als Virusvorstufen aufgefaßt werden. Ihre Sedimentationskonstante ist nur wenig kleiner als die der fertigen Viruspartikel (Näheres s. beim Influenzavirus). Die unspezifischen hochmolekularen Begleitstoffe werden häufig durch längere Aufbewahrung bei 2° C unlöslich. Es empfiehlt sich in diesen Fällen, nicht frische Gewebeextrakte zu nehmen, sondern diese zunächst einige Zeit im Eisschrank stehen zu lassen (Beispiele s. unter Pferde-Encephalitis). Durch Zentrifugieren können auch sehr empfindliche Viren, die eine chemische Fällung nicht vertragen, in reiner Form gewonnen werden. Hochtourige Zentrifugen sind daher ein unentbehrliches Hilfsmittel der Virusforschung und haben bei der Darstellung fast aller Virusarten Anwendung gefunden. Bei den chemisch beständigen Viren, insbesondere bei den Pflanzenviren, empfiehlt es sich, im allgemeinen eine chemische Vorreinigung durchzuführen, z. B. durch Fällung mit Ammonsulfat. Man gelangt dann schneller zu kleinen Flüssigkeitsvolumina, die in der Zentrifuge bequem zu verarbeiten sind. Die Anwendung der Ultrazentrifuge zur Bestimmung des Teilchengewichts wird auf S. 41 ff. ausführlich geschildert.

4. Präparative Elektrophorese.

Ein anderes physikalisches Verfahren zur Darstellung der Eiweißstoffe ist die Elektrophorese. Sie bildet eine wertvolle Ergänzung zur Zentrifugierung. Während dort die Trennung der Proteine nach ihrer Masse erfolgt, sind hier die elektrischen Eigenschaften der untersuchten Stoffe, auf die auf S. 56 ff. näher eingegangen wird, maßgebend. Viele Proteine, die sich in der Zentrifuge nicht unterscheiden lassen, da sie die gleiche Masse besitzen, können elektrophoretisch auf Grund ihres verschiedenen elektrochemischen Verhaltens getrennt werden. Die Bedeutung der Elektrophorese liegt vor allem auf dem Gebiet der Analyse. Mit ihrer Hilfe kann die Einheitlichkeit bzw. die Zahl der elektrochemisch verschiedenen Komponenten festgestellt werden. Jedoch sind viele der für analytische Zwecke hergestellten Geräte auch für die Reindarstellung von Eiweißstoffen zu gebrauchen. Für analytische und präparative Arbeiten auf dem Eiweißgebiet hat sich besonders der Elektrophoreseapparat von TISELIUS bewährt, der in verschiedenen Modifikationen im Handel ist. Bei diesem ist es möglich, auf optischem Wege die Wanderungsgeschwindigkeit messend zu verfolgen und die einzelnen Stoffe voneinander zu trennen, wenn sie genügend weit auseinander gewandert sind. Der Apparat (s. Abb. 6) besteht aus einem U-Rohr, das sich aus mehreren seitlich verschiebbaren Kammern zusammensetzt. Die untere Hälfte des U-Rohrs wird mit der Proteinlösung gefüllt und diese dann durch seitliche Verschiebung von den übrigen Teilen des U-Rohrs getrennt. Dann werden die oberen Teile des U-Rohrs und die Elektrodengefäße mit der gleichen Pufferlösung, in der das Protein gelöst wurde, gefüllt. Nachdem der Apparat die Temperatur des Thermostaten angenommen hat, wird die untere Kammer mit Hilfe einer Druckluftvorrichtung wieder zurückgeschoben und auf diese Weise die Pufferlösung störungsfrei mit der Proteinlösung unterschichtet. Nach dem Anlegen der Spannung kann nun die Wanderung der einzelnen Proteinkomponenten beobachtet werden. Zur präparativen Trennung einzelner Eiweißstoffe

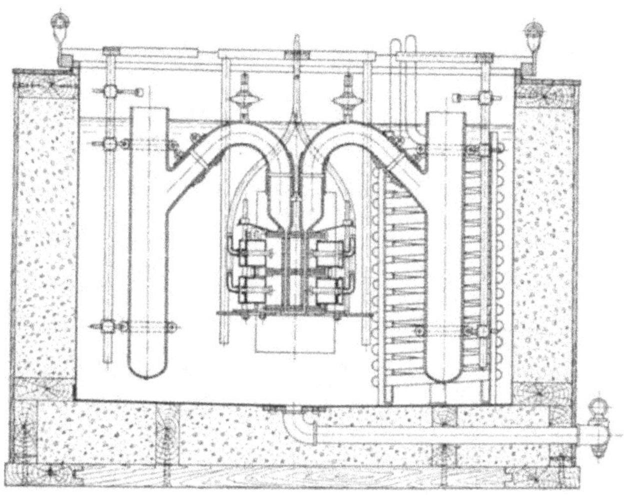

Abb. 6. Elektrophorese-Apparat nach TISELIUS. Elektroden nicht mitgezeichnet.

wird die Elektrophorese mit Hilfe einer Kompensationseinrichtung so geleitet, daß der eine Stoff sich in dem einen bzw. in dem oberen Teil des einen Schenkels, die übrigen Begleitstoffe sich aber in dem anderen Schenkel des U-Rohrs befinden. Durch seitliche Verschiebung der Kammern wird nun die gesuchte Komponente von der übrigen Lösung abgetrennt. Es ist auf diese Weise möglich, auch Stoffe zu trennen, die nur einen geringen Unterschied in der Wanderungsgeschwindigkeit aufweisen. Wenn jedoch die erforderlichen Versuchszeiten allzu groß werden, kann eine eindeutige Trennung nicht mehr durchgeführt werden, da die Grenzzonen durch den Einfluß der Diffusion zu unscharf werden.

Es sind daneben auch Geräte entwickelt worden, die ausschließlich präparativen Zwecken dienen[1]. Bei diesen ist der Wanderungsweg durch Membranen, auch Filtrierpapier, Schieber oder Hähne unterteilt, so daß der Inhalt der Kammern nach Versuchsende getrennt entnommen werden kann. Ein Apparat für größere Mengen wurde z. B. von TISELIUS und HAHN[2] konstruiert.

---

[1] Zusammenfassung Adv. Protein Chem. **4**, 251 (1948). — SVENSSON, H.: Präparative Elektrophoresis und Ionophoresis.

[2] TISELIUS, A., u. L. HAHN: Biochem. Z. **314**, 336 (1943).

Für kleinere Mengen ist die Papierelektrophorese sehr geeignet, die zuerst von TH. WIELAND[1] entwickelt wurde. Hierbei wird die zu untersuchende Lösung auf einen Papierstreifen aufgebracht, der vorher mit einer entsprechenden Pufferlösung angefeuchtet wurde. An den Papierstreifen wird eine bestimmte Spannung angelegt und nach Beendigung des Versuchs werden die Eiweißbanden durch Anfärben mit

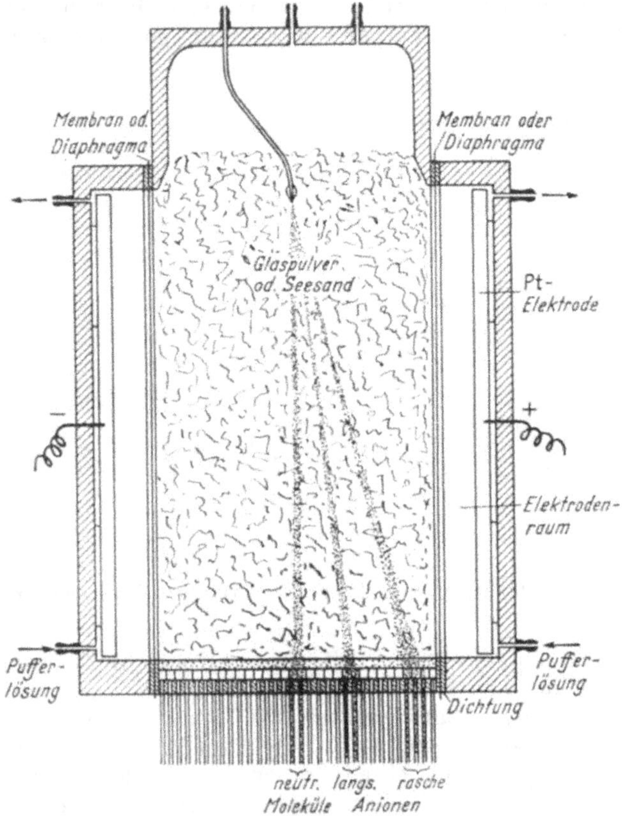

Abb. 7. Apparat zur kontinuierlichen elektrophoretischen Trennung nach GRASSMANN und HANNIG.

einem Farbstoff sichtbar gemacht. Nach GRASSMANN[2] eignet sich hierfür besonders Amidoschwarz 10 B. Durch Photometrierung des angefärbten Papierstreifens ist es möglich, die Konzentration der einzelnen Komponenten zu bestimmen, falls alle Komponenten sich in gleicher Weise mit dem Farbstoff verbinden. Die Vor- und Nachteile der Papierelektrophorese wurden von KUNKEL u. TISELIUS[3] ausführlich behandelt.

Erfolgversprechend ist eine neue Entwicklung der Elektrophorese, die eine kontinuierliche Arbeit gestattet. Geräte dieser Art wurden von

[1] WIELAND, TH., u. E. FISCHER: Naturwiss. **35**, 29 (1948).
[2] GRASSMANN, W., K. HANNIG u. M. KNEDEL: Dtsch. med. Wschr. **1951**, **333**.
[3] KUNKEL H. G., u. A. TISELIUS: J. Gen. Physiol. **35**, 89 (1952).

GRASSMANN[1] und unabhängig davon auch von SVENSSON[2] entwickelt. Das Prinzip der Vorrichtung geht aus Abb. 7 hervor. Ein dünner Flüssigkeitsfaden der zu untersuchenden Lösung fließt in einer geeigneten Trägersubstanz von oben nach unten. Als Träger kann für kleine Mengen ein Bogen Filterpapier, für größere eine Schicht aus Glaspulver oder ähnlichem Material Verwendung finden. Senkrecht zu dem Flüssigkeitsfaden wird ein elektrisches Feld angelegt. Je höher die Beweglichkeit der betreffenden Ionen ist, desto stärker werden sie aus der Strömungsrichtung abgelenkt. Es ergibt sich auf diese Weise eine Auffächerung der gelösten Stoffe nach dem Grade ihrer elektrischen Wanderungsgeschwindigkeit. Die abfließenden Flüssigkeitsmengen können dann getrennt aufgefangen werden.

Ein anderer Weg zur Fraktionierung von gelösten Proteinen besteht in einer Kombination von Elektrophorese und Konvektion[3]. Er wurde zuerst von KIRKWOOD[4] 1941 vorgeschlagen und von NIELSON und KIRKWOOD 1946[5] experimentell verwirklicht. Zwei Behälter sind durch einen senkrechten Kanal verbunden, der so eng gewählt wird, daß eine laminare Strömung gesichert ist. Wird jetzt ein horizontales elektrisches Feld angelegt, so erfolgt eine Wanderung der geladenen Teilchen in der Querrichtung. Auf diese Weise reichert sich die schneller wandernde Komponente auf der einen Seite an, es bildet sich ein Dichtegradient auf, der zum Absinken der schnelleren Komponente und zum Aufsteigen der langsameren führt. Am Schluß des Versuchs hat eine teilweise Entmischung stattgefunden, die schnellere Komponente findet sich vorzugsweise im unteren und die langsamere im oberen Behälter. Diese Anordnung führt zu einer partiellen Trennung auch in den Fällen, wo die Unterschiede in der Wanderungsgeschwindigkeit nur gering sind, doch muß die Trennung stets unvollständig sein. Das Verfahren wurde zur Trennung verschiedener Eiweißstoffe erfolgreich benutzt, z. B. des Eieralbumins und der Serumproteine. Es müßte daher auch für die Trennung von Viren brauchbar sein.

Bei Mischungen aus sehr vielen Komponenten ist die Trennung bei den diskontinuierlichen Verfahren zeitraubend, da der Trennungsvorgang mehrfach wiederholt werden muß und jedesmal nur ein kleiner Teil der Lösung in angereicherter Form gewonnen wird. Außerdem ist die Zuordnung der biologischen Aktivität zu den vielen elektrophoretisch unterscheidbaren Komponenten nicht eindeutig und das Verfahren daher unübersichtlich. Die Anwendung der elektrophoretischen Trennung empfiehlt sich daher nur bei Lösungen, die bereits mit anderen Methoden vorgereinigt sind. Sie hat sich in der Virusforschung bewährt, um kleinere Mengen an Verunreinigungen aus stark angereicherten Viruslösungen abzutrennen, wenn diese auf anderem Wege nicht zu entfernen sind. Näheres s. bei der klassischen Geflügelpest, beim Influenzavirus und bei den Bakteriophagen.

[1] GRASSMANN, W., u. K. HANNIG: Naturwiss. **37**, 397 (1950).
[2] SVENSSON, H., u. J. BRATTSTEN: Ark. f. Kemi **1**, 401 (1949).
[3] Zusammenfassung s. J. R. CANN u. J. G. KIRKWOOD: Cold Spring Harbor Symp. Quant. Biol. **14**, 9 (1950).
[4] KIRKWOOD, J. G.: J. Chem. Phys. **9**, 878 (1941).
[5] NIELSEN, L. E., u. J. G. KIRKWOOD: J. Amer. Chem. Soc. **68**, 189 (1946).

5. Prüfung auf Einheitlichkeit.

Um eindeutige Aussagen über die physikalischen und chemischen Eigenschaften der isolierten Virusteilchen machen zu können, ist es notwendig, ihre Einheitlichkeit zu beweisen. Hierbei ist zu prüfen, ob in dem Präparat inaktive Fremdstoffe vorhanden sind und weiterhin, ob die Virusteilchen unter sich gleich sind bzw. wie groß die Variabilität ihrer Eigenschaften ist. Der letzte Punkt ist wichtig für die Entscheidung, ob es sich bei den Teilchen um Moleküle oder um Molekülkomplexe handelt. Völlige Einheitlichkeit spricht für eine definierte Struktur und Zusammensetzung, bei Molekülkomplexen ist die Zusammensetzung und damit auch das Teilchengewicht variabel.

Eines der überzeugendsten Argumente für die Einheitlichkeit eines Virus ist die Kristallisierbarkeit. Durch die Ausbildung kompakter Kristalle lassen sich adsorptiv gebundene Verunreinigungen entfernen, weil die Oberfläche hierbei beträchtlich verkleinert wird. Der Chemiker wird daher vor allem bestrebt sein, das Virus in kristallisierter Form zu erhalten. Der Übergang in den kristallisierten Zustand ist jedoch als solcher allein kein Beweis für die Reinheit des Präparats, da auch Mischkristalle mit anderen Eiweißstoffen gebildet werden können. Umgekehrt kann aber ein nicht kristallisierter Eiweißstoff nicht ohne weiteres als uneinheitlich bezeichnet werden, da eine besondere Oberfläche oder Form des Moleküls trotz der Einheitlichkeit eine Kristallisation unmöglich machen kann. Aus diesem Grund muß die Einheitlichkeit eines Proteins auch im gelösten Zustand geprüft werden. Hierbei scheiden solche Methoden aus, die lediglich einen statistischen Mittelwert der Zusammensetzung liefern, wie osmotische und viscosimetrische Messungen. Geeignet sind dagegen solche Verfahren, bei denen die Moleküle unter dem Einfluß einer Kraft (Schwerkraft, Diffusion oder elektrisches Feld) durch die Lösung hindurch bewegt werden, da hierbei Aussagen über die Eigenschaftsverteilung innerhalb der untersuchten Substanz gemacht werden können.

Als weiteres Kriterium für die Einheitlichkeit eines Proteins kann die Löslichkeit herangezogen werden. Nach der Phasenregel von Gibbs muß bei einem Einkomponentensystem die Löslichkeit unabhängig von der Menge des vorhandenen Bodenkörpers sein. Die Gültigkeit der Phasenregel bei Eiweißstoffen wurde bereits von Sörensen am Eieralbumin bewiesen und später besonders von Northrop[1] und seiner Schule zur Prüfung der Reinheit von Eiweißstoffen herangezogen. Bei einem reinen Eiweißstoff ist weiterhin die Löslichkeit umgekehrt proportional der zugesetzten Salzmenge. Ergibt sich experimentell eine lineare Abhängigkeit, so kann ebenfalls auf Einheitlichkeit geschlossen werden.

Unter Umständen kann auch mit dem Elektronenmikroskop die Reinheit der Präparate geprüft werden, doch ist es gerade für diesen Zweck weniger geeignet, da einerseits Salzreste und Fremdstoffe, die bei der Präparation hineingelangt sind, eine starke Verunreinigung

[1] Siehe J. H. Northrop: Crystalline Enzymes. New York 1948.

vortäuschen können, und andererseits wegen der Kleinheit des Ausschnitts grobe Verunreinigungen dem Betrachter entgehen können.

Eine besonders empfindliche Prüfung auf Fremdstoffe läßt sich bei den pflanzlichen Virusarten auf serologischem Wege durchführen, indem man prüft, ob Antiserum gegen normale Gewebebestandteile noch mit dem Viruspräparat reagiert. So läßt sich beim TMV mit Hilfe der sehr empfindlichen Komplementbindungsreaktion zeigen, daß dieses bei der üblichen Darstellungsweise höchstens 0,2% an Bestandteilen enthält, die aus der Wirtszelle stammen[1]. Bei den tierischen Viren ist die serologische Prüfung auf Einheitlichkeit nicht mit der gleichen Schärfe durchführbar, da diese meist normale Gewebebestandteile in relativ fester Bindung enthalten.

Nach den bisherigen Ergebnissen nimmt die Einheitlichkeit bei den einzelnen Virusarten mit zunehmender Größe ab. Eine Übereinstimmung der Teilchen untereinander findet man nur bei den einfachen Pflanzenviren. Nur hier kann man eine definierte gleichartige Struktur der Teilchen erwarten. Die Variabilität der größeren Virusarten läßt darauf schließen, daß hier keine eindeutig definierte Struktur mehr vorliegt.

V. Größe und Gestalt.

Die Aussagen über Größe und Gestalt der Viren werden um so sicherer sein, je reiner die Präparate sind, an denen die Messungen vorgenommen werden. Nur wenige Methoden gestatten auch eine Abschätzung bei ungereinigten Viruspräparaten. Im folgenden Abschnitt sollen die wichtigsten Verfahren in ihren Grundzügen erläutert und die mit ihnen erzielten Ergebnisse kritisch gewertet werden.

1. Untersuchung ungereinigter Viruspräparate.

In ungereinigten Präparaten können Viruskonzentrationen nur durch den biologischen Test bestimmt werden. Wegen seiner Ungenauigkeit ist in diesem Fall nur eine Abschätzung über die ungefähre Größe der Teilchen möglich. Diese indirekten Methoden der Größenbestimmung werden daher heute nur angewandt, wenn die Reindarstellung des Virus aussichtslos erscheint oder, wenn man sich vor Beginn der Aufarbeitung einen Überblick über die zu erwartende Größenordnung verschaffen will. Sie haben auch nach der Entwicklung exakter Verfahren insofern eine gewisse Bedeutung behalten, als es mit ihrer Hilfe gelingt, die Identität der isolierten Substanz mit dem biologisch wirksamen Agens festzustellen (vgl. S. 14)

a) Ultrafiltration.

Wegen ihrer historischen Bedeutung soll die Ultrafiltration vorangestellt werden. Das Verfahren besteht darin, daß man durch Verwendung verschiedener Filter die Grenzporenweite ermittelt, bei der das Virus gerade noch durch das Filter hindurchtritt. Der Filtrationsendpunkt wird durch biologische Auswertung des Filtrats bestimmt.

[1] SCHRAMM u. v. KEREKJARTO: Unveröffentlicht.

Die Methode wurde zuerst von BECHHOLD 1907[1] zur Untersuchung von Kolloiden angewandt und ist danach für Zwecke der Virusforschung weiterentwickelt worden. Als Filter werden meist Kollodiummembranen benutzt, deren Porosität durch Verwendung verschiedenartiger Lösungsmittel für das Kollodium oder durch Wahl verschiedener Verdampfungszeiten des Lösungsmittels variiert wird. Die Herstellung von Filtern wurde besonders von ELFORD[2] näher beschrieben. Die Beziehung zwischen der Grenzporenweite und dem Durchmesser der gerade noch zurückgehaltenen Teilchen ist recht verwickelt und läßt sich nur empirisch bestimmen. Bei kleinen Porenweiten ist das Verhältnis Grenzporenweite : Teilchendurchmesser 0,33 und wird erst bei Porenweiten über 1 mμ gleich 1.

Die Membranen sind keineswegs ideale Siebe. Die Länge der Kanäle, durch die die Filtration erfolgt, ist mindestens 1000mal so groß wie ihre Durchmesser. Hierdurch werden Störungen durch Adsorptionserscheinungen und mechanische Verstopfungen verursacht. Die Ergebnisse der Ultrafiltration sind daher abhängig von der Art der filtrierten Lösung, von dem benutzten Filtrationsdruck und von der Durchflußgeschwindigkeit. Besondere Wirkung üben in der Lösung enthaltene, oberflächenaktive Stoffe aus. So wird z. B. das Maul- und Klauenseuchevirus in einer Phosphat-Kochsalz-Lösung bei einer mittleren Porenweite von 60 mμ vollständig zurückgehalten; wird das Virus dagegen in einer Fleischbrühe bestimmter Zusammensetzung gelöst, so ist es noch bis zu einer Porenweite von 25 mμ filtrierbar. Bei nicht kugelförmigen Teilchen, wie dem TMV, werden bei der Ultrafiltration besonders widerspruchsvolle Ergebnisse erhalten.

b) Biologische Bestimmung der Sedimentations- und Diffusionskonstanten.

Wie später noch näher ausgeführt wird, ist die Sinkgeschwindigkeit der Virusteilchen im Zentrifugalfeld zur Charakterisierung besonders wichtig. Die exakte Messung erfolgt auf optischem Wege. In Rohlösungen, in denen die Viruskonzentration zu gering ist oder das Virus optisch nicht von den übrigen sedimentierenden Substanzen unterschieden werden kann, muß die Sedimentationskonstante auf biologischem Wege bestimmt werden. Das Verfahren wurde zuerst 1931 von BECHHOLD und SCHLESINGER[3] angewandt. Man mißt hierbei die Abnahme der Viruskonzentration in einem bestimmten Zellvolumen. Hierbei muß die Zentrifugation so durchgeführt werden, daß das zentrifugierte Virus nicht wieder in den Überstand gelangt. In diesem Falle ist dann die Abnahme der Virusmenge in dem Zellvolumen der Sedimentationsgeschwindigkeit proportional. Der in einer bestimmten Zeit zurückgelegte Weg $\Delta x = l\,(1 - C_t/C_0)$, wobei l = Länge der Zelle, C_0 = Viruskonzentration zu Beginn des Virus, C_t = Viruskonzentration

[1] BECHHOLD, H.: Z. phys. Chem. **60**, 257 (1907).

[2] ELFORD, W. J.: Zusammenfassung im Handbuch der Virusforschung I, S. 126. Wien 1938.

[3] BECHHOLD, H., u. M. SCHLESINGER: Biochem. Z. **236**, 387 (1931).

zur Zeit t. Aus Δx laßt sich ohne weiteres nach der Formel auf S. 42 die Sedimentationskonstante berechnen. Um eine Vermischung des zu Boden gesunkenen Virus mit dem Überstand zu vermeiden, wurde von SCHLESINGER der Boden der Zelle mit Filterpapier bedeckt. Um eine Konvektion auszuschließen, ist es zweckmäßig, die Sedimentation in ziemlich engen Capillaren durchzuführen[1]. Die Versuche lassen sich bei größeren Viruskonzentrationen ohne weiteres in der üblichen analytischen Zelle der Ultrazentrifuge ausführen, da das gelartige Sediment nicht wieder aufgewirbelt wird. Allerdings ist in diesem Falle eine Korrektur wegen der Sektorform der Zelle notwendig[2]. Eine etwas genauere Formel wurde von BRADISH et al. angegeben[3]. Sie berücksichtigen auch die Zeit während des Anlaufens und Abbremsens der Zentrifuge, bei der die Drehzahl nicht konstant ist. Im allgemeinen sind diese Zeiten aber so kurz, daß man sie vernachlässigen kann. Ferner entwickelten sie eine besondere Vorrichtung, die eine einwandfreie Abtrennung des Sediments vom Überstand gestattete. Die Versuche können auch in einem Rotor mit schräggestellten Zellen durchgeführt werden. In diesem Fall muß jedoch die Abhängigkeit der Konzentrationsabnahme von der Größe der Virusteilchen durch Eichversuche mit Substanzen bekannter Sedimentationsgeschwindigkeit festgestellt werden. Von POLSON wurde auch ein einfaches Gerät zur biologischen Bestimmung der Diffusionskonstanten entwickelt (vgl. Rinderpest). Hierbei läßt man das Virus in einer Capillare diffundieren, die nachher in einzelne Segmente geteilt werden kann. Aus den Virusaktivitaten in den einzelnen Segmenten läßt sich dann die Diffusionskonstante errechnen. Die Genauigkeit aller dieser Messungen ist stark von der Güte des Tests abhangig. Daher sind sie weniger zuverlässig als die direkten optischen Bestimmungen.

2. Elektronenmikroskopische Untersuchung.

Die Bedeutung der Elektronenmikroskopie fur die Virusforschung liegt vor allem darin, daß sie ein unmittelbares, anschauliches Bild von der Größe und Gestalt der Viren liefert. Ohne elektronenmikroskopische Abbildungen muß jede Charakterisierung eines Virus als unvollständig gelten. Diese können auf keine Weise vollwertig ersetzt werden. Ohne Elektronenmikroskop sind morphologische Untersuchungen so gut wie unmöglich in der Virusforschung, dies gilt vor allem fur die komplizierten Virusformen. Physikalisch-chemische Untersuchungen gestatten im allgemeinen nur eine Abweichung von der Kugelform und den Grad der Asymmetrie anzugeben, morphologische Feinheiten sind auf diesem Wege jedoch nicht meßbar. Trotzdem sind diese Meßverfahren durch das Elektronenmikroskop keineswegs überflüssig geworden, denn bei der Präparation der Objekte fur die elektronenmikroskopische Untersuchung und durch diese selbst können unkontrollierbare Veränderungen an den untersuchten Formen auftreten. Da nur völlig trockene Präparate

[1] Vgl. ELFORD.

[2] SCHRAMM, G., u. W. SCHAFER: Z. Naturforsch. **4 b**, 157 (1949).

[3] BRADISH, C. J., J. B. BROOKSBY, J. F. DILLON u. M. NORAMBUENA: Proc. Roy. Soc. (London) B **140**, 107 (1952).

untersucht werden können, sind Änderungen der Struktur unvermeidlich. Durch das eigene Gewicht der Teilchen und die Oberflächenspannung erscheinen kugelförmige Gebilde abgeflacht. Durch die hohe Temperatur und die Strahlenwirkung wird die biologische Aktivität der Viren bei der Abbildung vernichtet. Es wird daher in den meisten Fällen notwendig sein, die elektronenmikroskopische Abbildung durch eine Untersuchung der aktiven Teilchen in der Lösung zu ergänzen. Über die kleineren Virusmoleküle kann auch das Elektronenmikroskop nur begrenzte Aussagen machen, denn sobald sich ihre Größe dem Auflösungsvermögen nähert, können feinere Einzelheiten der Form nicht mehr erkannt werden.

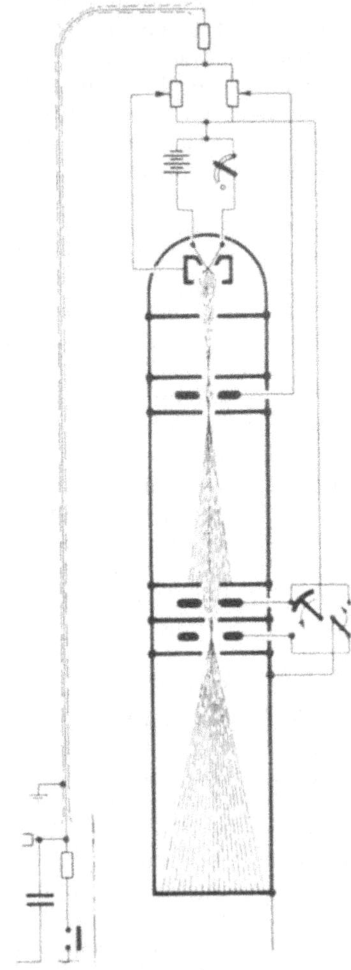

Abb. 8. Strahlengang im Elektronenmikroskop. Elektrostatisches Modell AEG-Zeiss.

a) Theoretische Grundlagen der Elektronenmikroskopie.

Die mikroskopische Auflösungsgrenze im sichtbaren Licht liegt bei biologischen Objekten selbst unter günstigsten Bedingungen nicht unter 200—250 mμ. Durch Verwendung von ultraviolettem Licht kann diese Grenze auf etwa 100 mμ herabgesetzt werden. Sie wird durch die Wellenlänge des verwendeten Lichts bestimmt. Für Elektronenstrahlen mit 50000—100000 V Beschleunigungsspannung ergeben sich Wellenlängen, die etwa 100000mal kleiner sind als die des sichtbaren Lichts, so daß mit ihnen theoretisch ein Auflösungsvermögen von einigen hundertstel Å erreicht werden müßte. Da aber die Güte der elektronenoptischen Linsen keineswegs der Güte der lichtoptischen gleichkommt, liegt zur Zeit bei den besten technischen Elektronenmikroskopen die Grenze des Auflösungsvermögens bei etwa 20 Å. Auf die Bilderzeugung im Elektronenmikroskop kann im einzelnen nicht näher eingegangen werden. Es sei auf die bereits bestehende umfangreiche Fachliteratur[1] verwiesen. Der allgemeine Aufbau geht aus Abb. 8 hervor. Die aus der Kathode austretenden Elektronen werden nach

[1] v. Borries, B.: Die Ultramikroskopie. Berlin: Saenger 1949. — Ruhle, R.: Das Elektronenmikroskop. Stuttgart: Schwab 1949. — Wyckoff, R. W. G.: Electronmicroscopy. New York: Interscience Publishers 1949.

Durchtritt durch das Objekt durch eine Linse, d. h. ein elektrostatisches oder elektromagnetisches Feld, zu einem Zwischenbild gesammelt. Dieses wird durch eine zweite Projektivlinse auf einem Leuchtschirm oder der photographischen Platte vergrößert abgebildet. Die maximale Vergrößerung liegt bei den technischen Elektronenmikroskopen gegenwärtig zwischen 15000 und 100000. Das Endbild kann durch eine Lupe betrachtet oder optisch nachvergrößert werden.

In der bestrahlten Substanz werden die Elektronen gestreut und zu einem kleinen Teil absorbiert. Je größer die durchstrahlte Masse ist, die sich als Produkt von Dichte mal Objektdicke ergibt, desto größer ist die Streuung und die Absorption. Die gestreuten Elektronen fallen zum größten Teil für die Abbildung weg. Stoffe mit höherem Atomgewicht erzeugen deshalb bei gleicher Dicke einen stärkeren Schatten als Stoffe mit niedrigem Atomgewicht. Die Durchdringungsfähigkeit der Elektronenstrahlen ist um so größer, je höher die Beschleunigungsspannung ist. Bei den technisch möglichen Strahlspannungen bleibt das Durchdringungsvermögen der Elektronen immer gering im Vergleich zu dem des Lichts oder der Röntgenstrahlen. Bei biologischen Objekten liegt daher die Grenze der Durchlässigkeit bei etwa 100 mμ, dickere Schichten sind undurchsichtig und lassen keine Struktur mehr erkennen. Für die Abbildung ist weiterhin die Kontrastgrenze von Bedeutung, die ihrerseits abhängig ist von der Geschwindigkeit der benutzten Elektronen. Je niedriger die Beschleunigungsspannung ist, desto stärkere Kontraste erhält man. Bei biologischen Objekten ergeben Dickenunterschiede von etwa 3—5 mμ noch erkennbare Unterschiede in der Schwärzung der photographischen Platte. Die günstigste Schichtdicke für die Untersuchung von Geweben liegt also zwischen 5 und 100 mμ. Es ist möglich, kontrastarme, biologische Präparate besser sichtbar zu machen, indem man sie mit schweren Atomen durchtränkt. So wurde z. B. beim Virus der amerikanischen Pferde-Encephalitis durch Behandlung mit $CaCl_2$ eine erheblich kontrastreichere Abbildung erreicht.

Das am häufigsten angewendete Verfahren zur Erhöhung der Kontraste ist die Schrägbedampfung mit Metallen. Hierzu läßt man im Vakuum die von einem hocherhitzten Metalltröpfchen ausgehenden Atome unter Winkeln von 10—45° auf die Objekte auffallen. Es eignen sich neben Metallen wie Pd, Cr, Au, U auch SiO und SiO_2 hierzu. Auf der der Dampfquelle abgewandten Seite des Objekts entsteht ein metallfreier Schatten, was einen plastischen Eindruck verursacht. In der Regel werden die Bedampfungsaufnahmen als Negativkopien wiedergegeben, bedampfte Teile erscheinen hierbei hell, der Schatten dunkel. Aus der Länge des Schattens und dem Bedampfungswinkel kann die Dicke der Präparate bestimmt werden. Hierbei ist aber zu berücksichtigen, daß durch die Bedampfung die Schichtdicke erhöht wird. Bei richtig bedampften Präparaten soll die aufgedampfte Schicht nicht dicker als 1 mμ sein, doch findet man häufig infolge fehlerhafter Technik dickere Aufdampfschichten.

Die im Objekt absorbierten und die unelastisch gestreuten Elektronen geben Energie ab und führen hierdurch zu einer Steigerung der Temperatur. Da langsame Elektronen stärker absorbiert werden als schnellere, bewirken sie auch eine stärkere Temperaturerhöhung. Die aufgenommene Energiemenge hängt außer von der Strahlspannung und der Intensität des Elektronenstrahls besonders von der Dicke der Objekte ab. Die erreichten Temperaturen sind um so höher, je langsamer die erzeugte Wärme abgeleitet wird, also sind auch Wärmeleitfähigkeit und der Durchmesser der Trägerfolie von Bedeutung. Nach Untersuchungen von v. BORRIES und GLASER[1] wird man unter praktisch vorkommenden Bedingungen mit Temperaturen zwischen 100 und 300° C rechnen müssen. Bei längerer Bestrahlung wandeln sich die meisten organischen Substanzen in Kohlenstoff um, was deutlich aus den Beugungsaufnahmen hervorgeht, die denen des Graphits entsprechen. Trotzdem bleiben in den meisten Fällen auch feinere Einzelheiten gut sichtbar.

KÖNIG und WINKLER[2] nehmen an, daß die Veränderung der Objekte im Elektronenmikroskop weniger durch die Wärmeentwicklung als durch die ionisierende Wirkung der Elektronen hervorgerufen wird, die durch photochemische Prozesse zu einem allmählichen Abbau der ursprünglichen Substanz führt. Man muß sich darüber klar sein, daß die im Elektronenmikroskop sichtbaren Gebilde in den meisten Fällen nur Graphitskelete der ursprünglichen Objekte sind. Fehlschlüsse sind fernerhin dadurch möglich, daß sich aus dem Dichtungsfett stammende Kohlenwasserstoffe auf den Objekten niederschlagen und dort durch die Strahlung zu feinen Hüllen verkohlen. Auf diese Weise können z. B. bei NaCl-Kristallen Membranen vorgetäuscht werden[3].

b) Präparationstechnik.

Dickere Objekte müssen zuerst durch besondere Maßnahmen in eine bestrahlbare Form gebracht werden. Es sind besondere Mikrotome für die Elektronenmikroskopie entwickelt worden, die Schnitte bis herab zu 50 $m\mu$ gestatten. Bei anderen Geweben kann durch Behandlung mit Ultraschall die notwendige feine Zerteilung erreicht werden. Bei vielen Objekten interessiert nur die Struktur der Oberfläche. Diese kann auch bei nicht durchstrahlbaren Objekten dadurch untersucht werden, daß man zunächst einen Abdruck herstellt und diesen dann elektronenmikroskopisch untersucht. Man unterscheidet zwischen Positiv- und Negativabdrücken. Beim Positivverfahren wird zunächst mit einem festen Film, z. B. Polystyrol, ein negatives Relief des Objekts hergestellt. Dieses kann dann mit Metall bedampft oder mit einem plastischen Material bedeckt werden, was ein positives Relief ergibt. Das Positivverfahren kommt hauptsächlich bei rauhen Oberflächen in Frage, da hierbei der erste negative Abdruck aus einem sehr kräftigen Film hergestellt werden kann, der sich leicht von den Objekten abziehen läßt.

Bei dem Negativverfahren wird das negative Relief unmittelbar oder nach Metallbedampfung elektronenmikroskopisch betrachtet, der Abzug muß daher „durchsichtig" sein. Man benutzt Kollodiumlacke oder Formvar. Feinere Einzelheiten als mit diesen molekularen Häuten erhält

[1] v. BORRIES, B., u. W. GLASER: Kolloid-Z. **106**, 123 (1944).
[2] KÖNIG, H., u. A. WINKLER: Naturwiss. **35**, 136 (1948).
[3] KÖNIG, H.: Kolloid-Z. **111**, 63 (1948).

man mit atomaren Häuten aus Metallen. Hierbei wird das Objekt zunächst mit einer Metallschicht bedampft, diese wird dann mit einer Kollodiumhaut bedeckt und beide Schichten zusammen von der Objektfläche abgezogen. Nähere Angaben hierüber finden sich vor allem bei WYCKOFF[1].

Kleinere Objekte wie die Virusteilchen werden meist in einer Suspension als Tropfen auf die Trägerfolie aufgetragen. Als Trägerfolien

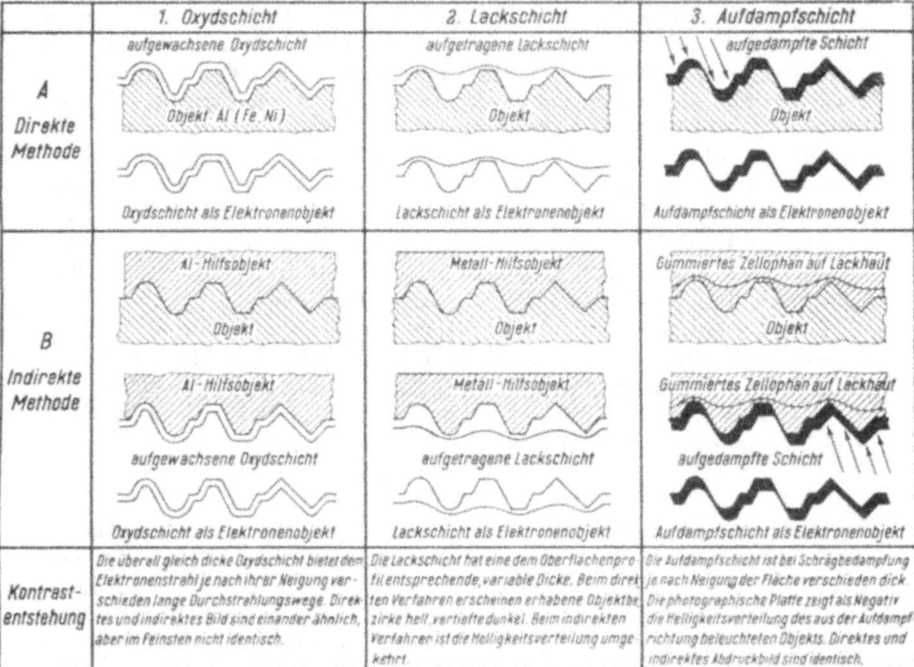

Abb. 9. Schematische Darstellung der Abdruckverfahren (nach V. BORRIES).

werden am häufigsten Kollodiummembranen verwendet, ferner kommen in Frage Aluminiumoxyd-, Kieselsäure- oder Berylliumfilme. Die Trägerfolien müssen so dünn sein, daß sie für Elektronen vollständig durchlässig sind, sie sollen ferner eine einheitliche Dicke besitzen und frei von jeder elektronenmikroskopisch sichtbaren Eigenstruktur sein. Gleichzeitig müssen sie eine genügende mechanische Stabilität besitzen und die aufgebrachten Objekte müssen auf ihnen ziemlich fest haften.

Nach dem Eintrocknen können salzfreie Lösungen direkt untersucht werden, in anderen Fällen ist es notwendig, das Objekt zur Entfernung von Salzresten auszuwaschen. In besonderen Fällen kann auch eine Fixierung z. B. mit Osmiumsäure durchgeführt werden. Man bewirkt

[1] WYCKOFF, R. W. G.: Electronmicroscopy. New York: Interscience Publishers 1949.

dabei eine Erhöhung der Kontraste durch den Einbau des schweren Atoms. Gleichzeitig werden empfindliche Eiweißstoffe hierdurch etwas stabilisiert. Bei der Darstellung von Phagen ist eine Fixierung mit Formoldämpfen geeigneter. Differenzierende Färbemethoden durch den Einbau kontrastgebender Substanzen in bestimmte Strukturen sind in der Elektronenmikroskopie lange nicht so weit ausgebildet wie in der Lichtmikroskopie. Vereinzelte Angaben lassen hoffen, daß in dieser Richtung noch Fortschritte möglich sind.

Bei vielen Präparaten ist die Wirkung der Oberflächenspannung lästig, da sie die Objekte stark deformiert. Diese Wirkung läßt sich nach ANDERSON[1] vermeiden, wenn man Präparate in flüssige Kohlensäure überführt und diese oberhalb des kritischen Drucks verdampft. Hierbei bildet sich bekanntlich keine Grenzfläche zwischen Flüssigkeit und gasförmiger Phase. Es wurden mit diesem Verfahren in einigen Fällen gute Resultate erzielt, die besonders bei stereoskopischer Betrachtung der Präparate ins Auge fallen. Um die Präparate in die Kohlensäure bringen zu können, müssen sie vorher durch Behandlung mit Alkohol und anderen organischen Lösungsmitteln wasserfrei gemacht werden. Dies kann sich jedoch oft nachteilig auswirken.

Eine andere schonende Präparationstechnik wurde von R. C. WILLIAMS[2] beschrieben. Hierbei wird die zu untersuchende Lösung in feinen Tröpfchen auf eine Kollodiumfolie gesprüht, die sich auf einem auf —70° C abgekühlten Kupferblock befindet. Das Präparat wird dann in gefrorenem Zustand getrocknet.

c) Ausmessen der Objekte.

Mit dem Elektronenmikroskop können quantitative Aussagen gemacht werden über die Längenausdehnung der abgebildeten Teilchen sowohl in der Richtung des Elektronenstrahls als auch senkrecht dazu. Die Dickenbestimmung aus der Länge des Schattens nach Bedampfung wurde bereits erwähnt. Es ist auch möglich, stereoskopische Aufnahmen zu machen und aus diesen die Tiefenausdehnung zu entnehmen. Die Genauigkeit der Längenbestimmung in der Bildebene hängt außer von dem Auflösungsvermögen des Gerätes auch von dem Dichtekontrast ab. Bei kleineren Objekten ergeben sich noch Schwierigkeiten durch die auftretenden Interferenzsäume. Die erhaltenen Ergebnisse müssen statistisch ausgewertet werden. Die Erfahrung zeigt, daß etwa 100 bis 200 Teilchen genügen, um eine eingipfelige Häufigkeitsverteilung zu beurteilen. Es ist zur Zeit nur schwer zu entscheiden, ob die Schwankungen in der Größe im Objekt gegeben sind oder durch die Präparationstechnik hervorgerufen werden. Beim TMV wurde festgestellt, daß diese unter Umständen erheblichen Einfluß auf die beobachtete Längenverteilung haben kann[3]. Wird die Viruslösung in Gegenwart größerer Salzmengen eingetrocknet, so ist die Variation der Längen auf dem elektronenmikroskopischen Bild erheblich größer, als man nach der Unter-

[1] ANDERSON, F.: Trans. N.Y. Acad. Sci. II **13**, 130 (1951).
[2] WILLIAMS, R. C.: Exper. Cell. Res. **4**, 188 (1953).
[3] SCHRAMM, G., u. M. WIEDEMANN: Z. Naturforsch. **6 b**, 379 (1951).

suchung der gelösten Teilchen in der Ultrazentrifuge erwarten sollte. Wird dieser Fehler vermieden, ergibt sich beim TMV eine befriedigende Übereinstimmung zwischen dem Elektronenmikroskop und physikalisch-chemischen Messungen. Bei den weniger stabilen Spaltstücken des Virus findet man auch in Abwesenheit von Salzen im Elektronenmikroskop eine andere Größenverteilung als in der Ultrazentrifuge. Bei empfindlichen Eiweißstoffen gelingt es demnach nicht, einen Zerfall bei der Präparation auszuschließen.

Die Ergebnisse der elektronenmikroskopischen Untersuchung bilden die Grundlage für die Morphologie der Virusarten. Diese wurde in allgemeinen Zügen bereits in einem früheren Abschnitt behandelt. Einzelheiten sind dem Teil B zu entnehmen.

3. Molekulargewichtsbestimmung aus Sedimentation und Diffusion[1].

a) Physikalische Grundlagen.

In der makromolekularen Chemie sind eine ganze Reihe physikalischer Methoden entwickelt worden, um näheren Aufschluß über Größe und Gestalt dieser Substanzen zu gewinnen. Viele von ihnen lassen sich auch auf die Viren anwenden. Es würde jedoch zu weit führen, alle diese Verfahren im einzelnen zu beschreiben. Es sollen daher nur diejenigen berücksichtigt werden, die in der Viruschemie häufig Anwendung gefunden haben und von allgemeiner Bedeutung sind.

In der Chemie der niedermolekularen Stoffe wird das Molgewicht am häufigsten durch Methoden bestimmt, die auf der Dampfdruckerniedrigung des Lösungsmittels durch die gelösten Teilchen (Schmelzpunktserniedrigung, Siedepunktserhöhung) oder auf der Messung des osmotischen Drucks beruhen. In der Viruschemie haben diese Verfahren nur eine sehr begrenzte Bedeutung, da die untersuchten Moleküle zu groß und die Effekte infolgedessen zu gering sind. Exakte Messungen des osmotischen Drucks können bei Proteinen nur bis zu einem Molgewicht von etwa 500000 durchgeführt werden. Da die Viren ein sehr viel höheres Teilchengewicht haben, muß dieses auf anderen Wegen bestimmt werden. Das beste Hilfsmittel hierzu ist die *Ultrazentrifuge*. Gegenüber anderen Verfahren bietet sich der Vorteil, daß auch der Dispersitätsgrad beurteilt werden kann und in einem Gemisch verschiedener Molekülarten die Sedimentationskonstanten der einzelnen Komponenten nebeneinander bestimmt werden können. Zur Bestimmung der Molgewichte sind zwei voneinander unabhängige Methoden bekannt: 1. das Verfahren des Sedimentationsgleichgewichts und 2. die Bestimmung aus der Sedimentations- und Diffusionskonstanten. Bei dem ersten Verfahren wird bei niedrigen Drehzahlen zentrifugiert, so daß sich ein Gleichgewicht zwischen der Sedimentation und der entgegengesetzt wirkenden Diffusion einstellt. Es bildet sich auf diese Weise eine „Atmosphäre", wobei die Konzentration des Stoffes am Zellboden am größten ist und nach der Drehachse hin allmählich abnimmt. Durch die Bestimmung der Konzentrationen c_1 und c_2 an zwei Punkten im Abstand x_1 und x_2 von der

[1] Zusammenfassung s. J. HENGSTENBERG: In Das Makromolekul in Losungen. Berlin-Göttingen-Heidelberg: Springer-Verlag 1953.

Rotationsachse kann das Molekulargewicht nach der folgenden Formel berechnet werden:

$$M = \frac{2\,R\,T \ln \frac{c_2}{c_1}}{(1 - V_0\varrho)\,w^2\,(x_2^2 - x_1^2)},$$

wo R: Gaskonstante, T: absolute Temperatur, V_0: partielles spezifisches Volumen der gelösten Substanz, ϱ: Dichte der Lösung, w: Winkelgeschwindigkeit bedeutet.

Bei den hochmolekularen Virusarten, insbesondere den nicht kugelförmigen, ist die Diffusionsgeschwindigkeit sehr gering, so daß sich das Gleichgewicht nur sehr langsam einstellt bzw. das Konzentrationsgefälle nach der Einstellung des Gleichgewichts sich nur auf eine sehr geringe Schichtdicke erstreckt. Hierdurch wird die Genauigkeit beeinträchtigt. Wenn die untersuchten Stoffe uneinheitlich sind oder wenn Sedimentations- und Diffusionskonstante stark von der Konzentration abhängen, ist es theoretisch schwierig, diese Einflüsse zu berücksichtigen. Sedimentationsgleichgewichte wurden daher in der Viruschemie nur vereinzelt bestimmt, z. B. beim TMV und beim Bushy stunt-Virus.

Bei der zweiten Methode der Molekulargewichtsbestimmung wird zunächst die Sedimentationskonstante gemessen. Diese wird mit s_{20} bezeichnet:

$$s_{20} = \frac{\Delta x}{\Delta t\, w^2\, x},$$

sie entspricht also der auf die Einheit der Beschleunigung bezogenen Senkungsgeschwindigkeit der Teilchen in Wasser von 20° C als Lösungsmittel. Sie wird in der Einheit 1 Svedberg $= 10^{-13}$ sec angegeben. Um Fehler durch die elektrische Aufladung der Teilchen zu vermeiden, muß s_{20} stets in salzhaltigen Lösungen gemessen werden. Eine Ionenstärke von 0,1—0,2 reicht hierbei aus. Im allgemeinen wird eine Abhängigkeit des s_{20} von der Konzentration beobachtet, die auf eine gegenseitige Störung der Teilchen bei der Sedimentation zurückgeführt wird. Diese ist besonders ausgeprägt bei Teilchen, die stark von der Kugelform abweichen. Bei Fadenmolekülen ist s_{20} bei hohen Konzentrationen nahezu unabhängig vom Teilchengewicht und nur von der Dicke des Molekülfadens abhängig. Der gelöste Stoff bildet in diesem Fall einen Filz, der als geschlossener Pfropf durch das Lösungsmittel hindurchgepreßt wird[1]. Um vergleichbare Resultate zu erhalten, muß daher s_{20} auf die Konzentration 0 extrapoliert werden. s_{20} läßt sich ohne Schwierigkeit mit einer Genauigkeit von 2—3% bestimmen und ist um so bequemer zu messen, je größer die Teilchen sind. Die Sedimentationskonstante ist daher von großem Wert zur Kennzeichnung der verschiedenen Virusarten. Formänderungen, Aggregationen oder ein Zerfall der Teilchen geben sich in einer Änderung der Sinkgeschwindigkeit zu erkennen. Um zwischen diesen Möglichkeiten eindeutig zu unterscheiden, ist es notwendig, das Molgewicht der Teilchen zu berechnen. Bei freier

[1] Signer, R., u. H. Egli: Rec. Trav. chim. Pays-Bas **69**, 45 (1950).

Sedimentation in verdünnter Lösung ergibt sich die Sedimentationskonstante aus dem Verhältnis der auf das Teilchen wirkenden Zentrifugalkraft abzüglich des Auftriebs in der Lösung und der entgegengesetzt wirkenden Reibungskraft f

$$s_{20} = \frac{M(1 - V_0\varrho)}{f}, \tag{1}$$

M: Molekulargewicht, f: Reibungskonstante pro Mol.

Für verdünnte Lösungen gilt nun

$$f = RT/D,$$

wo D die Diffusionskonstante ist.

Nehmen wir an, daß die bei der freien Diffusion wirksame molare Reibungskonstante auch bei der Sedimentation gültig ist, so ergibt sich nach SVEDBERG folgender Ausdruck für das Molekulargewicht:

$$M = \frac{R\,T\,s_{20}}{D_{20}(1 - V_0\varrho)}. \tag{2}$$

Es ist demnach möglich, aus s_{20} das Molgewicht der Teilchen unabhängig von ihrer Gestalt und Solvatation zu berechnen, wenn die Diffusionskonstante und das partielle spezifische Volumen bekannt sind.

Umgekehrt läßt sich auch aus der Formel (1) f berechnen, wenn s_{20} und M bekannt sind. Als charakteristische Konstante der Moleküle wird jedoch nicht f, sondern das Reibungsverhältnis f/f_0 angegeben, wobei f_0 der Reibung einer Kugel vom gleichen Molgewicht entspricht. f_0 läßt sich leicht nach dem Gesetz von STOKES berechnen:

$$f_0 = 6\,\pi\,\eta\,r \qquad f/f_0 = 1{,}19 \cdot 10^{-15}\,\frac{M^{2/3}(1 - V\varrho)}{s_{20} \cdot V^{1/3}}. \tag{3}$$

r: Durchmesser der Teilchen, η: Viscosität des Lösungsmittels, dx/dt: Geschwindigkeit der Teilchen.

Wenn das Verhältnis f/f_0 größer ist als 1, so muß das Teilchen von der kompakten Kugelform abweichen, d. h. es kann solvatisiert sein, eine besonders lockere Struktur besitzen oder aber eine längliche Gestalt. Für die meisten Eiweißstoffe ist f/f_0 nur wenig größer als 1, diese sind also annähernd kugelförmige Gebilde (Kornmoleküle). Es bestehen verschiedene theoretische Ansätze, um aus dem Reibungsverhältnis f/f_0 die Gestalt der Teilchen zu ermitteln. Eine tabellarische Auswertung der von HERZOG[1] und von PERRIN[2] aufgestellten Funktion findet sich bei SVEDBERG und PEDERSEN. Man geht hierbei von der Annahme aus, daß die Abweichung des Reibungsverhältnisses von 1 lediglich auf einer ellipsoiden Gestalt beruht, und andere Einflüsse, wie z. B. die Solvatation, demgegenüber zu vernachlässigen sind. Aus verschiedenen Untersuchungen ergibt sich aber, daß die Solvatation der Proteine recht erheblich ist und zu einer Erhöhung des Reibungsverhältnisses beiträgt.

[1] HERZOG, R. O., R. ILLIG u. H. KUDAR: Z. phys. Chem. A **167**, 329 (1933).
[2] PERRIN, F.: J. Phys. Radium VII, **7**, 1 (1936).

So berechnete PERUTZ[1] mit Hilfe röntgenographischer Daten, daß im Falle des Insulins ($f/f_0 = 1{,}13$), Lactoglobulins ($f/f_0 = 1{,}2$) und des Pferdehämoglobins ($f/f_0 = 1{,}24$) die Abweichung des Reibungsfaktors von 1 allein durch die Hydratation der gelösten kugelförmigen Moleküle erklärt werden kann, die der im Kristall entspricht. Hiernach ist bei Kornmolekülen die Reibung viel stärker von der Hydratation abhängig als von der Gestalt. Die Berechnung der Teilchengestalt aus f/f_0 hat aber trotzdem einen gewissen Wert, da sie mit einiger Sicherheit gestattet, den überhaupt möglichen Höchstwert der Längserstreckung abzuschätzen, der dann noch durch Berücksichtigung der Hydratation korrigiert werden kann.

b) Technik der Ultrazentrifuge.

Das erste brauchbare Gerät, mit dem die Sedimentation gelöster Teilchen im Zentrifugalfeld quantitativ bestimmt werden konnte, wurde von T. SVEDBERG[2] entwickelt und hierfür der Name Ultrazentrifuge in Vorschlag gebracht. Später wurde diese Bezeichnung auch für schnelllaufende Zentrifugen verwendet, die nicht für quantitative Messungen eingerichtet sind. Eine Ultrazentrifuge muß eine konvektionsfreie Sedimentation erlauben, d. h. sie darf während des Laufes nicht vibrieren und keinen schroffen Temperaturanstieg ergeben. Für die Leistungsfähigkeit ist nach SVEDBERG maßgebend die Trennschärfe $T = hw^2 x$

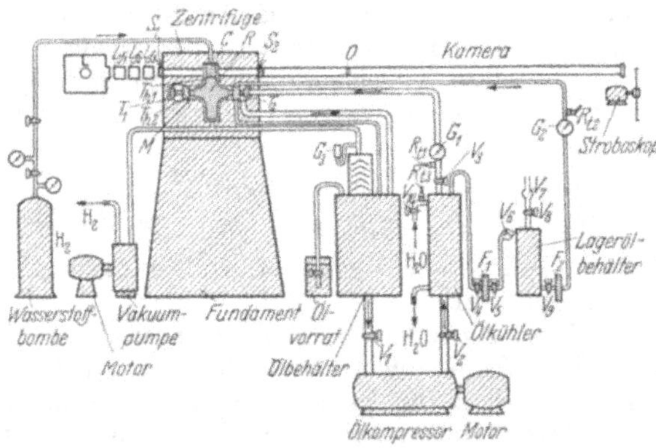

Abb. 10. Schema der Gesamtanlage der Ölturbinenzentrifuge (nach SVEDBERG).

(h: Länge der Zelle in radialer Richtung, w: Winkelgeschwindigkeit, x: Entfernung der Zelle vom Rotationszentrum). Die erreichbaren Zentrifugalkraftfelder sind um so höher, je kleiner der Durchmesser des Rotors gewählt wird. Da aber bei kleineren Rotoren das Schwerefeld zu inhomogen wird, haben sich für Meßzwecke nur Rotoren bewährt, die einen wirksamen Radius von etwa 65 mm besitzen.

SVEDBERG und seinen Mitarbeitern gelang es, die bisher leistungsfähigsten Zentrifugen zu schaffen. Bei einem wirksamen Radius von

[1] PERUTZ, M. F.: Research **20**, 52 (1949).
[2] Vgl. SVEDBERG u. PEDERSEN: Die Ultrazentrifuge. Leipzig: Steinkopff 1940.

32 mm wurden Beschleunigungen von fast $10^6\, g$ (g: Erdbeschleunigung) erreicht. Bei einem Radius von 65 mm gelang es, regelmäßige Messungen bei einer Beschleunigung von 400000 g (75000 Umdr./min) durchzuführen. Die Gesamtanordnung der SVEDBERGschen Zentrifuge ist aus Abb. 10 ersichtlich. Die Maschine besitzt einen in zwei festen Lagern laufenden, horizontal liegenden, stählernen Rotor R, der durch Ölturbinen

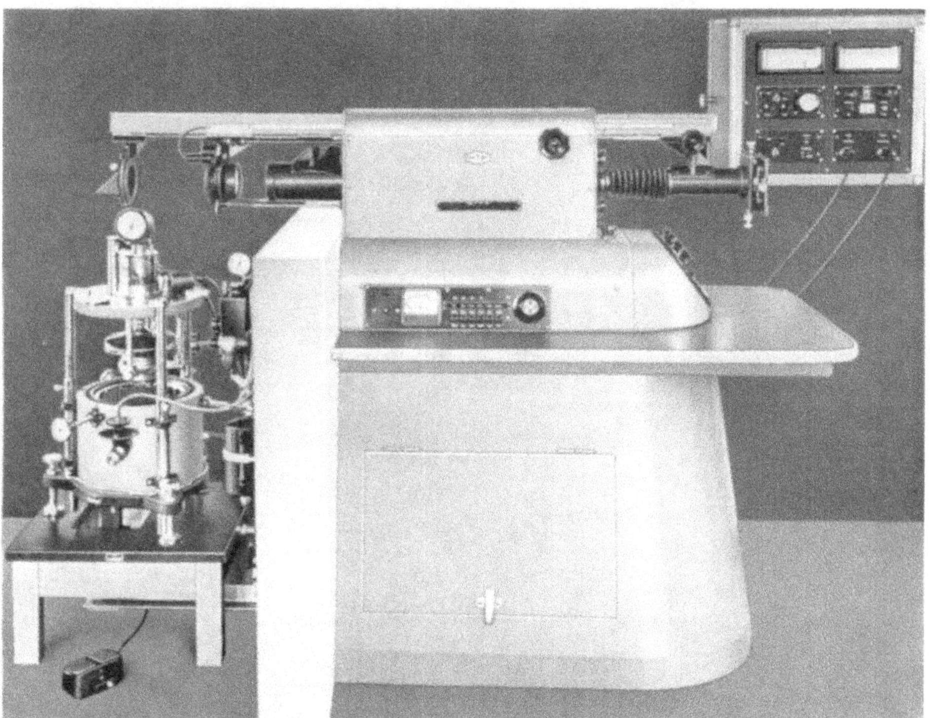

Abb. 11a. Gesamtansicht einer luftgetriebenen Ultrazentrifuge mit optischer Ausrüstung für wahlweise Benutzung der Skalenmethode oder der Philpot-Svensson-Methode (Phywe).

angetrieben wird. Er besitzt zwei Bohrungen, in die eine mit Bergkristallfenstern versehene Meßzelle für die zu untersuchende Lösung und ein gleich schweres Gegengewicht eingesetzt werden. Um die Reibung zu vermindern und einen guten Temperaturausgleich zu erzielen, läuft der Rotor in einer Wasserstoffatmosphäre von etwa 10 Torr. Die Temperatur in der Zentrifuge wird durch das Thermoelement Th überwacht. Während des Betriebs wird die Zelle mit der Lampe L beleuchtet und die Sedimentation mit einer Kamera großer Brennweite photographisch verfolgt. Durch die Verwendung von Stahlrotoren wird die gesamte Ausführung sehr schwer und stellt große Ansprüche an die Fundamente und das Schutzgehäuse des Rotors. Die Gesamtanlage ist daher recht kostspielig.

1925 beschrieben HENRIOT und HUGUENARD[1] eine Methode zur Erzielung hoher Umlaufgeschwindigkeiten mit Hilfe eines kleinen kegelförmigen Rotors, der nicht auf einem mechanischen Lager, sondern auf

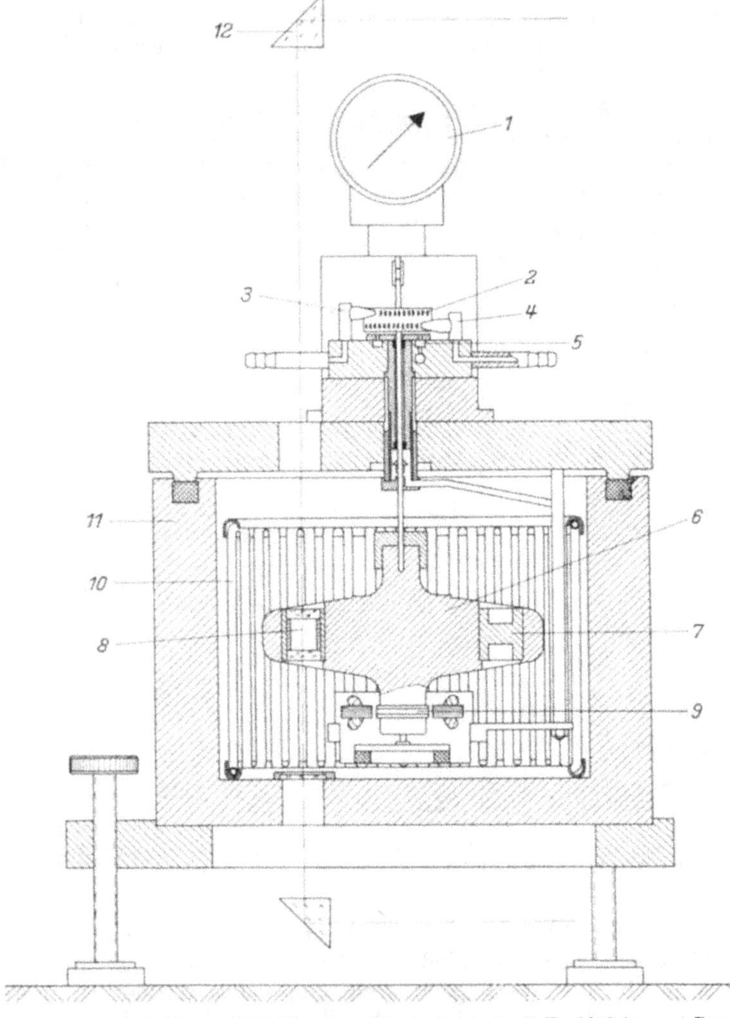

Abb. 11 b. Schema der Zentrifuge: 1. Tachometer, 2. Turbinenscheibe, 3. Treibluftdüsen, 4. Bremsluftdüsen, 5. Hubluftzuführung, 6 Rotor, 7. Ausgleichszelle, 8. Meßzelle, 9. Temperaturmeßeinrichtung, 10 Kühlung, 11 Vakuumkammer, 12. oberes Prisma.

einem Luftstrom rotiert. Dieses Antriebsprinzip wurde besonders von BEAMS und PICKELS[2] weiterentwickelt und zum Bau von Meßzentrifugen verwendet. Als Rotormaterial diente Aluminium. Es lassen sich hiermit Drehzahlen bis zu 60000 Umdr./min (260000 g) erreichen. In Abb. 11a u. b

[1] HENRIOT, E., u. F. HUGUENARD: C. r. Soc. Biol. (Paris) **180**, 1389 (1925).
[2] PICKELS, E. G., u. J. W. BEAMS: Science (Lancaster, Pa.) **81**, 342 (1935).

ist als Beispiel einer luftgetriebenen Ultrazentrifuge ein in Deutschland entwickelter Typ wiedergegeben. Die Turbinenscheibe wird durch einen Luftstrom, der aus den Bohrungen des Hubluftkanals 2 austritt, im Schweben gehalten. Durch seitliche Düsen wird die Turbine in Umdrehung versetzt. Ein entgegengesetzt gerichteter Düsensatz dient zum Abbremsen. An der Turbinenscheibe ist mit Hilfe einer biegsamen Stahlachse der Rotor befestigt, der in einer Vakuumkammer rotiert. Der Lichtstrahl wird mit Hilfe der Prismen (12) durch die Meßzelle in die Kamera gelenkt.

Obwohl sich der Öl- bzw. Luftturbinenantrieb bewährt hat, so wurden wegen der einfacheren Installation später doch auch Ultrazentrifugen mit elektrischem Antrieb entwickelt, die auf festen Lagern laufen. Derartige Modelle werden in den USA industriell hergestellt (Spinco-Zentrifugen).

c) Optische Methoden zur Beobachtung der Sedimentation.

Zur Verfolgung des Sedimentationsvorgangs in der Zelle werden die Lichtabsorptionsmethode oder refraktometrische Verfahren angewendet. Die erstere bietet gewisse Vorteile bei der Untersuchung spezifisch absorbierender Substanzen. Im allgemeinen sind die refraktometrischen Verfahren überlegen. Von diesen zeichnet sich die Skalenmethode von O. LAMM[1] durch große Genauigkeit aus. Es wird eine durchsichtige Skala durch die Zentrifugenzelle hindurch photographiert. Hierbei wird das Licht an der optisch inhomogenen Grenzschicht des sedimentierenden Stoffes abgekrümmt, wodurch die hinter der Grenzschicht liegenden Skalenstriche um den Betrag Z verschoben werden. Auf Abb. 12 ist die Verschiebung der Striche auf der Versuchsskala gegenüber der Normalskala deutlich zu erkennen. Bei der Auswertung der Aufnahmen ergibt sich das Diagramm nach Abb. 12, bei dem die Skalenstrichverschiebung als Ordinate aufgetragen ist. Aus der Wanderung des Gipfelpunktes in der Zeit t läßt sich dann nach der auf S. 42 wiedergegebenen Gleichung s_{20} berechnen. Die Skalenstrichverschiebung Z ist dem Konzentrationsgradienten in der Zelle proportional. Durch Integration der Gradientenkurve kann also die Konzentration des sedimentierenden Stoffes bestimmt werden. Dies geschieht durch Ausmessen der Fläche, die von der Kurve und der Basislinie umschlossen wird. Die Auswertung der Skalenaufnahmen ist zeitraubend. Schnellere Ergebnisse werden mit der TOEPLERschen Schlierenmethode erzielt, bei der die Grenzschicht als dunkler Streifen auf hellem Hintergrund erscheint (vgl. Abb. 13)! Bei dieser einfachen Anordnung ist allerdings eine Konzentrationsbestimmung des sedimentierenden Stoffes nicht möglich. Um diese durchführen zu können, wurde die Schlierenmethode noch weiter verfeinert. Nach der Methode der gekreuzten Spalte (PHILPOT, SVENSSON[2]) erhält man die Konzentrationsgradientenkurve entweder als dunklen Schatten oder als helle Linie auf

[1] LAMM, O.: Z. phys. Chem. A **138**, 313 (1938). — LAMM, O., u. A. G. POLSON: Biochemic. J. **30**, 528 (1936).

[2] PHILPOT, J. S. L.: Nature (London) **141**, 283 (1938). — SVENSSON, H.: Ark. f. Kemi **22**, 1 (1946).

dunklem Grunde unmittelbar auf der photographischen Platte, so daß die Konzentration des sedimentierenden Stoffes durch Ausmessen der umschlossenen Fläche ermittelt werden kann (Abb. 14). Die Auswertung ist hier also wesentlich bequemer als bei der Skalenmethode, doch müssen gewisse Ungenauigkeiten in Kauf genommen werden. Für die Bestimmung der Sedimentationskonstanten muß die Wanderung des Gipfelpunktes der Gradientenkurve längs der X-Achse gemessen werden. Mit den üblichen

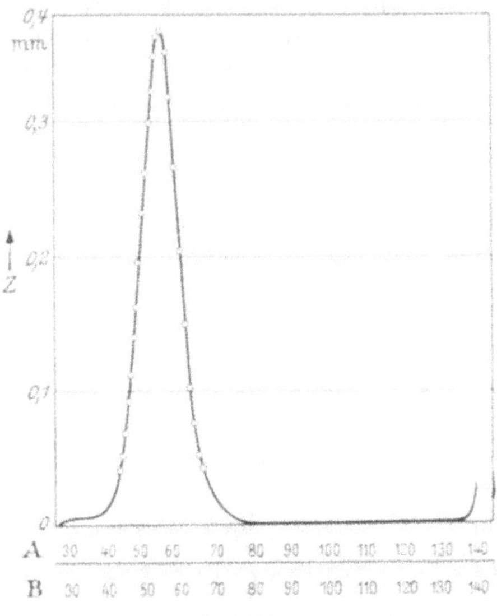

Abb. 12.

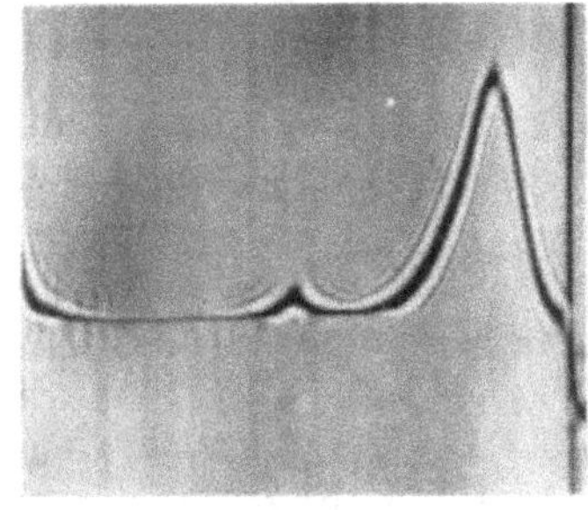

Abb. 14.

Zentrifugen lassen sich Sedimentationskonstanten bis herab zu 1 S ohne weiteres bestimmen. Dies entspricht bei kugelförmigen Stoffen etwa einem Molgewicht von 10000. Für die Lösung benötigt man ungefähr 1 cm³ einer Lösung, die 1—5 mg Protein enthält. In besonders günstigen Fällen genügen noch 0,3—0,5 mg Substanz.

Abb. 13.

Abb. 12. Sedimentationsdiagramm nach der Skalenmethode. A) Versuchsskala, B) Bezugsskala. Die Verschiebung der Skalenstriche aus der Normallage als Ordinate gegen die Versuchsskala als Abszisse aufgetragen. Serumalbumin 0,75%, Drehzahl 58800 U/min, 45 min nach Versuchsbeginn. (Nach SVEDBERG und PEDERSEN.)

Abb. 13. Sedimentationsaufnahme mit der TOEPLERschen Schlierenmethode. Tabakmosaikvirus 0,5%ige Losung, Drehzahl 17000, Zeitraum zwischen den Aufnahmen 5 min.

Abb. 14. Sedimentationsaufnahme nach PHILPOT-SVENSSON mit Phasenkante (Aufnahme Phywe), Kaninchenserum 0,5%, Drehzahl 48000, Spaltneigung 40°.

d) Bestimmung der Diffusionskonstanten.

Zur Bestimmung der Diffusionskonstanten von Eiweißstoffen hat sich die Methode von O. LAMM[1] am besten bewährt. Die zu untersuchende Proteinlösung wird mit einer Pufferlösung störungsfrei überschichtet und dann auf optischem Wege die zeitliche Veränderung des Konzentrationsgefälles bestimmt, wozu fast ausnahmslos die eben erwähnte Skalenmethode benutzt wird. Eine besonders für kleine Mengen geeignete Konstruktion einer derartigen Diffusionszelle wurde von BERGOLD[2] angegeben. Der Vorteil der LAMMschen Methode besteht darin, daß Membranen oder sonstige Trennschichten vermieden werden. die bei der Größe der Teilchen leicht eine Störung verursachen können. Bei einheitlichen Stoffen muß die Diffusionskurve eine Gauß-Funktion sein. Auf diese Weise läßt sich auch durch Diffusionskurven die Einheitlichkeit prüfen. Allerdings wirkt sich eine Inhomogenität nicht allzu stark auf die Form der Kurve aus, so daß die Prüfung nicht streng ist. Für die Prüfung auf Einheitlichkeit ist eine interferometrische Bestimmung der Diffusionskonstanten vorzuziehen[3]. Um vergleichbare Resultate zu erhalten, wird auch die Diffusionskonstante D_{20} auf Wasser von 20° C als Lösungsmittel bezogen. Sie ist in geringerem Maße konzentrationsabhängig als die Sedimentationskonstante. Für die genaue Berechnung des Molgewichts müssen beide Konstanten auf $c \to 0$ extrapoliert werden.

e) Bestimmung des partiellen spezifischen Volumens.

Zur Bestimmung des Molgewichts muß auch das partielle spezifische Volumen V_0 des gelösten Teilchens bekannt sein. Meist wird eine pyknometrische Methode benutzt. Ein Verfahren hierzu wurde von BERGOLD[4] angegeben. Für kleine Mengen eignet sich auch eine Bestimmung der Dichte aus der Fallgeschwindigkeit eines Tropfens in zwei organischen Lösungsmitteln[5]. Bei den meisten Eiweißstoffen hat V_0 einen Wert von

Tabelle 4. *Sedimentations-, Diffusionskonstante, partielles spezifisches Volumen. Reibungsfaktor und Molekulargewicht einiger Viren.*

Virus	s_{20} in S	D_{20} in 10^{-7} cm²/sec	V_0	f/f_0	M in 10^6
Southern bean mosaic . .	115	1,34	0,696	1,25	6,63
Bushy stunt	132	1,15	0,739	1,27	10,65
TMV	189	0,44	0,74	2,03	40,7
Pferde-Encephalitis . . .	273	—	0,839	2,3 (?)	—
Papillom	297	0,66	0,757	1,35	45
Klassische Geflugelpest	737	0,456	—	1,29	151
Kapselvirus	1324	0,28	0,75	1,49	460
Bombyxvirus polymer . .	1871	0,21	0,77	1,51	916

[1] LAMM, O.: Zusammenfassung in BAMANN-MYRBACK, Methoden der Fermentforschung I, S. 659, 1941.

[2] BERGOLD, G.: Z. Naturforsch. **1**, 100 (1946).

[3] SCHEIBLING, G.: J. Chim. phys. **47**, 688 (1950).

[4] BERGOLD, G.: Z. Naturforsch. **2 b**, 136 (1947).

[5] BARBOUR, H. G., u. W. H. HAMILTON: J. of Biol. Chem. **69**, 625 (1926).

0,75. Bei einigen Viren findet man höhere Werte, die eine Folge des Lipoidgehaltes sein dürften. Die aus D_{20}, s_{20} und V_0 ermittelten Molgewichte einiger Viren sind in Tab. 4 zusammengefaßt. Da sich die relativen Fehler aus drei verschiedenen Messungen summieren, dürften die angegebenen Molgewichte auf höchstens 10% genau sein.

f) Bestimmung der Hydratation.

Mit Hilfe der Ultrazentrifuge ist es auch möglich, die Hydratation der Virusteilchen zu bestimmen. Wenn man in Gleichung 1 (S. 43) M und V_0 durch M_h und V_h (Molgewicht und spezifisches Volumen des hydratisierten Teilchens) ersetzt, so ergibt sich $s_{20} = 0$, wenn $\varrho = 1/V_h$, d. h. die Dichte des Lösungsmittels gleich der des hydratisierten Teilchens wird. Bei der Messung der Sedimentationskonstanten in Lösungsmitteln verschiedener Dichte sollte sich eine lineare Beziehung zwischen der Dichte des Lösungsmittels und s_{20} ergeben, die auf $s_{20} \to 0$ extrapoliert werden kann. Man benutzte als Medium meist Rohrzuckerlösungen verschiedener Konzentration[1, 2], jedoch ergeben sich hierbei Abweichungen von der Linearität, die darauf beruhen dürften, daß sich entweder der Rohrzucker an die Teilchen anlagert oder aber die Hydratation sich mit der Zuckerkonzentration ändert. Bessere Resultate erhält man, wenn man die Dichte des Lösungsmittels durch Zusatz von Serumalbumin variiert[3]. Allerdings ist dieses Verfahren nur bei großen Teilchen anwendbar, deren Sinkgeschwindigkeit wesentlich größer ist als die des Serumalbumins. Andernfalls ergeben sich Dichteverschiebungen in der Lösung, die schwer zu berücksichtigen sind. Die Abhängigkeit der Sedimentationskonstante des Influenzavirus von der Dichte des Lösungsmittels ist in Abb. 15 wiedergegeben. Bei einer Dichte von 1,104 würde $s_{20} = 0$ werden. Dieser Wert entspricht also der Dichte des hydratisierten Influenzavirus. Ähnliche Versuche wurden am Tabakmosaikvirus durchgeführt (S. 138). Aus V_h und dem pyknometrisch bestimmten V_0

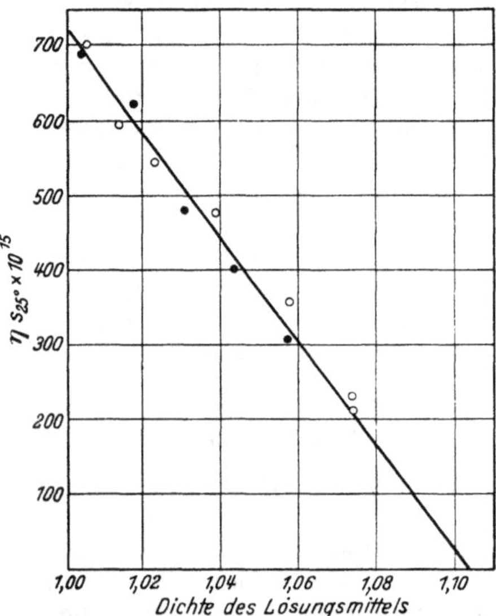

Abb. 15. Sedimentation des Influenza-Virus PR 8. Abhängigkeit des Werts $\eta \cdot s_{25}$ von der Dichte des Lösungsmittels, die durch Zugabe von 0—25% Rinderserumalbumin verändert wurde. (Nach SHARP u. a.).

[1] MacCallum, W. G., u. E. H. Oppenheimer: J. Amer. Med. Assoc. **78**, 410 (1922).

[2] Elford, W. J., u. C. H. Andrewes: Brit. J. Exper. Path. **17**, 422 (1936).

[3] Sharp, B. G., A. R. Taylor, J. W. McLean, J. A. Beard u. D. Beard: J. of Biol. Chem. **159**, 29 (1945).

berechnet sich dann der Hydratationsgrad w in Gramm Wasser je Gramm trockenes Virus zu

$$w = \frac{V_h - V_0}{1/\varrho - V_h} \quad \varrho = \text{Dichte des Lösungsmittels.} \tag{4}$$

Nach den auf Seite 43 angegebenen Formeln läßt sich w auch aus s_{20}, D_{20} und V_0 berechnen bzw. auch der Durchmesser des hydratisierten Moleküls angeben. Röntgenographische Untersuchungen an kristallisierten Eiweißstoffen zeigen, daß die Hydratation die innermolekularen Abstände nicht verändert. In diesem Fall umgibt also das Wasser die einzelnen Moleküle nur als äußere Hülle. Bei nicht kristallisierten Viren ist eine sichere Entscheidung über die Art der Wasseranlagerung nicht möglich. Durch die Hydrathülle wird die Reibung des Proteins erhöht. Nach ONCLEY[1] kann man den in der Ultrazentrifuge bestimmten Reibungsfaktor in zwei Anteile zerlegen: $f/f_0 = (f/f_e) \cdot (f_e/f_0)$, wobei der erste Faktor den Einfluß der Hydratation und der zweite den der elliptischen Form berücksichtigt. Der erste Faktor kann aus der Hydratation nach der Gleichung $f/f_e = (1 + w/V\varrho)$ berechnet werden. Sind also w und f/f_0 experimentell bestimmt, so läßt sich das Achsenverhältnis a/b eindeutig ermitteln. Von ONCLEY wurde in diesem Zusammenhang ein Diagramm konstruiert (Abb. 16), aus dem das Achsenverhältnis und die Hydratation abzulesen sind, die mit einem bestimmten Reibungsfaktor vereinbart werden können.

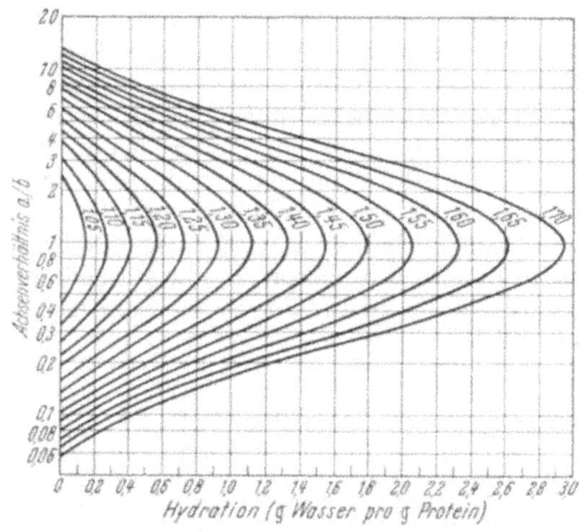

Abb. 16. Beziehung zwischen Reibungsverhältnis f/f_0, Achsenverhaltnis a/b und Hydratation (nach ONCLEY). Reibungsverhaltnis als Parameter.

4. Viscositätsbestimmung.

Da Viscositätsmessungen verhältnismäßig einfach durchzuführen sind, spielen sie in der makromolekularen Chemie eine große Rolle. Ihre Bedeutung für die Virusforschung liegt vor allem darin, daß mit ihrer Hilfe das Reibungsverhältnis f/f_0 berechnet werden kann, das nötig ist, um nach Gleichung 3 aus s_{20} M zu erhalten. Es ist zu beachten, daß die Viscositätsmessung stets einen Mittelwert ergibt und keine Möglichkeit besteht, die Uneinheitlichkeit des Materials zu erkennen. Außerdem sind die theoretischen Grundlagen zur Berechnung der Molekülkonstanten

[1] ONCLEY, J. L.: Ann. N.Y. Acad. Sci. 41, 121 (1941).

in diesem Fall nicht so übersichtlich und zum Teil umstritten. Im idealen Grenzfall gilt für die spezifische Viscosität:

$$\eta_{spez} = \eta_{rel} - 1 = 2{,}5\,\varphi; \quad \eta_{rel} = \eta_{Lös}/\eta_{Lösm}\,. \tag{5}$$

φ: spez. Gesamtvolumen der suspendierten Teilchen.

Dieses Gesetz gilt unter der Voraussetzung, daß 1. die Moleküle groß sind gegen die freie Weglänge der Moleküle des Lösungsmittels und klein gegen die Abmessungen der Apparatur, 2. die Moleküle starre Kugeln sind, 3. die Konzentration so niedrig ist, daß die gegenseitige Störung der Teilchen zu vernachlässigen ist und 4. die Strömung so langsam ist, daß keine Turbulenz auftritt. Da in der Gleichung die Zahl und die Gestalt der Teilchen nicht enthalten ist, kann bei solchen idealen Lösungen viscosimetrisch nichts über den Durchmesser der Teilchen ausgesagt werden. Rückschlüsse auf die Größe und Gestalt der Teilchen lassen sich nur aus den Abweichungen vom idealen Verhalten ziehen. Die Zähigkeit der Lösungen hochmolekularer Substanzen entspricht meist nicht der Gleichung 5. Es besteht keine lineare Abhängigkeit der Viscosität von φ, außerdem ist die Viscosität stark abhängig von der Schubspannung. Um vergleichbare Ergebnisse zu erhalten, muß daher die Viscosität auf unendlich verdünnte Lösungen extrapoliert werden. Hierfür wird der Ausdruck:

$$[\eta] = \lim_{c\to 0}\left[\frac{\eta_{sp}}{c}\right] = \lim_{c\to 0}\left[\frac{\ln \eta_{rel}}{c}\right]$$

häufig benutzt, wo $[\eta]$ als Eigenviscosität (intrinsic viscosity) bezeichnet wird. Die Konzentration ist hierbei meist in g/100 cm³ ausgedrückt. Es ist jedoch zu beachten, daß das gleiche Symbol manchmal für den Ausdruck $\lim\left[\frac{\eta_{spez}}{\varphi}\right]$ gebraucht wird, wofür allerdings besser $[\eta]_v$ zu wählen wäre. In der deutschen Literatur wird häufig die Viscositätszahl verwendet $Z_\eta = [\eta]/10$, bei der die Konzentration in g/Liter angegeben wird. Nach POLSON[1] gehorcht die Eigenviscosität von Proteinen, die nicht allzu sehr von der Kugelform abweichen (Achsenverhältnis $< 10/1$), folgender Gleichung:

$$[\eta] = 4{,}0\,G + 0{,}098\,G\,(b/a)^2\,.$$

G: Partialvolumen der gelösten Substanz in 100 cm³ Lösung, b/a: Achsenverhältnis.

Das in diese Gleichung eingesetzte Achsenverhältnis wurde hierbei aus den mit der Ultrazentrifuge ermittelten Werten von f/f_0 nach den Gleichungen von HERZOG, ILLIG, KUDAR[2] berechnet. Die Gültigkeit der Gleichung von POLSON zeigt, daß das Reibungsverhältnis f/f_0 aus Viscositätsmessungen einwandfrei ermittelt werden kann, wenn der Wert nicht über 1,6 liegt.

---

[1] POLSON, A. G.: Kolloid-Z. 88, 51 (1939).

[2] Siehe SVEDBERG u. PEDERSEN.

Für die Berechnung des Achsenverhältnisses aus der Eigenviscosität wird häufig auch die Gleichung von SIMHA[1] benutzt, die eine allgemeinere Gültigkeit beansprucht. Eine tabellarische Auswertung findet sich bei COHN und EDSALL[2]. Alle diese Beziehungen sind unter der Annahme sehr einfacher Molekülformen abgeleitet worden und streng genommen nur für diese gültig. Der Einfluß komplizierter Formen auf die Viscosität läßt sich rechnerisch kaum erfassen. Die erhaltenen Achsenverhältnisse stellen daher immer nur einen oberen Grenzwert dar, da andere Abweichungen von der Kugelform oder die Hydratation ebenfalls die Viscosität und damit das scheinbare Achsenverhältnis der nicht hydratisierten Moleküle hinaufsetzen. Viscositätsmessungen wurden an verschiedenen chemisch reinen Viren durchgeführt. Ältere Untersuchungen am TMV führten zu widerspruchsvollen Ergebnissen. Dies ist darauf zurückzuführen, daß dieses Virus sehr zur linearen Aggregation neigt und daher die untersuchten Präparate häufig uneinheitlich waren. Neuere Untersuchungen an frischen Präparaten führten zu einer recht befriedigenden Übereinstimmung mit anderen Verfahren. Auch bei verschiedenen tierischen Virusarten wurde die Viscosität bestimmt. Auffallend ist, daß bei einigen von ihnen, z. B. dem Influenzavirus, das im Elektronenmikroskop annähernd kugelförmig erscheint, sich nach der Viscositätsmessung ein hoher Reibungsfaktor ergibt. Die Hydratation allein kann hierfür nicht verantwortlich gemacht werden. Die Diskrepanz ist wahrscheinlich auf Verunreinigungen mit hoher Viscosität zurückzuführen. Ein hoher Reibungsfaktor und eine hohe Viscosität trotz kugelförmiger Gestalt wurde zunächst auch bei dem Virus der klassischen Geflügelpest festgestellt (s. d.). Bei weiterer Reinigung ergab sich aber eine gute Übereinstimmung zwischen den physikalisch-chemischen Messungen und den elektronenoptischen Dimensionen. In den ungereinigten Viruspräparaten fanden sich hochviscöse Verunreinigungen, die die Messungen verfälschten.

5. Strömungsdoppelbrechung.

Das Achsenverhältnis langgestreckter Moleküle kann auch aus der Strömungsdoppelbrechung erhalten werden. Doch ist auch hier die theoretische Grundlage der Berechnung nicht völlig gesichert[3]. Infolge seiner langgestreckten Gestalt zeigt das TMV eine besonders hohe Doppelbrechung in bewegten Flüssigkeiten. Schon sehr frühzeitig wurde daher dieses Phänomen im Saft mosaikkranker Pflanzen beobachtet. TAKAHASHI und RAWLINS[4] schlossen bereits 1933, daß das Virus stäbchenförmig sein müßte. Später wurde die Strömungsdoppelbrechung an gereinigten Viruslösungen näher untersucht. Doch sind gegen die älteren Messungen die gleichen Bedenken zu erheben wie gegen die

[1] SIMHA, R.: J. Phys. Chem. **44**, 25 (1940).

[2] COHN, E. J., u. J. T. EDSALL: Proteins, amino acids and peptides, p. 519. New York: Reinhold Publish. Corp. 1943.

[3] Zur Theorie der Strömungsdoppelbrechung s. A. PETERLIN, O. SNELLMAN u. Y. BJÖRNSTAHL: Kolloid-Beih. **52**, 403 (1941); H. A. STUART: Z. Phys. **112**, 1 (1939).

[4] TAKAHASHI, W. N., u. T. E. RAWLINS: Science (Lancaster, Pa.) **77**, 26 (1933).

viscosimetrischen, da es sich auch hier kaum um einheitliche Produkte gehandelt haben dürfte. Neuere Untersuchungen, bei denen die Uneinheitlichkeit der Präparate berücksichtigt wurde, führten zu brauchbaren Resultaten.

Lichtstreuung[1].

Teilchen, die vom Licht getroffen werden, haben die Eigenschaft, dieses zu streuen, da sie selbst zu erzwungenen Schwingungen angeregt werden. Die erste Berechnung der Intensität des Streulichts wurde von RALEIGH durchgeführt. Die Berechnung ist nur gültig für Teilchen, deren Durchmesser klein ist gegenüber der Wellenlänge. In neuerer Zeit wurde von DEBYE eine Theorie entwickelt, die auch für Teilchen gilt, deren Größe mit der Wellenlänge des Lichts vergleichbar ist, d. h. für Teilchen, die in einer Dimension größer als $^1/_{20}$ der Wellenlänge des Lichts sind. Bei diesen ist die Winkelverteilung des Streulichts unsymmetrisch, und zwar ist die Vorwärtsstreuung stärker als die Rückwärtsstreuung. Die DEBYEsche Theorie ermöglicht es, aus der Gesamtintensität des Streulichts bzw. dem Extinktionskoeffizienten das Molekulargewicht und aus der Winkelverteilung in bestimmten Fällen die Form bzw. die Dimension der Moleküle zu ermitteln. Häufig genügt die Messung des Verhältnisses der Streulichtintensität unter zwei Winkeln, die symmetrisch zu 90° liegen, z. B. 51 und 129°. Am TMV ergab sich eine gute Übereinstimmung mit anderen Bestimmungen. Die Methode ist besonders wertvoll, weil sie auf völlig unabhängigem Wege Aussagen über Größe und Gestalt gelöster Teilchen zuläßt. Auch mit verhältnismäßig einfachen Anordnungen können schon brauchbare Ergebnisse erzielt werden. Erschwert wird die Messung nur dadurch, daß geringe Mengen Staubteilchen oder gröberer Partikel die Resultate verfälschen können. Man muß sehr auf die optische Reinheit der Lösungen achten. Selbstverständlich erhält man auch hier nur ein mittleres Molgewicht. Eine Prüfung auf Einheitlichkeit der Partikel ist also nicht möglich.

6. Weitere Verfahren.

a) Monomolekulare Schichten[2].

Viele Eiweißstoffe spreiten sich an Grenzflächen zu monomolekularen Schichten. Durch Ausmessen der Dicke solcher Eiweißschichten läßt sich ebenfalls der Durchmesser der Moleküle bestimmen. BERGOLD und BRILL[3] untersuchten das Verhalten von Polyederproteinen, die als Begleitstoffe der Insektenviren auftreten, und fanden, daß diese sich ausgezeichnet spreiten lassen. Es ergab sich eine Abhängigkeit der Größe der gespreiteten Fläche vom p_H der Wasserunterlage, wobei ein Maximum der eingenommenen Fläche in der Nähe des isoelektrischen Punktes auftrat. Wegen dieser p_H-Abhängigkeit der Dicke der Proteinschicht ließ sich kein eindeutiger Wert für den Moleküldurchmesser

[1] Zusammenfassung bei P. DOTY and J. T. EDSALL: Adv. Protein Chem. VI (1951).

[2] Zusammenfassung bei H. J. TRURNIT: Fortschritte der Chemie organischer Naturstoffe IV, S. 347. Berlin: Julius Springer 1945.

[3] BERGOLD, G., u. R. BRILL: Kolloid-Z. **99**, 1 (1942).

angeben. Die gemessenen Dicken schwankten zwischen 6 und 125 Å. Das TMV läßt sich an der Grenze Wasser—Luft nur schlecht spreiten, doch gelang es LANGMUIR und SCHÄFER[1], das Virus auf einer Unterlage von Eieralbumin zu spreiten. Aus der interferometrisch gemessenen Schichtdicke ergab sich der Durchmesser des Virus zu 12,5 mμ. Der Wert steht in befriedigender Übereinstimmung mit dem röntgenographisch gemessenen Wert von 15,2 mμ. Von TRURNIT und BERGOLD[2] wurde ein elegantes Verfahren zur interferometrischen Dickenmessung adsorbierter Eiweißschichten ausgearbeitet. Neben anderen Eiweißstoffen wurden auch Polyederproteine der Insekten untersucht. Auf einer mit Thoriumionen behandelten Barium-Stearat-Unterlage ergab sich für diese eine Schichtdicke von 18,3 Å. Die gefundenen Werte sind von der Voraussetzung abhängig, daß eine vollständige Bedeckung der untersuchten Oberfläche mit dem Protein stattgefunden hat. Wieweit dies zutrifft, bedarf noch der näheren Prüfung.

b) Dielektrische Dispersion.

Bei Lösungen von Molekülen mit einem natürlichen Dipolmoment ist die Dielektrizitätskonstante von der Frequenz abhängig, da die Dipole eine gewisse Zeit brauchen, um der Umkehr des Wechselfelds folgen zu können (Relaxationszeit). Rotationsellipsoide sind durch zwei Relaxationszeiten, entsprechend den beiden Achsen gekennzeichnet. Aus der Dispersion können in diesem Fall Rückschlüsse auf das Achsenverhältnis gezogen werden. Es wurden zahlreiche Eiweißstoffe nach diesem Verfahren untersucht, doch wurde es bei den Viren bisher noch nicht angewendet.

Das TMV zeigt im elektrischen Wechselfeld ebenfalls eine Orientierung, die zu einer Doppelbrechung der Lösung führt (s. a. spezieller Teil). Es ist jedoch in diesem Falle sehr schwierig, hieraus Rückschlüsse auf die Form der Teilchen zu ziehen[3, 4].

c) Röntgenuntersuchung.

Unter günstigen Umständen ist es möglich, bei der röntgenographischen Untersuchung von Viruskristallen zwischen inner- und zwischenmolekularen Abständen zu unterscheiden. Die hierbei gewonnenen Erkenntnisse über die Abmessungen verschiedener Viren sind auf S. 69 ff. näher geschildert.

d) Kleinwinkelstreuung.

Neben den Röntgenreflexen mit großen Ablenkungswinkeln beobachtet man bei großen Molekülen auch eine diffuse Streuung in der Nähe des Durchstoßpunktes des Röntgenstrahles. Aus der Intensitätsverteilung dieser Kleinwinkelstreuung kann nach KRATKY und SEKORA[5] die Form und Größe gelöster Teilchen von kolloiden Dimensionen bestimmt

[1] LANGMUIR, I., u. V. I. SCHAEFER: J. Amer. Chem. Soc. 59, 1406 (1937).
[2] TRURNIT, H., u. G. BERGOLD: Kolloid-Z. 100, 177 (1942).
[3] KAUSCHE, G. A., u. W. LWOWSKI: Z. Naturforsch. 6 b, 60 (1951).
[4] LAUFFER, M. A.: J. Amer. Chem. Soc. 61, 2412 (1939).
[5] KRATKY, O., u. A. SEKORA: Naturwiss. 31, 46 (1943).

werden. Von LEONARD[1] und Mitarbeitern wurde vom Southern bean mosaic- und beim Tabaknekrosevirus nach diesem Verfahren ein größerer Durchmesser gefunden, als nach den elektronenmikroskopischen Untersuchungen zu erwarten war, was von den Verfassern auf innere Hydratation zurückgeführt wird.

e) Ultramikrometrie.

Die Virusmoleküle werden bei der Bestrahlung durch α-Strahlen inaktiviert. Aus der Abhängigkeit von der Strahlendosis läßt sich ein Treffbereich berechnen, der zur Größe der Viren in Beziehung gesetzt werden kann. Das Verfahren wird als Ultramikrometrie bezeichnet und ist auf S. 68 näher erläutert.

VI. Elektrochemische Eigenschaften der Viren.

1. Physikalische Grundlagen.

In dem vorhergehenden Kapitel wurden Methoden zur Bestimmung der Größe und Gestalt der Viren behandelt. Ein anderes wichtiges Charakteristikum der Virusproteine ist ihr Ladungszustand. Dieser ist in erster Linie durch die Anzahl und den Dissoziationsgrad der im Protein enthaltenen positiven und negativen Gruppen, also durch die Konstitution des Moleküls bestimmt. Daneben ist die Aufladung durch adsorbierte Ionen nur von untergeordneter Bedeutung. Die Gruppen, die einen Beitrag zur Ladung des Proteins liefern können und die Dissoziationsbereiche sind in der folgenden Tab. 5 zusammengefaßt. Durch

Tabelle 5. *Charakteristische Dissoziationskonstanten, als p_K-Werte ausgedrückt, einiger in Proteinen vorkommender saurer und basischer Gruppen.*

Gruppe	p_K 25° C
α-Carboxyl	3,0—3,2
Carboxyl (Asparaginsäure)	3,0—4,7
Carboxyl (Glutaminsäure)	ca. 4,4
phenol. Hydroxyl (Tyrosin)	9,8—10,4
Sulfhydryl	9,1—10,8
Imidazol (Histidin)	5,6—7,0
α-Ammonium	7,6—8,4
ε-Ammonium (Lysin)	9,4—10,6
Guanidin (Arginin)	11,6—12,6

Zugabe von H-Ionen wird die Dissoziation der sauren Gruppen entsprechend der Gleichung $R—COO^- + H^+ \rightarrow R—COOH$ zurückgedrängt, so daß im extrem sauren Gebiet nur basische Gruppen dissoziiert sind. Umgekehrt werden durch Zugabe von OH-Ionen die basischen Gruppen in den ungeladenen Zustand übergeführt: $R—NH_3^+ + OH \rightarrow R—NH_2 + H_2O$, so daß im extrem alkalischen Gebiet nur die sauren Gruppen dissoziiert sind. Am isoelektrischen Punkt ist die Zahl der

[1] LEONARD, B. R., J. W. ANDEREGG, P. KAESBERG, S. SHULMAN u. W. W. BEEMAN: J. Chem. Phys. 19, 793 (1951).

überhaupt dissoziierten Gruppen am größten, die Gesamtladung jedoch Null. Aus der p_H-Abhängigkeit der Ladung lassen sich Rückschlüsse auf die Zahl der insgesamt vorhandenen Ladungen und auf die Natur der dissoziierenden Gruppen ziehen. Das vollständigste Bild von dem elektrochemischen Verhalten eines Proteins ergibt sich, wenn man den Ladungszustand im gesamten p_H-Bereich untersucht, in dem das betreffende Protein stabil ist.

Die wichtigsten Methoden zur Bestimmung der elektrischen Ladung eines Proteins sind:

1. die Messung des Bindungsvermögens für Säuren und Basen;
2. die Messung des Membranpotentials;
3. die Elektrophorese.

Das erste Verfahren wird am zweckmäßigsten in Form einer elektrometrischen Titration durchgeführt. Man mißt die p_H-Änderung, die in einer Eiweißlösung durch Zugabe einer bestimmten Menge OH- oder H-Ionen auftritt. Die Differenz zwischen der H-Ionen-Konzentration in dem reinen Lösungsmittel und in der Proteinlösung erlaubt die Berechnung der von den Proteinen „weggefangenen" H- bzw. OH-Ionen. also die Zahl der bindungsfähigen Gruppen. Einzelheiten sind der Literatur zu entnehmen (Cohn und Edsall). Da für den Ladungszustand der Virusarten auch noch der Gehalt an Nucleinsäure maßgebend ist, sei auf die genauen Untersuchungen von Gulland und Mitarbeitern[1] über das elektrochemische Verhalten von Nucleinsäuren hingewiesen. Nicht alle nach der Bausteinanalyse zu erwartenden Gruppen sind bei der Titration faßbar. Es muß daran gedacht werden, daß einige dieser Gruppen Wasserstoffbindungen innerhalb des Moleküls eingehen und daher im nativen Zustand nicht titrierbar sind. Für genauere Messungen muß auch der Einfluß der Salzkonzentration auf den Ladungszustand berücksichtigt werden. Ist dieser nicht bekannt, so wird der Ladungszustand des Proteins besser durch Messung des Membranpotentials bestimmt.

Befindet sich eine Proteinlösung in einer für den Eiweißstoff nicht durchlässigen Zelle, die außen von einer Elektrolytlösung, z. B. HCl, umgeben ist, so stellt sich zwischen den Ionenkonzentrationen ein Gleichgewicht (Donnan-Gleichgewicht) ein, das von der Ladung des anwesenden Proteins abhängt. Der Unterschied in den Ionenkonzentrationen der Innen- und Außenflüssigkeit kann potentiometrisch gemessen und daraus die Ladung des Proteins berechnet werden. Es ist hierbei also möglich, die Ladung bei verschiedenen p_H-Werten und auch in Gegenwart verschiedener Salze zu bestimmen, was bei dem ersten Verfahren nicht möglich ist.

Ein Nachteil dieser beiden Methoden ist, daß hierbei die Einheitlichkeit der untersuchten Proteine nicht nachgeprüft werden kann. Es ist daher nur bei reinen Eiweißstoffen sinnvoll, sie anzuwenden. Bei der Elektrophorese ist dagegen die Beurteilung der Einheitlichkeit und eine

[1] Gulland, J. M., D. O. Jordan u. H. F. W. Taylor: J. Chem. Soc. **1947**. 1131. — Cosgrove, P. J., u. D. O. Jordan: J. Chem. Soc. **1949**, 1413. — Fletscher, W. E., J. M. Gulland u. D. O. Jordan: J. Chem. Soc. **1944**, 33.

gleichzeitige Charakterisierung verschiedener Komponenten eines Stoffgemisches möglich, da die Wanderungsgeschwindigkeit im elektrischen Feld im allgemeinen nicht durch begleitende Proteine beeinflußt wird. Es sind in letzter Zeit erfolgversprechende Versuche gemacht worden, die theoretischen Grundlagen der Elektrophorese näher aufzuklären. Die ideale Beweglichkeit u_i ist durch folgende Gleichung gegeben:

$$u_i = \frac{F \cdot Z \cdot 3 \cdot 10^{-9}}{f_e \cdot 3 \cdot 10^{-2}} = \frac{F \cdot Z \cdot 10^{-7}}{f_e} \text{cm}^2 \text{ V}^{-1} \text{ sec}^{-1} .$$

F: Faraday-Konstante, Z: Valenz des Proteinions, f_e: molekularer Reibungskoeffizient im elektrischen Feld.

Die Wanderungsgeschwindigkeit ist also proportional Z/f_e. Erst wenn einer dieser Faktoren bekannt ist, kann entweder die Ladung oder die Größe des Moleküls berechnet werden. f_e ist im allgemeinen nicht identisch mit der Reibung f bei der Sedimentation, da die entgegengesetzt geladenen Ionenatmosphäre, die die Proteinionen umgibt, eine hemmende Wirkung ausübt. Erst bei sehr kleinen Salzkonzentrationen wird f_e gleich f. Beim Eieralbumin gelang es TISELIUS, diesen hemmenden Einfluß nach der Theorie von DEBYE und HÜCKEL zu berechnen, wobei Z aus Messungen des Membranpotentials und der Durchmesser des hydratisierten Ions aus Sedimentations- und Dichtebestimmungen entnommen wurde. Die auf diese Weise ermittelten Beweglichkeiten stehen in ausgezeichneter Übereinstimmung mit den experimentellen Werten[1]. Eine ähnlich gute Übereinstimmung zwischen Theorie und Experiment ergab sich bei der DNS[2].

Die elektrophoretische Wanderungsgeschwindigkeit ist verhältnismäßig unempfindlich gegen Aggregationserscheinungen, da sich hierbei das Verhältnis von Z/f_e wenig ändert. Für das Virus der Vaccine findet man z. B. nach der Adsorption an Glas oder Kollodium annähernd die gleiche Wanderungsgeschwindigkeit wie im freien Zustand[3]. Zeigen zwei Viren gleicher Größe, etwa zwei Mutanten desselben Stammes, in der gleichen Salzlösung verschiedene Wanderungsgeschwindigkeiten, so kann mit Sicherheit auf eine Änderung des Ladungszustandes geschlossen werden.

2. Messung der Wanderungsgeschwindigkeit.

Für die Messung der Wanderungsgeschwindigkeit wird am häufigsten der auf S. 29 abgebildete Elektrophoreseapparat nach TISELIUS benutzt. Zur optischen Beobachtung der Wanderungsgeschwindigkeit können die bei der Ultrazentrifuge geschilderten Verfahren verwendet werden. Die Skalenmethode ist bei der Elektrophorese besonders zeitraubend, da die Wanderungswege sehr lang sind. Praktisch werden daher fast ausschließlich Modifikationen der TOEPLERschen Schlierenmethode, nach PHILPOT-SVENSON oder nach LONGWORTH benutzt. Neuerdings sind

[1] TISELIUS, A., u. H. SVENSSON: Trans. Faraday Soc. **36**, 16 (1940).

[2] CREETH, J. M., D. O. JORDAN u. J. M. GULLAND: J. Chem. Soc. **1949**, 1406, 1409.

[3] SMADEL, J. E., E. G. PICKELS, TH. SHEDLOWSKY u. T. M. RIVERS: J. of Exper. Med. **72**, 523 (1940).

auch verschiedene interferometrische Methoden in Gebrauch gekommen (SVENSSON, WIEDEMANN[1]). Auch von ANTWEILER[2] wurde eine interferometrische Methode ausgearbeitet, die sehr empfindlich ist; da die Dimensionen der Zelle sehr klein gehalten werden, genügen bereits Mengen von einigen Zehnteln Kubikzentimeter Lösung zur Messung.

Für noch kleinere Substanzmengen ist die Papierelektrophorese sehr geeignet (s. S. 30).

Die mit Hilfe der Elektrophorese erzielten Ergebnisse sind im speziellen Teil näher beschrieben. Besonders ausführlich wurde das TMV untersucht. Auf elektrophoretischem Wege lassen sich auch sehr nahe verwandte Mutanten des TMV unterscheiden. Neben der Charakterisierung der Viren ist die Elektrophorese auch wichtig zum Studium solcher chemischen Umsetzungen, die zu einer Änderung der Ladung führen. Wird z. B. im TMV die freie NH_2-Gruppe des Lysins acetyliert, so erhält man ein elektrochemisch einheitliches Acetylderivat des Virus, das entsprechend seiner verminderten positiven Ladung eine größere Wanderungsgeschwindigkeit zur Anode besitzt als das Ausgangsmaterial. Auch bei der Untersuchung der Zerfallsprodukte des TMV im alkalischen Gebiet leistete die Elektrophorese wertvolle Dienste. Es traten hierbei Produkte auf, die keine Nucleinsäure mehr enthielten. Durch Abtrennung der Nucleinsäuren mit ihren zahlreichen positiven Ladungen wird die anodische Wanderungsgeschwindigkeit beträchtlich herabgesetzt. Durch präparative Anwendung der Elektrophorese gelang eine einwandfreie Abtrennung der nucleinsäurehaltigen Spaltprodukte von den nucleinsäurefreien. Die Elektrophorese hat auch Bedeutung für den Nachweis pflanzlicher Viren bzw. ihrer Vorstufen in dem Saft infizierter Pflanzen[3].

VII. Chemische Eigenschaften der Viren.

1. Zusammensetzung.

Einleitend wurde bereits erwähnt, daß bei allen selbstvermehrungsfähigen biologischen Einheiten zwei Bestandteile nachweisbar sind: Protein und Nucleinsäure.

Im *Proteinanteil* der Viren konnten bisher keine auffallenden Unterschiede gegenüber anderen Eiweißstoffen festgestellt werden. Man fand nur die üblichen Aminosäuren, die sterisch der l-Reihe angehören. Meist überwiegen die sauren Aminosäuren. Zur Bestimmung der Aminosäuren sind in der Viruschemie im allgemeinen nur solche Methoden brauchbar, die kleine Substanzmengen erfordern. Für qualitative, aber auch für quantitative Untersuchungen wird man zunächst die Papierchromatographie heranziehen[4]. Zur quantitativen Bestimmung eignet sich besonders die Verteilungschromatographie nach STEIN und MOORE[5],

[1] WIEDEMANN, E.: Helvet. chim. Acta 35, 1895, 2314 (1952).

[2] ANTWEILER, I.: Quantitative Elektrophorese in der Medizin. Berlin-Gottingen-Heidelberg: Springer-Verlag 1952.

[3] WILDMAN, S. G., u. J. BENNER: Scientific Monthly 70. 347 (1950).

[4] CRAMER, F.: Papierchromatographie. Verlag Chemie 1953.

[5] STEIN, W. H., u. S. MOORE: J. of Biol. Chem. 178. 79 (1949).

die allerdings Spezialapparaturen erfordert. Mit einfacheren Hilfsmitteln ist die Gruppentrennung der Aminosäuren durch Adsorptionsanalyse[1] durchführbar. Hierbei werden die Aminosäuren in folgende 5 Gruppen getrennt: 1. aromatische, 2. saure, 3. basische, 4. β-substituierte einschließlich Glykokoll und 5. aliphatische Aminosäuren. Am TMV konnten hiermit sehr genaue Resultate erzielt werden. Zur quantitativen Bestimmung der Aminosäuren eignen sich auch biologische Wachstumsteste, da hierfür ebenfalls nur geringe Mengen notwendig sind (Beispiele s. u. TMV).

Bei allen Aminosäurebestimmungen müssen die Hydrolysebedingungen sorgfältig ausgearbeitet werden. Bei zu kurzer Dauer ist die Aufspaltung der Proteine unvollständig, bei zu langen Hydrolysezeiten kommt es zu Verlusten durch Zersetzung der Aminosäuren. Es ist empfehlenswert, Kohlenhydrate und Nucleinsäuren vor der Hydrolyse zu entfernen und nur die reinen Proteine zu hydrolysieren, da diese Bestandteile unter Huminbildung mit den Aminosäuren reagieren können. Durch Zerfall von Nucleinsäuren kann Glykokoll entstehen, wodurch die Analyse des Proteinanteils fehlerhaft wird[2].

Über die Reihenfolge der Aminosäuren in der Peptidkette liegen nur beim TMV Ergebnisse vor.

Der Nucleinsäureanteil der Viren kann entweder aus Ribosenucleinsäure (RNS) oder Desoxyribosenucleinsäure (DNS) bestehen. Die RNS sind aus Mononucleotiden aufgebaut, die aus Ribose, Phosphorsäure und einem basischen Bestandteil bestehen. Die Mononucleotide sind untereinander durch Phosphorbrücken verknüpft, die von der 5'-Stellung eines Riboserestes zur 2'- oder 3'-Stellung des benachbarten Restes führen (I). Es ist zur Zeit noch nicht entschieden, ob in den natürlich vorkommenden Ribosenucleinsäuren 2'- oder 3'-Verknüpfung vorliegt, da bei der alkalischen Hydrolyse 2'- und 3'-Derivate nebeneinander auftreten. Als intermediäre Form ist ein cyclisches Mononucleotid (II) anzunehmen, das nach der einen oder anderen Seite geöffnet werden kann. Die beiden isomeren Nucleotide werden mit a und b bezeichnet, wobei die a-Form wahrscheinlich das 2'-Phosphat darstellt (III). Die Bildung der cyclischen Form erleichtert die Hydrolyse, so daß die RNS im Gegensatz zu den DNS, bei denen eine solche Cyclisierung nicht stattfinden kann, gegen Alkali empfindlich sind. An dem freibleibenden OH der Ribose können weitere Nucleotidketten angreifen, so daß verzweigte Nucleinsäuren entstehen. Ob solche bei den Viren vorkommen, ist zweifelhaft, die RNS des Tabakmosaikvirus scheint unverzweigt zu sein[3].

In den RNS kommen vier verschiedene basische Bausteine vor; die Purine Adenin und Guanin und die Pyrimidine Cytosin und Uracil. Der Ribose-Phosphatrest greift in die 9-Stellung der Purine bzw. 3-Stellung der Pyrimidine ein.

Die Mononucleotide der DNS leiten sich von der Desoxyribose ab, als basische Bestandteile findet man Adenin, Guanin und Cytosin,

[1] Schramm, G., u. G. Braunitzer: Z. Naturforsch. 5 b, 297 (1951).
[2] Markham, R., u. J. D. Smith: Nature (London) 164, 1052 (1949).
[3] Schramm, G., u. B. v. Kerekjarto: Z. Naturforsch. 7 b, 589 (1952).

Verknüpfung der Mononucleotide in den Ribonucleinsäuren. B = Basischer Rest

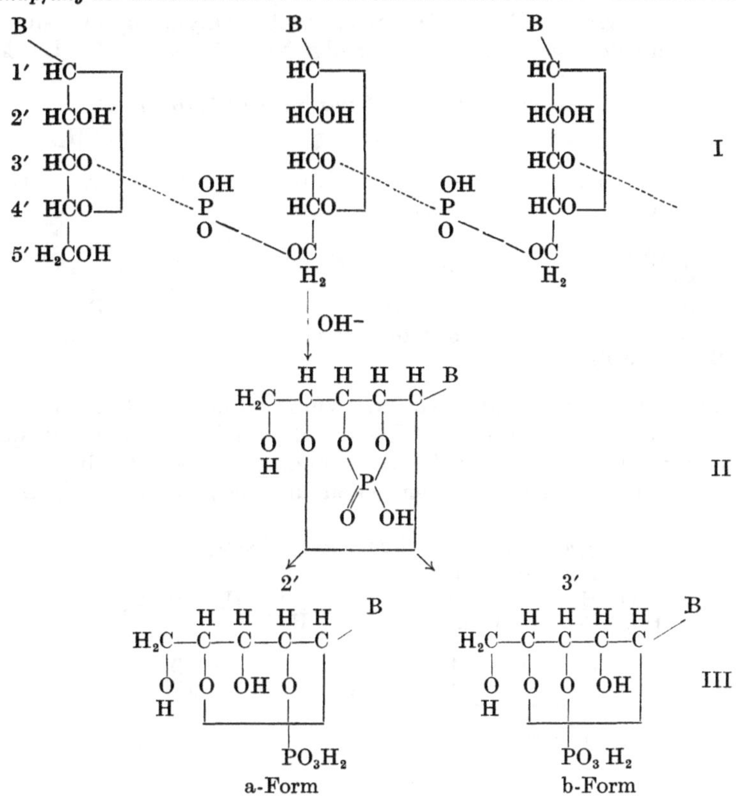

Basische Bausteine der Ribonucleinsäuren.

Purine *Pyrimidine*

Adenin Cytosin

Guanin Uracil

jedoch kein Uracil, sondern stattdessen Thymin (5-Methyl-Uracil) und daneben in geringer Menge 5-Methyl- und 5-Oxymethylcytosin. Die Verknüpfung der Mononucleotide erfolgt von 5′ nach 3′. Da keine

Pyrimidinbausteine der Desoxyribonucleinsäuren.

Thymin (5-Methyluracil) — 5-Methylcytosin — 5-Oxymethylcytosin

Hydroxylgruppe frei bleibt, ist eine Verzweigung nicht möglich. Die DNS sind lange, unverzweigte Ketten, die vielleicht in einer spiralisierten Form vorliegen. Von WATSON und CRICK[1] wurde ein Strukturmodell entwickelt, das alle chemischen und physikalischen Tatsachen

Verknüpfung der Mononucleotide in der Desoxynucleinsäure.

gut erklären würde und auch die Rolle der DNS bei der Vermehrung verständlich macht. Es wird angenommen, daß jeweils Doppelmoleküle vorliegen, die aus zwei parallel laufenden Spiralen bestehen. Ein Adenin-Rest des einen Moleküls (A) steht einem Thymin-Rest (T) des anderen

[1] WATSON, J. D., u. F. H. C. CRICK: Nature (London), **171**, 37 964 (1953).

gegenüber, ebenso ein Guanin-Rest (G) einem Cytosin-Rest (C). Das Verhältnis A/T und G/C muß daher stets gleich 1 sein, was auch experimentell bestätigt wurde (s. DNS der Insektenviren). Sowohl RNS als DNS sind gegen Säure empfindlich, da die Bindung zwischen den Purinen und den Zuckerresten durch Säuren leicht hydrolysiert wird. Aus dem oben angegebenen Strukturbild ist zu ersehen, daß hierbei die Verknüpfung zwischen den Mononucleotiden erhalten bleibt. Die bei der Abspaltung der Purine frei werdende Aldehydgruppe kann bei der DNS durch entsprechende Farbreaktionen, z. B. mit fuchsinschwefliger Säure, nachgewiesen werden, da sich die Desoxyribose wegen des Fehlens des negativen Substituenten in Nachbarschaft zur Aldehydgruppe weitgehend wie ein aliphatischer Aldehyd verhält. Die Ribose liegt vollständig in Form des cyclischen Halbacetats vor und gibt keine Aldehydreaktion.

Über den Nucleinsäuregehalt der Viren gibt Tab. 6 Auskunft. Die einfachen pflanzlichen Viren enthalten RNS, bei den tierischen Virusarten und den Bakteriophagen findet man DNS. Nur im Virus der Pferde-Encephalitis wurde RNS festgestellt.

Tabelle 6. *Nucleinsäuregehalt verschiedener Viren.*

Virus	Nucleinsäuregehalt in %	
	RNS	DNS
Bushy stunt	17	—
Tabaknekrose	18	—
Turnip yellow mosaic	22	—
Southern bean mosaic	21	—
TMV	5,6	—
T_2-Phage	0,2—0,3	40—50
T_7-Phage	—	38
Papillom	—	8,7
Pferde-Encephalitis	10	—
Influenza A	—	2,1
Influenza B	—	3,7
Vaccine	—	5,6

Zum Nachweis der Nucleinsäuren ist es zweckmäßig, zunächst eine Phosphorbestimmung durchzuführen. Aus dem P-Gehalt läßt sich in den einfachen Fällen der Nucleinsäuregehalt leicht berechnen. Bei den tierischen Virusarten findet man aber häufig auch Phosphorlipoide, so daß hier keine Parallelilät zwischen P- und Nucleinsäuregehalt besteht. Zum Nachweis der Nucleinsäuren eignet sich ferner ihre charakteristische Absorption bei 260 mμ. Beim TMV wurde eine quantitative Bestimmungsmethode ausgearbeitet, bei der zunächst der Proteinanteil mit Trichloressigsäure ausgefällt wird und die in Lösung verbleibende Nucleinsäure durch Absorptionsmessungen quantitativ bestimmt wird[1]. Es ist wichtig, bei derartigen Messungen die Lichtstreuung zu berücksichtigen, die eine Absorption vortäuschen kann.

[1] Schramm, G., u. H. Dannenberg: Ber. dtsch. chem. Ges. **77**, 53 (1944).

Zum Nachweis der DNS benutzt man die sehr spezifische Feulgen-Reaktion oder die für quantitative Bestimmungen besonders geeignete Dische-Reaktion[1]. In beiden Fällen werden zunächst durch Behandlung mit Salzsäure aus der DNS die Purinreste abgespalten, wobei freie Aldehydgruppen gebildet werden, die mit fuchsinschwefliger Säure bzw. mit Diphenylamin unter Bildung charakteristischer Farbstoffe reagieren, die colorimetrisch bestimmt werden können. Für sehr geringe DNS-Konzentrationen eignet sich auch die Farbreaktion nach CERIOTTI[2]. Fällt trotz charakteristischer UV-Absorption die Dische-Reaktion negativ aus, so wird man mit der Anwesenheit von RNS rechnen dürfen. Eine spezifische Nachweismethode für RNS, die auch zur quantitativen Auswertung benutzt werden kann, besteht in der Überführung der Ribose in Furfurol. Dieser Aldehyd ist leicht flüchtig, er kann aus der Reaktionslösung abdestilliert und colorimetrisch bestimmt werden[1]. Bei gleichzeitiger Anwesenheit von RNS und DNS kann zur Unterscheidung die geringe Alkalistabilität der RNS ausgenutzt werden. Wird ein Gemisch der Nucleinsäuren alkalisch gemacht, so zerfällt die RNS in Mononucleotide, die säurelöslich sind, während die DNS hochmolekular und mit Säure fällbar bleibt[3]. Durch die Entwicklung der Papierchromatographie ist es möglich geworden, auch bei kleinen Nucleinsäuremengen das Verhältnis der Purin- und Pyrimidinbasen quantitativ zu bestimmen[4]. Auch auf diesem Wege kann zwischen DNS und RNS unterschieden werden, da die erstere Thymin statt Uracil enthält. Es liegen bereits einige Untersuchungen an der DNS von Insektenviren und Phagen und an der RNS von pflanzlichen Virusarten vor. Danach besitzen die RNS verschiedener Pflanzenviren eine recht unterschiedliche Zusammensetzung[5]. Hingegen sind bei den Mutanten derselben Virusart die Unterschiede nur geringfügig[6]. Über die Molekülgröße der Nucleinsäure liegen bisher nur beim TMV Untersuchungen vor[7].

Die Bindung der Nucleinsäure ist in den einzelnen Viren verschieden fest, anscheinend jedoch nicht salzartiger Natur, da sich die Komponenten durch Elektrophorese nicht trennen lassen. Beim TMV ist eine Abspaltung durch Behandlung mit Trichloressigsäure, durch Hitzedenaturierung, oder durch Behandlung mit Alkali in der Kälte möglich. Da zum mindesten bei den ersten beiden Verfahren die Trennung von Hauptvalenzen unwahrscheinlich ist, darf man annehmen, daß die Nucleinsäuren durch H-Brücken oder durch VAN DER WAALSsche Kräfte an das Protein geknüpft sind. Besonders locker ist die Bindung der RNS beim Turnip yellow-Virus (s. S. 129), da hier die Spaltung bereits durch 30%igen Alkohol erfolgt, ohne daß der Proteinanteil denaturiert.

Die meisten tierischen Virusarten enthalten neben Protein und Nucleinsäure noch andere Stoffe, wie Kohlehydrate und Lipoide.

[1] BERGOLD, G., u. L. PISTER: Z. Naturforsch. **3 b**, 406 (1948).
[2] CERIOTTI, G.: J. of Biol. Chem. **198**, 297 (1952).
[3] SCHMIDT, G., u. S. J. THANNHAUSER: J. of Biol. Chem. **161**, 83 (1945).
[4] MARKHAM, R., u. J. D. SMITH: Biochemic. J. **46**, 509 (1950).
[5] MARKHAM, R., u. J. D. SMITH: Biochemic. J. **49**, 401 (1951).
[6] MARKHAM, R., u. J. D. SMITH: Biochemic. J. **46**, 513 (1950).
[7] STANLEY, W. M., u. S. S. COHEN: J. of Biol. Chem. **144**, 589 (1942).

Gerade bei diesen Bestandteilen ist es jedoch nicht sicher, ob sie für die biologische Wirkung des Virus notwendig sind oder nur als anhaftende Verunreinigungen aufzufassen sind. Nahezu frei von Lipoiden konnte man bei den tierischen Virusarten bisher nur das Papillomvirus gewinnen. Die Bestimmung des Lipoidgehalts erfolgt durch Extraktion des Virus mit einem Alkohol-Äther-Gemisch und Wägung des löslichen Anteils. Der Kohlenhydratgehalt wird meistens colorimetrisch mit Orcin bestimmt. Die Farbtiefe ist hierbei abhängig von der Art des Zuckers. Die erhaltenen Werte werden daher auf eine Standardsubstanz, z. B. Glucose oder Ribose, bezogen. Bei einigen Virusarten wird mehr Kohlehydrat gefunden, als dem Nucleinsäuregehalt entsprechen würde.

Bei den kristallisierten pflanzlichen Virusarten lassen sich außer dem Eiweiß und der Nucleinsäure Wirkgruppen anderer Art weder chemisch noch biologisch nachweisen. Insbesondere besitzen diese Viren im reinen Zustand keine enzymatische Wirkung. STANLEY zeigte, daß die in unreinen TMV-Lösungen vorkommende Phosphatasewirkung bei weiterer Reinigung verschwindet[1]. Da die Reinigung bei den meisten tierischen Virusarten nur unvollkommen gelingt, sind hier keine sicheren Schlußfolgerungen möglich. Als Beispiel sei auf die Versuche am Vaccinevirus hingewiesen (s. S. 245). Ein gewisser Hinweis auf enzymatische Fähigkeiten der Viren, die im Zusammenhang mit ihren infektiösen Eigenschaften stehen, ergibt sich aus ihrem Verhalten bei der Hämagglutination (s. S. 101).

2. Chemisches Verhalten.

a) Beständigkeit.

Gegen höhere Temperaturen verhalten sich die Viren recht unterschiedlich. Bei einigen sind die Inaktivierungstemperaturen in gelöstem Zustand erstaunlich hoch. So wird z. B. das TMV erst bei 94° C in 5 min inaktiviert. M. KAISER[2] berichtet, daß das Vaccinevirus sogar 5 min langes Erhitzen auf 100° C verträgt, wobei allerdings die Abnahme der Aktivität nicht quantitativ bestimmt wurde. Das Kaninchenpapillom und einzelne Bakteriophagen vertragen Temperaturen bis zu 65° C. Andere Virusarten wieder, wie z. B. das des Rous-Sarkoms, der Pferde-Encephalitis und das Tabakringfleckenvirus verlieren ihre Wirksamkeit bereits nach einigen Stunden bei Zimmertemperatur. Gegen trockene Hitze sind die Viren meistens beständiger. Die Unterschiede in der Temperaturempfindlichkeit werden auch zur Kennzeichnung, insbesondere der pflanzlichen Virusarten herangezogen. Als Standardmethode wird 10 min langes Erhitzen im Preßsaft empfohlen. Hierbei ist jedoch zu bedenken, daß die Inaktivierungstemperatur durch die Art der Begleitstoffe beeinflußt wird, also keine für das Virus charakteristische Eigenschaft ist. Bei tiefen Temperaturen sind viele Viren sehr beständig. Wiederholtes Einfrieren und Auftauen wird von den meisten ohne Schädigung vertragen.

[1] STANLEY, W. M.: Arch. Virusforsch. 2, 319 (1942).
[2] KAISER, M.: Arch. Virusforsch. 4, 187, (1952).

Beim Trocknen verliert der größte Teil der Viren seine Wirksamkeit, jedoch kann eine Restaktivität jahrelang erhalten bleiben. TMV wurde in getrockneten Tabakblättern noch nach 52 Jahren in wirksamer Form nachgewiesen, aber auch im Pflanzenpreßsaft war es nach 28jähriger Aufbewahrung bei Zimmertemperatur noch infektiös[1]. Die beste Art der Virustrocknung ist der Wasserentzug bei tiefer Temperatur und vermindertem Druck im gefrorenen Zustand (lyophile Trocknung). Viele Viren können auf diese Weise ohne Wirksamkeitsverlust für längere Zeit haltbar gemacht werden.

Bemerkenswert ist auch die Beständigkeit der Viren gegen Glycerin oder Glycerinlösungen. Dieses Medium wird daher auch häufig zur Konservierung von Viren verwendet.

Die p_H-Stabilität der Virusarten ist so verschieden, daß keine allgemeinen Aussagen möglich sind. Die obere und untere Grenze liegt etwa bei p_H 2 und 11. In Gewebeextrakten sind die Viren durch Lipoidhüllen gegen chemische Einflüsse geschützt. Zur sicheren Vernichtung der Viren wird daher am besten eine mindestens n/10-Lauge gewählt. Bei einigen Virusarten wurden zwei Maxima der p_H-Stabilität gefunden, so z. B. beim Maul- und Klauenseuche-Virus. PYL[2] nimmt an, daß es sich hier um zwei verschiedene Arten des Virus handelt. Doch bleibt abzuwarten, ob diese Erscheinung auch bei dem chemisch reinen Virus auftritt. Vielleicht beruht das Minimum der Wirksamkeit bei p_H 6 auf der Unlöslichkeit des Virus, denn es ist anzunehmen, daß der isoelektrische Punkt des Virus wie bei den meisten Eiweißstoffen in diesem p_H-Bereich liegt. Auch das Virus der amerikanischen Pferde-Encephalitis zeigt zwei Maxima der p_H-Stabilität zwischen p_H 3—5 und zwischen 7—10. Die Unbeständigkeit in dem Zwischengebiet wird auf die Beimengung eines Enzyms zurückgeführt, dessen Wirkungsoptimum bei p_H 5,8 liegt. Beim TMV wurden von KAUSCHE[3] in höher konzentrierten Lösungen zwei Maxima der p_H-Stabilität gefunden, die ebenfalls durch die Unlöslichkeit des Virus in dem dazwischenliegenden Gebiet erklärt werden.

b) Chemische Reaktionen.

Die Einwirkung chemischer Agentien auf die Viren wurde bisher meist an unreinen Lösungen unbekannter Konzentration untersucht, so daß über Einzelheiten der sich hier abspielenden Vorgänge noch nichts ausgesagt werden kann. Aufschlußreicher sind Versuche mit reinen Viren unter definierten Bedingungen. In dieser Hinsicht ist aber wohl nur das TMV gründlich untersucht. Für die praktische Virusforschung sind besonders solche Umsetzungen interessant, bei denen die Infektiosität zum Verschwinden gebracht wird, ohne daß sich hierbei die serologische Spezifität ändert. Virusproteine, die auf diese Weise unwirksam gemacht sind, finden vielfach als Impfstoffe Verwendung. Die Auswahl der hier möglichen Reaktionen ist begrenzt, da extreme H-Konzentrationen und eine Denaturierung des Proteins vermieden werden

[1] ALLARD, H. A.: Science (Lancaster, Pa.) **95**, 479 (1942).
[2] PYL, G.: Hoppe-Seylers Z. **244**, 209 (1936).
[3] KAUSCHE, G. A.: Naturwiss. **28**, 61 (1940).

müssen. Am häufigsten wird wohl die Umsetzung mit Formaldehyd benutzt, daneben scheint nach neueren Untersuchungen auch die Verwendung von Senfgas[1] erfolgversprechend zu sein. Eine Inaktivierung ohne Verlust der Spezifität ist auch durch Adsorption von Fremdstoffen möglich. So werden z. B. als Impfstoff Mischungen der Viren mit Kristallviolett oder Gentianaviolett oder auch Adsorbate an Aluminiumhydroxyd verwendet.

Die meisten Virusarten scheinen gegen proteolytische Enzyme recht beständig zu sein. Von besonderem Interesse sind Versuche, die mit reinen Viren und reinen Enzymen durchgeführt wurden. Die Inaktivierung eines Virus durch ein proteolytisches Enzym braucht nicht immer auf Hydrolyse zu beruhen. So wird z. B. TMV durch Zugabe von Ribonuclease[2] momentan inaktiviert. Aus dieser unwirksamen Komplexverbindung kann durch Verdünnen oder Ultrazentrifugation das aktive Virus wiedergewonnen werden.

c) Strahlenempfindlichkeit.

Am eingehendsten wurde bisher der Einfluß von UV-Licht, Röntgenstrahlen verschiedener Härte, γ- und α-Strahlen auf die Aktivität von Viren untersucht. Alle diese Strahlen wirken mehr oder weniger stark inaktivierend, jedoch bleiben die chemischen, physikalischen und immunologischen Eigenschaften der Viren trotz Verlust der Aktivität in vielen Fällen erhalten. Über die Auslösung von Mutationen durch Strahlung s. S. 115.

Die Wirkung des ultravioletten Lichts ist grundsätzlich verschieden von der anderer Strahlenarten. Es wird von besonderen Gruppen oder Bindungen im Molekül absorbiert, während die anderen Strahlungen atomar und praktisch ohne Bevorzugung bestimmter Gruppen absorbiert werden. Die inaktivierende Wirkung des UV-Lichts ist deutlich von der Wellenlänge abhängig. Bei den meisten Viren liegt das Maximum der Inaktivierungskurve in der Nähe von 2600 A, also im Gebiet der Nucleinsäure-Absorption. Dies gilt z. B. für das Influenza-Virus[3], für das Vaccine-Virus[4] und für die Phagen[5, 6]. Andere Viren haben daneben noch ein Maximum im Gebiet der kurzwelligen Eiweißabsorption, z. B. das TMV-[7] und das Virus des Rous-Sarkom[4]. Besondere Verhältnisse beobachtet man bei den Phagen. Bei geringer Bestrahlungsintensität werden diese inaktiviert, behalten jedoch die Fähigkeit, in die Zellen einzudringen und diese abzutöten, sie können sich jedoch nicht mehr vermehren. Eigenartigerweise erlangen die Phagen wieder die Fähigkeit zur Selbstvermehrung[8], wenn man die mit den geschädigten Phagen

[1] TEN BROECK, C., u. R. M. HERRIOTT: Proc. Soc. Exper. Biol. a. Med. **62**, 271 (1946).
[2] LORING, H. S.: J. Gen. Physiol. **25**, 497 (1942).
[3] TAMM, I., u. D. J. FLUKE: J. Bacter. **59**, 449 (1950).
[4] HOLLAENDER, A., u. J. OLIPHANT: J. Bacter. **48**, 447, (1944).
[5] FLUKE, D. J.: Physic. Rev. **82**, 302 (1951).
[6] WAHL, R., .u R. LATARJET: Ann. Inst. Pasteur **73**, 957 (1947).
[7] HOLLAENDER, A., u. B. M. DUGGER: Proc. Nat. Acad. Sci. USA **22**, 19 (1936).
[8] DULBECCO, R.: Nature (London) **163**, 949 (1949); J. Bacter. **59**, 329 (1950).

infizierten Bakterien mit sichtbarem Licht bestrahlt. Es wird dagegen keine Reaktivierung beobachtet, wenn die reinen Phagenlösungen dem sichtbaren Licht ausgesetzt werden. Ähnliche Beobachtungen wurden von BAWDEN[1] am Tabaknekrosevirus gemacht. Auch dieses wird durch UV-Licht inaktiviert. Werden die mit den geschädigten Viren beimpften Blätter bei Tageslicht gehalten, so sind die Viruspräparate wirksamer, als wenn die Blätter nach der Infektion 24 Std. im Dunkeln gehalten werden. Auch bei höheren Pflanzen und bei Mikroorganismen[2] können Schädigungen durch UV durch sichtbares Licht teilweise wieder aufgehoben werden. Der Mechanismus der Photoreaktivierung ist ungeklärt. BAWDEN spricht die Vermutung aus, daß durch UV-Licht der Nucleinsäurestoffwechsel gestört wird und diese Schädigung im sichtbaren Licht wieder aufgehoben wird.

Bei der Untersuchung über die Einwirkung von Röntgen-, γ- und α-Strahlen auf Viren handelt es sich im wesentlichen darum, die Dosisabhängigkeit der Inaktivierung zu bestimmen. Das Ziel dieser Untersuchungen war, aus den Dosis-Effekt-Kurven Rückschlüsse auf den Treffbereich zu ziehen. Eine Zusammenstellung derartiger Versuche findet sich bei TIMOFÉEFF-RESSOWSKY und ZIMMER[3], bei LEA[4] und bei POLLARD[5]. Die Deutung der gefundenen Dosis-Effekt-Kurven stößt jedoch auf Schwierigkeiten, da sie davon abhängt, was als Treffereignis definiert wird. Insbesondere hat sich gezeigt, daß die Inaktivierung nicht immer direkt an dem Virusteilchen erfolgt, sondern die Umgebung, z.B. das Lösungsmittel eine entscheidende Rolle spielt. Durch die Bestrahlung entstehen im Lösungsmittel energiereiche Partikel, z.B. H-Atome oder Wasserstoffsuperoxyd, die erst sekundär die Inaktivierung der Viren hervorrufen. Hierdurch wird eine Aussage über die Größe des empfindlichen Bereichs im Virus selbst unmöglich gemacht. Dies gilt besonders für schwach ionisierende Strahlen, z. B. Röntgen- oder γ-Strahlen. Günstiger liegen die Verhältnisse bei der Verwendung von α-Strahlen. Der Durchgang eines solchen sehr dicht ionisierenden Teilchens durch ein biologisches Objekt stellt einen so groben Eingriff dar, daß das Eintreten des Inaktivierungseffekts mit Sicherheit darauf folgt. Man kann daher aus den Dosis-Effekt-Kurven der Strahlen einen Wirkungsquerschnitt berechnen, der dem geometrischen Querschnitt des wahren Treffbereichs sehr nahe kommt. Dieses Verfahren wird als Ultramikrometrie bezeichnet. Derartige Messungen wurden von BONET-MAURY[6] am Vaccinevirus in Lösung durchgeführt und führten zu Werten für den Durchmesser des Wirkungsquerschnitts von 220 bis 260 mμ, was mit den nach anderen Methoden erhaltenen zwischen 220 und 290 befriedigend übereinstimmt. Untersuchungen an einigen pflanzlichen Virusarten wurden von LEA und

---

[1] BAWDEN, F. C., u. A. KLECZKOWSKI: Nature (London) **169**, 90 (1952).

[2] KELNER, A.: J. Bacter. **58**, 511 (1949).

[3] ZIMMER, K. G.: Biol. Zbl. **63**, 72 (1943). — TIMOFÉEFF, N. W., u. K. G. ZIMMER: Biophysik I, Das Trefferprinzip in der Biologie: S. Hirzel 1947.

[4] LEA, D. E.: Actions of Radiations on Living Cells. New York 1947.

[5] POLLARD, E. C.: The Physics of Viruses. Acad. Press New York 1953.

[6] BONÉT-MAURY, P.: Ann. Inst. Pasteur **68**, 265 (1942).

SMITH[1] durchgeführt. Die Brauchbarkeit der Methode wird noch dadurch gestützt, daß SVEDBERG und BROHULT[2] bei der Bestimmung des Wirkungsquerschnitts des Hämocyanins (Blutfarbstoff der Weinbergschnecke) ebenfalls sehr befriedigende Resultate erzielten (Querschnitt aus Bestrahlungsversuchen: $1{,}80 \cdot 10^{-11}$ cm², nach anderen Verfahren: $1{,}81 \cdot 10^{-11}$ cm²). Statt α-Strahlen können auch Neutronen benutzt werden, da diese im biologischen Material Rückstoßprotonen erzeugen und hierdurch ebenfalls eine sehr dichte Ionisierung hervorrufen. Gegenüber den α-Strahlen besitzen sie den Vorteil der größeren Durchdringungsfähigkeit. Um die Wirkung des Lösungsmittels auszuschließen, werden die Bestrahlungsversuche häufig an trocknen Viren durchgeführt. Die unter Verwendung von α-Strahlen gefundenen Treffbereiche sind in Tab. 7 wiedergegeben. Bei den kleinen Viren stimmt dieser mit der Größe der Teilchen größenordnungsmäßig überein, bei den größeren ist der Treffbereich wesentlich kleiner als das Virus, was bedeuten würde, daß die größeren Viren empfindliche und unempfindliche Bezirke besitzen.

Tabelle 7. *Treffbereiche verschiedener Viren bei Bestrahlung mit α-Strahlen im trocknen Zustand.*

Virus	Treffbereich in Å³	Virusvolumen in Å³
Southern bean mosaic[3]	$3{,}4 \cdot 10^6$	$8{,}1 \cdot 10^6$
Tabaknekrose[1]	$2{,}9 \cdot 10^6$	$9{,}9 \cdot 10^6$
Bushy stunt[1]	$3{,}6 \cdot 10^6$	$13{,}1 \cdot 10^6$
TMV[3]	$3{,}7 \cdot 10^7$	$4{,}9 \cdot 10^7$
Vaccine[1]	$2{,}0 \cdot 10^7$	$3{,}7 \cdot 10^9$

3. Innerer Aufbau der Viren

Entsprechend der Regelmäßigkeit ihrer äußeren Gestalt und Form weist bei den pflanzlichen Virusarten auch der innere Aufbau eine hohe Ordnung auf. Dies geht vor allem aus den Untersuchungen der Viruskristalle mit Röntgenstrahlen hervor. Auch Absorptionsmessungen mit polarisiertem Licht zeigen, daß die absorbierenden Molekülgruppen eine bestimmte, definierte Lage in den Virusmolekülen einnehmen. Bei den größeren tierischen Virusarten läßt sich ein so hoher Ordnungszustand nicht feststellen. Da sie weder kristallisieren noch durch andere Maßnahmen geordnet werden können, ist hier eine sinnvolle Analyse mit Röntgenstrahlen nicht möglich. Elektronenmikroskopische Aufnahmen zeigen, daß diese Viren eine komplizierte innere Struktur besitzen müssen. Bei vielen von ihnen kann man Bezirke größerer Massendichte innerhalb eines lockeren Materials unterscheiden.

Die völlig kristallisierten Virusarten, wie das Bushy stunt-Virus der Tomate, das Turnip yellow mosaic-Virus und das Tabaknekrosevirus, geben im feuchten Zustand außerordentlich regelmäßige Röntgendiagramme[4]. So erhält man beim *Bushy stunt-Virus* buchstäblich Millionen Reflexe, deren Auswertung äußerst mühsam ist. Sie entsprechen Atomabständen

[1] LEA, D. E., u. K. M. SMITH: Parasitology **34**, 227 (1942).
[2] SVEDBERG, I., u. S. BROHULT: Nature (London) **143**, 938 (1939).
[3] POLLARD, E. C.: The physics of Viruses.
[4] Zusammenfassung der Röntgenuntersuchungen an Virusproteinen bei D. CROWFOOT-HODGKIN: Cold Spring Harbor Symp. Quant. Biol. **14**, 65 (1950).

bis zu 7,5 Å herab. Das bedeutet also, daß sich die Ordnung bis zu den einzelnen Atomen im Molekül erstreckt. Das Bushy stunt-Virus kristallisiert in raumzentrierter kubischer Packung mit zwei Molekülen im Kristallgitter. Aus der Gitterkonstanten des feuchten Kristalls und aus dem Wasserverlust bei der Trocknung ergibt sich ein Molekulargewicht von $10{,}8 \cdot 10^6$ für das nicht hydratisierte Molekül. Dieser Wert steht in ausgezeichneter Übereinstimmung mit den Ultrazentrifugenmessungen, die einen Wert von $10{,}6 \cdot 10^6$ ergeben haben. Der Moleküldurchmesser beträgt 276 Å. Wenn das Molekül streng kugelförmig wäre, würde sich die Dichte zu 1,7 ergeben, während aus der direkten Messung des partiellen spezifischen Volumens 1,38 ermittelt wurde. Es ist daher anzunehmen, daß das Molekül die Form eines Oktaeders besitzt, denn dann würde sich dank der besseren Raumerfüllung der Elementarzelle eine Dichte ergeben, die mit der experimentell bestimmten übereinstimmt. Ein solches oktaedrisches Molekül würde im Elektronenmikroskop von einem kugelförmigen nicht zu unterscheiden sein. Wahrscheinlich ist das Bushy stunt-Virus aus 12 oder mehr identischen Submolekülen (Untereinheiten) aufgebaut. Werden die Kristalle an der Luft getrocknet, so ändert sich der Abstand zwischen den Schwerpunkten zweier Moleküle um 62 Å (s. Tab. 8). Es läßt sich bisher noch nicht entscheiden, ob die Hydrathülle das gesamte Molekül umgibt oder ob auch zwischen den Untereinheiten Wasserschichten eingelagert sind. Bei der Trocknung wird außerdem die Ordnung innerhalb des Moleküls zerstört und es finden sich nunmehr sehr wenige Reflexe im Beugungsdiagramm.

Tabelle 8. *Abstandsveränderungen beim Trocknen*[1].

Virus	Teilchendurchmesser im Elektronenmikroskop Å	Teilchenabstand im trockenen Kristall Å	Teilchenabstand im feuchten Kristall Å	Änderung beim Trocknen Å
Bushy stunt	255—270	272	334	62
Turnip yellow	193—220	228	306	78
Tabaknekrose	130—166	157	179	22

Beim *Turnip yellow mosaic-Virus* zeigen elektronenmikroskopische Aufnahmen und Röntgenuntersuchungen, daß die Kristalle Diamantstruktur besitzen. Auch hier beobachtet man eine sehr starke Änderung des Abstands zwischen den Schwerpunkten zweier Moleküle beim Trocknen (vgl. Tab. 8). Das Partikelgewicht ergibt sich röntgenographisch zu $3{,}5 \cdot 10^6$. Wahrscheinlich bestehen diese Teilchen aus 12 Untereinheiten mit einer Masse von 300000. Eigenartig ist, daß dieses Virus, welches 28% Nucleinsäure enthält, diese verlieren kann, ohne daß sich die Kristallstruktur wesentlich ändert, es sei denn, daß eine leichte Ausweitung des Netzebenenabstands zu bemerken ist.

Das *Tabaknekrosevirus* kristallisiert nach dem triclinen System. Es handelt sich wahrscheinlich um eine leichtverzerrte kubische Packung. Die Ergebnisse der Röntgenanalyse stimmen sehr gut mit den elektronenmikroskopischen Aufnahmen der Kristalle überein. Bei der Trocknung

[1] S. 69, Anm. 4.

beobachtet man wieder eine Zerstörung des Kristallgitters. Während man im feuchten Kristall Interferenzen findet, die Abständen bis herab zu 2,8 Å entsprechen, ist der kürzeste Abstand im trockenen Kristall 58 Å.

Bei dem *parakristallinen Tabakmosaikvirus* (TMV) lassen sich ebenfalls aufschlußreiche Röntgendiagramme gewinnen, wenn man die Virusmoleküle durch geeignete Maßnahmen einander parallel richtet. Man erhält dann ein Faserdiagramm. Die Reflexe in der Äquatorialebene liefern uns die Abstände senkrecht zur Faserachse, die Reflexe auf dem Meridian die Abstände in der Faserachse. In der Äquatorialachse

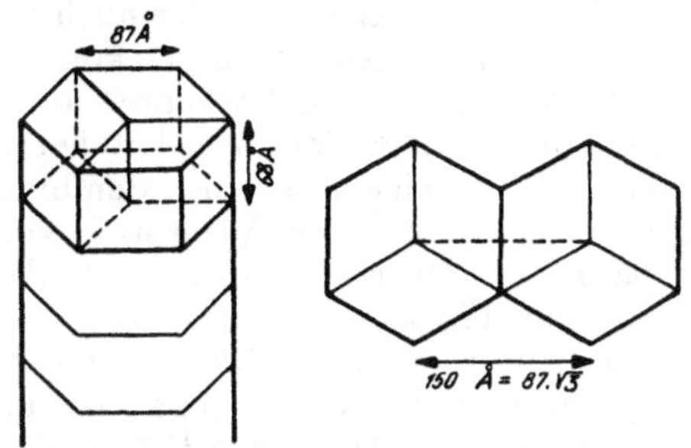

Abb. 17. Struktur des Tabakmosaikvirus (nach BERNAL und FANKUCHEN).

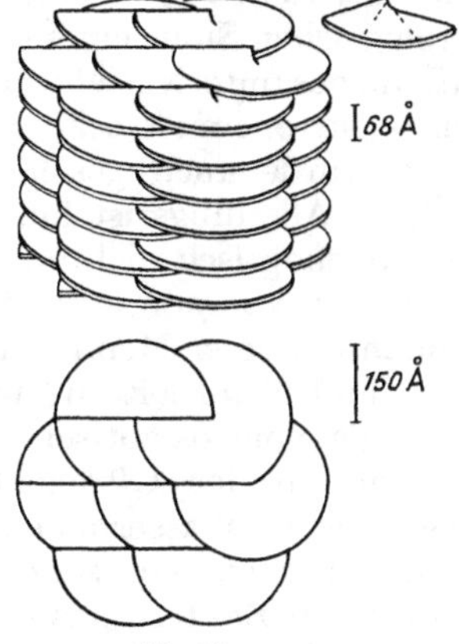

Abb. 18. Struktur des Tabakmosaikvirus (nach DORNBERGER-SCHIFF). Das Schema gibt ein Bundel von 7 Virusstabchen wieder, deren Wendeln ineinandergeschoben sind.

Abb. 18.

beobachtet man keine starken Reflexe. Hieraus kann geschlossen werden, daß das Virusmolekül nicht aus einem Bündel axial gerichteter Peptidketten aufgebaut ist. Die sehr starken Reflexe senkrecht zur Achse zeigen vielmehr eine Art Schichtstruktur an. BERNAL und FANKUCHEN[1] nehmen an, daß das Virus aus einer Anzahl geldrollenartig aufeinandergelegter sechseckiger Scheibchen besteht, die eine Dicke von 68 Å besitzen. Dies würde bedeuten, daß das Gesamtmolekül aus etwa 40 dieser Scheibchen besteht. Jedes Scheibchen soll aus drei rhomboedrischen Elementarzellen zusammengesetzt sein mit einer Kantenlänge von 87 Å (s. Abb. 17). Aus dem Volumen der Elementarzelle und ihrem spezifischen Gewicht berechnet sich für diese ein Molgewicht von 370000. Von DORNBERGER[2] wurde ein anderes Modell für das TMV vorgeschlagen, das die beobachteten Reflexe besser erklärt (s. Abb. 18). Es besteht aus einem Spiralband, dessen Ganghöhe der Gitterkonstanten von 68 Å entspricht. Eine Schraubung um ein Drittel soll die Spirale nicht nur in ihrem äußeren Umriß, sondern auch ihrem Inhalt nach mit sich selbst zur Deckung bringen. Der Radius soll 150 Å betragen und die Dicke des Spiralbandes etwa 11 Å. Beim Trocknen sollen sich die Spiralen so ineinanderschieben, daß die Mittelpunkte der Moleküle wie bei BERNAL 150 Å voneinander entfernt sind. Es paßt nicht sehr gut zu den elektronenoptischen Aufnahmen.

[1] BERNAL, J. D., u. J. FANKUCHEN: J. Gen. Physiol. **25**, 111, 147 (1941).
[2] DORNBERGER-SCHIFF, K.: Ann. Physik, 6. Folge **6**, 14 (1949).

Die größeren tierpathogenen Virusarten können hinsichtlich der Regelmäßigkeit ihres Aufbaues nicht mit den einfachen Pflanzenviren verglichen werden. Schon die größere Variabilität ihrer Form und Größe deutet darauf hin, daß auch ihre Zusammensetzung und Struktur nicht eindeutig definiert ist, sondern von Teilchen zu Teilchen schwanken kann. Sie besitzen keinen homogenen Aufbau. Dies läßt sich deutlich aus den elektronenmikroskopischen Bildern entnehmen. Bei vielen dieser Viren findet man Bezirke dichterer Struktur innerhalb eines lockeren Materials. Ein besonders eindrucksvolles Beispiel ist das Vaccinevirus[1]. Dieses enthält einen dichten zentralen Teil, der auch im cytologischen Sinne einem Zellkern ähnlich ist, da gezeigt werden konnte, daß die gesamte Nucleinsäure des Virusteilchens in ihm konzentriert ist. Aus elektronenmikroskopischen Bildern des mit Pepsin behandelten Virus wurde auch geschlossen, daß das Vaccinevirus eine Membran besitzt. Allerdings ist hierbei zu bedenken, daß durch Adsorption von elektronenoptisch dichterem Material an der Oberfläche des Virus oder durch die Veränderung, die dieses beim Trocknen erleidet, das Vorhandensein einer Membran vorgetäuscht werden kann. Nach MACFARLANE und Mitarbeitern[2] ist die Hydratation des Vaccineteilchens unabhängig vom osmotischen Druck der Lösung. Die Hydrathülle sedimentiert in der Ultrazentrifuge nicht mit den Viruspartikeln. Die angelagerten Wassermoleküle scheinen also nicht von einer Membran umschlossen zu sein, sondern die Virusteilchen von außen zu umgeben. Bei einigen Bakteriophagen (T 2, T 4, T 6 s. S. 175) läßt sich eindeutig eine Membran nachweisen. Durch einen osmotischen Schock gelingt es, die Hülle der Phagen von ihrem Inhalt zu trennen. Der osmotische Schock wird dadurch erzeugt, daß man die Phagen zunächst in 4 m NaCl suspendiert und die Suspension schnell mit destilliertem Wasser verdünnt. Auf den elektronenmikroskopischen Aufnahmen findet man dann die leeren Hüllen, an denen noch die Schwänze hängen. Die Ablösung einer Membran gelingt jedoch nicht bei allen Phagentypen. T 1, T 3 und T 5 werden durch einen osmotischen Schock nicht inaktiviert und es lassen sich auch im Elektronenmikroskop bei diesen keine leeren Hüllen finden. Nach Untersuchungen von BERGOLD[3] scheinen einige Insektenviren zum mindesten in bestimmten Entwicklungsstadien von Membranen umschlossen zu sein. Auch hier findet man im Elektronenmikroskop die leeren Hüllen.

Bei den größeren Virusarten ergeben sich also Strukturmerkmale, die mit denen von Einzellern übereinstimmen. Wir finden zentrale Teile, die möglicherweise den Kernen äquivalent sind, ein lockeres Plasma, und in einigen Fällen eine Membran. Rein morphologisch scheint also ein fließender Übergang von den einfachen Eiweißmolekülen bis zu dem hochorganisierten zellähnlichen Zustand gegeben zu sein.

---

[1] PETERS, D. u. TH. NASEMANN.: Z. f. Naturforsch. 8 b, 547 (1953).

[2] MACFARLANE, A. S., M. G. MACFARLANE, R. C. AMIES u. G. H. EAGLES: Brit. J. Exper. Path. **20**, 485 (1939).

[3] BERGOLD, G. H.: Canad. J. Res. E **28**, 5 (1950).

VIII. Immunologische Eigenschaften der Viren.

1. Allgemeine Grundlagen[1].

Eiweißstoffe wirken antigen, d. h. sie besitzen die Fähigkeit, im Warmblüterorganismus Antikörper zu erzeugen. Diese Antikörper reagieren am vollständigsten mit dem homologen Antigen, durch das sie gebildet wurden, weniger vollständig mit einem verwandten heterologen Antigen und gar nicht mit einem fremden. Hierdurch ist in der Proteinchemie eine zusätzliche Möglichkeit gegeben, die vollständige oder teilweise strukturelle Übereinstimmung zwischen zwei Stoffen sicherzustellen.

Die Eigenschaft, als *Antigen* zu wirken, kommt von allen bisher untersuchten Stoffen nur den Proteinen und vielleicht einigen hochpolymeren Kohlenhydraten zu. Diese wirken wahrscheinlich erst dadurch, daß sie sich nach der Injektion an bestimmte Proteine des Organismus binden, so daß das eigentliche Antigen ein Kohlenhydrat-Protein-Komplex ist. Es sind eine große Reihe von Stoffen bekannt, die an sich keine Antigene sind, sondern erst durch Bindung an Eiweiß die Fähigkeit erlangen, Antikörper zu erzeugen, die spezifisch gegen diese in das Protein eingetretenen Wirkgruppen gerichtet sind. Diese Stoffe werden als *Haptene* bezeichnet. Durch den künstlichen Einbau solcher Haptene in Eiweißstoffe ist es gelungen, in die Gesetzmäßigkeiten, die die Spezifität der Eiweißstoffe bestimmen, naheren Einblick zu gewinnen. Es zeigte sich, daß für die Spezifität sowohl die räumliche Ausdehnung und Stellung des eingetretenen Haptens als auch seine polaren Eigenschaften maßgebend sind. Eine vollständige serologische Übereinstimmung zwischen zwei Antigenen ergibt sich nur, wenn alle determinanten Gruppen in ihrer räumlichen Ausdehnung, ihrer Ladung und ihrer sterischen Anordnung übereinstimmen. So können Eiweißstoffe, die in der Art und Reihenfolge ihrer Aminosäuren einander gleich sind, als Antigene noch unterschieden werden, wenn sie in der Faltung der Polypeptidkette verschieden sind. Diese für die Proteine charakteristische Art der räumlichen Isomerie läßt sich kaum mit anderen Methoden nachweisen. Die Voraussetzungen für eine antigene Spezifität sind nur bei Molekülen erfüllt, die eine gewisse Starrheit besitzen und bei denen deshalb die gegenseitige Lage der Wirkgruppen definiert ist. Bei den Proteinen treffen diese Bedingungen zu, da hier die Polypeptidkette in ihrer räumlichen Anordnung festgelegt ist (s. S. 21). Fadenmoleküle mit einem veränderlichen Knäuelzustand, wie sie z. B. in der Gelatine vorliegen, wirken nicht mehr als Vollantigene. Ebenso wird durch die Denaturierung eines Proteins die Bindungsfähigkeit für Antikörper gegen das gleiche Protein im nativen Zustand herabgesetzt, da nur räumlich begrenzte Bezirke ihre ursprüngliche Struktur

[1] Zusammenfassende Werke: 1. KABAT, E. A., u. M. M. MAYER: Exper. Immunochem. Springfield, USA: C. C. Thomas 1948. — 2. LANDSTEINER, K.: The specifity of serological reaction. Cambridge: Harvard, 1945. — 3. CAMPBELL, D. N., u. N. BULMAN: Some current concepts of the chemical nature of antigens and antibodies. Fortschr. Chem. Org. Nature (London) 9, 443 (1952).

bewahrt haben. Da die meisten Antigene eine Reihe verschiedener serologischer Wirkgruppen enthalten, erzeugen sie im allgemeinen eine Schar von Antikörpern, die sich in ihrer Spezifität und ihren sonstigen serologischen Eigenschaften unterscheiden. Stimmen zwei Antigene nicht vollständig miteinander überein, so werden aus dieser Schar jeweils nur die passenden Antikörper gebunden. Es bleibt ein Rest, der nur von dem homologen Antigen adsorbiert wird. Hierdurch ist die Möglichkeit gegeben, den Grad der Verwandtschaft zwischen zwei Antigenen quantitativ festzulegen.

Die *Antikörper* sind Eiweißstoffe, die als abgewandelte Serumglobuline aufzufassen sind. Beim Kaninchen, Affen und Menschen besitzen die Antikörper im allgemeinen die gleiche Wanderungsgeschwindigkeit im elektrischen Feld und das gleiche Molekulargewicht (160000, f/f_0 1,5) wie das γ-Globulin. Beim Pferd, Rind und einigen anderen Tierarten kommen auch Antikörper mit einem höheren Molgewicht, von etwa 10^6, vor, es scheint sich in diesem Fall um Aggregate aus 6 einzelnen Molekülen zu handeln. Die hochmolekularen Antikörper besitzen eine elektrophoretische Beweglichkeit, die zwischen der des β- und der des γ-Globulins liegt. Im Pferdeserum finden sich je nach der Art und der Dauer der Immunisierung und des verwendeten Antigens bald hochmolekulare, bald niedermolekulare Antikörper. Auch in anderen Fällen konnten mitunter von der Norm abweichende Antikörper festgestellt werden. Die Antikörper scheinen die gleiche chemische Zusammensetzung wie das normale Globulin zu besitzen, auch die Reihenfolge der Aminosäuren in der Polypeptidkette scheint dieselbe zu sein. Von PORTER[1] wurde nachgewiesen, daß in beiden Fällen das Molekül aus einer einzigen Polypeptidkette aus etwa 1500 Aminosäureresten besteht. Die Reihenfolge und die Art der 5 endständigen Aminosäuren stimmt beim normalen Globulin und beim Antikörper überein, in beiden Fällen wurde als Endgruppe ein Alanyl-Leucyl-Valyl-Asparagyl-Peptid isoliert, als fünfte Aminosäure folgt wahrscheinlich Glutaminsäure. Da die Antikörper Eiweißstoffe sind, können sie ihrerseits wieder als Antigene wirken. Es läßt sich zeigen, daß gegen verschiedene Antigene gerichtete Antikörper der gleichen Tierart bei der Immunisierung dieselben „Anti-Antikörper“ erzeugen. Auf diesem Wege läßt sich auch eine serologische Verwandtschaft der Antikörper mit den normalen Serumglobulinen nachweisen.

Die spezifische Wirkung des Antikörpers ist an einen verhältnismäßig kleinen Bereich des Moleküls geknüpft. PORTER gelang es, durch partielle Hydrolyse von Antikörpern ein Abbauprodukt zu erhalten, das nur noch ein Viertel der ursprünglichen Größe (Molgewicht 40000) besaß und trotzdem eine spezifische Bindung mit den homologen Antigenen, durch die es erzeugt wurde, eingehen konnte. NORTHROP[2] konnte durch Trypsinabbau einen kristallisierten Antikörper gegen Diphtherietoxin vom Molgewicht 90000 und dem Formfaktor f/f_0 1,23 darstellen, der noch als Antikörper voll wirksam war.

[1] PORTER, R. R.: Biochemic. J. **46**, 479 (1950).
[2] NORTHROP, J. H.: J. Gen. Physiol. **25**, 465 (1942).

Über den Ort der Antikörperbildung sind die Meinungen geteilt. Vor allem sind hierfür die sog. Plasmazellen verantwortlich zu machen, die in verschiedenen Organen, insbesondere den Lymphdrüsen und der Milz, vorkommen und wahrscheinlich zum reticulo-endothelialen System gehören. Über die Art, wie die Antikörper entstehen, wissen wir noch wenig. Es existieren hierüber verschiedene Theorien, die jedoch alle von dem Gedanken ausgehen, daß das Antigen modifizierend in den normalen Aufbau der Serumglobuline eingreift. Den chemischen Befunden wird die Theorie von PAULING[1] am besten gerecht. Er ist der Ansicht, daß die Zusammensetzung und die Reihenfolge der Aminosäuren bei Antikörpern und normalen Globulinen die gleiche ist und daß durch das Antigen in dem entstehenden Antikörper die Art der Faltung der Peptidkette verändert wird.

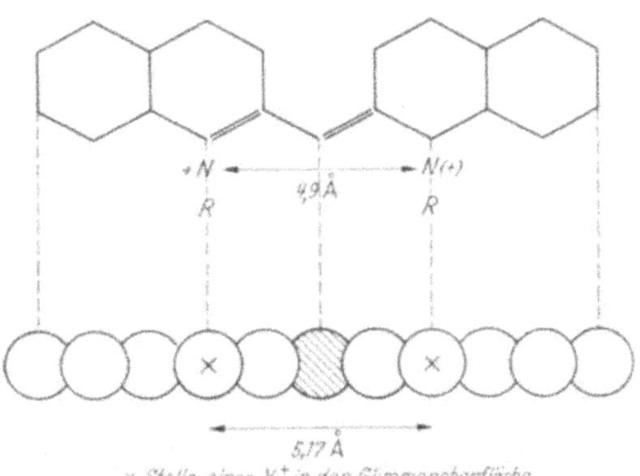

Abb. 19. Spezifische Adsorption eines Pseudoisocyanins an die Glimmeroberflache (nach SCHEIBE).

Die *Bindung des Antikörpers an das Antigen* erfolgt spezifisch. Derartige spezifische Bindungen spielen in der Biologie eine große Rolle, z. B. bei der Bindung eines spezifischen Substrats an ein Enzym oder bei der Adsorption des Virus an bestimmte aktive Zentren der Zelle. Wie aus den Untersuchungen über die Spezifität der Antigene hervorgeht, kommt die Bindung nur zustande, wenn eine bestimmte räumliche Konfiguration und ein bestimmtes Ladungsmuster vorliegt. Nach PAULING wird nun angenommen, daß der Antikörper eine hierzu komplementäre Konfiguration besitzt. Nur in diesem Fall, wenn das Antigen zum Antikörper paßt wie der Schlüssel zum Schloß, ist eine maximale Annäherung und damit eine maximale Anziehung möglich. Als Modell für eine derartige spezifische Anziehung kann die von SCHEIBE[2] untersuchte spezifische Adsorption bestimmter organischer Farbstoffe an Glimmeroberflächen dienen. Nur wenn der Abstand der Ladungen in dem Farbstoffmolekül dem Ladungsmuster des Glimmers entspricht, kommt eine Adsorption zustande (s. Abb. 19). Die Ausdehnung der einander komplementären Bezirke braucht nicht sehr groß zu sein. LANDSTEINER zeigte durch systematische Abbauversuche an Antigenen, daß noch Peptide, die aus 6 bis 8 Aminosäureresten bestehen und keine Vollantigene mehr sind, zu einer spezifischen Bindung befähigt sind. Die oben erwähnten Abbauversuche am Antikörper zeigen ebenfalls, daß nur ein Teil des Moleküls für die spezifische Reaktion notwendig ist.

[1] PAULING, L.: J. Amer. Chem. Soc. **1940**, **2643**.

[2] SCHEIBE, G.: Angew. Chem. **52**, 631 (1939).

2. Nachweis der Antigen-Antikörper-Reaktion.

Zum qualitativen und quantitativen Nachweis eines Antikörpers können verschiedene Verfahren verwendet werden. Von diesen ist die *Präcipitinreaktion* am einfachsten und am besten untersucht. Nach Zugabe des Antigens zu dem Antiserum bildet sich bei geeigneten Konzentrationsverhältnissen ein schwer löslicher Niederschlag, der aus einer Verbindung des Antigens mit dem Antikörper besteht. Die Menge und Zusammensetzung des Präcipitats ist abhängig von der Ausgangskonzentration der Komponenten. Man unterscheidet zwischen dem Antikörperüberschuß-gebiet, dem Äquivalenzgebiet, in dem etwa gleiche Mengen Antikörper und Antigen vorliegen, und dem Antigenüberschußgebiet, in dem das Präcipitat wieder löslich wird. In Abb. 20 ist sowohl die Menge des gefällten Antikörpers als auch das Verhältnis Antikörper zu Antigen im Präcipitat als Funktion der zugegebenen Antigenmenge aufgetragen. Je größer der Antikörperüberschuß, desto mehr Antikörper wird von dem Antigen gebunden. Quantitativ werden die Verhältnisse durch eine Gleichung von HEIDELBERGER und KENDALL[1] wiedergegeben:

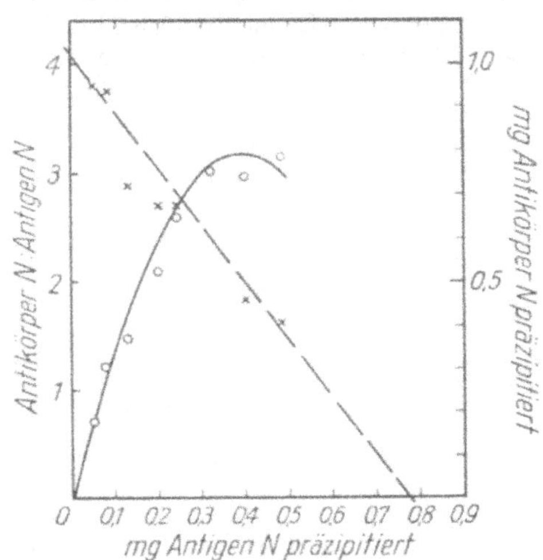

Abb. 20. Pracipitinreaktion des Tabakmosaikvirus mit Kaninchen-Antikorper (nach SCHRAMM und FRIEDRICH-FREKSA). × - - - - × Antikorper-N/Antigen-N. ○ —— ○ Menge an präcipitiertem Antikorper-N.

$$\text{Antikörper-N}_{\text{Pracip.}} = 2 \cdot \text{R} \cdot \text{AN} - \text{R}^2\,(\text{AN})^2/\text{KN}_{\text{gs}}\,.$$

KN_{gs}: gesamte, in dem Serumvolumen vorhandene Menge Antikörperstickstoff, R: Verhältnis Antikörper N / Antigen N in der Äquivalenzzone, AN: zugegebene Menge Antigenstickstoff.

Mit dieser Gleichung ist es möglich, den Antikörpergehalt des Serums aus zwei Analysen des Präcipitats zu berechnen. Die Gleichung hat allerdings keine allgemeine Gültigkeit. Bei bestimmten Antigenen findet man einen anderen Typ der Präcipitinreaktion, so ist z. B. das Präcipitat des Diphtherietoxins auch im Antikörperüberschuß löslich.

Ist das Antigenmolekül in einem größeren Komplex, z. B. einer Bakterienoberfläche eingebaut, so findet ebenfalls eine Flockungsreaktion statt, die in diesem Fall als Agglutination bezeichnet wird. Wegen der größeren Menge des Antigens ist sie leichter zu beobachten als die Präcipitinreaktion.

[1] HEIDELBERGER, M., u. F. E. KENDALL: J. of Exper. Med. **61**, 563 (1935).

Über den Mechanismus der Präcipitinreaktion besteht noch keine Klarheit, es stehen sich hier zwei Auffassungen gegenüber. So geht z. B. PAULING von der Voraussetzung aus, daß die Antikörper mindestens zwei Antigene gleichzeitig binden können, also bivalent sind. Es entsteht infolgedessen ein Netzwerk aus Antigenen und Antikörpern, das ausfällt.

Die Präcipitatbildung läßt sich auch mit einem univalenten Antikörper erklären, indem durch Absättigung der lyophilen Gruppen der Proteinoberfläche mit Antikörpern die Löslichkeit soweit erniedrigt wird, daß es zur Ausflockung kommt. Für beide Auffassungen lassen sich wichtige Argumente ins Feld führen. Bei Bivalenz sollte man auch Antikörper erwarten, die zwei verschiedene Antigene binden. Solche Antikörper wurden aber niemals gefunden. Andererseits wurden von PAULING[1] und Mitarbeitern Experimente durchgeführt, die nur mit einem bivalenten Antikörper zu erklären sind.

Es sind auch Antikörper bekannt, die zwar mit dem Antigen reagieren, aber kein Präcipitat bilden. Nach PAULING sind diese als univalent anzusehen. Man findet sie hauptsächlich in frühen Stadien der Immunisierung, sie stellen ferner den Hauptteil der Allergie verursachenden „Reagine" dar.

Empfindlicher als die Präcipitinreaktion ist die Komplementbindungsreaktion. Vergleichende Versuche am TMV zeigten[2], daß mit Hilfe der Präcipitinreaktion 10 γ Proteinstickstoff quantitativ erfaßt werden können, während mit der Komplementbindungsreaktion noch 0,03 γ Protein-N bestimmt werden können. Außerdem bietet die Komplementbindungsreaktion den Vorteil, daß sie auch in trüben Lösungen anwendbar ist, in denen eine Fällung nicht beobachtet werden kann. Das Komplement besteht aus einer Gruppe zum Teil hitzelabiler Stoffe, die zwischen 50 und 60° C zerstört werden und sich im frischen Normalserum fast aller Tiere finden. Das Komplement hat die Fähigkeit, sich an den Antigen-Antikörper-Komplex anzulagern. Befindet sich dieser Komplex in einer Zellenoberfläche, so führt die Anlagerung des Komplements zu einer Zerstörung dieser Oberfläche (Lyse). Das Komplement kann also als Indicator für das Stattfinden einer Antigen-Antikörper-Reaktion benutzt werden. Der Vorgang läßt sich durch folgendes Schema wiedergeben:

$$\begin{aligned} &1.\ X + AK_X \longrightarrow X - AK_X\,, \\ &\qquad\qquad\qquad K \lessdot \\ &2.\ B + AK_B \longrightarrow B - AK_B\,. \end{aligned}$$

Wird in einer Lösung ein unbekanntes Antigen X gesucht, so gibt man zu dieser den homologen Antikörper AK_X und eine bestimmte Menge des Komplements K. Ist X vorhanden, so bildet sich der Komplex $X—AK_X$, der das Komplement wegfängt. Zu diesem Ansatz wird anschließend ein Antigen B, das meistens aus Hammelblutkörpern

[1] PAULING, L., D. PRESSMANN u. D. H. CAMPBELL: J. Amer. Chem. Soc. **66**, 330 (1944).

[2] Eigene Versuche.

besteht, und der entsprechende Antikörper AK_B hinzugegeben. Ist K in der ersten Reaktion verbraucht worden, so findet keine Hämolyse statt. War X nicht vorhanden, so beobachtet man bei der zweiten Reaktion eine Hämolyse.

Manche gegen ein bestimmtes Antigen immunisierte Tiere (besonders geeignet ist das Meerschweinchen) zeigen nach der Injektion dieses Antigens eine allgemeine Schockreaktion. Diese Erscheinung wird als *Anaphylaxie* bezeichnet. Der anaphylaktische Schock ist auf die Wirkung bestimmter Stoffe, hauptsächlich des Histamins, zurückzuführen, die sich als Folge der Antigen-Antikörper-Reaktion im Organismus bilden. Der anaphylaktische Schock läßt sich auch an einem einzelnen, isolierten Organ nachweisen. Er ist eine sehr empfindliche Reaktion zum Nachweis geringer Antigenmengen.

Die Verbindung eines wirksamen Antigens mit dem Antikörper kann den Verlust der Wirksamkeit zur Folge haben. So kann ein im Organismus vorhandener Virusantikörper dadurch nachgewiesen werden, daß man Mischungen des Virus mit Antiserum im Tierversuch auswertet und die Grenze bestimmt, bei der gerade die Wirkung des Virus neutralisiert wird. Die *Neutralisation* folgt den gleichen Gesetzmäßigkeiten wie die Flockungsreaktion. Sie ist wie diese bis zu einem gewissen Grade umkehrbar, indem man durch geeignete Trennungsverfahren aus den neutralisierten Mischungen wieder aktives Virus gewinnen kann. Für die Neutralisation der Viruswirksamkeit durch den Antikörper ist die Anwesenheit von Komplement ebensowenig notwendig wie für die Präcipitinreaktion. Zur quantitativen Behandlung der Neutralisationsreaktion s. [1].

3. Anwendung serologischer Reaktionen.

Die serologischen Verfahren dienen zunächst dazu, die Verwandtschaft der Virusarten untereinander oder mit anderen Proteinen festzustellen. Hierfür können sowohl die Präcipitinreaktion als auch die Komplementbindung oder der Neutralisationstest verwendet werden. Zur Sicherung der Verwandtschaft bedient man sich meist der Kreuzreaktion. Um zwei Antigene A und B miteinander zu vergleichen, läßt man sowohl A mit dem Anti-B-Serum als auch B mit dem Anti-A-Serum reagieren. Quantitative Angaben über den Verwandtschaftsgrad erhält man am besten mit der Präcipitinreaktion, da hierbei die Menge des gebundenen Antikörpers exakt durch N-Bestimmung ermittelt werden kann.

Man arbeitet hierbei mit dem Erschöpfungstest. Dieser besteht darin, daß man das Anti-A-Serum mit so viel Antigen B versetzt, bis kein weiterer Niederschlag mehr auftritt. Das gebildete Präcipitat wird entfernt und nun geprüft, ob und inwieweit das Anti-A-Serum mit dem homologen Antigen A noch ein Präcipitat bildet. Zur vollständigen Charakterisierung ist dann noch die entsprechende Kreuzreaktion notwendig.

[1] Tyrell, D. A. J., u. F. L. Horsfall: J. of Exper. Med. **97**, 845, 863 (1953).

Auf dem Gebiet der phytopathogenen Viren sind namentlich durch CHESTER[1] die ersten Anfänge einer systematischen Verwandtschaftslehre auf serologischer Grundlage geschaffen worden. Es zeigt sich, daß Viren, die bisher biologisch nicht miteinander verglichen werden konnten, da keine Pflanze existiert, in der sich beide Arten vermehren können, nahe miteinander verwandt sein können, wie z. B. das Tabakmosaikvirus und die Gurkenviren 3 und 4. Andere Viren, die sich zufällig auf derselben Pflanze vermehren, erwiesen sich als serologisch völlig verschieden, wie z. B. TMV, Tabaknekrose- und Tabakringfleckenvirus.

Auch bei den tierischen Virusarten bildet die Serologie eine wichtige Grundlage der Systematik. Da diese in den Geweben häufig nur in geringer Konzentration vorliegen, bedient man sich zur Feststellung der Verwandtschaft oft des Neutralisationstestes. Da es bisher nicht gelungen ist, die tierischen Virusarten frei von Begleitproteinen darzustellen, kann unter Umständen eine Verwandtschaft durch gleichartige Verunreinigungen vorgetäuscht werden. Um diesen Fehler zu vermeiden, gewinnt man die beiden zu vergleichenden Virusstämme aus verschiedenen Tierarten, da in diesem Fall die Begleitstoffe sicher nicht identisch sind. Eine weitere Fehlerquelle kann sich durch unspezifische Virushemmstoffe ergeben, die im Serum vorkommen.

Eine weitere wichtige Anwendung finden die serologischen Teste bei der *Prüfung der Präparate auf Reinheit.* Einige pflanzliche Virusarten können auf chemischem Wege soweit gereinigt werden, daß sich mit der Präcipitinreaktion in ihnen kein normales Protein mehr nachweisen läßt. In dem auf die übliche Weise dargestellten TMV lassen sich mit der empfindlichen Komplementbindungsreaktion höchstens 0,2% Normalprotein nachweisen. In diesen Fällen unterscheidet sich also das Virus in seiner Antigennatur sicher vom normalen Protein. Bei den meisten tierischen Virusarten sind die Verhältnisse komplizierter. Das aus Eiflüssigkeit isolierte Influenzavirus reagiert noch mit dem Antikörper gegen normales Eiprotein. Aus Lungengewebe dargestelltes Influenzavirus zeigt serologische Verwandtschaft mit diesem Gewebe. Es enthält also Bestandteile, die die gleiche Struktur besitzen wie das Wirtsprotein. Diese Bestandteile müssen fest mit dem Virus verknüpft sein, da sie sich bei den üblichen Reinigungsmethoden, z. B. Ultrazentrifugation und Elektrophorese, nicht von dem Virus abtrennen lassen. Trotzdem ist nicht gesagt, daß diese Bestandteile für die Viruswirksamkeit notwendig sind, es könnte sich auch um Verunreinigungen handeln, die adsorptiv an das Virusteilchen gebunden sind.

Hochwirksame Antiseren gegen eine bestimmte Virusart sind auch ein wichtiges *diagnostisches Hilfsmittel* zum Nachweis der Viren. Sie werden in der Human- und Veterinärmedizin, aber auch bei der Untersuchung der Pflanzenkrankheiten verwendet. Um Seren mit hohem Antikörpertiter zu erhalten, wird es fast immer notwendig sein, das Virusantigen vorher chemisch anzureichern und normale Proteine soweit wie möglich zu entfernen. Um Antikörper gegen normales Gewebe mit

[1] Siehe BAWDEN: Plant Viruses.

Sicherheit aus dem Serum abzutrennen und ein virusspezifisches Antiserum herzustellen, wird dieses erschöpfend mit normalen Gewebeextrakten behandelt. Als Nachweismethode wird meist der Neutralisationstest angewendet (s. S. 199 u. Encephalitisviren). Falls es sich um hämagglutinierende Viren handelt, kann auch die Hemmung der Hämagglutination dafür herangezogen werden (s. Influenzavirus). Als Beispiel für die Anwendung virusspezifischer Antiseren im Pflanzenschutz sei auf die Prüfung auf Kartoffelkrankheiten hingewiesen.

In viruskranken Kartoffeln ist ein sicherer Nachweis auf chemischem oder physikalischem Wege nicht möglich. Die biologischen Methoden sind für Massenuntersuchungen zu umständlich. Es sind daher von verschiedenen Seiten mit Erfolg serologische Nachweisreaktionen für die Kartoffelviren ausgearbeitet worden. Von CHESTER[1] wird ein Verfahren angegeben, das wegen seiner Einfachheit unmittelbar auf dem Feld an der kranken Pflanze durchgeführt werden kann. Bei dieser Feldmethode wird der chloroplastenhaltige Preßsaft der verdächtigen Pflanzen ohne vorherige Klärung mit dem Antiserum versetzt. Wie KAUSCHE auch durch elektronenmikroskopische Aufnahmen belegen konnte, adsorbieren die Chloroplasten sehr viel Virus; bei Zugabe des Antiserums erfolgt sodann eine Agglutination der virushaltigen großen Chloroplasten, die viel leichter beobachtet werden kann als die Ausflockung der submikroskopischen Virusmoleküle. Nach STAPP[2] soll jedoch diese Methode besonders in der Hand von Ungeübten leicht zu Fehldiagnosen Anlaß geben. Sie soll außerdem beim Nachweis von Y- und A-Virus in der Kartoffel gänzlich versagen. STAPP erhielt mit den angereicherten Viren der Kartoffel gegen X-, A- und Y-Virus wirksame Antiseren. Die Präcipitinreaktion wird von ihm nach einer Mikromethode unter dem Mikroskop in dem vorher geklärten Pflanzensaft beobachtet. Die Reaktion konnte dadurch vereinfacht werden, daß man Papierschnitzel benutzt, an denen die Seren eingetrocknet sind[3].

IX. Virus und Wirt.

1. Allgemeine Grundlagen.

Die Erscheinungen, die bei der Einwirkung eines Virus auf einen empfänglichen Wirt auftreten, sind sehr mannigfaltig und trotz gewisser gemeinsamer Züge von Fall zu Fall auch sehr verschiedenartig. Es ist daher schwierig, eine befriedigende Darstellung zu finden. Dem Sinne dieses Buches entsprechend sollen die chemisch beobachtbaren stofflichen Veränderungen im Vordergrund stehen, jedoch sind diese kaum verständlich, wenn nicht wenigstens die allgemeinen biologischen Probleme in den Grundzügen angedeutet werden.

Bei der Einwirkung der Viren auf den Wirt sind verschiedene Phasen zu unterscheiden. Der mechanische Kontakt führt wie bei anderen

[1] CHESTER, K. S.: Phytopathology **26**, 778, 949 (1936).
[2] STAPP, C.: Angew. Chem. **56**, 77 (1943).
[3] STAPP, C., u. R. BERCKS: Phytopath. Z. **15**, 47 (1948).

Partikeln dieser Größe und Zusammensetzung zu einer Haftung oder *Adsorption* der Virusteilchen auf der Zelloberfläche. Diese Adsorption genügt aber nicht, um eine Infektion hervorzurufen. Hierzu ist es notwendig, daß das Virusteilchen die *Zellmembran durchdringt*, wobei bereits strukturelle Änderungen am Virusteilchen und an der Wirtszelle erfolgen können. Das weitere Infektionsgeschehen ist nur zu verstehen, wenn man eine innige *Verschmelzung* des eingedrungenen Virus mit Strukturen im Innern der Zelle annimmt, wobei weitere stoffliche Umsetzungen zu erwarten sind. Es sind Fälle bekannt, wo mit dieser Vereinigung die gegenseitige Einwirkung ein Ende findet. Im allgemeinen schließt sich jedoch an die Verschmelzung die *Vermehrung des Virus* an. Das weitere Schicksal des infizierten Wirts läßt sich am besten durch einen Wettlauf zwischen Virusvermehrung und Zellwachstum erklären. Gewinnt die Virusvermehrung, so kommt es zur Auflösung oder *Lyse der Zelle*. Es kann sich aber auch ein Gleichgewicht einstellen, der *Zustand der latent infizierten* Zelle bleibt dann für lange Zeit aufrechterhalten. Schreitet das Zellwachstum schneller fort als die Virusvermehrung, so bilden sich wieder gesunde, virusfreie Tochterzellen aus der infizierten Mutterzelle. Von der infizierten Zelle aus kann sich nun das Virus auf verschiedenen Wegen im Organismus ausbreiten. Dabei kann es zu einer Reihe von *sekundären Krankheitssymptomen* kommen. Es soll versucht werden, zunächst einen allgemeinen Überblick über diese Erscheinungen zu vermitteln. In den folgenden Abschnitten werden dann einzelne Fragen ausführlicher behandelt.

a) Übertragung der Viruskrankheiten.

Die Bedingungen für die Infektion bestimmen im hohen Grade die Ausbreitungsgeschwindigkeit einer Viruskrankheit, sie sind daher von großem epidemiologischem Interesse. Die Übertragung der Krankheitserreger durch Nahrungsmittel, wie sie bei bakteriellen Infektionen häufig vorkommt, ist bei den Viren relativ selten, wenn auch bei der Poliomyelitis und der infektiösen Gelbsucht eine Verbreitung durch Milch oder andere infizierte Nahrungsmittel beobachtet wurde. Der Grund für diesen Unterschied liegt darin, daß dieViren sich extracellulär nicht vermehren können und daher die Aktivität außerhalb eines Organismus niemals zu-, sondern höchstens abnimmt. Die Übertragung der Viren erfolgt meist durch direkten mechanischen Kontakt oder durch versprühte infektiöse Tröpfchen. Eine große Bedeutung kommt auch Zwischenträgern zu.

Eine recht eigenartige Form der Virusübertragung wurde von Shope[1] bei der Schweineinfluenza festgestellt. Eier des Lungenwurms werden von kranken Schweinen ausgeschieden und von Regenwürmern aufgenommen. Die Larven des Lungenwurms machen einen Entwicklungscyclus in den Regenwürmern durch, nach dessen Abschluß das in ihnen enthaltene Virus für Schweine infektiös ist. Die Regenwürmer werden von den Schweinen gefressen, wobei die Larven des Lungenwurms die Darmwand durchdringen und in den Respirationstrakt wandern. Dort

[1] Shope, R. E.: J. of Exper. Med. **74**, 41, 49 (1941).

kann das Virus unter geeigneten Bedingungen einen Influenzaausbruch herbeiführen. Auch einige andere Viren, so die der lymphocytischen Choriomeningitis[1] und des Rift-Valley-Fiebers[2] können latent in parasitischen Würmern erhalten bleiben.

Eine sehr wichtige Rolle bei der Virusverbreitung spielen die Insekten. Von den tierpathogenen Virusarten sind es besonders die des Gelbfiebers und der Encephalitiden, die auf diesem Wege übertragen werden. Die Insekten wirken hierbei nicht nur als mechanische Träger, sondern die Viren vermehren sich auch in ihnen. Eingehende Untersuchungen zeigten, daß die Aktivität des Gelbfiebervirus in der Stechmücke Aedes aegypti stark zunimmt.

Auch die meisten pflanzlichen Viruskrankheiten werden durch Insekten verbreitet. Vorwiegend handelt es sich dabei um Jassidae (Baumzickaden) und Aphiden (Blattläuse). Von den letzteren ist Myzus persicae (Pfirsichblattlaus) als Überträger zahlreicher Viruskrankheiten bei Kartoffeln und anderen Nutzpflanzen besonders bekannt. Die Funktion der Insekten bei der Verbreitung der Pflanzenviren ist unterschiedlich. Einzelne Viren verlieren in den Insekten schnell ihre Aktivität und die Übertragung gelingt am sichersten kurz nach der Aufnahme. Bei anderen Pflanzenviren beobachtet man dagegen, daß diese erst nach einer gewissen Latenzzeit im Insekt auf andere Pflanzen weiter übertragen werden können. Die Insekten bleiben unter Umständen für Wochen, ja Monate Virusträger. Hier muß man eine Vermehrung der Pflanzenviren in den Insekten annehmen. Sicher bewiesen ist sie für das Clover club leaf-Virus bei Agalliopsis novella[3]. BLACK konnte zeigen, daß in diesem Falle das Virus durch 20 aufeinanderfolgende Generationen weitergegeben wird. Da ein einzelnes Insekt niemals so viel Virus aufnehmen kann, daß dies nach einer solchen Verdünnung durch die Generationsfolge noch nachweisbar wäre, muß eine Vermehrung des Pflanzenvirus in dem Insekt stattfinden. Auf dem gleichen Wege wurde die Vermehrung des Aster yellow-Virus und anderer Pflanzenviren in ihrem Vektor bewiesen[4].

b) Eintritt des Virus in die Zelle.

Die einfach zusammengesetzten pflanzlichen Viren sind anscheinend nicht befähigt, aktiv in die Zelle einzudringen. Infolgedessen spielt bei ihnen die Insektenübertragung die dominierende Rolle, da durch den Insektenstich die Pflanzenmembran mechanisch durchbrochen wird. Für die natürliche Verbreitung sind unter Umständen auch andere Verletzungen, die durch das Reiben der Blätter gegeneinander entstehen, von Bedeutung. Beim TMV konnte besonders eindrucksvoll gezeigt werden, daß dieses die unverletzte Zelloberfläche nicht durchdringen

---

[1] SYVERTON, J. T., O. R. MCCOY u. J. J. KOOMEN: J. of Exper. Med. **85**, 759 (1947).

[2] FINDLAY, G. M., u. E. M. HOWARD: Arch. Virusforsch. **4**, 411 (1952).

[3] BLACK, E. M.: Phytopathology **38**, 2 (1948).

[4] MARAMOROSCH, K.: Nature (London) **169**, 194 (1952).

kann. Man kann Pflanzen mit einer hochaktiven Viruslösung durchtränken, ohne daß sie infiziert werden. Die Infektion gelingt erst, wenn die Pflanzen an einer Stelle durch Druck oder ähnliche Maßnahmen verletzt werden. Bei allen Pflanzenviren gelingt die Übertragung durch Pfropfung eines kranken Reises. Einige Viren können auch mit dem infektiösen Saft in die Blattoberfläche eingerieben werden, bei anderen ist eine solche mechanische Übertragung nicht möglich, so daß nur der Weg der Pfropfung oder über das Insekt verbleibt.

Die Bakteriophagen und die meisten tierischen Virusarten können aktiv in die Zelle eindringen. Die Wirkung einiger tierischer Virusarten auf die Zelloberfläche läßt sich besonders gut beim Vorgang der *Hämagglutination* (HA) studieren. Die Blutkörperchen dienen hierbei als Modell für andere empfängliche Zellen. Für den erfolgreichen Eintritt des Virus sind äußere Bedingungen mitbestimmend, bei den Bakterien die Zusammensetzung des Mediums, bei den Pflanzen Temperatur und Belichtung und bei den Vielzellern der Gesamtzustand des Organismus, vor allem die Ernährung und der Hormonspiegel. So läßt sich eine Infektion mit manchen schwer übertragbaren Viruskrankheiten erzwingen, wenn gleichzeitig Cortison, der bekannte Wirkstoff der Nebenniere, verabfolgt wird.

c) Verschmelzung des Virus mit der Zelle.

Schon beim Durchtritt durch die Zellmembran kann das Virus Veränderungen erleiden. Besonders eindrucksvoll ist hier das Beispiel der Bakteriophagen. Nicht das gesamte Virusteilchen dringt in das Bacterium ein, sondern die äußere Hülle des Kopfes mit den daranhängenden Schwänzen bleibt außen zurück. Viele Beobachtungen sprechen dafür, daß das Virusteilchen nach dem Eintritt in die Zelle in kleinere Untereinheiten zerfällt, die sich innig mit den Zellstrukturen verbinden. Auch wenn es nach dieser Verschmelzung nicht zur Bildung neuer aktiver Virusteilchen kommt, werden hierdurch die Eigenschaften der Zelle bereits beeinträchtigt. Diese Veränderung äußert sich zunächst in dem Phänomen der *Interferenz.* Hierunter versteht man die Unmöglichkeit der Infektion der Zelle mit einem zweiten Virus, wenn bereits ein andersartiges Virus eingedrungen ist. Bei den Phagen und einer großen Anzahl tierpathogener Viren ist nach der Verschmelzung mit den Zellstrukturen das Virus weder morphologisch noch durch den Infektionstest nachweisbar. Dieses zeitweise Verschwinden der Infektiosität wird als *Eklipse* bezeichnet. Bei den Pflanzenviren läßt sich dieser Effekt aus methodischen Gründen noch nicht einwandfrei feststellen, doch spricht nichts gegen sein Vorhandensein. Nach einer gewissen Zeit sind in der Zelle wieder aktive Teilchen nachweisbar, die nach der Zerstörung der Zelle austreten. Der Zeitraum vom Eintritt des Virusteilchens bis zum Austritt neu gebildeter Teilchen wird als *Latenzzeit* bezeichnet. Während dieser Latenzzeit ändert sich der Stoffwechsel der Zelle grundlegend und morphologisch lassen sich wesentliche Veränderungen der Zelle beobachten.

d) Cytologische Veränderungen in der infizierten Zelle.

Betrachten wir zunächst die cytologischen Vorgänge beim Wachstum der gesunden Zelle. Nach TH. CASPERSSON[1] ist es zweckmäßig, hier zwei Vorgänge zu unterscheiden: 1. die Vermehrung des Gen-Eiweißes, die an den DNS-haltigen Chromosomen abläuft; 2. die Bildung des Cytoplasmaproteins, die ebenfalls durch die Gene induziert wird. Wahrscheinlich ist es besonders der als Heterochromatin bezeichnete Teil der Chromosomen, der Substanzen von Eiweißcharakter produziert, die

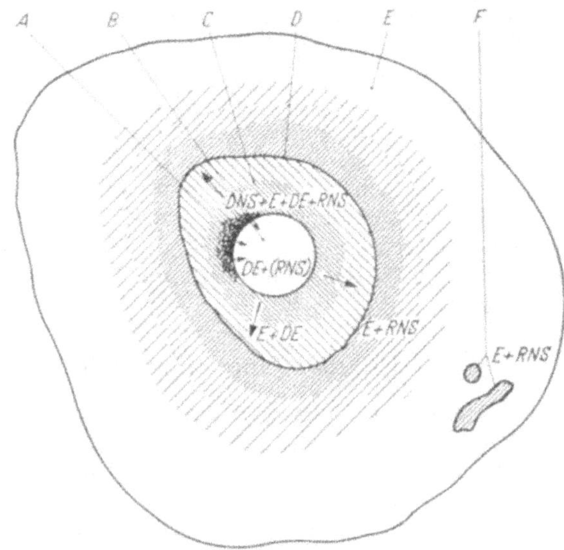

Abb. 21. Zelle bei der Produktion von Cytoplasma-Eiweiß nach CASPERSSON und THORSSON. Beschriftung oben: *A* Chromatin, *B* Nucleolus, *C* Kern, *D* Kernmembran, *E* Cytoplasma, *F* Mitochondrien; Beschriftung im Bild: *DNS* Desoxyribonucleinsaure, *RNS* Ribonucleinsäure, *E* Eiweiß, *DE* Diaminosäure-reiches Eiweiß.

dann teilweise im Kernkörper, dem Nucleolus, angesammelt werden. Der Nucleolus enthält Eiweißstoffe in hoher Konzentration und daneben Nucleinsäuren des RNS-Typs. Er reguliert seinerseits wieder die Bildung des Cytoplasmaproteins, die wahrscheinlich an der Außenseite der Kernmembran in Gegenwart von RNS entstehen. RNS-haltige Organellen finden sich auch außerhalb des Kerns in Form von Mitochondrien oder Plastiden (s. Abb. 21).

Die Veränderungen in dem eiweißbildenden System der Zelle wurden von H. HYDÉN[2] mikrospektrographisch untersucht. Aus den mehr orientierenden Versuchen gewinnt man den Eindruck, daß der Angriffspunkt auf das normale eiweißbildende System bei den einzelnen Viren verschieden ist. HYDÉN nimmt an, daß das Virus des Molluscum contagiosum in die Endphase, nämlich die Bildung des Cytoplasma-

[1] CASPERSSON, TH., u. K. G. THORSSON: Klin. Wschr. **1953**, 206.
[2] HYDÉN, H.: Cold Spring Harbor Symp. Quant. Biol. **12**, 104 (1947).

proteins an der Kernmembran, eingreift. Statt der normalen Ribonucleoproteide soll DNS-haltiges Virusprotein entstehen, das somit als pathologisch abgewandeltes Cytoplasma gelten könnte. Andere Viren, z. B. Verruca, Rabies, Neurovaccine, verändern die Eiweißsynthese so, daß es nicht mehr zur Bildung cytoplasmatischer Proteine kommt, sondern das DNS-haltige Virusprotein bereits im Kern entsteht. Die Viren der Poliomyelitis und des Louping ill greifen in einem noch früheren Stadium ein. Nach HYDÉN ist anzunehmen, daß sie das Chromozentrum soweit verändern, daß statt des RNS-haltigen Nucleolus die RNS-haltigen Virusproteine entstehen.

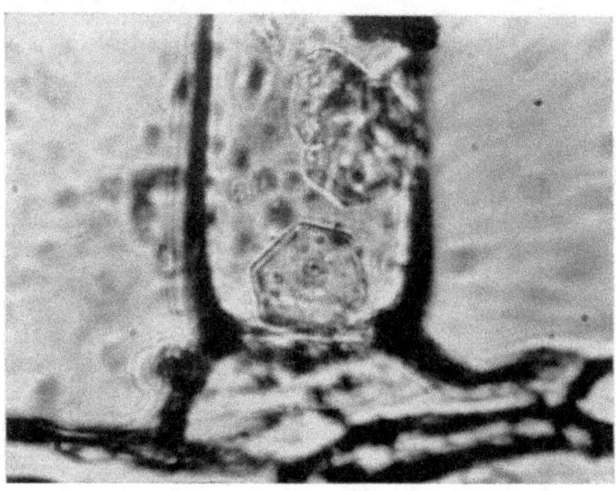

Abb. 22. Hexagonaler Einschluß in der Haarzelle eines mosaikkranken Tabakblattes, Vergr. etwa 300fach (Aufnahme von H. FRIEDRICH-FREKSA).

Wenn auch die Art der Verschmelzung zwischen Strukturelementen der Zelle und den Viren bzw. ihren Untereinheiten im einzelnen noch der Bestätigung bedarf, so steht doch die Umbildung des eiweißbildenden Systems außer Zweifel. Als typisch dürfen die Untersuchungen von TH. CASPERSSON und K. G. THORSSON[1] an der Chorioallantoismembran des Hühnereis bei der Infektion mit Vaccinevirus gelten. In allen untersuchten Fällen beobachtet man eine starke Stimulation des eiweißbildenden Apparats, die sich in einer starken Vergrößerung des Nucleolus und schließlich in einer Zunahme des Zelleibes, d. h. einer Erhöhung der Gesamtmenge an Eiweiß und Nucleinsäure je Zelle äußert. Die Erscheinungen lassen sich durch die Annahme erklären, daß das Virus zur Stufe eines Gens abgebaut wird, das sich mittels des eiweißbildenden Systems der Wirtszelle vermehrt.

Bei den größeren Virusarten läßt sich die Ablagerung des Virusmaterials auch mit der üblichen histologischen Technik gut beobachten. Es treten in den Zellen, und zwar im Cytoplasma oder im Kern charakteristische *Einschlußkörper* auf. Genauer untersucht sind diese

[1] CASPERSSON, TH., u. K. G. THORSSON: Klin. Wschr. **1953**, 206.

Verhältnisse bei der Vaccine[1] und bei der Bronchopneumonie der Maus (s. S. 252). Nach dem Eindringen der Virusteilchen lassen sich diese nicht mehr als solche nachweisen, sondern statt dessen findet man als Initialkörper bezeichnete Gebilde, die aus sog. Grundsubstanz aufgebaut sind. In dieser Substanz entstehen die DNS-haltigen Virusteilchen, die Elementarkörperchen genannt werden. Besondere Verhältnisse finden wir bei den Polyederviren der Insekten. Hier bestehen die Einschlüsse aus einem kristallisierten einheitlichen Protein, in das die eigentlichen

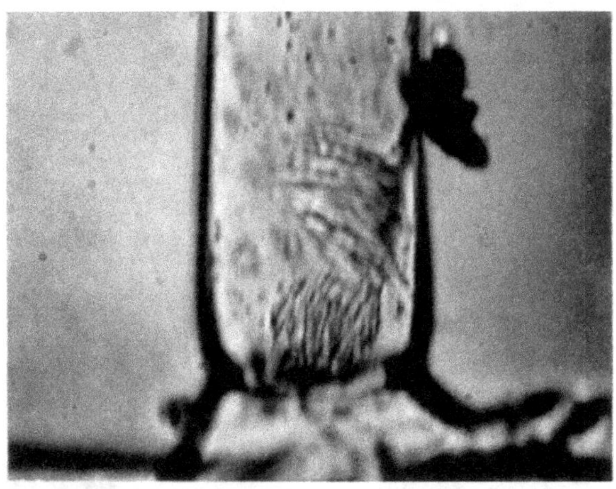

Abb. 23. Derselbe Einschluß nach Umwandlung in Nadelchen (Aufnahme von H. FRIEDRICH-FREKSA)

Virusteilchen eingeschlossen sind. Bei den Kapselviren der Insekten ist jedes einzelne Virusteilchen von einer Kapsel aus niedermolekularem Protein umgeben.

Bei virusinfizierten Pflanzenzellen findet man zwei verschiedene Arten von Einschlüssen. Zuerst erscheinen amorphe X-Körper, später treten dann kristallisierte Einschlüsse auf, die im wesentlichen aus dem reinen Virusprotein bestehen. In Abb. 22 ist ein solcher Kristall wiedergegeben, der sich bei Verletzung der Zelle in die parakristallinen Nadeln des TMV umwandelt (Abb. 23).

e) Vorstufen der Virusbildung.

Da in den Zellen trotz der Stimulierung der Eiweißbildung zunächst keine funktionsfähigen Viruspartikel auftreten, muß man annehmen, daß zuerst inaktive Vorstufen gebildet werden. Stoffe, von denen anzunehmen ist, daß sie solche Vorstufen darstellen, wurden auch auf chemischem Wege bei den Virusinfektionen gefunden. Bei der Infektion des Tierorganismus entstehen häufig spezifische Begleitstoffe, die als lösliche S-Antigene bezeichnet werden. Sie besitzen ein kleineres Teilchengewicht als die Viren und sind weder infektiös noch toxisch. Diese komplementbindenden Antigene treten zeitlich früher auf als das

[1] BEARD, J. W., u. C. F. ROBINOW: J. of Path. 48, 381 (1939).

Virus, was für ihren Charakter als Vorstufen spricht. Daneben findet man andere meist größere Teilchen, die bereits hämagglutinieren, aber ebenfalls nicht infektiös sind. Ähnliches virusspezifisches Material läßt sich serologisch bei der Phagenbildung in der Latenzphase nachweisen. Auch bei den Pflanzenviren findet man nichtinfektiöse Begleitstoffe, die eng mit dem Virus verwandt sind. Man nimmt auch hier an, daß es sich um Vorstufen handelt, wenn auch die zeitliche Reihenfolge noch nicht geklärt ist.

f) Ausbreitung der Viren im Organismus und sekundäre Symptome bei den Viruskrankheiten.

Die primären Veränderungen in den befallenen Zellen bedingen eine Reihe weiterer Krankheitssymptome, die durch den Zelltod und die

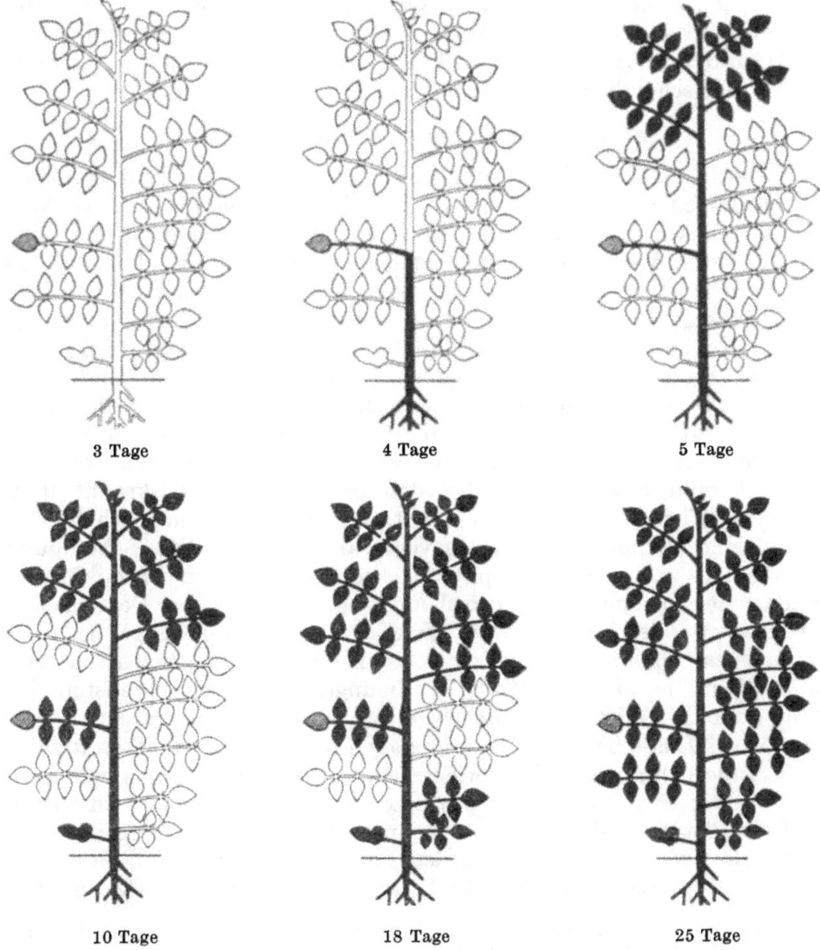

Abb. 24. Ausbreitung des Tabakmosaikvirus in jungen Tomatenpflanzen. Das ursprunglich infizierte Blatt ist schraffiert, Virushaltige Teile schwarz gezeichnet (nach G. SAMUEL).

weitere Ausbreitung des Virus hervorgerufen werden. Die tierischen Virusarten breiten sich in den meisten Fällen durch den Blutstrom im Organismus aus. Beim Poliomyelitisvirus scheint daneben auch eine Ausbreitung entlang den Nervensträngen möglich zu sein. Der genaue Mechanismus ist hierbei noch recht unklar[1]. Bei den Pflanzen können die Viren innerhalb des Wirts durch die Plasmastränge (Plasmodesmen) von einer Zelle zur anderen wandern. Für manche Pflanzenviren ist dies die einzige Ausbreitungsmöglichkeit. Sie erzeugen keine allgemeinen Symptome, sondern nur lokale Herde, die sich langsam vergrößern. In anderen Fällen breitet sich das Virus durch den Saftstrom schnell aus. Genauere Beobachtungen wurden besonders von SAMUEL[2] mit TMV in Tomatenpflanzen angestellt. Er infizierte ein endständiges Blättchen und verfolgte dann die weitere Ausbreitung des Virus mit Hilfe des biologischen Tests. Wie Abb. 24 zeigt, wandert das Virus zunächst in die Wurzeln und steigt von dort aus zur Spitze auf, dann erst erfolgt eine Infektion der Seitenzweige. Der Transport über diese großen Abstände erfolgt wahrscheinlich im Phloem.

g) Virusvermehrung und Zellwachstum.

Verläuft die Virusvermehrung in der Zelle sehr schnell im Vergleich zum normalen Zellwachstum, so geht die Zelle zugrunde. In tierischem Gewebe scheint allerdings auch die Möglichkeit zu bestehen, daß eine Zelle mehrere Virusgenerationen nacheinander ausstößt, ohne daß sie nekrotisiert (s. S. 105). Die Lyse oder Nekrose der befallenen Zelle ist wohl die häufigste Erscheinung. Es scheint auch ein Zustand möglich zu sein, bei dem die normalen Wachstumsvorgänge nicht völlig zum Erliegen kommen, sondern sich neben der Virusvermehrung behaupten. Es sind alle Übergänge möglich von der Zerstörung der Zelle durch das Virus über eine starke Schädigung bis zur symptomlosen Symbiose von Virus und Zelle. Das Überleben der geschädigten Zelle beobachtet man besonders oft bei den pflanzlichen Viruskrankheiten. Die virusinfizierte Zelle stirbt nicht ab, sie bleibt im pathologisch veränderten Zustand im Gewebeverband erhalten. Die Schädigung äußert sich z. B. in Chlorophylldefekten wie in den Mosaikkrankheiten, oder in einer Wachstumshemmung, die zu einer Deformation der Blätter oder Stiele führt (Zwergwuchs, Farnblättrigkeit). Bei der *latenten Infektion* scheint es sich um einen Gleichgewichtszustand zu handeln, der durch äußere Bedingungen entweder zugunsten der Viren oder des Wirts verschoben werden kann. Besonders genau sind diese Verhältnisse bei den Bakteriophagen untersucht. Man kennt zahlreiche äußerlich normale Bakterienzellen, die dauernd Phagen erzeugen. Diese Bakterien werden als *lysogen* bezeichnet. Sie können durch Mittel, die freie Phagen inaktivieren, oder eine Adsorption der Phagen an die Wirtszelle verhindern, nicht von den Phagen befreit werden, da es sich um intracelluläres Gleichgewicht handelt. Durch äußere Einwirkung,

---

[1] SANDERS, F. K.: Possible Multiplication Cycles in Neurotropic Viruses; in Nature of Virus Multiplication S. 297.

[2] SAMUEL, G.: Ann. Appl. Biol. **21**, 90 (1934).

etwa durch Belichtung mit Ultraviolett in Dosen, welche den Bakterienstamm nicht töten, kann man erreichen, daß alle Zellen einer Kultur nach zwei Zellteilungen lysieren und Phagen in normaler Ausbeute entlassen[1, 2]. Umgekehrt gelingt es auch in einzelnen Fällen, durch schnell aufeinanderfolgende Übertragungen in für das Bacteriumwachstum günstige Medien einen lysogenen Stamm zu heilen.

Viele Pflanzenarten, besonders solche, welche sich vegetativ vermehren, sind ständige latente Virusträger. Auch wenn sie äußerlich gesund erscheinen, gelingt es immer noch, durch Pfropfung auf andere empfängliche Pflanzen das Virus nachzuweisen. Tabakpflanzen, die mit Ring spot-Virus infiziert sind, erholen sich nach anfänglichen akuten nekrotischen Symptomen soweit, daß sie äußerlich von gesunden nicht zu unterscheiden sind[3]. Wurden solche äußerlich gesunden Pflanzen vegetativ durch Pfropfung über 10 Generationen vermehrt, so erwiesen sie sich immer noch als latente Virusträger. Chemisch läßt sich in den latent infizierten Pflanzen Virus nachweisen, allerdings in geringerer Menge als bei akuten Erkrankungen. Ein weiteres Kennzeichen der latenten Infektion mit Ring spot-Virus ist, daß bei erneuter Infektion mit dem gleichen Virus infolge einer Interferenz keine nekrotischen Herde mehr entstehen.

In der Regel gelingt es nicht, latent infizierte Pflanzen von dem Virus zu befreien. Nur in einigen günstigen Fällen konnte durch Hitzebehandlung der infizierten Pflanzen oder Pflanzenteile eine völlige Entfernung des Virus erreicht werden. Fälle dieser Art sind bei bestimmten Viruserkrankungen des Pfirsichs, aber auch bei der Blattrollkrankheit der Kartoffel beschrieben. Die Behandlung ist nur möglich, wenn das Virus wesentlich temperaturempfindlicher ist als das Wirtsgewebe. Im allgemeinen wird das latente Virus nicht durch den Samen auf die Folgegenerationen übertragen. Ausnahmen finden sich bei den Leguminosen.

Der latente Infektionszustand ist auch bei tierischen Virusarten sehr häufig. Ein bekanntes Beispiel ist das Herpesvirus. Man findet sehr häufig Träger, bei denen durch unspezifische Reize, z. B. Fieber oder Bestrahlung, die Infektion wieder manifest wird. Bei vielen äußerlich gesunden Mäusestämmen kann ebenfalls durch unspezifische Maßnahmen der Ausbruch einer Viruskrankheit provoziert werden. Solche latente Viruskrankheiten der Maus sind z. B. Ektromelie und Choriomeningitis.

Es ist sogar der Standpunkt vertreten worden, daß bei der Mehrzahl aller tierischen und pflanzlichen Viruskrankheiten das Virus nicht wieder vollständig aus dem Wirt verschwindet, sondern in einem latenten Zustand sich dauernd weiter vermehrt. Hierfür spricht vor allem die langdauernde *Immunität* nach Virusinfektionen.

Antikörper sind in einzelnen Fällen, z. B. beim Gelbfieber, noch 50 bis 75 Jahre lang im Blut nachweisbar, selbst wenn eine zweite Infektion mit Sicherheit ausgeschlossen werden kann. Da bekannt ist, daß im Blut kreisende Antikörper verhältnismäßig schnell abgebaut werden, müssen

---

[1,2] LWOFF, A., u. A. GUTMANN: Ann. Inst. Pasteur **78**, 711 (1950). — LWOFF, A., L. SIMINOVITCH u. N. KJELDGAARD: Ann. Inst. Pasteur **79**, 815 (1950).

[3] PRICE, W. C.: Contrib. Boyce Thompson Inst. **4**, 359 (1932).

in diesen Fällen dauernd Antikörper nachgebildet werden. Nach unseren heutigen Vorstellungen über die Antikörperbildung ist dies nur denkbar, wenn auch nach Überstehen der Viruskrankheit stets eine geringe Menge Virus im Körper vorhanden ist. In einigen Fällen, wie bei der Influenza und beim Schnupfen, ist allerdings die Immunität nur von kurzer Dauer. Dies ist vielleicht darauf zurückzuführen, daß gerade diese Viren sich in einem Epithel ansiedeln, dessen Lebensdauer kurz ist, so daß hier das Virus leicht mit den oberflächlichen Zellschichten aus dem Organismus ausgestoßen wird.

Nicht bei allen Viruskrankheiten ergibt sich ein eindeutiger Zusammenhang zwischen der Höhe des humoralen Antikörpertiters und dem Grad der Immunität, dies ist besonders ausgeprägt bei den neurotropen Viren. Einige Autoren nehmen an, daß hier eine besondere celluläre oder Gewebsimmunität vorliegt. Sehr wahrscheinlich spielt aber hierbei die Erscheinung der Interferenz eine wesentliche Rolle.

2. Infektionsverlauf bei den Phagen.

Den besten Einblick in die Virusvermehrung gewähren die Untersuchungen über die Vermehrung der Bakteriophagen[1]. Namentlich von Delbrück und seiner Schule wurden in einer Reihe scharfsinniger Experimente eine Fülle von grundlegenden Erkenntnissen gewonnen. Die experimentellen Voraussetzungen sind in der Phagenforschung besonders günstig, weil hier die Ergebnisse nicht wie bei den Vielzellern durch die Wechselwirkung der Zellen untereinander beeinflußt werden und das Medium, in dem die Zellen suspendiert sind, beliebig verändert werden kann. Durch genaue Aktivitätsbestimmungen läßt sich die Zahl der in das Bacterium eingedrungenen Phagen und die Zahl der produzierten Phagen exakt feststellen. Die Bakterien lassen sich leicht voneinander isolieren und man kann das Schicksal eines einzelnen Bacteriums verfolgen, während bei der Infektion eines Gewebes quantitative Angaben über die einzelnen Zellen äußerst schwierig zu gewinnen sind.

a) Eintritt in die Zelle und Verschmelzung.

Der oben gegebenen Einteilung entsprechend können wir als erste Phase der Wechselwirkung zwischen Phagen und Bakterien die Adsorption an die Bakterienoberfläche betrachten. Diese erfolgt an spezifische Receptoren. Einige Phagen benötigen für die Adsorption einen Co-Faktor in Gestalt von Tryptophan. Dieser aktiviert in gleicher Weise die Adsorption von Phagen an unspezifische Glasoberflächen. Es ist daher anzunehmen, daß durch diese Aminosäure nur der Ladungszustand der Phagen geändert wird und es sich nicht um die Aktivierung eines enzymatischen Vorgangs handelt[2]. Es sind Mutanten von E. coli bekannt, welche die Fähigkeit verloren haben, bestimmte Phagenstämme zu adsorbieren und infolgedessen gegen diese resistent sind. Wird in diesem Falle die Adsorption durch scharfes Zusammenzentrifugieren der Phagen

---

[1] Zusammenfassung: Luria, E.: Science (Lancaster, Pa.) **111**, 507 (1950); Nature of Virus multiplication S. 99.

[2] Puck, T. T., A. Gareen u. J. Cline: J. of Exper. Med. **93**, 65 (1951).

mit den Bakterien erzwungen, so vermehren sich die Phagen in den resistenten Bakterien[1]. Die Resistenz beruht also in diesem Falle auf einer Unfähigkeit zur Adsorption der Phagen und nicht auf einer Unfähigkeit zur Synthese derselben. Die geradzahligen Phagen werden auch an den isolierten Bakterienmembranen adsorbiert. Da diese nach den chemischen Analysen keine Kohlenhydrate, sondern nur Lipoproteide enthalten, ist anzunehmen, daß auch die Receptoren nur wenig Polysaccharide enthalten[2]. Von GOEBEL[3] wurde die Receptorsubstanz aus Shigella sonnei isoliert. Sie inaktiviert alle T-Phagen, für die der Bacillus empfänglich ist. Der Receptor hat die Eigenschaften eines somatischen Antigens und ist ein Symplex aus einem Protein und einem phosphorylierten Lipo-Kohlenhydrat. Aus einer phagenresistenten Mutante des Bacillus erhält man einen im Kohlenhydratanteil deutlich veränderten Simplex. Dieses veränderte Antigen ist nicht mehr in der Lage, die T-Phagen zu inaktivieren. Die Resistenzmutation beruht hier auf einer Veränderung des in der Zelloberfläche verankerten Receptors. Bei der Adsorption der Phagen an die isolierten Bakterienmembranen werden diese zerstört[2]. Dies legt den Gedanken nahe, daß die Phagen nach der Adsorption fermentativ auf die Bakterienoberfläche einwirken, ähnlich den hämagglutinierenden tierischen Virusarten. Die geschwänzten Phagen heften sich anscheinend mit den Schwänzen an die Bakterienzelle an. Beim Durchtritt durch die Membran bleibt die außere Hülle mit dem Schwanzteil außen und nur der im wesentlichen aus Nucleinsäure bestehende Inhalt der Hülle tritt in die Zelle ein. Durch Markierung der Phagen mit radioaktivem Schwefel konnte gezeigt werden, daß alle S-haltigen Bestandteile, wie z. B. die cysteinhaltigen Proteine, nicht in das Bacterium eindringen. Die Frage, wieweit andere S-freie Proteine in das Bacterium gelangen, muß noch geklärt werden[4].

Auch Phagen, die durch UV-Licht inaktiviert sind, dringen noch in das Bacterium ein und regen dort Synthesevorgänge an, die aber nicht zur Ausbildung vollständiger neuer Phagenteilchen führen. Durch das Eindringen der inaktiven Phagen wird das Bacterium in dem Sinne abgetötet, daß es nicht mehr zu weiteren Teilungen fahig ist. Der eiweißbildende Apparat wird stark verändert. Das Bacterium ist nicht mehr imstande, adaptive Enzyme zu bilden. Außerdem beobachtet man das Phänomen der gegenseitigen Ausschließung oder Interferenz. Bei den inaktiven Phagen wird also die Verschmelzung mit den Zellstrukturen noch vollzogen, ohne daß es aber anschließend zur Vermehrung kommt. Während der Verschmelzung ist nicht nur die Struktur des Bacteriums, sondern auch die des eingedrungenen Phagen teilweise verändert. Die am Ende gebildeten Phagen entstehen sicher nicht aus den unveränderten eingedrungenen Teilchen. Hierfür sprechen folgende Tatsachen:

[1] WEIDEL, W.: Z. Naturforsch. **7** b, 145 (1952).

[2] WEIDEL, W.: Z. Naturforsch. **6** b, 251 (1951).

[3] JESAITIS, M. A., u. W. F. GOEBEL: J. of Exper. Med. **96**, 409 (1952). — GOEBEL, W. F., u. M. A. JESAITIS: J. of Exper. Med. **96**, 425 (1952).

[4] HERSHEY, A. D., u. M. CHASE: J. Gen. Physiol. **36**, 39 (1952).

1. Unmittelbar nach dem Eindringen lassen sich weder morphologisch, noch im Infektionstest Virusteilchen nachweisen.

2. Versuche mit markierten Virusteilchen (P^{32}) zeigen, daß ein weitgehender Abbau der Virus-DNS stattfindet. Die erste Generation der Virusnachkommenschaft enthalt nur einen Bruchteil des DNS-Phosphors der ursprunglich eingedrungenen Teilchen. Je nach den Versuchsbedingungen betragt dieser 15—30%. Der Rest der DNS findet sich in verschiedenen Fraktionen des Außenmediums. Phagen, die im Verlaufe eines Vermehrungscyclus 75% ihrer ursprunglichen DNS verloren hatten, wurden wiederum zur Infektion von Bakterien benutzt. Bei der zweiten Infektion gehen abermals 75% des Isotops verloren. Es sind also keine spezifischen phosphorhaltigen Strukturen in den Phagen vorhanden, die unverandert in die Nachkommen ubergehen.

3. Daß die infizierenden Teilchen wenigstens teilweise zerfallen, wird auch durch die *Austauschvorgange* bewiesen, die bei gleichzeitiger Infektion einer Bakterienzelle mit genetisch unterschiedlichen Phagenstämmen auftreten. Solche Mischinfektionen sind mit nahe verwandten Phagenstammen moglich. Verwendet man Phagentypen, die zwei genetische Merkmale tragen, wie z. B. die Stamme $T_{2r}+$ und T_{4r}, so erhalt man neben den beiden Elterntypen auch die neuen Kombinationen T_{2r} und $T_{4r}+$. Es findet also ein Austausch genetischer Faktoren statt ahnlich wie beim Crossing over der Chromosomen. Da auch Kombinanten aus drei verschiedenen Ursprungstypen möglich sind, ist anzunehmen, daß paar-weise Austauschvorgänge mehrmals hintereinander erfolgen konnen. Demnach muß das genetische Material der Phagen aus zerlegbaren Untereinheiten bestehen. Diese grundlegende Erkenntnis wurde besonders von HERSHEY[1] u. a. weiter ausgebaut, die die Rekombinationen zwischen den verschiedenen Mutanten des Phagen T_6 naher studierten. Sie stellten fest, daß der Austausch mit einer definierten Haufigkeit erfolgt, die fur die einzelnen Faktoren spezifisch ist. Sie entspricht dem Kopplungsgrad der Gene in den Chromosomen. Weit auseinanderliegende Gene werden bekanntlich häufiger getrennt als eng benachbarte. Genau so wie fur die Chromosomen einzelner Organismen laßt sich auch bei den Phagen eine „Genkarte" aufstellen. Die Zahl der kombinierbaren Einheiten ist in den Phagen sehr groß, sie betragt uber 100.

Auf Wechselwirkungen zwischen gleichzeitig infizierenden Teilchen laßt sich auch aus Experimenten mit Phagen schließen, die durch UV-Licht inaktiviert wurden. Ein einzelnes derartiges Teilchen hat nicht mehr die Fahigkeit, sich zu vermehren. Infiziert man aber ein Bacterium mit mehreren inaktivierten Teilchen, so kommt der Vermehrungsprozeß trotzdem in Gang. Dieses Ergebnis wurde von LURIA[2] so gedeutet, daß die durch Strahlung geschädigten genetischen Einheiten eines Teilchens durch die homologen eines anderen ersetzt werden konnen. Nach dem Auffinden der Photoreaktivierung[3] ist diese Schlußfolgerung jedoch nicht mehr streng gültig. Neuere Versuche sprechen dafür, daß die UV-Schadigung nicht in dem genetischen Material, sondern in einem sog. „entbehrlichen" Bereich stattfindet. Dringen mehrere geschadigte Phagen in dieselbe Zelle ein, so genugen anscheinend die Reste dieses Bereichs, um die Vermehrung in Gang zu setzen.

Ob die Umwandlung, die die Teilchen bei der Verschmelzung erleiden, in einem vollkommenen Zerfall in genetische Untereinheiten besteht, oder ob diese einen gewissen Zusammenhalt untereinander bewahren. kann aus diesen Experimenten nicht entschieden werden.

b) Verlauf der Vermehrung.

Der zeitliche Verlauf der Vermehrung eines T-Phagen ist in Abb. 25 wiedergegeben. Während der Latenzzeit, die für jede Phagenart eine ganz bestimmte Dauer hat, ist im Außenmedium keine Phagenaktivität

[1] HERSHEY, A. D., and R. ROTMAN: Genetics **34**, 44 (1949).

[2] LURIA, S. E.: In Nature of Virus Multiplication.

[3] DULBECCO, R.: Nature (London) **163**, 949 (1949).

nachweisbar. Zu einem bestimmten Zeitpunkt lysieren die Bakterienzellen und die Aktivität im Außenmedium steigt sprunghaft an. Die Latenzzeit liegt bei den T-Phagen zwischen 13 und 40 min.

Der sprunghafte Anstieg zeigt, daß die Latenzzeit von Bacterium zu Bacterium nur wenig schwankt, was auch durch Einzelbeobachtungen bestätigt werden konnte. Sie ist temperaturabhängig, bleibt aber unverändert, ob man mit einem oder mehreren Phagenteilchen gleichzeitig infiziert. Das mit 10 Phagen gleichzeitig infizierte Bacterium scheint also mit der Virussynthese nicht schneller voranzukommen als

Tabelle 9.
Latenzzeit der T-Phagen in Brühe bei 37° C.

Phage	Latenzzeit in Minuten
T_2	21
T_4	24
T_6	25
T_5	40
T_1	13
T_3	13
T_7	13

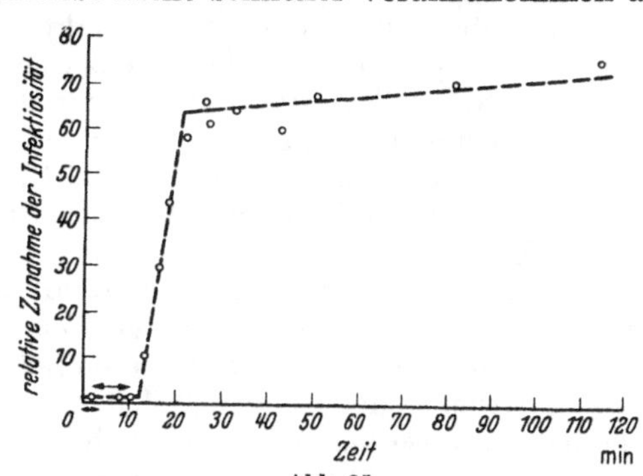

Abb. 25.
Wachstumskurve des T_1-Bakteriophagen (nach DELBRÜCK).

ein Bacterium, das nur mit einem Phagenteilchen infiziert wurde. Die Zusammensetzung des Kulturmediums wirkt nur wenig auf die Latenzzeit. Trotzdem die Wachstumsgeschwindigkeit der T_2-Phagen in Bouillon und in Glucose sich wie etwa 1:2 verhält, ist die Latenzzeit in beiden Medien gleich. Die Wachstumsgeschwindigkeit wird durch die Assimilation bestimmt, während die Latenzzeit von inneren Faktoren abhängt, die ihrerseits vom Assimilationsprozeß nicht beeinflußt werden.

c) Vermehrung der Untereinheiten.

Auf verschiedenen Wegen ist es möglich, infizierte Bakterienzellen vorzeitig aufzubrechen. Während der ersten Hälfte der normalen Latenzzeit sind keine vermehrungsfähigen Phagen nachweisbar, auch das ursprünglich infizierende Phagenteilchen kann nicht wiedergefunden werden. Erst um die Hälfte der Latenzzeit beginnen neue Virusteilchen aufzutreten. Ihre Menge nimmt dann linear mit der Zeit zu, bis die maximale Ausbeute erreicht ist. Es ist wahrscheinlich, daß die Untereinheiten, aus denen die eingedrungenen Teilchen bestehen, sich selbständig vermehren und erst zum Schluß wieder zu vollständigen Virusteilchen zusammentreten. DOERMAN[1] fand, daß beim vorzeitigen Aufbrechen von Bakterien, die gleichzeitig mit mehreren genetisch verschiedenen Stämmen infiziert waren, die ursprünglichen Typen und die neuen Kombinationen immer im gleichen Verhältnis auftreten, gleichgültig, wann die Zelle aufgebrochen wird. Untersucht man die einzelnen

[1] DOERMAN, A. H.: Federat. Proc. **10**, 591 (1951).

Bakterien, so findet man, daß die rekombinierten Typen nicht in Klonen erzeugt werden, sondern daß die Ausbeute in jedem einzelnen Bacterium innerhalb der statistischen Fehler in gleicher Weise aus ursprünglichen und rekombinierten Typen zusammengesetzt ist. Würde die Neubildung unmittelbar aus den eingedrungenen Teilchen erfolgen, so müßte mindestens die erste Folgegeneration im wesentlichen aus den ursprünglichen Typen bestehen. Die Befunde machen es wahrscheinlich, daß sich der vollständig ausgebildete Phage als solcher nicht weiter vermehrt, denn sonst wäre eine ungleichmäßige Verteilung, eine Klonbildung der Rekombinanten, in den einzelnen Bakterien zu erwarten. Man darf aus diesen Experimenten aber nicht schließen, daß alle genetischen Untereinheiten vollständig voneinander getrennt werden. Es ist vielmehr anzunehmen, daß gewisse Gruppen beieinander bleiben und der Vorgang etwa dem Zerfall in einzelne Chromosomen vergleichbar ist, von denen jedes eine Reihe von Genen enthält.

Jede Untereinheit ist also der Ausgangspunkt für weitere Untereinheiten gleicher Art. Tritt während der Vermehrungsphase seine Mutation auf, so müssen notwendigerweise auch die aus dem mutierten Teilchen weiter entstehenden Untereinheiten verändert sein. Bei der Rekombination zu den aktiven Teilchen werden diese veränderten Untereinheiten teilweise den Platz der nicht mutierten einnehmen. Je nach dem Zeitpunkt der Mutation wird also der Anteil der mutierten Phagen in der Zelle verschieden sein. LURIA[1] hat die Entstehung spontaner Mutationen während der Vermehrung untersucht. Er findet, daß neue Mutanten in den einzelnen Bakterien in Klonen vorhanden sind. Es ergibt sich also ein deutlicher Unterschied gegenüber den Rekombinationsversuchen mit fertigen Phagen. Die Verteilung und die Größe der Klone entspricht der Annahme, daß die genetischen Einheiten der Phagen sich durch aufeinanderfolgende Verdopplung vermehren mit einer konstanten, allerdings geringen Mutationswahrscheinlichkeit je Verdopplung. Nach LURIA haben wir also zu unterscheiden zwischen einer Phase, bei der das genetische Material logarithmisch zunimmt, ohne daß hierbei zunächst aktive Phagen entstehen, und einer darauf folgenden Phase, bei der aus der Masse der produzierten Untereinheiten neue Phagen zusammentreten. Dieser zweite Vorgang verläuft linear mit der Zeit.

Von VISCONTI und DELBRÜCK[2] wurde diese Vorstellung näher präzisiert, wobei es gelang, die Häufigkeit der Rekombinanten quantitativ zu deuten. Man hat hiernach zunächst eine Vermehrung „vegetativer", d. h. unreifer, nicht-infektiöser Phagenteilchen anzunehmen, wobei hintereinander mehrfach Paarungen und Austauschvorgänge stattfinden, die dem Crossing oder der Chromosomen entsprechen. Aus dieser Population der „vegetativen" Teilchen scheiden durch Reifung die fertigen infektiösen Phagen aus, die nicht mehr an der Folge von Vermehrung und Paarung teilnehmen.

Die Bildung von virusspezifischem, aber nicht infektiösem Material während der Latenzzeit konnte auch auf serologischem Wege und durch

[1] E. LURIA: In Nature of Virus Multiplication, S. 99.
[2] VISCONTI, N., u. M. DELBRÜCK, Genetics 38, 5 (1953).

elektronenmikroskopische Untersuchung nachgewiesen werden. Man findet Substanzen, die die neutralisierende Wirkung von Antiphagenserum aufheben. Diese Fähigkeit ist an Teilchen gebunden, welche nach Filtrationsexperimenten kleiner sind als die vollständigen Phagen[1].

LEVINTHAL und FISHER[2] gelang es, durch eine plötzliche Dekompression infizierte Coli-Bakterien vorzeitig aufzubrechen. 3 min vor dem Auftreten fertiger Phagen konnten sie elektronenmikroskopisch ringförmige Gebilde nachweisen, die sie als „doughnuts" bezeichnen, da ihre Form einem amerikanischen Gebäck gleichen Namens ähnelt. Als weitere Zwischenform treten doughnuts mit Schwänzen und schließlich fertige Phagen auf.

In Gegenwart des Acridinfarbstoffs, Proflavin, kommt es nicht zur Ausbildung aktiver T_2-, T_4- oder T_6-Phagen. Die Lyse findet aber trotzdem statt. Die elektronenmikroskopische Untersuchung des Lysats zeigt ebenfalls „doughnuts"[3].

d) Lyse.

Ist die Phagenproduktion genügend weit fortgeschritten, so platzt die infizierte Zelle. Bei der einstufigen Vermehrungskurve kann man aus der Stufenhöhe leicht die durchschnittliche Ausbeute an Phagen aus einem infizierten Bacterium berechnen. Daneben gibt es auch Möglichkeiten, die Einzelausbeuten aus einem Bacterium zu bestimmen. Im Gegensatz zu der Konstanz der Latenzzeit sind die Einzelausbeuten von Individuum zu Individuum recht verschieden und können zwischen wenigen und tausend Phagen schwanken. Die Schwankungen in der Phagenausbeute sind sicher sehr viel größer als die im Volumen der Bakterien. In der Abb. 25 beträgt die durchschnittliche Ausbeute 138 Phagen. Die Ausbeute ist stark von der Art des Mediums abhängig, in dem die Bakterien wachsen. Durch Schädigung der Zellen ist es möglich, eine vorzeitige Lyse zu erzielen. Sie tritt besonders dann ein, wenn man die Atmung der Bakterien mit Cyanid, Jodessigsäure oder durch Sauerstoffentzug verhindert. Nach COHEN[4] ist anzunehmen, daß durch das Eindringen der Phagen in das Zellinnere eine enzymatische „Anarchie" entsteht. Diese führt noch nicht zu einer vollständigen Autolyse, solange Energie durch die Atmung zugeführt wird.

e) Stoffwechselveränderungen während des Vermehrungsvorgangs[5,6].

Eine Vermehrung der Phagen wird nur beobachtet, wenn das Außenmedium energieliefernde oxydierbare Stoffe enthält. In reiner Pufferlösung oder bei Blockierung der Atmung kommt die Phagenvermehrung zum Stillstand. Der Stoffwechsel der mit Phagen infizierten Bakterien,

---

[1] S. E. LURIA: In Nature of Virus Multiplication, S. 99.

[2] LEVINTHAL, C., u. H. FISCHER: Biochim. et biophys. Acta 9, 499 (1952).

[3] MARS DE R. Y., S. E. LURIA, H. FISCHER u. C. LEVINTHAL: Ann. Inst. Pasteur 84, 113 (1953).

[4] COHEN, S. S.: Bacter. Rev. 13, 1 (1949).

[5] Zusammenfassung s. E. A. EVANS: Studies on the mechanism of reproduction of virus. Bacter. Rev. 14, 210 (1950).

[6] COHEN, S. S.: Bacter. Rev. 13, 1 (1949); 15 (1952).

gemessen durch den Sauerstoffverbrauch und den respiratorischen Koeffizienten, ist gegenüber den normalen Bakterien unverändert. Die Teilungs- und Wachstumsgeschwindigkeit sinkt jedoch auf nahezu Null. Unter der Einwirkung des Virus findet also keine Erhöhung, sondern eine Umsteuerung des Stoffwechsels der Zelle statt. Die Stoffe und Energien, die für die Vermehrung der Zelle bereitstehen, werden nunmehr dazu verbraucht, um das Virus selbst aufzubauen. Statt des

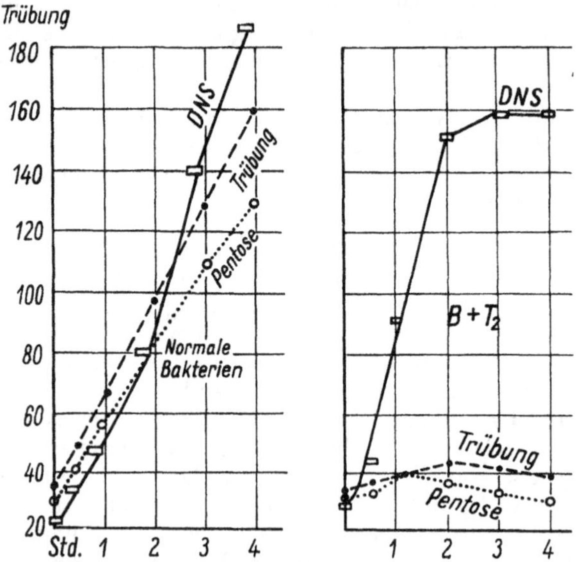

Abb. 26. Wachstum (gemessen durch Trübung), DNS und RNS (gemessen durch Pentose-Bestimmung) bei normalen und infizierten Coli-Bakterien (nach COHEN).

zelleigenen Proteins wird Virusmaterial produziert. Die Blockierung des zelleigenen Proteinstoffwechsels gibt sich besonders eindrucksvoll dadurch zu erkennen, daß die mit Phagen infizierten Bakterien nicht mehr in der Lage sind, adaptive Enzyme zu bilden[1].

Genauer wurden die Verhältnisse von COHEN untersucht, der hauptsächlich mit den geschwänzten Phagen T_2, T_4 und T_6 arbeitete. Diese enthalten keine RNS und bestehen im wesentlichen aus Protein und DNS, wobei die letztere bis zu 50% des Trockengewichts ausmachen kann. Die Colizellen hingegen enthalten etwa 3—5mal so viel RNS wie DNS. Werden nun die Bakterien mit Bakteriophagen infiziert, so hört das Wachstum und die RNS-Bildung auf (Abb. 26). Dagegen wird weiterhin Protein gebildet. Erst 7—10 min nach der Infektion setzt eine Zunahme der DNS mit einer Geschwindigkeit ein, die das Vierfache gegenüber normalen Bakterien beträgt. Hierbei erfolgt der Nachweis der DNS mit der charakteristischen Feulgen- oder Dische-Reaktion, es kann also nicht ausgeschlossen werden, daß Vorstufen der DNS schon früher, etwa gleich nach der Infektion entstehen. Auch eine Umwandlung von

[1] MONOD, J., u. E. WOLLMANN: Ann. Inst. Pasteur **73**, 937 (1947).

Bakterien-DNS in Phagen-DNS würde bei dieser Versuchsanordnung nicht bemerkbar sein, da sich die Gesamtmenge der DNS hierbei nicht ändert. Die zeitliche Aufeinanderfolge von DNS- und Proteinbildung ist also nicht völlig gesichert. Die DNS-Bildung bleibt stets der Proteinsynthese proportional (Abb. 27). Der Proportionalitätsfaktor entspricht dem Verhältnis dieser Komponenten in den Phagen. Hieraus kann geschlossen werden, daß in den befallenen Zellen im wesentlichen nur Phagenprotein und Phagennucleinsäure und kein wirtseigenes Material gebildet wird. Wird die Eiweißsynthese durch Hemmstoffe verlangsamt oder durch Aktivatoren beschleunigt, so bleibt die Parallelität der Eiweiß- und DNS-Synthese stets erhalten. Es ist bemerkenswert, daß der Protein- und DNS-Gehalt linear und nicht logarithmisch mit der Zeit ansteigt und daß er unabhängig ist von der Virusmenge, mit der die Zelle infiziert wurde, wobei zwischen 4 und 100 Teilchen variiert werden kann. Wenn die fertigen DNS-haltigen Phagen sich vermehren würden, wäre ein logarithmischer Antstieg zu erwarten. Es ergibt sich also eine deutliche Parallelität zum Anstieg der oben erwähnten Phagenaktivität in der Zelle. Die Virusnucleinsäure erscheint im Überschuß etwa in der Hälfte der Latenzzeit, wenige Minuten bevor die ersten aktiven Phagen in der Zelle nachweisbar sind. Wenn die Eiweißsynthese der Nucleinsäuresynthese vorangeht, sollten in diesem ersten Stadium nucleinsäurefreie Virusvorstufen gebildet werden, die den oben genannten Zwischenstufen (doughnuts) entsprechen, man findet in ihnen wenig oder gar keine Nucleinsäure.

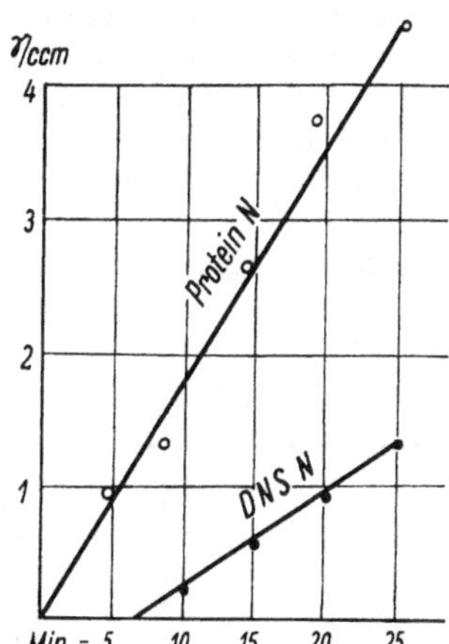

Abb. 27. Zunahme von Protein-N und Nucleinsäure-N in infizierten Coli-Bakterien (nach COHEN).

f) Proteinstoffwechsel.

Es soll zunächst auf die Bildung des Phagenproteins näher eingegangen werden, worüber eine Reihe von Untersuchungen mit Isotopen vorliegen. Wie Tab. 10 zeigt, ist der Anteil des aus dem Wirt stammenden um so geringer, je mehr Phagen gebildet werden. Im Extremfall stammen nur 6% des Protein-N aus dem Wirt, die übrigen 94% werden aus dem umgebenden Medium entnommen. Das aus den eingedrungenen Phagen stammende Material kann gegenüber den Beiträgen des Wirts und des Mediums vernachlässigt werden. Augenscheinlich greift der Phage zunachst auf die im Wirt verfügbaren Quellen und dann erst auf die des Mediums zurück. Durch Zusätze zum Außenmedium kann daher die Phagenvermehrung gefördert oder gehemmt werden. Fördernd auf die Produktion des Phagenproteins wirken Aminosäuren, am stärksten Glutaminsäure. Diese darf daher als Baustein für das Virusprotein angesehen werden. Durch Zugabe von 5-Methyltryptophan wird die

Eiweißsynthese gehemmt, da dieser Antimetabolit den Einbau des Tryptophans blockiert. Allerdings wird gleichzeitig mit der Virusvermehrung auch das Wachstum der Wirtszelle gehemmt, so daß dieser Effekt therapeutisch wohl kaum ausgenützt werden kann. Durch Zugabe von Tryptophan kann die Hemmung wieder aufgehoben werden[1]. Auch anorganische Ionen können für die Virusvermehrung von Einfluß sein. Bei dem Phagen T_5 wurde festgestellt, daß eine Vermehrung nur in Gegenwart von Ca stattfindet. Bei Abwesenheit von Ca wird dieser Phage zwar adsorbiert und das Bacterium getötet, jedoch werden keine neuen Phagen produziert. Wird später Ca hinzugefügt, finden Lyse und Abgabe von Phagen nach 40 min, der normalen Latenzzeit der Phagen, statt. Das Ca scheint also für eine sehr frühe Entwicklungsstufe notwendig zu sein. Es ist jedoch noch nicht entschieden, ob es in den Protein- oder in den Nucleinsäurestoffwechsel eingreift.

Tabelle 10. *Beitrag der Wirtszelle zur Phagensynthese in Abhangigkeit von der Phagenausbeute.*

Phagenausbeute je Bacterium	Anteil des Wirts am		Anteil des Wirts am DNS-N in %
	Gesamt-N in %	Protein-N in %	
17	38,8	26,6	42,7
33	22,1	21,3	16,9
50	28,0	21,5	37,2
50	28,9	17,6	37,1
60	31,1	12,7	43,2
80	26,9	17,4	38,1
117	20,9	13,2	24,9
117	13,1	8,2	16,9
117	26,3	10,5	38,2
160	20,6	15,1	26,1
163	25,9	11,0	37,9
173	18,9	8,8	33,3
215	21,4	7,8	27,7
287	11,6	5,7	16,6

Nach E. A. Evans: Symposium on Viral and Rickettsial Diseases. Bacter. Rev. **14**, 210 (1950).

g) Nucleinsäurestoffwechsel.

Die Tabelle 10 zeigt, daß auch der Stickstoff der Nucleinsäure zum größten Teil aus dem Medium stammt. Auch hier ist der Anteil des Wirts abhängig von der Gesamtmenge der gebildeten Nucleinsäure. Nach Cohen ist der Anteil des Wirts bei der Synthese des T_{6r}-Phagen bei vorzeitiger Lyse des Bacteriums viermal so groß als bei später einsetzender normaler Lyse. Dies bedeutet, daß die zuerst synthetisierten Phagenteilchen fast das ganze Wirtsmaterial mitbekommen und die restlichen drei Viertel leer ausgehen, d. h. ihr Material aus dem Außenmedium aufbauen müssen. Die Experimente von Cohen zeigen fernerhin, daß die Übertragung vom Wirt auf das Virus bei den einzelnen

[1] Cohen, S. S., and C. B. Fowler: J. Exper. Med. **85**, 771 (1947).

Pyrimidinbasen unterschiedlich ist. Hieraus wird gefolgert, daß die Wirtsnucleinsäure sehr weitgehend abgebaut wird, ehe sie neu zur Virusnucleinsäure aufgebaut wird. Wenn eine direkte Übertragung der intakten Nucleinsäure stattfände, sollte gelten:

$$\frac{\text{Prozentsatz der Virusnucleinsäure-N aus dem Wirt}}{\text{Prozentsatz des Virusnucleinsäure-P aus dem Wirt}} = 1 .$$

Gefunden wurde jedoch 1,3—1,4. Es findet also zweifellos eine Veränderung der Bakteriennucleinsäure statt, ehe sie in das Virus eingebaut wird. Dies ist auch deswegen notwendig, weil die Zusammensetzung der Phagen DNS und der Coli-DNS sehr verschieden ist[1].

Da ein großer Teil der Nucleinsäurebausteine aus dem Medium übernommen wird, ist es verständlich, daß Zusätze zu diesem die Nucleinsäuresynthese stark beeinflussen können. Man findet z. B., daß eine Ergänzung des Mediums durch die basischen Bausteine der Nucleinsäure die Virussynthese beschleunigt. Durch Zusatz von Proflavin und einigen anderen Substanzen zum Außenmedium kann die DNS-Synthese und damit die Ausbildung der fertigen Phagen gehemmt werden. Diese Stoffe sind wahrscheinlich Antimetaboliten des Nucleinsäurestoffwechsels. Die Wirkung dieser Hemmstoffe, die im Hinblick auf eine Therapie der Viruskrankheiten von Interesse wäre, ist im einzelnen noch völlig unklar. Es ist nicht sicher, ob sie direkt auf das Virus wirken oder das Bacterium schädigen und damit die Virusvermehrung, die ja vom Gesamtstoffwechsel der Zelle abhängig ist, verhindern.

Das wesentliche Kennzeichen der Stoffwechseländerung ist also die Hemmung der RNS-Bildung zugunsten der Synthese von Phagen-DNS. Cohen versuchte, den Mechanismus dieser Umsteuerung näher zu ergründen. In den normalen Bakterien entsteht die für den Aufbau der RNS notwendige Ribose-5-Phosphorsäure durch oxydativen Abbau der Glucose über 6-Phosphorgluconat. In den infizierten Bakterien wird der Stoffwechsel in Richtung der Glykolyse verschoben, bei der aus Glucose Triosephosphat gebildet und mit Acetaldehyd zu Desoxyribose-5-Phosphorsäure vereinigt wird. Mit dieser Auffassung steht in Übereinstimmung, daß zur Aufrechterhaltung des normalen Bakterienwachstums Gluconat genau so wirksam ist wie Glucose, während die Virussynthese durch Glucose weit mehr gefördert wird. Im gleichen Sinne sprechen Versuche mit Glucose, die am C^1 markiert war. In den infizierten Zellen ist der oxydative Abbau zu RNS gehemmt und es erscheint entsprechend weniger markierter Kohlenstoff im CO_2, trotzdem die Gesamtmenge an CO_2 in beiden Fällen gleich ist.

h) Lysogener Zustand.

Nach verschiedenen Untersuchungen läuft die Wachstumsgeschwindigkeit der Zellen ihrem Gehalt an RNS parallel. So fand z. B. Northrop[2] bei B. megatherium, daß die Generationsdauer, d. h. der Zeitraum

[1] Siehe S. 183.

[2] Northrop, J.: J. Gen. Physiol. **36**, 581 (1953).

zwischen zwei Teilungen, der RNS-Konzentration umgekehrt proportional ist. Nach Infektion von E. coli mit T-Phagen wird die RNS-Bildung vollständig gehemmt und stattdessen DNS gebildet. Demnach muß in diesem Fall das Bacteriumwachstum völlig aufhören. Bei anderen Phagen ist die Hemmung der RNS-Bildung in der Wirtszelle nicht vollständig. Auch die Fähigkeit zur Synthese adaptiver Enzyme bleibt erhalten, d. h. der bakterieneigene Proteinstoffwechsel wird nicht völlig lahmgelegt. In diesen Fällen kommt es also zu einem Gleichgewicht zwischen Phagenvermehrung und Bakterienwachstum. Phagenarten, die keine unmittelbare Lyse der Wirtszellen bewirken, sondern diese nur in den lysogenen Zustand überführen, werden nach LWOFF als temperierte Phagen bezeichnet. Ob Lyse oder Lysogenität auftritt, hängt aber nicht nur von der benützten Phagenart, sondern auch von der Art der Bakterien und einer Reihe äußerer Umstände ab. Nach den Untersuchungen von LWOFF[1] werden in den lysogenen Bakterien im allgemeinen keine fertigen Phagen gebildet, sondern die Phagensynthese bleibt auf dem Stadium der Prophagen stehen. Erst eine Schädigung des Bacteriums, etwa die Bestrahlung mit UV-Licht, hat die Ausbildung fertiger Phagen und die Lyse zur Folge. Unter Umständen ist auch eine Lyse möglich, bei der nicht vermehrungsfähige Teilchen entlassen werden, die jedoch eine abtötende Wirkung auf andere Bakterien besitzen. Sie werden als Colizine bezeichnet. Ob es sich hierbei vielleicht um Zwischenformen handelt, die noch in die Zelle eindringen, aber sich nicht zu vollständigen Phagen entwickeln können, ist noch unklar. Die Struktur der Prophagen ist noch nicht genau untersucht, da es an geeigneten Nachweismethoden fehlt. Die Verhältnisse liegen hier nicht so günstig wie bei den tierischen Virusarten, wo Vorstufen mit dem Komplementbindungs- oder dem Hämaaglutinationstest zu erfassen sind. Es bleibt zu prüfen, in welcher Beziehung die Prophagen zu den doughnuts stehen. Es wird vermutet, daß die Prophagen sich im wesentlichen aus DNS aufbauen und daß eine enge Beziehung zum genetischen Material der Wirtszelle besteht. Der lysogene Zustand vererbt sich bei geschlechtlicher Vermehrung des Coli-Stamms K_{12} wie ein einfach mendelnder Faktor, dessen Lage in der „Chromosomenkarte" des Bakteriums genau angegeben werden kann[2]. Beobachtungen an temperierten Phagen verschiedener Stämme von Salmonella typhi murium[3] haben ergeben, daß gewisse genetische Eigenschaften des ursprünglichen Wirts durch die Phagen auf andere Salmonella-Stämme übertragen werden. Diese wirken also als Umwandlungsfaktoren wie die spezifischen Nucleinsäuren der Pneumokokkenstämme (s. S. 3). Umgekehrt beobachtet man bei Salmonella typhosa, daß die Wirtszellen phänotypische Modifikationen bei den von ihnen beherbergten temperierten Vi-Phagen hervorrufen[4]. Diese Tatsachen zeigen deutlich, wie nahe verwandt die Prophagen mit den normalen nichtinfektiösen Genen der Bakterien sind.

---

[1] LWOFF A.: In Nature of Virusmultiplication.
[2] LEDERBERG, E. M., u. J. LEDERBERG: Genetics **38**, 51 (1953).
[3] ZINDER, N. D., u. J. LEDERBERG: J. Bact. **64**, 679 (1952).
[4] LURIA S. E., u. M. L. HUMANN: J. Bact. **64**, 557 (1952).

3. Infektionsverlauf bei den tierischen Virusarten.

Die Reaktionen, die beim Eintritt des Virus in die tierische Zelle sich abspielen, lassen sich bei den im Gewebeverband vorliegenden Körperzellen nur sehr schwer beobachten. Rückschlüsse auf die Wechselwirkung zwischen Viruspartikel und Zelloberfläche ergeben sich vor allem aus dem Phänomen der Hämagglutination (HA), bei der sich die Veränderungen der in der Lösung suspendierten Erythrocyten augenfällig durch ihre Zusammenballung zu erkennen geben.

a) Hämagglutination[1, 2].

Zuerst wurde dieses Phänomen von G. K. Hirst[3] am Influenzavirus aufgefunden. Bei der Gewinnung des Influenzavirus stellte er fest, daß Hühnererythrocyten beim Kontakt mit virushaltigen Lösungen agglutinieren. Die Wirkung ist an die Virusteilchen geknüpft und kommt nicht etwa einem Begleitstoff zu. Ebenso wie die Hühnererythrocyten werden auch die Blutkörperchen anderer Vogelarten, die des Menschen und in geringerem Maße auch die von Kaninchen und anderen Nagetieren agglutiniert. Hierbei ist aber kein Zusammenhang zwischen der Agglutinierbarkeit der Erythrocyten und der Empfänglichkeit des Wirts für die Infektion zu erkennen. Die allgemeine Bedeutung der HA ergibt sich aus der Tatsache, daß eine große Reihe anderer tierischer Viren diese Reaktion ebenfalls zeigen. Hier sind zu nennen: das Virus der atypischen Geflügelpest, das Virus der klassischen Geflügelpest, der Mäusepneumonie (Horsfall) und des Mumps. Das Vaccine- und das Ektromelievirus weisen insofern eine Besonderheit auf, als hier die Wirksamkeit an kleinere Begleitstoffe gebunden ist, die langsamer sedimentieren als das Virus selbst. Aber auch bei den anderen Viren findet man HA-aktive Begleitstoffe, die nichtinfektiös sind und wahrscheinlich Vorstufen des Virus darstellen. Die HA ist nicht auf Viren beschränkt, sie kommt bei den pleuropneumonieähnlichen Organismen und Rickettsien vor und auch bei Bakterien. Mit Hilfe der HA läßt sich die Viruskonzentration einfach bestimmen. Bezüglich der Technik sei auf die ausführliche Darstellung von Hallauer verwiesen.

Im Laufe der HA sind meist zwei Phasen zu unterscheiden: 1. die Adsorption, die zur Zusammenballung der Blutkörperchen führt, und 2. die Wiederabspaltung oder Elution der adsorbierten Viren. Ausnahmen bilden die Viren der Vaccine, der Ektromelie und der Mäusepneumonie, bei denen es nur zu einer Adsorption, nicht aber zu einer spontanen Elution kommt. Die Adsorption ist wahrscheinlich ein rein physikalischer Vorgang, für dessen Zustandekommen ein gewisser Salzgehalt notwendig ist. Die Infektiosität der Virusteilchen spielt hierbei keine Rolle. Durch Erhitzen, Bestrahlung mit UV oder Behandlung mit

[1] Hallauer, C.: Die Hämagglutination durch Virusarten. Handbuch der Virusforschung, 2. Erg.-Bd., 141 (1952).

[2] Burnet, F. M.: Haemagglutination in relation to host-cell-virus interaction. Annual Rev. Microbiol. **6**, 229 (1952).

[3] Hirst, G. K.: Science (Lancaster, Pa.) **94**, 22 (1941).

Formol ist es möglich, inaktive Viren zu erhalten, die noch voll adsorptionsfähig sind. Die Adsorption erfordert keine intakten Blutkörperchen, auch die nach der Hämolyse verbleibenden Blutschatten sind unter Umständen noch agglutinabel.

Der Mechanismus der HA wurde besonders beim Influenzavirus näher untersucht. Nach HIRST[1] ist in den Blutkörperchen ein Receptor enthalten, der wahrscheinlich aus einem kohlenhydrathaltigen Protein, etwa einem Mucoproteid, besteht, da er sowohl durch Perjodat, einem spezifischen Reagens auf benachbarte Hydroxylgruppen, als auch durch Trypsin spezifisch zerstört wird. Die nahe Verwandtschaft des Receptors mit den Polysacchariden ist auch deshalb wahrscheinlich, weil andere hochpolymere Kohlenhydrate die HA hemmen können, indem sie sich an das Virus anlagern und so mit dem im Erythrocyten verankerten Receptor um das Virus konkurrieren. Derartige Inhibitoren finden sich in verschiedenen normalen Organen, in Seren und im Harn. In infizierten Geweben werden sie meist durch das Virus zerstört. KNIGHT[2] sowie GARD[3] haben den Inhibitor aus der Allantoisflüssigkeit isoliert und als glucosaminhaltiges Glucoproteid von hoher Viscosität und einer Sedimentationskonstante von 170 bis 220 *S* charakterisiert. Bei den aus empfänglichen Geweben isolierten Hemmstoffen handelt es sich vielleicht um freie Receptoren, die aus der Zelloberfläche herausgelöst sind. Auch eine Reihe von Polysacchariden aus höheren Pflanzen und aus Bakterien sind wirksame Hemmstoffe.

Die spontane Elution der adsorbierten Virusteilchen erfolgt dadurch, daß diese auf enzymatischem Wege den Receptor zerstören. Für die Enzymnatur dieses receptorzerstörenden Faktors spricht zunächst seine Temperaturempfindlichkeit. Nach Erhitzen des Influenzavirus auf 56° C wird dieses zwar noch spezifisch an die Blutkörperchen adsorbiert, jedoch löst es sich nicht mehr spontan ab. Ferner konnten BURNET u. a.[4] feststellen, daß mucinasehaltige Kulturflüssigkeiten von Choleravibrionen und einigen anderen Bakterien ebenfalls den Receptor zerstören. Dieser Faktor wird als RDE (receptor destroying enzyme) bezeichnet. Es ist daher sehr wahrscheinlich, daß auch die Viren wie eine Mucinase wirken. Genauer wurde die Wirkung des Influenza-Virus auf ein aus Harn hergestelltes Mucoprotein untersucht[5]. Dieses Proteid hemmt die Hämagglutination stark und dürfte mit den natürlichen Receptoren vergleichbar sein. Bei dreistündiger Einwirkung des Influenza-Virus auf das Mucoproteid bei 37° C entstand ein niedermolekulares Spaltprodukt, das als substituiertes Isoglucosamin identifiziert werden konnte. Es handelt sich wahrscheinlich um eine Fructose, bei der das Hydroxyl am C_1 durch ein Lysyl-haltiges Peptid ersetzt ist.

Viren, die nicht spontan eluieren, zerstören auch den Receptor nicht, denn die Erythrocyten sind erneut zur Agglutination fähig, wenn

[1] HIRST, G. K.: J. of Exper. Med. **87**, 301, 315 (1948).
[2] KNIGHT, C.: J. of Exper. Med. **80**, 83 (1944); **85**, 99 (1947).
[3] GARD, S., u. P. v. MAGNUS: Ark. Kemi (Stockh.) **24** B, Nr. 8 (1947).
[4] BURNET, F. M., u. J. D. STONE: Austral. J. Exper. Biol. a. Med. Sci. **25**, 227 (1947); **26**, 71 (1948).
[5] GOTTSCHALK A.: Nature **167**, 844 (1951).

man die adsorbierten Viren durch Änderung der Elektrolytkonzentration ablöst. Auch bei den spontan eluierenden Virusarten bleibt der Receptor teilweise erhalten, was sich darin äußert, daß Erythrocyten, die mit Mumpsvirus oder dem Virus der atypischen Geflügelpest vorbehandelt sind, durch Influenzavirus noch agglutiniert werden. BURNET u. a.[1] stellen eine Receptorskala auf, in der die Viren nach dem Umfang ihrer receptorzerstörenden Wirkung geordnet sind:

Mumps < atypische Geflügelpest < Influenza A < Influenza B < Schweineinfluenza.

Wird das stärker zerstörende Virus zuerst adsorbiert, so agglutiniert das schwächere Virus nicht mehr. Hieraus läßt sich schließen, daß alle diese Stämme an den gleichen Receptor der Blutkörperchen gebunden sind. Dieser ist also nicht spezifisch für eine bestimmte Virusart. Es wird vermutet, daß die Anlagerung des Virus an einen Receptor und die nachfolgende enzymatische Lyse desselben ein für den Infektionsvorgang wichtiger Mechanismus ist, mit dessen Hilfe das Virus Eingang in die Zelle findet. Auch andere für das Influenzavirus empfängliche Zellen, wie z. B. das Lungengewebe von Frettchen und Mäusen und die Chorioallantoismembran des Hühnerembryos verhalten sich wie Erythrocyten, indem von ihnen ebenfalls das Virus adsorbiert und wieder eluiert wird[2]. STONE[3] behandelte die Allantois von Hühnerembryonen mit dem Filtrat von Choleravibrionen und stellte fest, daß danach die Empfänglichkeit des Gewebes gegenüber der Infektion mit Influenzavirus deutlich herabgesetzt war. Diese Gewebezellen verhalten sich nur insofern verschieden von den Erythrocyten, als hier das Virus erst nach Abschluß des Vermehrungsvorgangs in Freiheit gesetzt wird. Dies beruht wohl darauf, daß nach dem Eintritt des Virus in die empfängliche Zelle Reaktionen mit den Strukturen im Innern der Zelle stattfinden. Das Vorhandensein des Receptors an der Zelloberfläche erleichtert also den Eintritt des Virus. Allerdings haben Untersuchungen von FAZEKAS[4] gezeigt, daß die Infektion nicht ausschließlich von der receptorzerstörenden Wirkung der Viren abhängt. Es wird die Ansicht vertreten, daß die Virusteilchen auch aktiv von der Zelle selbst aufgenommen werden können.

b) Verschmelzung zwischen Virus und Zelle.

Die nach dem Eintritt des Virus morphologisch sichtbaren Veränderungen wurden bereits besprochen. Die Bindung des Virus an bestimmte Zellelemente konnten in einigen Fällen auch auf chemischem Wege nachgewiesen werden. Man fraktioniert hierzu in der üblichen Weise die infizierten Gewebe nach Kernen, Mitochondrien, Mikrosomen, Plasma und prüft dann, an welche Fraktionen das Virus gebunden ist. Beispiele hierfür finden sich beim Herpesvirus, das nach ACKERMANN (S. 262) an die

[1] BURNET, F. M., J. F. MCCREA u. J. D. STONE: Brit. J. Exper. Path. **27**, 288 (1946).
[2] HIRST, G. K.: J. of Exper. Med. **78**, 99 (1943).
[3] STONE, J. D.: Nature (London) **159**, 78 (1947); Austral. J. Exper. Biol. a. Med. Sci. **26**, 49 (1948).
[4] FAZEKAS DE ST. GROTH, S.: Nature (London) **162**, 294 (1948).

Mitochondrien gebunden sein soll. Ähnliche Versuche wurden von MELNICK (S. 206) beim Poliomyelitisvirus durchgeführt. Es ist anzunehmen, daß nicht nur der Wirt, sondern auch das eingedrungene Teilchen beim Verschmelzungsvorgang stark verändert wird. Viele Gründe sprechen dafür, daß auch die tierischen Virusarten vor der Vermehrung in kleine Untereinheiten zerfallen. Bei einer Reihe von größeren Virusarten der Vaccine- und Psittakosegruppe kann das Verschwinden der Teilchen nach der Infektion unmittelbar lichtmikroskopisch verfolgt werden. Erst nach einer bestimmten Latenzzeit treten plötzlich wieder morphologisch vollständige Virusteilchen in der Zelle auf. Bei den kleineren Viren von der Art des Influenzavirus sind zumindest die strukturellen Voraussetzungen für einen solchen Zerfall gegeben. Vorstellungen, wie dieser Prozeß im einzelnen vor sich geht, wurden von HOYLE entwickelt (vgl. Influenzavirus). Ferner stellten BURNET u. a.[1] fest, daß zwischen verschiedenen Stämmen des Influenzavirus ähnlich wie bei den Phagen ein Austausch genetischer Faktoren möglich ist. Diese Ergebnisse wurden durch serologische Untersuchungen von HIRST und TAMAR[2] weiter gestützt. Bei Doppelinfektionen von Hühnerembryonen mit den Influenza-Stämmen Melbourne und WSN treten neben unbeständigen Kombinanten auch solche auf, die durch viele Passagen hindurch die serologischen Eigenschaften beider Ausgangsstämme in sich vereinigen. Hieraus kann man schließen, daß auch bei diesem Virus die Untereinheiten nicht völlig starr miteinander verbunden sind, sondern eine gewisse Dissoziationsfähigkeit besitzen müssen. Weitere Hinweise für eine Veränderung der eingedrungenen Virusteilchen ergeben sich aus dem zeitlichen Verlauf der Vermehrung. In allen bisher näher untersuchten Fällen findet man das Phänomen der Eklipse, in der die Virusaktivität ganz oder bis auf einen verschwindend geringen Rest abgefallen ist.

Durch einen besonderen Kunstgriff, der sekundäre Infektionen nach dem Zerfall der zuerst infizierten Zellen verhindert, kann man beim Influenzavirus eine einstufige Vermehrungskurve erhalten, wie bei den Bakteriophagen. Die Latenzzeit beträgt beim PR 8-Stamm des Influenzavirus etwa 6, beim Lee-Stamm 8—9 Std. Die Vermehrungsrate läßt sich nicht mit derselben Sicherheit angeben wie bei den Phagen, da die tatsächlich in die Zellen eingedrungene Virusmenge nicht genau bekannt ist. Sie beträgt im Falle des PR 8-Stammes das 63-, im Falle des Lee-Stammes das 36fache[3, 4, 5]. Ein ganz ähnlicher Verlauf des Infektionsvorgangs wurde von SCHÄFER und MUNK[6] beim Virus der klassischen Geflügelpest an der Chorioallantoismembran des Hühnerembryos beobachtet. Nach der Infektion wurden nicht eingedrungene Virusteilchen durch Antiserum entfernt. Man beobachtet dann nach

[1] BURNET, F. M., K. B. FRASER u. P. E. LIND: Nature (London) **171**, 163 (1953).

[2] HIRST, K. G. u. G. TAMAR: J. of Exper. Med. **98**, 53 (1953).

[3] HENLE, W., G. HENLE u. E. B. ROSENBERG: J. of Exper. Med. **86**, 423 (1947).

[4] HENLE, W.: J. of Exper. Med. **90**, 1, 13 (1949). — HENLE, W., u. G. HENLE: J. of Exper. Med. **90**, 23 (1949).

[5] HOYLE, L.: J. of Hyg. **48**, 977 (1930).

[6] SCHAFER, W., u. K. MUNK: Z. Naturforsch. **7 b**, 608 (1952).

etwa 4 Std. einen scharfen Anstieg der Virusaktivität um etwa 3 Zehnerpotenzen (Abb. 28). Dieser Sprung in der Aktivität kann am besten dadurch erklärt werden, daß vorher maskierte Viren plötzlich in aktive Teilchen umgewandelt werden. Nach dem Ablauf der Latenzperiode kann auf die erste Stufe eine weitere sprunghafte Erhöhung der Virusmenge in der Eiflüssigkeit folgen, die z. B. durch den HA-Titer gemessen werden kann (s. Abb. 29). Bei den größeren Virusarten kann die Latenzzeit auch mikroskopisch bestimmt werden. Eine Zusammenstellung der hierbei beobachteten Zeiten gibt Tab. 11, die der Zusammenstellung von D. J. BAUER[1] entnommen ist. Die nach Ablauf der Latenzzeit erfolgende Ausschüttung der fertigen Virusteilchen muß nicht wie bei den Bakterien zu einer Lyse der Zelle führen. Wie beim Influenza-Virus näher ausgeführt wird, könnten die fertigen Virusteilchen auch in Form von Ausstülpungen (Protusionen) von der Zellwand abgeschnürt werden, wobei die Zelle selbst erhalten bleibt. Versuche von SCHLESINGER[2] sowie von DULBECCO und VOGT[3] sprechen dafür, daß infizierte Zellen mehrmals hintereinander Virus ausschütten können.

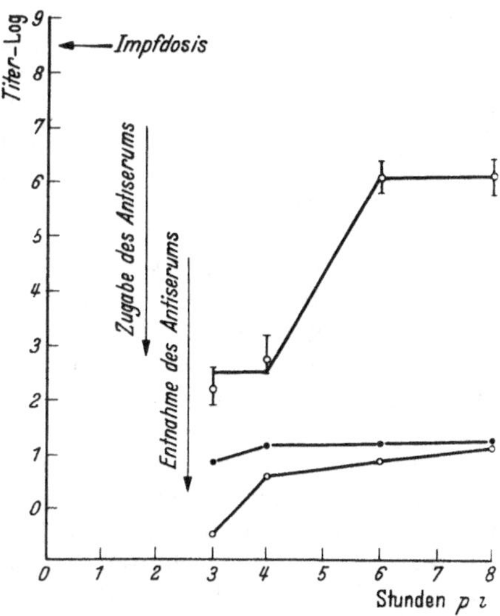

Abb. 28. Vermehrung des Virus der Klassischen Geflügelpest in den Chorioallantois-Zellen des Hühnerembryos (nach W. SCHÄFER).
○ Infektiosität mit einfacher Streuung;
● Komplementbindendes Antigen;
○—○ Hämagglutinierende Aktivität.
Das außen an den Zellen anhaftende Virus wurde durch Zugabe von Antiserum neutralisiert und dieses dann wieder entfernt.

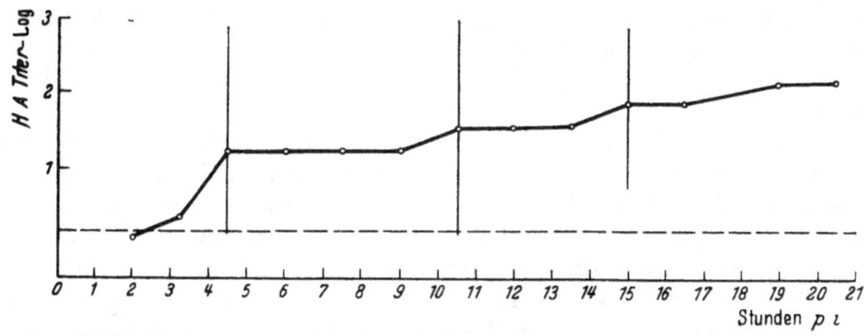

Abb. 29. Vermehrung des Virus der Klassischen Geflügelpest. Verlauf der hämagglutinierenden Aktivität im Nährmedium einer infizierten Gewebekultur. Stufenweiser Anstieg jeweils nach Ablauf der Latenzperiode (nach W. SCHÄFER).

[1] BAUER, D. J.: Nature (London) **164**, 767 (1949).
[2] SCHLESINGER, R. W.: In Symposium, 6. Microbiologie-Kongreß.
[3] DULBECCO, R. u. M. VOGT: 6. Microbiologie-Kongreß.

Tabelle 11.

Virus	Gewebe	Latenzzeit in Stunden
Ektromelie	Allantois	24
Vaccine	Allantois	24
Lymphogranulom	Dottersack	12
Psittakose	Gewebekultur	8—24
Psittakose	Allantois	6—12
Mäusepneumonitis	Mäuselunge	6
Katzenpneumonitis	Mäuselunge	12—18
Meningopneumonitis	Mäuselunge	18

Bei den tierischen Viren gelang es in überzeugender Weise, während der Latenzzeit gebildete inaktive Vorstufen des Virus nachzuweisen. Beim Influenzavirus kann mit dem Komplementbindungstest ein virusspezifisches S-Antigen festgestellt werden. Die Substanz hat ein kleineres Molgewicht als das eigentliche Virus und kann durch fraktionierte Zentrifugierung von diesem abgetrennt werden. Das komplementbindende Antigen tritt stets auf, wenn mit aktivem Virus infiziert wird, nicht jedoch bei der Immunisierung mit inaktivem Virus. Vor der Bildung des fertigen Virus werden weiterhin Teilchen festgestellt, die bereits hämagglutinierende Eigenschaften besitzen, aber noch nicht infektiös sind. Ganz ähnlich liegen die Verhältnisse bei der klassischen Geflügelpest, wo in den infizierten Zellen zuerst das komplementbindende Antigen, dann die hämagglutinierende Komponente und schließlich das fertige Virus auftritt. (Über die chemischen und physikalischen Eigenschaften dieser Zwischenform s. bei klassischer Geflügelpest.)

Die Einwirkung der tierischen Viren auf den Stoffwechsel ist nicht so leicht zu untersuchen wie die der Phagen. Verschiedene Autoren befaßten sich mit dem Einfluß der Viren auf die Atmung höher organisierter Zellen. Als Beispiel sei auf die Untersuchungen von CASPERSSON und THORSSON[1] hingewiesen. Der O_2-Verbrauch in der ersten Hälfte der Latenzphase wird wenig beeinflußt, steigt aber noch, ehe infektiöses Virus nachgewiesen werden kann, deutlich an. Die Frage, ob das Virus lediglich eine Umsteuerung des Stoffwechsels bewirkt oder auch zusätzliche Prozesse in Gang gebracht werden, läßt sich nicht eindeutig entscheiden.

Es liegen verschiedene Beobachtungen über die Einwirkung der Viren auf den Enzymstoffwechsel vor, die jedoch noch nicht zu einem geschlossenen Bild geführt haben[2]. Es werden sowohl Hemmungen als auch Aktivierungen beobachtet. So ist im Mäusehirn nach Infektion mit neurotropen Viren die Xanthinoxydase vermehrt. In einem Homogenisat aus Gehirngewebe bewirkt das Theiler-Virus[3] eine Hemmung der Glucolyse bis zu 85%, die durch Zugabe von Diphosphorpyridinnucleotid aufgehoben werden kann. Da die Viren für ihre Vermehrung auf ein

[1] CASPERSSON, T., u. K. G. THORSSON: s. S. 84.

[2] BAUER, J. D.: Nature (London) **159**, 438 (1947); Brit. J. Exper. Path. **28**, 440 (1947).

[3] Siehe S. 212.

intaktes Stoffwechselsystem der Zellen angewiesen sind, ist es verständlich, daß bei schlechtem Ernährungszustand der Tiere eine geringe Virusvermehrung beobachtet wird bzw. eine erhöhte Resistenz. Auf diese Tatsache weist besonders S. KALTER[1] hin.

4. Infektionsverlauf bei den Pflanzenviren.

Die einfachen Pflanzenviren können nicht aktiv in die Zelle eindringen. Voraussetzung für ein Angehen der Infektion ist eine mechanische Verletzung der Zellmembran bzw. eine Verwachsung mit infizierten Zellen bei der Pfropfung. Eingehende cytologische Untersuchungen über die Anfangsstadien der Infektion beim TMV wurden besonders von ZECH[2] durchgeführt. Bei unmittelbarer mikroskopischer Beobachtung werden als erste Symptome: verstärkte Plasmaströmung, Chloroplastenteilung und Degeneration und die Ausscheidung kristalliner Virusaggregate festgestellt. Ob beim TMV eine Latenzzeit besteht, konnte nicht eindeutig geklärt werden. In den ersten 24 Std. nach der Inoculation kann keine Infektiosität nachgewiesen werden, doch kann das an der Ungenauigkeit des Testes liegen.

Es ist sehr wahrscheinlich, daß das TMV vor dem Eintritt in die Vermehrungsphase in kleinere Untereinheiten zerfällt. In vitro läßt es sich sehr leicht in kleinere Bruchstücke definierter Größe spalten, die unter bestimmten Bedingungen wieder zu einem stäbchenförmigen Molekül zusammentreten können. Die Spaltstücke sind nicht infektiös, besitzen aber noch die serologische Spezifität des TMV. Serologische Untersuchungen an den Mutanten zeigen, daß bei der Mutation wahrscheinlich sämtliche Untereinheiten gleichzeitig verändert werden. Da die Mutation ein seltenes Ereignis darstellt, ist nicht anzunehmen, daß sie an mehr als 100 Untereinheiten gleichzeitig erfolgt. Es liegt daher die Deutung nahe, daß diese Untereinheiten die eigentliche Vermehrungsform des TMV sind und daß sie erst zu dem stäbchenförmigen Molekül zusammentreten. Dieses würde demnach eine vorwiegend extracelluläre Form darstellen.

Von TAKAHASHI und ISHII[3] wurde elektrophoretisch in kranken Tabakblättern neben dem normalen Protein noch eine besondere Eiweißkomponente nachgewiesen, das sog. X-Protein, die in gesunden Blättern nicht auftritt. Dieses Protein enthält keine Nucleinsäure, es ist serologisch mit dem TMV verwandt und läßt sich genau wie die chemisch dargestellten Untereinheiten zu einem stäbchenförmigen Molekül vereinen. Es ähnelt in allen seinen Eigenschaften den kleinsten nucleinsäurefreien Spaltstücken des TMV, die auf chemischem Wege erhalten worden sind. Wenn auch die zeitliche Aufeinanderfolge des X-Proteins und des Virus noch nicht ganz gesichert ist, so spricht doch alles dafür, daß die aus den Mutationsuntersuchungen abgeleitete Vorstellung uber

[1] KALTER, S. S.: J. of Immun. **63**, 29 (1949).
[2] ZECH, H.: Planta (Berlin) **40**, 461 (1952).
[3] TAKAHASHI, W., u. M. ISHII: Nature (London) **169**, 419 (1952); Amer. J. Bot. **40**, 85 (1953).

die Existenz kleiner vermehrungsfähiger Zwischenstufen zu Recht besteht. Eingehendere Untersuchungen über diese Vorstufen in der Biosynthese des TMV wurden auch von COMMONER und Mitarbeiter[1] durchgeführt.

WILDMANN, CHEO und BONNER[2] fanden in normalen Tabakblättern ein Protein, dessen Konzentration in dem Maße abnimmt, in dem bei Infektion mit TMV die Viruskonzentration zunimmt. Dieses Protein wird daher als Ausgangsmaterial für das Virus in Betracht gezogen. Die Versuche an Bakteriophagen zeigen, daß für die Virussynthese im allgemeinen niedermolekulare Bausteine aus dem Medium entnommen werden. Insbesondere ist das Wirtsprotein nur in geringem Maße am Aufbau der Viren beteiligt. Auch bei der Aufzucht mosaikkranker Tabakpflanzen in Radiophosphorlösung wurde gefunden, daß der Phosphor der Nährlösung unmittelbar in das Virusprotein eingebaut wird und die normalen Nucleoproteide der Pflanze kaum als Vorstufen des Virus in Frage kommen[3]. Es ist daher kaum anzunehmen, daß das verschwundene Wirtsprotein als solches im Virus auftaucht.

Die Änderungen im Stoffwechsel machen sich häufig durch Chlorophylldefekte bemerkbar; diese beruhen wohl zum Teil darauf, daß die für den Plastidenaufbau benötigten Proteine zur Virussynthese gebraucht werden. Sehr häufig beobachtet man auch eine Zunahme der Chlorophyllase, so daß der Chlorophyllmangel meist auf einem vermehrten Abbau beruht. Parallel mit dem Chlorophyll sinkt der Gehalt an anderen Plastidenpigmenten[4]. Infolgedessen kommt bei einzelnen Erkrankungen, z. B. den durch die sog. Gelbstämme des TMV hervorgerufenen, zu einer völligen Ausbleichung gewisser Pflanzenteile.

Auch die Pflanze scheint über einen Abwehrmechanismus gegen Virusinfektionen zu verfügen. Dieser muß anderer Natur sein als bei den tierischen Organismen, da Antikörper von Eiweißcharakter bei der Pflanze bisher nicht aufgefunden wurden. Man beobachtet, daß viele Pflanzen sich von Virusinfektionen erholen können. Allerdings geht die Erholung nicht soweit, daß das Virus vollständig aus der Pflanze verschwindet. Die Möglichkeiten zur Unterdrückung der Virusvermehrung sind bei den einzelnen Pflanzenrassen verschieden. So gibt es Tabakrassen, die auf eine Infektion mit TMV nicht mit äußerlich sichtbaren Symptomen reagieren und wesentlich weniger Virus enthalten als empfängliche Rassen. Vorläufige Versuche von MELCHERS und SCHRAMM[5] deuten darauf hin, daß in den infizierten Pflanzen lipoidlösliche Stoffe gebildet werden, die das Virus inaktivieren. Die Versuche bedürfen noch der Bestätigung. Da die meisten Pflanzenviren, mit Ausnahme etwa der Viren der Leguminosen, nicht durch den Samen übertragen werden, muß man annehmen, daß auch in den Samen das Virus zerstört wird. Ob dies durch einen chemischen Stoff geschieht, ist

[1] COMMONER, B., M. YAMADA, S. D. RODENBERG, T. WANG u. E. BASLER: Science **118**, 529 (1953).
[2] WILDMANN, S. G., C. C. CHEO u. J. BONNER: J. of Biol. Chem. **180**, 985 (1949).
[3] BORN, J. J., A. LANG u. G. SCHRAMM: Arch. Virusforsch. **2**, 461 (1942).
[4] PETERSEN, P. D., u. H. H. MCKINNEY: Phytopathology **28**, 329 (1938).
[5] MELCHERS, G., u. G. SCHRAMM: Naturwiss. **30**, 476 (1940).

noch unsicher. Häufig findet man in viruskranken Pflanzen auch eine Zunahme an Oxydase und Diastase. Auch über Änderungen des Gehalts an Pektase und Proteinasen wird berichtet. Die Änderungen im Enzymgehalt haben entsprechende Stoffwechselstörungen zur Folge. Ein häufig beobachtetes Symptom ist die Anhäufung von Stärke in infizierten Zellen. Durch entsprechende Färbung mit Jod kann diese leicht nachgewiesen werden, wenn sonst noch keine anderen Krankheitserscheinungen sichtbar sind. Die Ergebnisse über andere Stoffwechselstörungen sind recht widerspruchsvoll, was zum Teil darauf beruht, daß der zeitliche Verlauf nicht immer berücksichtigt wird. So wurde z. B. von WYND[1] zu Beginn einer Virusinfektion eine Zunahme von Oxydase gefunden, im weiteren Verlauf jedoch ein Abfall unter die Norm. Bei der Nekrose der Zellen müssen zweifellos starke Änderungen des Stoffwechsels auftreten. Diese sind aber im einzelnen noch nicht untersucht. Interessant ist ein Befund von BEST[2], der in den nekrotischen Flecken, die TMV auf N. glutinosa erzeugt, eine im UV stark fluorescierende Substanz auffand, die als Scopoletin (6-Metoxy-7-oxy-1,2-benzopyron) identifiziert werden konnte. Die gleiche Substanz ist für die Fluorescenz von Kartoffelknollen verantwortlich zu machen, die mit Blattrollvirus infiziert sind[3].

Diese Stoffwechselstörungen haben einen gewissen diagnostischen Wert für den Nachweis von pflanzlichen Viruskrankheiten. Meist sind jedoch die Veränderungen nicht spezifisch genug, um eine sichere Diagnose zu erlauben[4].

5. Interferenz.

Die Erscheinung der Interferenz wurde schon mehrfach erwähnt, das Phänomen soll jedoch noch einmal zusammenfassend behandelt werden[5,6] Das Interferenzphänomen wurde zuerst bei *Pflanzenviren* beobachtet. McKINNEY[7] fand, daß Pflanzen, die mit dem gewöhnlichen Stamm von TMV infiziert waren, nicht mehr auf einen anderen Stamm ansprachen. Ähnliche Beobachtungen wurden bei verschiedenen anderen Pflanzenviren gemacht. Als Ergebnis dieser Untersuchungen ist festzustellen, daß Pflanzen gegen die Infektion mit einem Virus geschützt sind, wenn ein anderes damit verwandtes Virus vorher in sämtliche Teile der Pflanze eingedrungen ist. Teile, die das erste Virus nicht erreicht hat, sind für eine Infektion mit dem zweiten damit verwandten Virus empfänglich. Eine Interferenz zwischen nicht miteinander verwandten Pflanzenviren wurde bisher nicht beobachtet, so daß diese Erscheinung zur Feststellung der Verwandtschaftsgrade herangezogen werden kann. Als Beispiel sei

[1] WYND, F. L.: Annual Rev. Plant Physiol. **18**, 90 (1943).

[2] BEST, R. I.: Austral. J. Exper. Biol. a. Med. Sci. **22**, 251 (1944).

[3] ANDREAE, W. A.: Canad. J. Res. C **26**, 31 (1948).

[4] JENSEN, J. W.: Annual Rev. Microbiol. **6**, 139 (1952). Identification of Virusinfection in plant tissue.

[5] LENNETTE, E. H.: Interference between Animal Viruses. Annual Rev. Microbiol. **5**, 277 (1951).

[6] BENNETT, C. W.: Interference Phenomena between Plant Viruses. Annual Rev. Microbiol. **5**, 295 (1951).

[7] McKINNEY, H. H.: J. Agricult. Res. **39**, 557 (1929).

auf die Untersuchungen von MATHEWS[1] hingewiesen, der bei 10 verschiedenen Stämmen eine enge Beziehung zwischen der serologischen Verwandtschaft und dem Grade der Schutzwirkung feststellte.

Im Gegensatz zu den Pflanzenviren interferieren bei den *tierischen* Virusarten sowohl solche, die miteinander verwandt sind als auch solche, die keine gemeinsamen Antigene besitzen. Das erste Beispiel einer Interferenz bei tierpathogenen Viren wurde von GILDEMEISTER und HELM beschrieben[2]. Sie fanden, daß bei einer Infektion mit einem Gemisch von Vaccine- und Maul- und Klauenseuche-Virus die Maul- und Klauenseuche-Erkrankung nicht oder nur in abgeschwächter Form zustande kam. Der Verlauf der Vaccineinfektion wurde dagegen durch das Maul- und Klauenseuche-Virus nicht beeinflußt. Seitdem ist dieses Interferenzphänomen bei sehr vielen Virusarten festgestellt worden. Bestimmte neurotrope Viren können sogar durch eine Art Interferenz das Wachstum von Tumorgewebe hemmen. Eine Zusammenfassung hierüber findet sich bei KOPROWSKI und NORTON[3]. Wieweit diesem Effekt praktische Bedeutung zukommt, ist noch nicht entschieden. Die Interferenz tritt jedoch nicht zwischen beliebigen Viren auf, was verständlich ist, wenn diese verschiedenartige Zellen befallen. Auch bei Viren, die sich im gleichen Gewebe vermehren, wie Influenza A und B, braucht die Interferenz nicht vollständig zu sein, so daß eine serienweise Fortführung eines Gemisches beider Stämme durch viele Passagen möglich ist. Bei gleichzeitiger Infektion mit verschiedenen neurotropen Viren kann unter Umständen auch eine Umkehr des Interferenzeffektes beobachtet werden, indem sich die Viren in ihrer Vermehrung gegenseitig fördern. Man nimmt an, daß die Schädigung durch das eine Virus den Durchtritt des anderen Virus durch die Blut-Liquor-Schranke erleichtert[4]. Dies entspricht ganz den Beobachtungen bei den Pflanzenviren, wo nicht verwandte Viren sich in ihrer Wirkung auf den Wirt ebenfalls fördern.

Bemerkenswert ist, daß Interferenz nicht nur zwischen zwei vermehrungsfähigen Virusarten auftritt, sondern auch noch beobachtet wurde, wenn das eine Virus durch physikalische oder chemische Methoden vorher inaktiviert worden war. Durch die inaktiven Begleitstoffe ist wohl auch das Phänomen der *Autointerferenz* zu erklären. Beim Influenzavirus und einigen anderen Viren beobachtet man, daß die Übertragung sehr hoher Dosen von virushaltiger Allantoisflüssigkeit schlechter gelingt als die von kleineren Dosen. Dies ist darauf zurückzuführen, daß die Flüssigkeiten stets inaktive Vorstufen des Virus (inkomplette Formen) enthalten, die mit dem aktiven Virus interferieren[5]. Durch Versuche von SCHLESINGER[6] wurde nachgewiesen, daß Influenzavirus im Mäusegehirn, das bisher als unempfänglich galt, einen unvollkommenen Vermehrungscyclus durchmacht, der bei gewissen Vorstufen stehenbleibt.

[1] MATHEWS, R. E. F.: Nature (London) **163**, 175 (1949); Ann. Appl. Biol. **36**, 460 (1949).

[2] GILDEMEISTER, E., u. R. HELM: Zbl. Bakter. I **125**, 405 (1932).

[3] KOPROWSKI, H., and T. W. NORTON: Cancer (N.Y.) **3**, 874 (1950).

[4] FINDLAY, G. M., and E. M. HOWARD: Brit. J. Exper. Path. **31**, 45 (1950).

[5] GARD, S., u. P. v. MAGNUS: Ark. Kemi (Stockh.) **24**, 7 (1947).

[6] SCHLESINGER, R. W.: Proc. Soc. Exper. Biol. a. Med. **74**, 541 (1950).

Mit diesen Vorstufen kann in anderen Geweben eine Interferenz mit dem fertigen Influenzavirus erzwungen werden.

Die Schutzwirkung gegenüber der zweiten Infektion setzt schnell ein. Ihre Dauer variiert von einigen Tagen bis zu mehreren Wochen. Nach Untersuchungen von SCHÄFER[1] ist die Schutzwirkung des zur Blockierung benützten A-Stammes der Maul- und Klauenseuche des Meerschweinchens gegenüber der Nachinfektion mit dem B-Stamm schon nach 12—14 Std. voll ausgeprägt. 14 Tage nach der Infektion mit dem A-Virus, wo erfahrungsgemäß die Konzentration der Antikörper im Blut ihren höchsten Wert erreichen würde, waren die Tiere bereits wieder für die Infektion mit dem B-Virus empfänglich. Das Interferenzphänomen bei den tierischen Virusarten hat also mit der Immunität durch Antikörperbildung nichts zu tun.

Bei den Bakteriophagen tritt Interferenz ausnahmslos dort auf, wo mit zwei nicht miteinander verwandten Phagenstämmen nacheinander infiziert wird. Die Geschwindigkeit, mit der die Blockade eintritt, ist bei den einzelnen Stämmen unterschiedlich, sie erfolgt jedoch immer innerhalb weniger Minuten. Für die Ausschließung genügt die mechanische Adsorption nicht. Man kann zeigen, daß in Pufferlösungen die Phagen über das Stadium der mechanischen Adsorption nicht hinauskommen, in diesem Fall beobachtet man auch keine Ausschließung. Ebenso wie bei den tierischen Virusarten kann eine Blockierung auch mit Phagen erfolgen, die durch UV-Licht inaktiviert sind. Diese inaktiven Phagen dringen in die Bakterienzelle ein und hemmen ihr Wachstum, können sich aber nicht mehr vermehren. Wird die Bestrahlung der Phagen zu lange fortgesetzt, so verschwindet nach der Fähigkeit zur Vermehrung auch die zur Interferenz. Diese scheint demnach an eine bestimmte gegen UV-Licht empfindliche Struktur des Virus gebunden zu sein.

Früher wurde vielfach angenommen, daß die Interferenz durch einen Wettstreit der beiden Virusarten um die Stoffwechselprodukte der Zelle zustandekommt. Diese Auffassung ist jetzt allgemein verlassen worden, da ja auch Interferenz durch inaktive Teilchen möglich ist. Durch entsprechende Experimente konnte gezeigt werden, daß die Interferenz nicht auf einer Blockierung der an der Zelloberfläche befindlichen Receptoren beruhen kann. Es muß sich um einen intracellulären Prozeß handeln. Vermutlich werden durch das zuerst eingedrungene Virus gewisse Zentren innerhalb der Zelle besetzt, die für die Vermehrung des nachfolgenden Virus notwendig wären.

Die Interferenzerscheinungen bei den tierischen Virusarten und bei den Phagen weisen gewisse gemeinsame Züge auf und unterscheiden sich von denen der Pflanzenviren. Es ist daher fraglich, ob diese Erscheinungen alle auf der gleichen Ursache beruhen. Auch bei den Pflanzenviren wird die Interferenz am einfachsten durch die Blockierung vermehrungswichtiger Zentren erklärt, denn das Interferenzphänomen wird auch bei latent infizierten Pflanzen beobachtet, bei denen eine Vermehrung der Viren, also ein nennenswerter Verbrauch von Stoffwechselprodukten, nicht erfolgt.

[1] SCHAFER, W.: Berl. u. Münch. tierarztl. Wschr. **1946**, 62.

6. Zusammenfassung über den Vermehrungsvorgang.

Die Vermehrung der Zellen der höheren Organismen läßt sich gedanklich in zwei Prozesse zerlegen: 1. den Elementarvorgang der Vermehrung des Genmaterials, 2. die Verteilung des Genmaterials auf die Tochterzellen durch die Mitose. Es ist zu erwarten, daß bei einfachen Organismen kein Mitoseapparat vorhanden ist. In diesen Fällen kommt es nicht zu einer Zweiteilung, sondern zu einem unregelmäßigen Zerfall des Chromatins in eine große Anzahl von Teilchen. Dieser unregelmäßige Zerfall wurde von FREKSA und GERBER[1] bei den A-Organismen nachgewiesen, er entspricht vollkommen dem Vorgang der Virusvermehrung.

Da wir annehmen, daß die Viren den selbstvermehrungsfähigen Bestandteilen der Zelle entsprechen, haben wir uns nur mit dem ersten Elementarvorgang der identischen Reproduktion des Gesamtmaterials zu befassen. Wie diese *identische Reproduktion* sich im einzelnen abspielt, wissen wir nicht. Es gibt hierfür eine Anzahl von Hypothesen, die bisher jedoch nicht experimentell gestützt werden konnten. Als gesichert darf angesehen werden, daß bei dieser Reproduktion die Nucleinsäuren eine entscheidende Rolle spielen. Infolgedessen sind nur solche Hypothesen von Bedeutung, die diese Rolle gebührend berücksichtigen. Ein erster Versuch zur Erklärung der identischen Reproduktion wurde von FREKSA[2] unternommen. Der Hauptgedanke, der sich in allen anderen Vorstellungen wiederholt, ist der, daß das ursprüngliche Material als Matrize für die Neubildung wirkt. Bei den Matrizentheorien bereitet die Bildung eines zum ursprünglichen komplementären Systems der Vorstellung keine Schwierigkeiten, wohl aber die Bildung eines identischen Systems. FREKSA nahm nun an, daß als Matrix die Eiweißstruktur des ursprünglichen Teilchens dient. Von dieser bildet die Nucleinsäure eine Art Negativabdruck, an dem nun wieder das neue Positiv entstehen kann. Die ursprüngliche Idee, daß für das Matrizenmuster die positiven Ladungen in den basischen Aminosäuren des Eiweiß maßgeblich seien, an die sich die negativen Phosphorsäuregruppen anlagern, wurde später auf Grund weiterer experimenteller Untersuchungen fallen gelassen[3]. Es ist vielmehr wahrscheinlich, daß die Spezifität des Musters der Nucleinsäure durch die Anordnung ihrer basischen Bausteine, der Purin- und Pyrimidinbasen bedingt ist.

Da bei den Phagen anscheinend nur die reine Nucleinsäure an die Nachkommen weitergegeben wird, muß man hier als Matrize die Nucleinsäure selbst annehmen. Nach WATSON und CRICK[4] besteht die Desoxyribonucleinsäure aus zwei umeinander gewickelten Spiralen. Jede Nucleotidkette ist der anderen komplementär und zwar insofern, als einem Adeninrest stets ein Thyminrest und einem Guanin- stets ein Cytosinrest entspricht. Den Vermehrungsvorgang kann man sich so vorstellen, daß sich zunächst diese zueinander komplementären Spiralen voneinander trennen und sich jede wieder zu einer Doppelspirale ergänzt. Wie diese Ergänzung erfolgen soll

[1] FRIEDRICH-FREKSA, H., u. G. GERBER: s. S. 257.
[2] FRIEDRICH-FREKSA, H.: Naturwiss. **28**, 376 (1940).
[3] Siehe Diskussionsbemerkung Klin. Wschr. **1953**, 198.
[4] WATSON, J. D., u. F. H. C. CRICK: Nature (London) **171**, 964 (1953).

und wie die neu gebildete Nucleinsäure nun ihrerseits die Bildung der entsprechenden spezifischen Eiweißstrukturen induzieren soll, ist noch völlig offen. Zur Lösung dieses Problems werden besondere Untersuchungen über die Bildung einfacher Peptide wichtig sein, die der experimentellen Bearbeitung leichter zugänglich sind als hochmolekulare Strukturen[1, 2].

X. Mutation der Viren.

1. Auslösung der Mutation.

Vergleicht man die Mutation der Viren mit der eines Genes im Chromosom der Organismen, so ergeben sich gewisse Übereinstimmungen.

Mutationen im Genom der Organismen geben sich durch Veränderung der biologischen Merkmale zu erkennen. Durch Kreuzungsanalyse kann entschieden werden, ob die Merkmalsänderung tatsächlich auf einer Änderung des Genoms oder auf einer des reagierenden Plasmas beruht. Grobe Änderungen im Genom wie Ausfall eines Genorts oder seine Verlagerung an eine andere Stelle lassen sich cytologisch im Chromosom feststellen.

Die Mutation der Viren gibt sich ebenfalls im biologischen Verhalten und durch strukturelle Änderungen der Viruspartikel selbst zu erkennen. Da sich die Viren leicht von einem Zellplasma in ein anderes übertragen lassen, kann man verhältnismaßig leicht entscheiden, ob die durch Viren verursachten Symptome auf einer Änderung der Viren oder des reagierenden Plasmas der Wirtszelle beruhen. Neuerdings sind auch Fälle einer vorübergehenden Modifikation der Viren aufgefunden worden, die durch die Veränderung eines ,,viruseigenen Plasmas" erklärt werden können, wobei die Analogie zum Plasma einer Zelle allerdings nicht wörtlich genommen werden darf. Phagen des T_2- oder T_6-Typs produzieren in bestimmten Mutanten von E. coli anomale Phagen, die sich in E. coli nicht vermehren können, hingegen wohl in S. dysenteriae. Ein einziger Vermehrungscyclus in S. dysenteriae ergibt wieder vollkommen normale Phagen mit Vermehrungsfahigkeit in E. coli[3]. Auch bei den Phagen von Salmonella findet man solche Modifikationen (s. S. 100). Bei den Phagen läßt sich weiterhin durch ein der Kreuzungsanalyse entsprechendes Verfahren zeigen, daß die mutative Änderung auch erhalten bleibt, wenn sie mit anderen genetischen Faktoren kombiniert wird. Man kann einen bestimmten Ort für die Änderung relativ zu den anderen ,,Genorten" angeben in ähnlicher Weise, wie es bei den Chromosomen geschieht.

Strukturelle Änderungen bei der Mutation der Viren lassen sich wesentlich besser erfassen als bei den Genen, da isolierte Virusteilchen leicht in reiner Form dargestellt und chemisch untersucht werden können. Dies gilt besonders für die Pflanzenviren, deren Struktur besser

[1] Siehe Zusammenfassung bei H. BORSOOK: The biosynthesis of proteins and peptides, including isotopic tracer studies. Fortschritte der Chemie organischer Naturstoffe **9**, 292 (1952).

[2] CHANTRENNE, H.: Problems of protein synthesis. In Nature of Virus Multiplication, S. 1.

[3] LURIA, S. E.: Nature of Virusmultiplication, S. 99.

definiert ist als die der komplizierten tierischen Viren. Bei den Organismen treten die spontanen Mutationen sprunghaft auf. Durch äußere Einflüsse wie Temperatur, Behandlung mit Strahlung oder mutagenen Stoffen läßt sich nur die Häufigkeit der Mutationen, nicht aber ihre Richtung beeinflussen. Die Mutationsrate kann man bei den tierpathogenen Virusarten aus methodischen Gründen nur schlecht, besser dagegen bei den Pflanzenviren und den Phagen bestimmen.

Wie schon erwähnt wurde, beobachtet man während der Vermehrungsphase der Phagen sprunghafte Änderungen, die einer Mutation entsprechen. Bei *ruhenden* Phagen außerhalb der Zelle konnte bisher eine Mutation weder beobachtet noch induziert werden. Es ist auch fraglich, ob bei ruhenden, sich nicht teilenden Zellen eine Mutation auftreten kann, denn der Nachweis der Mutationen gelingt ja nur dadurch, daß man die Zellen zur Teilung anregt, so daß der Zeitpunkt der Mutation nicht genau festgelegt werden kann. Durch äußere Einwirkung auf sich *vermehrende* Phagen sollte eine Erhöhung der Mutationsrate möglich sein, doch sind exakte Messungen bisher noch nicht durchgeführt worden.

Spontane Mutationen sind bei den Pflanzenviren häufig nachgewiesen worden. Als Beispiel seien die Untersuchungen am TMV angeführt. In dem für das TMV charakteristischen hellgrün-dunkelgrünen Mosaik des kranken Blattes treten vereinzelt gelbe Flecken auf. Abimpfungen von solchen Flecken führen zu deutlich von dem Symptombild des TMV verschiedenen Merkmalen. Daß diese abgeänderten Virusstämme tatsächlich immer wieder neu entstehen, ist dadurch bewiesen, daß derartige Mutanten auch dann auftreten, wenn man das TMV durch wiederholte Einzelherdisolierungen gereinigt hat. Es handelt sich also nicht um sichtbar gewordene Entmischungen von TMV und einer in geringen Mengen vorhandenen Variante. Außer durch Ausstechen der Gelbflecken und Abimpfungen von ihnen lassen sich Mutanten auch noch durch andere Methoden selektionieren. Das auf dem üblichen Wege der Massenkultur vermehrte TMV stellt ein Gemisch von natürlichen Mutanten dar. Wenn man mit einem solchen Gemisch von natürlichen Mutanten Eryngium aquaticum infiziert, erhält man abgeschwächte Stämme, die gegen Tabak avirulent sind, sich dagegen auf dem neuen Wirt gut vermehren. Aus Einzelherdisolierungen rein gezüchtete Stämme des TMV gehen auf Eryngium nicht an. Wenn man aber diese reinen Klone in Massenkultur auf Tabak weiter vermehrt, erhält man wieder Mutanten, die Eryngium zu infizieren vermögen. Diese Pflanze wirkt also als Filter, das selektiv aus der Viruspopulation bestimmte Mutanten aussiebt. In Eryngium vermehren sich vorzugsweise solche Mutanten, die diesem neuen Wirt besser angepaßt sind als der Ausgangsstamm[1]. Die Zahl der spontan auftretenden Mutanten ist temperaturabhängig. McKinney[2] beobachtete dies beim Auftreten der gelben Flecken bei TMV. Die Versuche wurden von Melchers[3] (s. Tab. 12) bestätigt.

[1] Johnson, J.: Phytopathology **37**, 822 (1947).
[2] McKinney, H. H.: J. Agricult. Res. **51**, 951 (1935); J. Hered. **28**, 51 (1937).
[3] Friedrich-Freksa, H., G. Melchers u. G. Schramm: Biol. Zbl. **65**, 187 (1946).

Tabelle 12. *Abhängigkeit der Zahl der Spontanmutationen von der Temperatur.*

Kammertemperatur	20°	27°	34°
Gesamtzahl der Pflanzen	25	25	25
Anzahl der Pflanzen mit gelben Flecken	3	14	22
Prozent der Pflanzen mit gelben Flecken	12	56	88

Gegen diese Deutung der Ergebnisse könnte der Einwand erhoben werden, daß bei hohen Temperaturen nicht die Mutationsrate erhöht, sondern nur die Vermehrung des Gelbstamms gegenüber dem normalen Stamm begünstigt ist. Dieser Einwand konnte dadurch widerlegt werden, daß auch die Rückmutation, also die Umwandlung des Gelbstamms in Grünstämme mit der Temperatur erhöht wird und außerdem das flavum-Virus gerade bei hoher Temperatur keine Sekundärsymptome hervorruft[1]. Bei den Pflanzenviren, die durch Insekten übertragen werden, z. B. dem Aster yellow-Virus, konnten Mutationen auch dadurch erzielt werden, daß die Insekten, die das Virus beherbergen, bei höheren Temperaturen gehalten werden[2]. Nach den bisherigen Untersuchungen[3, 4] ist es nicht gelungen, durch Bestrahlung reiner Viruskristalle oder ihrer Lösungen außerhalb der Wirtspflanzen eine Erhöhung ihrer Mutationsrate zu erzielen. Nach KAUSCHE und STUBBE[3] soll es aber möglich sein, durch Bestrahlung viruskranker Pflanzen Mutationen zu erzeugen. Nach diesen Autoren genügt es, zur Mutationsauslösung die Blätter der Tabakpflanzen vor der Infektion zu bestrahlen. Das experimentelle Material, das veröffentlicht wurde, gestattet jedoch noch keine sicheren Schlusse und bedarf dringend der Erweiterung.

Auch durch chemische Umsetzungen am isolierten TMV-Protein konnten keine erblichen Veränderungen erzielt werden, die einer Mutation entsprechen würden. Veränderungen des Moleküls führen entweder zur völligen Inaktivierung oder zu vermehrungsfähigen Derivaten, aus denen wieder normales TMV entsteht, die also höchstens als Modifikation betrachtet werden können. Aus diesen Versuchen, die auf S. 147 näher geschildert werden, ergibt sich, daß gewisse Änderungen im Proteinanteil des Moleküls für die identische Vermehrung ohne Belang sind und weder die chemischen noch die biologischen Eigenschaften der Nachkommen beeinflussen.

Die Erzeugung erblich veränderter Virusstämme ist besonders auf dem Gebiet der tierpathogenen Virusarten von großer praktischer Bedeutung. Zur Schutzimpfung werden Virusstämme benötigt, die schwach pathogen sind, aber doch noch so nahe mit dem pathogenen Ausgangsstamm verwandt sind, daß sie gegen diesen voll immunisieren. Um zu solchen Stämmen zu gelangen, züchtet man die pathogenen Viren auf einem ungewöhnlichen Wirt. Durch wiederholte Passagen

[1] MELCHERS, G., u. W. MUNDRY: Proc. 9. Internat. Congr. of Gentics (Bellagio).

[2] KUNKEL, L. O.: Amer. J. Bot. **24**, 316 (1937).

[3] KAUSCHE, G. A., u. H. STUBBE: Naturwiss. **26**, 740 (1938); **27**, 501 (1939); **28**, 824 (1940).

[4] PFANKUCH, E., G. A. KAUSCHE u. H. STUBBE: Biochem. Z. **304**, 238 (1940).

unter Wechsel des Wirtstiers konnten in manchen Fällen abgeschwächte Stämme herausgezüchtet werden. Es erhebt sich die Frage, ob das fremde Milieu eine mutagene Wirkung auf das Virus ausübt oder ob nur eine Selektion der spontan auftretenden Mutationen stattfindet, die dem neuen Wirtsgewebe besser angepaßt sind als der Ausgangsstamm. Die oben erwähnten Versuche von JOHNSON am TMV können hier vielleicht als Modell herangezogen werden. Höchstwahrscheinlich findet in dem ungewöhnlichen Wirt nur eine Selektion der Mutanten statt, die ihm besonders gut angepaßt sind. Da uns bei den tierpathogenen Viren eine Methode zur Erzeugung von reinen Kulturen fehlt, bedarf es im allgemeinen einer großen Anzahl von Passagen auf dem ungewöhnlichen Wirt, um die letzten Reste des virulenten Ausgangsmaterials zu eliminieren. Gelingt dies nicht vollständig, so wird bei Rückübertragung der virulente Stamm sich sofort wieder durchsetzen. Um abgewandelte Mutanten zu isolieren, wird es zweckmäßig sein, mit hohen Verdünnungen zu arbeiten, da hier die größte Aussicht besteht, daß eine Entmischung auftritt[1]. Untersuchungen von RIVERS am Fibromvirus (S. 251) weisen darauf hin, daß bei einigen tierischen Virusarten vielleicht eine gerichtete Umwandlung möglich ist, ähnlich der Typenumwandlung bei den Pneumokokken.

2. Strukturelle Änderungen bei der Mutation.

Zum Verständnis des Mutationsvorgangs ist es wichtig, die Änderungen an den Erbfaktoren chemisch möglichst genau zu erfassen. Die geeignetste Methode besteht in einer vergleichenden Untersuchung der Mutanten mit ihrem Ausgangsstamm. Derartige Untersuchungen sollten also möglichst an Stämmen vorgenommen werden, deren genetischer Zusammenhang bekannt ist. In zweiter Linie können aber auch vergleichende Untersuchungen an serologisch verwandten Virusstämmen herangezogen werden, da man hier annehmen darf, daß sie durch Mutation auseinander hervorgegangen sind. Bei allen Viren beobachtet man, daß serologisch miteinander verwandte Stämme einander auch morphologisch entsprechen. Mutationen, die zu einer deutlichen Änderung der Gestalt führen, scheinen also sehr selten zu sein. KÖHLER fand beim X-Virus im Elektronenmikroskop zwischen verschiedenen Stämmen einen geringen Längenunterschied, der aber statistisch gesichert ist[2]. Man muß aber beachten, daß die stäbchenförmigen Proteine bei der Präparation leicht zerfallen, der Unterschied könnte also auch auf einer verschiedenen Empfindlichkeit der Stämme gegenüber der Präparationsmethode beruhen. Ein derartiges Verhalten wurde auch bei verschiedenen Stämmen des TMV festgestellt[3]. Vergleichende Untersuchungen über die chemische Zusammensetzung wurden an 7 Mutanten des TMV bekannter genetischer Herkunft durchgeführt[4]. In der Menge und in der

[1] Siehe hierzu LIU, O. C., u. W. HENLE: J. of Exper. Med. **97**, 889 (1953).
[2] BODE, O., u. E. KOHLER: Z. Naturforsch. **7** b, 598 (1952).
[3] SCHRAMM, G., u. M. WIEDEMANN: Z. Naturforsch. **6** b, 379 (1951) — MELCHERS, G., G. SCHRAMM, H. TRURNIT u. H. FRIEDRICH-FREKSA: Biol. Zbl. **60**, 524 (1940.
[4] KNIGHT, C. A., u. F. L. BLACK: J. of Biol. Chem. **202**, 51 (1953).

Basenzusammensetzung des RNS-Anteils lassen sich keine Unterschiede feststellen, dagegen wurden geringe Differenzen in der Aminosäurezusammensetzung des Proteinanteils gefunden, die aber von den Autoren für signifikant gehalten werden. Elektrophoretische Untersuchungen an Parallelmutanten des Vulgare- und des Dahlemense-Stammes des TMV ergaben deutliche Unterschiede, analytisch konnten aber keine Differenzen festgestellt werden, die groß genug wären, um dieses unterschiedliche Verhalten bei der Elektrophorese zu erklären. Einzelheiten finden sich auf S. 166. Weitere Untersuchungen sprechen dafür, daß bei der Mutation im wesentlichen die Art der Verknüpfung zwischen Nucleinsäure und Protein verändert wird. Bei TMV-Varianten, die serologisch miteinander verwandt sind, ohne daß ihre genetische Abkunft sichergestellt wäre, lassen sich zum Teil recht erhebliche Unterschiede im Proteinanteil feststellen. Die Basenzusammensetzung der Nucleinsäure ist aber auch hier innerhalb der Fehlergrenzen die gleiche, während bei verschiedenen Arten von Pflanzenviren deutliche Unterschiede bestehen[1].

Auch serologisch verwandte Mutanten von Phagen zeigen keinen signifikanten Unterschied im Basenverhältnis der Nucleinsäure[2]. Vergleichende Untersuchungen wurden auch bei verschiedenen Insekten durchgeführt, wobei kein Zusammenhang zwischen dem Grade der biologischen Verwandtschaft und der Nucleinsäurezusammensetzung zutage trat. Ob Änderungen in der Reihenfolge der Bausteine vorkommen, läßt sich durch derartige Experimente nicht unterscheiden[3].

3. Entstehung der Virusarten.

Durch Mutation und Selektion kann man sich auch die Entstehung neuer Virusarten aus bereits vorhandenen erklären. Über die Entstehung der Viren aus Organismen oder Teilen von Organismen liegen noch keine gesicherten experimentellen Beobachtungen vor. Es lassen sich zwei Hauptrichtungen unterscheiden. Eine Gruppe von Autoren neigt zu der Ansicht, daß die Viren sich von ursprünglich frei lebenden Organismen herleiten, die durch ständigen Parasitismus eine Vereinfachung ihrer Struktur erfahren haben. Diese Autoren setzen die Viren daher ihrem Wesen nach den Organismen gleich. So sieht z. B. Bergold[4] die Insektenviren wegen ihres komplizierten Entwicklungscyclus als Organismen an. Eine andere Gruppe von Forschern nimmt an, daß sich die Viren von normalen vermehrungsfähigen Einheiten der Zelle herleiten, die durch unbekannte Einflüsse die Fähigkeit erlangt haben, in fremde Zellen einzudringen und sich dort zu vermehren. Für diese Ansicht spricht besonders, daß bei vielen Viren Stadien bekannt sind, wo sie sich wie normale Zellbestandteile verhalten und sich in den normalen Wachstumsprozeß der Zelle einordnen. Ein Beispiel hierfür sind die echten lysogenen Bakterienstämme, bei denen erst durch besondere Maßnahmen die Anwesenheit eines Virus festgestellt werden

[1] Dorner R. W., u. C. A. Knight: J. of Biol. Chem. **205**, 959 (1953).
[2] Wyatt, G. R., u. S. S. Cohen: Nature (London) **170**, 107 (1952).
[3] Wyatt, G. R.: Exper. Cell Res. Supl. **2**, 201 (1952).
[4] Bergold, G.: Canad. J. Res. E **28**, 5 (1950).

kann. Es ist in einem solchen Falle nicht immer eindeutig zu unterscheiden, ob vorher schon ein Virus vorhanden war, oder ob durch diese Maßnahmen ein neues Virus erzeugt wurde. Nach beiden Auffassungen wird also angenommen, daß die Viren sich in irgendeiner Form von höheren Organismen ableiten. Im ersten Fall sollten die Organismen als Ganzes erhalten bleiben und nur einzelne Fähigkeiten, so den Stoffwechsel, verlieren. Im zweiten Fall müßte ein Teil des Organismus, eine vermehrungsfähige Struktur, selbständig werden, während der übrige Organismus getrennt davon weiter existieren kann. Gegen die Herkunft der Viren aus vollständigen Organismen sprechen vor allem chemische Tatsachen. Wir wissen, daß der DNS-Gehalt von grundsätzlicher Bedeutung für die Zelle und z. B. bestimmend für ihre Größe ist. Manche Virusarten enthalten jedoch keine DNS, sondern nur RNS. Es ist unwahrscheinlich, daß beim Übergang eines Mikroorganismus zum Parasitismus der grundsätzliche Aufbau derartig verändert wird. Viel leichter verständlich wäre die Annahme, daß die verschiedenartigen Viren sich jeweils von Zellstrukturen herleiten, die entweder RNS oder DNS enthalten. Je nach der Art ihres Ursprungs würden also ganz unterschiedliche Viren entstehen, was den tatsächlichen Verhältnissen entspricht.

Bei der Frage nach der Entstehung der Viren wird die theoretische Diskussion nicht weiterführen, wenn es nicht gelingt, experimentelle Beispiele aufzufinden, an denen man diesen Vorgang studieren kann. Besondere Beachtung verdient hierbei der Übergang der Bakterien zu den L-Organismen (s. S. 256). Aus einem normalen Bacterium entsteht ein wesentlich einfacher gebautes Gebilde, das in manchen Punkten, z. B. der Art der Vermehrung, den Viren ähnelt, aber sich von diesen durch einen eigenen Stoffwechsel unterscheidet.

XI. Bekämpfung der Viruskrankheiten.

1. Therapie.

In der Chemotherapie bakterieller und parasitärer Infektionen sind in den letzten Jahrzehnten große Fortschritte erzielt worden. Es ist bisher aber nicht gelungen, gegen typische Viruskrankheiten spezifisch wirksame Therapeutica zu finden. Dies ist vor allem darin begründet, daß die Virusvermehrung intracellulär verläuft und so eng mit den normalen Wachstumsvorgängen der Zelle verknüpft ist, daß es schwierig ist, die Virusvermehrung zu hemmen, ohne die Zelle zu schädigen. Weiterhin bieten die Viren selbst für Antimetaboliten keinen unmittelbaren Angriffspunkt, da bei ihnen ein eigener Stoffwechsel fehlt. Die bei der Bekämpfung der Bakterien so wertvollen Antibiotica zeigen eine deutliche Wirkung nur bei den großen Virusarten der Psittakosegruppe, die auch nach ihren sonstigen Eigenschaften Übergangsformen zwischen Organismen und Viren darstellen. Penicillin wirkt hemmend auf die Entwicklung dieser Virusgruppe. Auch klinisch ist Penicillin bei Psittakose wirksam, nicht aber bei Lymphogranulom oder Trachom. Aureomycin zeigt bei Versuchen am Hühnerembryo eine günstige

Wirkung, obwohl es in vitro die Viren nicht inaktiviert. Klinisch wird Aureomycin bei Psittakose und akutem Lymphogranulom angewendet. Auch bei der atypischen Pneumonie des Menschen zeigte es Erfolge. Sulfonamide sind ebenfalls bei einigen Viren der Psittakosegruppe wirksam, bei anderen dagegen nicht. Die Antibiotica wirken nicht mehr gegen das Pockenvirus und erst recht nicht gegen die noch kleineren Viren. Günstige Wirkungen sind in diesen Fällen nur zu beobachten, wenn gleichzeitig Mischinfektionen mit Bakterien vorliegen. Vielfach beruht die Hemmung der Virusvermehrung nur auf einer Schädigung der Zellenzyme. Derartige Stoffe, von denen eine ganze Reihe untersucht worden sind, sind therapeutisch meist wertlos. Eine ausführliche Literaturzusammenstellung findet man bei R. GÖNNERT[1] u. M. D. EATON[2]. Ebensowenig kann man von einer Therapie sprechen in den Fällen, wo die betreffenden Mittel nur einen Schutz bewirken, wenn sie vor der Infektion verabfolgt werden. Anzeichen für eine echte therapeutische Wirkung bei Viruskrankheiten ergeben sich aus den Arbeiten von F. HORSFALL und M. MCCARTY[3]. Sie beobachteten, daß die Polysaccharide aus den Kapseln von Streptokokken Mäuse gegen mehrere tödliche Dosen des Pneumonievirus zu schützen vermögen, wenn sie intranasal auch nach der Infektion verabfolgt werden (Injektionen dieser Stoffe sind dann allerdings ohne Erfolg). Ähnlich wirken Polysaccharide aus Friedländer-Bacillen oder Shigella paradysenteriae oder Blutgruppensubstanz A. Die Tatsache, daß die Virusvermehrung auch noch nach 4 Tagen gestoppt werden konnte, und zwar in einem Stadium, wenn bereits sehr viele Zellen infiziert sind, macht es wahrscheinlich, daß diese Stoffe intracellulär wirken und nicht etwa die Adsorption des Virus an die Wirtszelle verhindern. Die Kapselsubstanzen von Friedländer-Bacillen waren auch gegen das Mumpsvirus wirksam, in Hühnerembryonen bereits in einer Menge von 5 γ. Interessanterweise war auch noch 4 Tage nach der Infektion eine Wirkung zu beobachten. Die Autoren zeigten, daß durch diese Substanz die Adsorption des Virus an die Allantoismembran nicht beeinflußt wird und daß auch in vitro kein inaktivierender Effekt auf das Mumpsvirus auftritt. Allerdings wurde auch ein besonderer Stamm des Mumpsvirus aufgefunden, der sich gegen das Polysaccharid des Friedländer-Bacillus resistent erwies[4]. SHOPE[5] konnte aus Penicillium funiculosum eine Substanz isolieren, die er Helinine nannte. Sie besitzt wahrscheinlich Polysaccharid-Charakter. In vivo zeigt sie eine deutliche Hemmwirkung gegenüber Schweineinfluenza, Columbia SK-Virus und Semliki-Forest-Virus, wenn man sie eine Stunde nach der Infektion injiziert. Wird sie erst 18 Std. nachher injiziert, so ist die Wirkung nur sehr gering. Gegen Vaccine-Virus wirkt schon das Monosaccharid Glucuronsäure stark hemmend[6].

[1] GONNERT, R.: Fortschr. Med. **70**, 241, 287, 311, 345 (1952).
[2] EATON, M. D.: Annual Rev. Microbiol. **4**, 232 (1950).
[3] HORSFALL, F., u. M. MCCARTY: J. of Exper. Med. **85**, 623 (1947).
[4] GINSBERG, H. S., u. F. L. HORSFALL: J. of Exper. Med. **90**, 393 (1943).
[5] SHOPE, R. E.: J. of Exper. Med. **97**, 601 (1953).
[6] MCCREA, J. F., u. F. DURAN-REYNALS: Science (Lancaster, Pa.) **118**, 93 (1953).

Anzeichen für eine intracelluläre Wirkung therapeutischer Substanzen ergaben sich auch bei den Bakteriophagen. Aus Aspergillus konnte ein Phagenhemmstoff isoliert werden, der keine bakteriostatische oder bakteriocide Wirkung besitzt und auch die Phagen in vitro nicht inaktiviert. Er verhindert also offenbar die intracelluläre Phagenvermehrung[1, 2].

Auch bei den Pflanzenviren ist es möglich, durch Antimetaboliten gegen den Nucleinsäurestoffwechsel, wie 8-Azaguanin oder Thiouracil, die Virusvermehrung zu hemmen. Für die praktische Anwendung ist entscheidend, ob diese Hemmung spezifisch genug ist, um sie therapeutisch auszunutzen[3,4].

Bei bakteriellen Erkrankungen besteht die Möglichkeit einer spezifischen Therapie durch Antiseren. Bei vollständig entwickelten Viruskrankheiten hat die Serum-Therapie keinen Sinn mehr, denn es sind bereits so viele Zellen infiziert und die Vermehrung des Virus ist in ihnen soweit fortgeschritten, daß durch die Serumtherapie höchstens die Ausbreitung und Generalisierung des Virus verhindert werden kann, nicht jedoch die Entwicklung in den befallenen Zellen. Im Anfangsstadium, also mehr als vorbeugendes Mittel, ist jedoch die Verabfolgung von Serum bei vielen Viruskrankheiten von Bedeutung, z. B. bei Masern und Poliomyelitis und Maul- und Klauenseuche.

2. Schutzwirkung.

Die praktische Bekämpfung der Viruskrankheiten läuft darauf hinaus, den Eintritt der Infektion überhaupt zu verhindern, als auf reine Schutzmaßnahmen. Vor allem muß die Ausbreitung der Krankheit durch entsprechende hygienische Maßnahmen verhindert werden. Bei den Viruskrankheiten, die durch Insekten oder andere Tiere übertragen werden, z. B. Gelbfieber, richtet sich das Augenmerk darauf, die Zwischenträger zu vernichten. Diese Maßnahmen können unterstützt werden durch Schutzimpfungen der gefährdeten Individuen.

Die *aktive Schutzimpfung* kann mit vermehrungsfähigem oder abgetötetem Virus erfolgen. Bei der Anwendung von aktivem Virus muß ein abgeschwächter Stamm benutzt werden, der immunologisch dem Erregerstamm genügend nahesteht, aber keine schweren Krankheitserscheinungen bei den Impflingen hervorruft. Das Musterbeispiel einer derartigen Immunisierung ist die Pockenimpfung, wo man einen Stamm der Kuhpocken verwendet. Bei der Bekämpfung des Gelbfiebers wird ebenfalls in großem Umfang die aktive Immunisierung mit einem abgeschwächten Stamm durchgeführt. Auch bei der Schutzimpfung gegen Tollwut wird teilweise aktives durch Kaninchen-Passage modifiziertes Virus benutzt. Die Vorteile dieser Art der aktiven Immunisierung liegen darin, daß die Impfdosis sehr gering gehalten werden kann.

[1] Asheshow, J. N., F. Strelitz u. E. A. Hall: Brit. J. Exper. Path. **30**, 175 (1949).

[2] Hanson, F. R., u. T. E. Eble: J. Bacter. **58**, 527 (1949).

[3] Mercer, F. L., T. E. Lindhorst u. B. Commoner: Science (Lancaster, Pa.) **117**, 558 (1952).

[4] Mathews, R. E. F.: Nature (London) **171**, 1066 (1953).

Da das Virus noch vermehrungsfähig ist, entstehen im Körper genügende Mengen, um eine entsprechende Antikörperbildung anzuregen. Die Schutzwirkung bleibt außerdem sehr lange erhalten. Die Anwendung des Verfahrens ist aber dadurch erschwert, daß es nicht immer gelingt, einen abgeschwächten Stamm zu finden, der genügend stabil ist und sich nicht zu dem virulenten Virus zurückverwandelt. Nach unseren heutigen Ansichten muß damit gerechnet werden, daß auch ein abgeschwächter Virusstamm dauernd in dem infizierten Organismus erhalten bleibt und infolgedessen die Möglichkeit hat, zu mutieren. Bei Organismen, die durch andere Infektionen geschwächt sind, kann außerdem auch der avirulente Stamm schwere Symptome hervorrufen.

Die Schutzimpfung mit inaktivem Virus ist sicherer. Doch bietet sie den Nachteil, daß große Virusmengen benötigt werden, die oft nicht beschafft werden können. Außerdem hält die Schutzwirkung meist nicht länger als 10—12 Monate an. Die Inaktivierung muß so erfolgen, daß die immunologischen Eigenschaften des Virus erhalten bleiben und nur die Vermehrungsfähigkeit vernichtet wird. Die dabei angewendeten Verfahren sind auf S. 67 beschrieben. Um eine genügende Antikörperproduktion anzuregen, werden dem inaktiven Virus bestimmte hochmolekulare Trägersubstanzen zugefügt, z. B. Aluminiumhydroxyd. Die Wirkung dieser Hilfsmittel ist noch nicht geklärt. Sie könnte darauf beruhen, daß sie eine schnelle Ausschwemmung des Antigens verhindern und eine Depotwirkung hervorrufen. Neuere Untersuchungen deuten aber darauf hin, daß die Bindung an den hochmolekularen Träger direkt die Entstehung von Antikörpern begünstigt. Impfstoffe aus inaktivem Virus werden z. B. verwendet bei der MKS, der Geflügelpest und verschiedenen anderen Tierseuchen. Auch bei Erkrankungen des Menschen, z. B. der Grippe, wird sie empfohlen. Bei der Tollwut kann ebenfalls an Stelle des abgeschwächten, noch lebenden Virus ein durch Phenol inaktiviertes Virus fixe verwendet werden.

Gelingt es nicht, einen genügend avirulenten Stamm zu züchten, so kann auch die Methode der *Simultanimpfung* angewendet werden. Diese besteht darin, daß man gleichzeitig mit dem aktiven Virus das entsprechende Antiserum injiziert. Das Verfahren wird z. B. in der Veterinärmedizin gegen Hundestaupe benutzt. In der Humanmedizin wird es nicht in größerem Umfang angewendet, da es immer mit einer gewissen Unsicherheit behaftet ist. Entweder wird das Virus so vollständig neutralisiert, daß keine wirksame Immunisierung zustande kommt, oder aber das aktive Virus setzt sich durch und führt zu einer ernsten Erkrankung.

Bei der *passiven* Immunisierung wird nicht das Antigen selbst, sondern ein gegen dieses gerichtetes Antiserum verimpft. Wie schon betont wurde, ist eine Schutzwirkung nur zu erwarten, wenn das Serum vor Generalisierung der Infektion verabfolgt wird. Um die Impfdosis möglichst klein zu halten und Impfschäden durch große Mengen an Fremdeiweiß zu vermeiden, wird nach Möglichkeit ein gereinigter Antikörper (γ-Globulin) benutzt, der von dem übrigen Serumprotein befreit ist. Da die künstlich zugefügten Antikörper sehr schnell wieder aus dem Blutkreislauf verschwinden, hält die Schutzwirkung nur kurze Zeit an. Man muß damit rechnen, daß innerhalb 14 Tagen der Antikörpertiter bereits auf die Hälfte absinkt. Der Vorteil der passiven Immunisierung besteht darin, daß die Schutzwirkung sofort einsetzt. Sie wird daher besonders angewendet, wenn eine Schutzwirkung für eine bestimmte begrenzte Frist gewünscht wird. In der Humanmedizin werden Antiseren bei der Masernbehandlung angewendet. Auch hier handelt es sich im wesentlichen um eine Schutzwirkung. Der therapeutische Effekt nach Ausbruch der Krankheit ist umstritten.

Eine andere Möglichkeit, einen Organismus vor einer Virusinfektion zu schützen, wäre durch Ausnutzung des Interferenzphänomens gegeben oder durch Maßnahmen, die die spezifische Adsorption der Viren an die Receptoren der Zelloberfläche verhindern. Bei einem neuen Verfahren zur Bekämpfung der Hundestaupe[1] wurde das Interferenzphänomen praktisch ausgenutzt. Durch 54 Frettchen-Passagen gelang es GREEN, das Virus so zu modifizieren, daß es seine Virulenz für den Hund verloren hat. Mit diesem Stamm kann eine Staupe-Infektion gehemmt werden, wenn keine allzu weite Generalisierung eingetreten ist. Dieser Effekt ist nur durch eine Interferenz mit dem aktiven Staupe-Virus zu verstehen. Auch bei der Tollwut-Schutzimpfung mit Virus fixe könnte eventuell das Interferenzphänomen mitspielen.

Im *Pflanzenschutz* können Impfungen nicht durchgeführt werden, da eine Antikörperbildung bei Pflanzen nicht bekannt ist. Die wichtigsten Maßnahmen bestehen hier in einer Ausschaltung der Infektionsmöglichkeiten, z. B. durch Bekämpfung der Insektenüberträger oder in der Züchtung resistenter Rassen, in denen keine Virusvermehrung möglich ist. Häufig erhält man allerdings nur tolerante Rassen, bei denen äußere Symptome fehlen, in denen aber in gewissem Umfang eine Virusvermehrung möglich ist. Damit ist die Gefahr einer Weiterverbreitung und der Infektion empfänglicher Rassen gegeben. Es wird daher neuerdings vorgeschlagen, überempfindliche Rassen zu züchten, die nach der Infektion schnell zugrunde gehen, so daß das Virus nicht weiterverbreitet wird. Man hat auch daran gedacht, daß Interferenzphänomen auszunutzen und die Bestände durch Infektion mit einem harmlosen Virusstamm zu schützen. Hiergegen sind jedoch wegen der Mutabilität der Viren mit Recht schwere Bedenken erhoben worden.

3. Anwendung der Viren zur Schädlingsbekämpfung.

In der Natur endet das Massenauftreten bestimmter Forstschädlinge meist durch eine Virusseuche. Es liegt daher der Gedanke nahe, die Bekämpfung dieser schädlichen Insekten auf biologischem Wege durch Ausstreuen von Viren zu versuchen. In der Tat sind z. B. in den USA erfolgversprechende Feldversuche in dieser Richtung unternommen worden[2].

Neuerdings wurde auch in Australien versucht, das Massenvorkommen von Kaninchen dadurch einzudämmen, daß man künstlich mit Myxomatose infizierte Tiere aussetzt (s. S. 251). Diese Methode scheint in

[1] ULLRICH K.: Mh. für Veterinärmed. 89 (1949).

[2] Vgl. G. BERGOLD: Z. angew. Entomol. 33, 267 (1951).

bestimmten Gegenden Erfolg zu haben. Man nimmt an, daß dort günstige Bedingungen für eine Weiterverbreitung der Seuche durch Insekten vorliegen, denn die reine Kontaktinfektion ist anscheinend nicht wirksam genug. Es ist auch vielfach versucht worden, Bakteriophagen zur Therapie bakterieller Infektionen heranzuziehen. Eine allgemeine Anwendung der Phagentherapie hat sich nicht durchsetzen können. Die Schwierigkeiten liegen vor allem in der strengen Spezifität der Phagen, die jeweils nur bestimmte Bakterienstämme angreifen. Bei Ausbruch einer bakteriellen Epidemie muß also immer erst der entsprechende Phage gesucht werden, der dem vorherrschenden Bakterienstamm angepaßt ist. Bei der hohen Vermehrungsgeschwindigkeit der Bakterien werden zudem sehr schnell unter der Wirkung der Bakteriophagen resistente Bakterienstämme selektioniert.

B. Spezieller Teil.

Beschreibung der einzelnen Virusarten.

In diesem Abschnitt sollen die chemischen und physikalischen Eigenschaften derjenigen Viren besprochen werden, die bisher in chemisch reiner Form isoliert und näher untersucht sind. Es wird im wesentlichen die auf S. 7 angegebene Einteilung zugrunde gelegt, jedoch wird mit den einfachsten Pflanzenviren begonnen und im Zusammenhang mit den morphologisch bekannten Viren auch verschiedene wichtige, jedoch chemisch nicht charakterisierte Arten abgehandelt. Da sich noch keine allgemein angenommene Nomenklatur der Viren durchgesetzt hat, werden diejenigen Bezeichnungen benutzt, die von den Entdeckern zuerst angewendet worden sind. Bei den pflanzlichen Virusarten sind als Synonyma die Bezeichnungen von HOLMES mitangeführt.

I. Kristallisierte Pflanzenviren mit annähernd isodiametrischer Form.

1. Bushy stunt-Virus der Tomate.

(Tomatenzwergbuschvirus Marmor dodecahedron Holmes.)

Biologisches Verhalten. Die Symptome des Virus wurden zuerst von K. M. SMITH[1] beschrieben. Es erzeugt auf Tomaten primär ringförmige oder fleckenförmige Nekrosen, auf einigen Sorten fehlt dieses Symptom. Junge Pflanzen können durch Ausbreitung der Nekrosen abgetötet werden. Bei älteren Pflanzen wird das Wachstum gehemmt, so daß eine buschige Zwergform entsteht. Auch auf White Burley-Tabak und Datura stramonium ruft es eine generelle Erkrankung hervor. Auf Vigna sinensis, Nicotiana glutinosa und anderen Species erzeugt es hingegen nur lokale Läsionen. Die biologische Aktivität wird durch den Einzelherdtest auf Nicotiana glutinosa bestimmt. Das Virus wird durch den ausgepreßten Saft übertragen. Durch 10 min langes Erwärmen auf 80° C wird es inaktiviert.

Darstellung. Das Bushy stunt-Virus wurde von BAWDEN und PIRIE[2] in Form isotroper, rhombischer Dodekaeder kristallisiert erhalten. (Abb. 30) Die Darstellung erfolgt durch Fällung des geklärten Preßsaftes von Tomaten mit Ammonsulfat. Der Niederschlag wird in Wasser aufgenommen, mit Essigsäure auf p_H 4,5 gebracht und wiederum Ammonsulfat bis zur Trübung hinzugesetzt. Der Niederschlag wird in Acetatpuffer

[1] SMITH, K. M.: Ann. Appl. Biol. **22**, 731 (1935).

[2] BAWDEN, F. C., u. N. W. PIRIE: Nature (London) **141**, 513 (1938); Biochemic. J. **37**, 66 (1943).

von p_H 4,5 gelöst und nochmals mit Ammonsulfat gefällt. Das Konzentrat wird dann dialysiert, wobei sich ein brauner, unwirksamer Niederschlag ausscheidet. Die Lösung wird bei 20—25° C mit Ammonsulfatlösung versetzt, bis sich eine bleibende Trübung ergibt. Diese löst sich wieder, wenn man auf 0° C abkühlt. Durch Zentrifugierung bei 0° wird dann nochmals geklärt, wonach sich bei 0° langsam die Viruskristalle abscheiden. Wird die Lösung erwärmt, so fallt das Virus sofort in amorpher Form aus. Die Ausbeute betragt etwa 50 mg Virus je 1 kg frisches Pflanzenmaterial. Die Reindarstellung kann auch durch hochtouriges

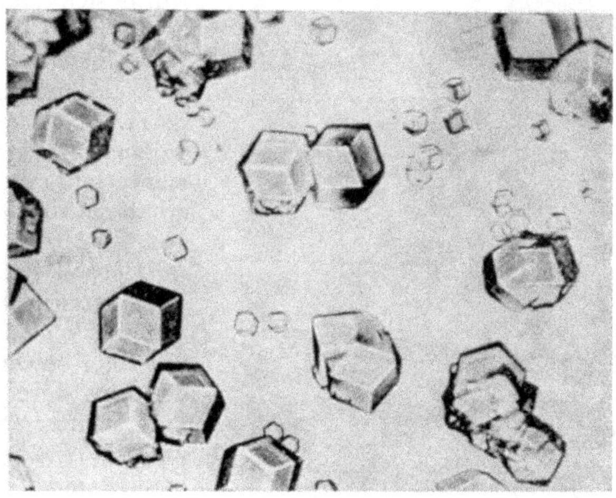

Abb 30. Kristalle des Bushy stunt-Virus, Vergr etwa 300fach, nach BAWDEN

Zentrifugieren erfolgen[1]. Bei dieser Methode treten geringere Verluste durch Inaktivierung des Virus auf, allerdings können Chromoproteine und braune Pigmente schwieriger entfernt werden. Zur Darstellung des Virus aus Datura stramonium wurde von MARKHAM[2] eine Vorschrift ausgearbeitet. COHEN[3] erhielt abweichende Kristallformen des Bushy-stunt-Virus in Gegenwart von Heparin oder hochmolekularen Sulfonaten (Liquide Roche).

Größe und Gestalt. Im Elektronenmikroskop zeigt das Bushy stunt-Virus eine kugelförmige Gestalt mit einem Durchmesser von 25,5 bis 27 mμ[4] (Abb. 31 d). In der Ultrazentrifuge sedimentiert es im Gebiet zwischen p_H 2,4 und 8,7 völlig einheitlich. Aus der Sedimentationskonstante $s_{20} = 132\ S$, der Diffusionskonstanten $D = 1{,}15 \cdot 10^{-7}$ cm²/sec und dem partiellen spezifischen Volumen von 0,739 errechnet sich ein Molgewicht von $10{,}65 \pm 1{,}10 \cdot 10^6$ und ein Durchmesser von $29{,}2 \pm 1{,}1$ mμ[5]. Der Reibungsfaktor f/f_0 ergibt sich zu 1,27. Die Abweichung von 1 ist

[1] STANLEY, W. M.: J. of Biol. Chem. **135**, 437 (1940).

[2] MARKHAM, R.: Zit. nach K. M. SMITH, Recent Advances in the study of plant viruses.

[3] COHEN, S. S.: Proc. Soc. Exper. Biol. a. Med. **51**, 104 (1942).

[4] STANLEY, W. M., u. T. A. ANDERSON: J. of Biol. Chem. **139**, 325 (1941).

[5] NEURATH, H., u. G. R. COOPER: J. of Biol. Chem. **135**, 455 (1940).

durch die Hydratation des Moleküls zu erklären. Man kann berechnen (s. S. 51), daß das gelöste Virus 0,76 g H_2O je 1 g trockenes Virus enthält. Dieser Wert erscheint recht plausibel, denn nach BAWDEN und PIRIE[1] enthält schon das Viruskristallisat 55% Kristallwasser. Für das hydratisierte Molekül würde sich dann ein Molgewicht von $18{,}8 \cdot 10^6$, ein Durchmesser von 37 mμ und ein partielles spezifisches Volumen von 0,853 ergeben. Aus dem Sedimentationsgleichgewicht[2] erhält man ein Molgewicht von $7{,}6 \cdot 10^6$. Da bei dieser Methode jedoch leicht systematische Fehler auftreten, erscheint der Wert von 10,65 besser gesichert, der auch durch Röntgenuntersuchungen gestützt wird. Wie auf S. 70 bereits erwähnt, wurde aus diesen ein Molgewicht von $10{,}8 \pm 0{,}6 \cdot 10^6$ und ein Durchmesser von 27,2 mμ im trockenen Kristall ermittelt.

Chemische Eigenschaften. Das Bushy stunt-Virus verhält sich elektrophoretisch völlig einheitlich, der isoelektrische Punkt liegt bei p_H 4,11[3]. Im Gegensatz zu anderen Virusarten ist es bei diesem p_H löslich. Es enthält 17% Ribosenucleinsäure, die sich mit 5%iger NaOH oder durch Erwärmen mit einem Netzmittel (Duponol 1)[4]

a

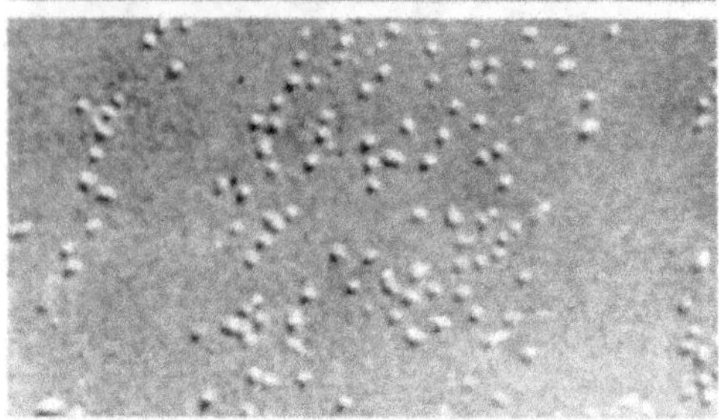

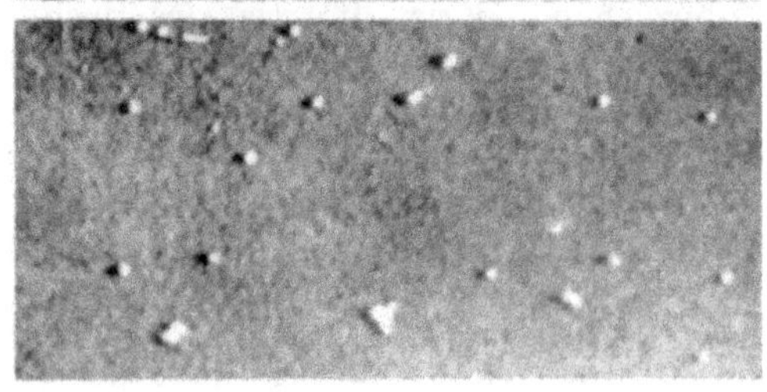

Abb. 31. Einige kugelformige Viren. (Nach C. A. KNIGHT.) a) Influenza-Virus, b) Papillom-Virus, c) Southern bean mosaic-Virus, d) Bushy stunt-Virus.

[1] BAWDEN, F. C., u. N. W. PIRIE: Brit. J. Exper. Path. **19**, 251 (1938).
[2] McFARLANE, A. S., u. R. A. KECKWICK: Biochemic. J. **32**, 1607 (1938).
[3] s. Anm. 3, S. 125.
[4] DORNER, R. W., u. C. A. KNIGHT: J. of Biol. Chem. **205**, 959 (1953).

aus dem Protein abspalten läßt. Die Sedimentationskonstante der Nucleinsäure wurde zu 2,9 S bestimmt. Die Elementaranalyse der Nucleinsäure ergibt 35,71% C; 3,87% H; 14,45% N; 9,07% P. Das Basenverhältnis in der Nucleinsaure wurde von MARKHAM und SMITH[1] sowie von DORNER und KNIGHT[2] bestimmt. In der Tab. 13 sind die gefundenen Werte mit denen einiger anderer Pflanzenviren verglichen.

Tabelle 13. *Basenzusammensetzung verschiedener Ribosenucleinsauren.*

Virus	Molverhaltn. der Basen-Summe = 4				Autor
	Adenin	Guanin	Cytosin	Uracil	
Bushy-stunt	1,00	1,12	0,88	1,01	MARKHAM und SMITH
	1,10	1,11	0,82	0,98	DORNER und KNIGHT
Turnip yellow-mosaic	0,91	0,69	1,53	0,89	MARKHAM und SMITH
Southern bean-mosaic	1,03	1,04	0,92	1,01	DORNER und KNIGHT
Kartoffel-X	1,37	0,87	0,91	0,85	DORNER und KNIGHT
TMV normal	1,24	1,17	0,62	0,96	MARKHAM und SMITH
	1,25	1,16	0,63	0,96	SCHRAMM und KEREKJARTO
	1,19	1,01	0,74	1,05	KNIGHT
Aucuba	1,20	0,95	0,78	1,05	MARKHAM und SMITH
	1,19	1,02	0,74	1,06	KNIGHT
Rib grass	1,17	1,08	0,69	1,05	MARKHAM und SMITH
	1,17	1,03	0,72	1,08	KNIGHT
Cucumber 4	1,04	1,03	0,74	1,19	MARKHAM und SMITH
	1,03	1,03	0,77	1,18	KNIGHT
Cucumber 3	1,03	1,02	0,73	1,23	KNIGHT

2. Tabaknekrosevirus (Marmor lethale Holmes).

Biologisches Verhalten. Es ist keine Pflanze bekannt, bei der das Virus eine generelle Erkrankung hervorruft. Auf Tabakpflanzen var. White Burley und auf Bohnen (Phaseolus vulgaris) erzeugt es nekrotische Einzelherde. Fur die Gewinnung des Virus geht man von Tabak oder von Phaseolus aus. Als Testobjekt eignet sich Phaseolus am besten. Tabakpflanzen können vom Boden aus durch die Wurzel infiziert werden. Hierbei wird die äußere Erscheinung der Pflanzen wenig verändert, wenn auch zuweilen die älteren Blätter nekrotisch werden und absterben. Die Übertragung kann durch Preßsaft erfolgen, ein Insektenuberträger ist dagegen nicht bekannt. Es scheint eine Reihe verschiedener Viren zu existieren, die gleichartige Symptome auf den befallenen Pflanzen hervorrufen, sich aber in ihren chemischen und physikalischen Eigenschaften unterscheiden.

Darstellung. Das erste Tabaknekrosevirus wurde 1938 von PIRIE und Mitarbeitern[3] in reiner Form dargestellt. Es wurde aus dem infektiösen Pflanzensaft durch Zugabe von 3 Vol. Äthylalkohol ausgefallt und schließlich durch fraktionierte Ammonsulfatfällung weiter gereinigt.

[1] MARKHAM, R., u. J. D. SMITH: Biochemic. J. **46**, 513 (1950).

[2] s. Anm. 4, S. 116.

[3] PIRIE, N. W., K. M. SMITH, E. T. C. SPOONER and W. D. MCCLEMENT: Parasitology **30**, 543 (1938).

Abb. 32. Kristalle des Tabaknekrosevirus nach MARKHAM, SMITH u WYCKOFF. Vergr. 1.68000

Als Endprodukt erhielten sie zwei Fraktionen, erstens ein kristallisiertes Protein, das in der Ultrazentrifuge mit einer scharfen Bande von $s_{20} = 130\ S$ sedimentierte, zweitens eine chemisch ähnliche Fraktion, die aber amorph war und sich in der Ultrazentrifuge als inhomogen erwies. Ihre Hauptkomponenten hatten Sedimentationskonstanten von 58 bzw. 220 *S*. Ein zweites Virus war 1939 von PRICE[1] isoliert worden, es zeigte in der Ultrazentrifuge eine Sedimentationskonstante von 112 *S*, scheint also von dem zuerst erwähnten verschieden zu sein. Es wurde nicht kristallisiert dargestellt. BAWDEN und PIRIE[2] untersuchten den von PIRIE und Mitarbeitern benutzten Virusstamm näher und verglichen ihn mit anderen Tabaknekroseviren. Sie kommen zu der Ansicht, daß es sich um ein Gemisch verschiedener Viren handelt, die serologisch nicht miteinander verwandt sind. Durch Einzelherdisolierung gelang es ihnen, einen Stamm zu erhalten, der als Rothamsted culture bezeichnet wird. Das Virus kann nicht durch Salzfällung in kristallisiertem Zustand erhalten werden. Jedoch kristallisiert aus konzentrierten salzfreien Lösungen oder während der Sedimentation in der Ultrazentrifuge ein Nucleoproteid aus, das eine Sedimentationskonstante von 49 *S* besitzt (Molgewicht $1{,}8 \cdot 10^6$). Dieses Protein zeigt nur eine geringe Infektiosität. Da die Aktivität des Virus bei der Aufarbeitung sehr leicht verlorengeht, nimmt BAWDEN an, daß es sich bei dem von ihm kristallisierten Nucleoprotein mit $s_{20} = 49\ S$ um inaktive Viruspartikel handelt, die jedoch ihre Größe, Gestalt und serologische Spezifität bewahrt haben.

Größe und Gestalt. Das kristallisierte Protein des Rothamstedstammes wurde röntgenographisch untersucht[3]. Hierbei wurde im hydratisierten Zustand ein Moleküldurchmesser von 17,5 mμ, im trockenen ein solcher von 15,7 mμ festgestellt. MARKHAM, SMITH und WYCKOFF[4] untersuchten Kristalle des Tabaknekrosevirus im Elektronenmikroskop (Abb. 32), wobei es sich jedoch nicht um den gleichen Stamm handelte. Wegen der Unregelmäßigkeit des Kristallgitters ist es schwierig, einen bestimmten Wert fur den intermolekularen Abstand festzulegen. Er liegt oberhalb 20 mμ, wahrscheinlich zwischen 21 und 26 mμ. Dieser Wert würde zu der von PRICE gefundenen Sedimentationskonstanten passen und einem Molgewicht von etwa $8 \cdot 10^6$ entsprechen.

Chemische Eigenschaften. Das Tabaknekrosevirus, Rothamstedstamm ist nach BAWDEN[5] ein Ribonucleotid und enthält 18% Ribosenucleinsäure.

3. Turnip yellow mosaic-Virus (Kohlrüben-Gelbmosaik-Virus).

Biologisches Verhalten. Das Virus wurde 1949 von MARKHAM und SMITH[6] isoliert. Es kommt nur in Cruciferen vor und alle Versuche, es auf andere Pflanzenfamilien zu übertragen, schlugen fehl. In der Natur

[1] PRICE, W. C., u. R. W. G. WYCKOFF: Phytopathology **29**, 83 (1939).
[2] BAWDEN, F. C., u. N. W. PIRIE: Brit. J. Exper. Path. **23**, 314 (1942).
[3] CROWFOOT, D., u. G. M. SCHMIDT: Nature (London) **155**, 304 (1945).
[4] MARKHAM, R., K. M. SMITH u. R. W. G. WYCKOFF: Nature (London) **159**, 574 (1947); **161**, 760 (1948).
[5] BAWDEN, F. C., u. N. W. PIRIE: Brit. J. Exper. Path. **26**, 277 (1945).
[6] MARKHAM, R., u. K. M. SMITH: Parasitology **39**, 330 (1949).

findet es sich auf verschiedenen Kohlrübenarten, experimentell kann es auf verschiedene Kohlarten, Hirtentäschelkraut (Capsella bursa pastoris) und Wasserkresse (Nasturtium) übertragen werden. Die Infektion geschieht durch den Saft, aber auch durch verschiedene Insektenarten. Der Name rührt von der auffallenden gelben Fleckung der Blätter der befallenen Rüben her. Bisher konnte keine Pflanze gefunden werden, in der das Virus regelmäßig lokale Läsionen hervorruft. Der Test muß also durch Verdünnungsreihen erfolgen, wobei Brassica chinensis benutzt wird. Positive Infektionen werden noch bei einer Verdünnung von $1:10^6$ beobachtet.

Darstellung. Das Virus kann entweder aus Kohlrüben oder aus Brassica chinensis gewonnen werden. Der ausgepreßte Pflanzensaft wird durch Zugabe von Alkohol zunächst geklärt[1]. Aus dem Überstand wird das Virus dann durch Zugabe von Ammonsulfat in kleinen oktaedrischen Kristallen ausgefällt. Die weitere Reinigung erfolgt durch Lösen und wiederholtes Umkristallisieren bei Gegenwart von Ammonsulfat.

Größe und Gestalt. Elektronenmikroskopisch wurde für einzeln liegende Virusteilchen ein Durchmesser von 22 mμ gefunden. Aus Viruskristallen ergibt sich ein Wert von 19,5 mμ[2], was einem Molgewicht von etwa $3{,}5 \cdot 10^6$ entspricht. Aus den Röntgenuntersuchungen kann man auf einen Durchmesser von 30 mμ im feuchten und 22 mμ im trockenen Zustand schließen. Diffusionsmessungen ergeben einen Wert von 28 mμ für das wasserhaltige Virus. Aus der Volumendifferenz wird dann ein Wassergehalt von 84% berechnet.

Chemische Eigenschaften. Im Turnip yellow mosaic-Virus ist die Nucleinsäure besonders locker gebunden. Sie wird bereits durch Behandeln des Virus mit 30%igem Alkohol abgespalten. Die abgespaltene Nucleinsäure kann durch verdünnte Säure ausgefällt und konzentriert werden. In schwach alkalischer Lösung ist sie hochviscös und geliert bereits bei niederen Konzentrationen von einigen mg/cm³. Dies läßt darauf schließen, daß die Nucleinsäure des Turnip yellow mosaic-Virus extrem asymmetrisch und vielleicht ein Fadenmolekül von der Art der Thymonucleinsäure ist. Aus dem P-Gehalt des Virus von 2,13—2,24 berechnet sich ein Anteil der Nucleinsäure von 22%. Die Zusammensetzung ist in Tab. 13 wiedergegeben. In den Viruskonzentraten findet sich neben dem biologisch aktiven Nucleoproteid stets ein unwirksames nucleinsäurefreies Protein in einer Menge von etwa 20%. Dieses Protein sedimentiert in der Ultrazentrifuge langsamer als die aktiven Partikel und kann daher durch Zentrifugierung abgetrennt werden. Es ist serologisch nahe mit dem aktiven Protein verwandt. Mischungen des nucleinsäurefreien und des nucleinsäurehaltigen Proteins verhalten sich in einem p_H-Bereich von 3,5 bis 5,38 einheitlich. Der isoelektrische Punkt liegt bei 3,75. Markham und Smith schließen daraus, daß die äußeren Oberflächen der beiden Proteine identisch sind und daß der nucleinsäurefreie Stoff wahrscheinlich aus einer Hohlkugel besteht, in deren Innern bei dem aktiven Virus die Nucleinsäure untergebracht ist.

---

[1] s. Anm. 6, S. 129.

[2] Cosslett, V. E., u. R. Markham: Nature (London) **161**, 250 (1948).

Diese Erklärung ist wenig befriedigend. Versuche am Tabakmosaikvirus zeigen, daß bei diesem deutliche elektrophoretische Unterschiede zwischen dem nucleinsäurefreien und dem nucleinsäurehaltigen Protein bestehen. Auch hier sind beide serologisch nahe verwandt, durch Anwendung quantitativer Methoden lassen sich jedoch feine Unterschiede feststellen. Das einheitliche elektrophoretische Verhalten des Gemisches aus Turnip-yellow mosaic-Virus und nucleinsäurefreiem Protein könnte auch darauf beruhen, daß sich in Lösung ein Dissoziationsgleichgewicht zwischen Nucleinsäure und Protein einstellt oder daß das Protein stets unabhängig von der Nucleinsäure wandert.

4. Southern bean mosaic-Virus.

(Bohnenmosaikvirus Südstamm, Marmor laesiofaciens H.)

Biologisches Verhalten. Dieses in den Vereinigten Staaten vorkommende Virus befällt vor allem Leguminosen[1]. Es erzeugt bei einigen Rassen von Phaseolus vulgaris ein chlorotisches Mosaik, bei anderen lokalisierte oder generalisierte Nekrosen. Die Reaktionsweise wird durch ein dominantes Gen bestimmt, das in den nekrotisch reagierenden Typen vorkommt, in den anderen fehlt. Die Pflanzen können durch Preßsaft infiziert werden. Die Samen infizierter Pflanzen können das Virus auf die Nachkommen übertragen.

Darstellung. Das Virus konnte von PRICE[2] durch chemische Fällungsmethoden oder durch Zentrifugierung in reiner Form gewonnen werden. Es fällt in besonders guten Kristallen von 3—4 mm Länge aus, wenn man die konzentrierte Lösung in Phosphatpuffer gegen Wasser dialysieren läßt[3].

Größe und Gestalt. Im Elektronenmikroskop zeigt das Virus eine kugelförmige Gestalt (Abb. 31c). Die Sedimentationskonstante beträgt bei unendlicher Verdünnung $s_{20} = 115\,S$, die Diffusionskonstante $D_{20} = 1{,}34 \cdot 10^{-7}\,\mathrm{cm^2\,sec^{-1}}$, das partielle spezifische Volumen 0,696. Aus diesen Werten berechnet sich das Molekulargewicht zu $6{,}63 \cdot 10^6$, der Durchmesser zu 24,4 mμ und der Reibungsfaktor zu 1,25. Für das spezifische Volumen des hydratisierten Moleküls wurde aus der Sedimentation in Lösungen verschiedener Dichte ein Wert von 0,827 ermittelt, woraus sich ein Wassergehalt von 0,76 g/g trockenes Virus berechnen würde. Durch diese starke Hydratation kann die Abweichung des Reibungsfaktors f/f_0 von 1 erklärt werden. Im hydratisierten Zustand besitzt das Virus ein Molgewicht von $11{,}6 \cdot 10^6$ und einen Durchmesser von 31,2 mμ. Aus den viscosimetrischen Messungen muß man schließen, daß das Virus entweder ein Achsenverhältnis von 1:1,55 oder einen Wassergehalt von 1,07 g/g Trockensubstanz aufweist.

Chemische Eigenschaften. Die Elementaranalyse des Virus ergab folgende Werte: 45,64% C; 6,54% H; 17,0% N; 1,89% P; 1,34% S;

---

[1] Allgemeiner Überblick uber Virosen der Leguminosen s. N. O. FRANDSEN: Z. Pflanzenzuchtg. **31**, 381 (1952).

[2] PRICE, W. C.: Amer. J. Bot. **33**, 45 (1946).

[3] MILLER, G. L., u. W. C. PRICE: Arch. of Biochem. **10**, 467 (1946); **11**, 329, 337 (1946).

5,68% Asche. Aus dem P-Gehalt ergibt sich ein Nucleinsäureanteil von 21%. Dieser verhältnismäßig hohe Wert ist möglicherweise die Ursache des niedrigeren spezifischen Volumens des Southern bean mosaic-Virus. Die Basenzusammensetzung der RNS geht aus Tab. 13 hervor. Das Virus verhält sich zwischen 2,9 und 11,5 elektrophoretisch einheitlich, der isoelektrische Punkt liegt bei p_H 5,5. Außerhalb der angegebenen Grenzen ist das Virus in der Ultrazentrifuge und bei der Elektrophorese inhomogen und verliert seine Aktivität. Die Nucleinsäure kann durch 5% NaOH abgespalten werden unter gleichzeitiger Bildung von N-haltigen löslichen Fraktionen, nicht jedoch durch Hitzedenaturierung.

5. Weitere isodiametrische Pflanzenviren.

Es sei noch auf einige weitere pflanzliche Virusarten hingewiesen, die wahrscheinlich ebenfalls eine kugelförmige Gestalt besitzen, die aber noch nicht so gut untersucht sind wie die vorstehenden Viren und noch nicht in kristallisierter Form dargestellt wurden.

Tobacco ring spot-Virus (Tabakringfleckenvirus, Annulus tabacci H.). Dieses Virus erzeugt auf Tabak ringartige, nekrotische Primärläsionen, denen sekundäre nekrotische Ringe auf den jüngeren Blättern folgen. Auf Vigna sinensis erzeugt es lokale Nekrosen, die für die quantitative Auswertung des Virus benutzt werden können. Das Virus wurde in Form eines einheitlichen Proteins von STANLEY und WYCKOFF[1,2] dargestellt. Es wurden 5—10 mg reines Virus aus 1 kg Tabakpflanzen erhalten. Es ist sehr unbeständig und kann daher nur mit Hilfe der Ultrazentrifugierung in befriedigender Form gewonnen werden. Da das Virus bereits in 24 Std. bei Zimmertemperatur teilweise und nach 6 Tagen bei Zimmertemperatur vollständig inaktiviert ist, muß die Aufarbeitung schnell und bei möglichst tiefer Temperatur vorgenommen werden. Das p_H-Stabilitätsgebiet liegt zwischen 6 und 9. Die optimalen Bedingungen für die Aufbewahrung des Virus sind 0,01 m Phosphatpuffer vom p_H 7 und eine Temperatur von 4° C. Durch Cysteinzusatz wird die Beständigkeit des Virus nur wenig erhöht. Durch Einfrieren der salzfreien Viruslösung wird das Virus denaturiert und inaktiviert. In Gegenwart von Elektrolyten, pflanzlichen Pigmenten oder Fleischbrühe ist es gegen Einfrieren etwas beständiger. Entgegen der ursprünglichen Ansicht zeigt die Lösung des Ringfleckenvirus keine Strömungsdoppelbrechung, auch die relative Viscosität ist gering. Es scheint sich demnach um ein kugelförmiges Molekül zu handeln. Aus der Sedimentationskonstanten $s_{20} = 115\,S$ berechnet sich bei einem spezifischen Volumen des Virus von 0,635 unter der Annahme einer Kugelform ein Molekulargewicht von $3{,}4 \cdot 10^6$ und ein Durchmesser von 19 mμ. Dieser Wert stimmt mit dem durch Ultrafiltration ermittelten Wert überein, der zwischen 16 und 21 mμ liegt. Hinsichtlich der chemischen Zusammensetzung des Virus ist der außerordentlich hohe Nucleinsäuregehalt bemerkenswert, der über 40% des Gesamtmoleküls ausmacht.

---

[1] STANLEY, W. M., u. R. W. G. WYCKOFF: Science (Lancaster, Pa.) **85**, 181 (1937).

[2] STANLEY, W. M.: J. of Biol. Chem. **129**, 405, 439 (1939).

Alfalfa-mosaic-Virus (Luzernemosaikvirus, Marmor medicaginis H.). Dieses Virus kommt in Medicago (Luzerne) und Kartoffeln vor; es ist aber auch auf viele andere Species künstlich übertragbar. Die naturliche Verbreitung erfolgt durch Aphiden. Es wird durch Ultrazentrifugierung dargestellt[1, 2]. In der Ultrazentrifuge zeigt es einen einheitlichen Gradienten mit $s_{20} = 74 \pm 5\,S$. Bei einem spezifischen Volumen von 0,673 würde sich daraus für ein sphärisches Teilchen ein Molgewicht von $2{,}1 \cdot 10^6$ ergeben. Der isoelektrische Punkt liegt in der Nähe von 4,6. Auch von diesem Virus sind Mutanten bekannt, z. B. Potato calico strain (Marmor medicaginis var. solanum)[3].

II. Stäbchenförmige Pflanzenviren.

1. Tabakmosaikvirus (Tobacco mosaic-virus, Marmor tabacci H.).

In diesem Abschnitt werden die Eigenschaften des normalen Tabakmosaikvirus (TMV) behandelt. Bei der großen Variabilität des TMV liegt eine gewisse Willkür darin, welchen Stamm man als „normal" bezeichnen will. Es ist möglich, daß die von den einzelnen Arbeitskreisen benutzten TMV-Stamme sich untereinander unterscheiden. STANLEY bezeichnet seinen normalen Stamm ohne weiteren Zusatz als Tabakmosaikvirus. Von ihm leiten sich viele in anderen Laboratorien benutzte Stämme ab, so z. B. der von FREKSA, MELCHERS und SCHRAMM verwendete. Er wird von diesem Arbeitskreis als Tabakmosaikvirus var. vulgare bezeichnet. Auch der vom Arbeitskreis um KAUSCHE benutzte Stamm wurde ursprünglich von STANLEY zur Verfügung gestellt. Es ist aber möglich, daß durch dauernde Fortzüchtung eine Selektion stattgefunden hat. So zeigte z. B. ein genauer serologischer Vergleich des TMV von KAUSCHE und des vulgare-Stammes, daß geringfügige, aber sicher nachweisbare Unterschiede bestehen[4].

Biologisches Verhalten. Das TMV ist in der ganzen Welt verbreitet und tritt in der Natur hauptsächlich in Solanaceen auf. Im Laboratorium konnte es jedoch auf 27 verschiedene Pflanzenfamilien übertragen werden, es besitzt also eine sehr geringe Wirtsspezifität. Bei den meisten Tabakrassen erzeugt das Virus eine allgemeine Erkrankung, die sich in einer mosaikartigen hellgrün-dunkelgrün Fleckung und starken Deformationen der Blatter äußert. Auf bestimmten Varianten von Phaseolus vulgaris (Gartenbohne) und auf Nicotiana glutinosa ruft das Virus beim Auftragen auf die Blätter nur lokale Nekrosen und keine allgemeine Erkrankung hervor (Abb. 33). Die Zahl der durch eine Viruslösung erzeugten Lokalnekrosen gilt als Maß für die biologische Wirksamkeit eines Viruspraparats[5]. Da diese Testmethode für die quantitative Bestimmung anderer Pflanzenviren beispielgebend war, sei sie hier etwas ausführlicher geschildert. Die Empfindlichkeit der Testpflanzen hängt

[1] ROSS, A. F.: Phytopathology **31**, 395, 410 (1941).

[2] LAUFFER, M. A., u. A. F. ROSS: J. Amer. Chem. Soc. **1940**, 3296.

[3] BLACK, F. L., u. W. C. PRICE: Phytopathology **30**, 446 (1940).

[4] FRIEDRICH-FREKSA, H., G. MELCHERS u. G. SCHRAMM: Biol. Zbl. **65**, 187 (1946).

[5] HOLMES, F. O.: Bot. Gaz. **87**, 39 (1929).

etwas von den Kulturbedingungen und der Jahreszeit ab. Im allgemeinen erhält man die günstigsten Ergebnisse mit Lösungen, die 10^{-6} g/cm³ enthalten. Dann entstehen pro Blatthälfte etwa 15—40 Läsionen. Bei einer Konzentration von 10^{-8} erhält man im Durchschnitt eine Läsion je Blatthälfte. Die Beziehung zwischen der Zahl der Einzelherde und der Viruskonzentration wurde bereits auf S. 17 diskutiert. Bei Verwendung von etwa 40 Blättern lassen sich Aktivitatsunterschiede von rund 20% erfassen. Die zu vergleichenden Viruspräparate werden in sterilem 0,1 m Phosphatpuffer vom p_H 7 gelöst und dann die eine Lösung auf die linke und die andere auf die rechte Blatthälfte aufgetragen. Nach dem Einreiben wird die überschüssige Viruslösung mit Wasser abgespült. Die Auftragung muß möglichst gleichmäßig erfolgen, meist empfiehlt es sich, nach der Hälfte der Versuchspflanzen rechts und links zu vertauschen. 4—5 Tage später werden die Läsionen ausgezählt und die Zahlen statistisch ausgewertet, um die Größe der Unterschiede zu sichern.

Abb. 33 Einzelherde von Tabakmosaikvirus auf Nicotiana glutinosa (Nach G MELCHERS.)

Darstellung. Das TMV ist das bisher am leichtesten zugängliche Virus. Wie aus der folgenden Zusammenstellung von BAWDEN[1] hervorgeht, ist die Ausbeute an TMV aus dem Saft kranker Pflanzen wesentlich höher als bei anderen Viren. Bis zu 90% des im Pflanzensaft gelösten Proteins kann aus TMV bestehen. Die Darstellung des reinen Proteins erfolgt durch Fällung mit Ammonsulfat und hochtouriges Zentrifugieren. Die von verschiedenen Autoren[2, 3, 4, 5] gegebenen Vorschriften stimmen im wesentlichen überein. Der Preßsaft der kranken Pflanzen wird am besten durch Einfrieren von Chlorophyll-haltigem Protein befreit. Die Entfernung dieser gefärbten Substanzen kann auch durch Erwärmen

[1] BAWDEN, F. C.: Plant Viruses.
[2] STANLEY, W. M.: Erg. Physiol. **39**, 294 (1937).
[3] BAWDEN, F. C., u. N. W. PIRIE: Proc. Roy. Soc. (London) B **123**, 274 (1937); Brit. J. Exper. Path. **18**, 275 (1937).
[4] PFANKUCH, E., u. G. A. KAUSCHE: Biochem. Z. **299**, 334 (1938).
[5] SCHRAMM, G., u. H. MULLER: Z. Physiol. Chem. **266**, 43 (1940).

auf 70° C, Durchleiten von CO_2 oder Schütteln mit Chloroform erfolgen. Der geklärte Saft wird mit Ammonsulfat bis zur halben Sättigung versetzt und das ausgefallene Protein in einem kleinen Volumen wieder

Tabelle 14. *Annähernde Ausbeuten an verschiedenen Viren in 1 Liter infektiosen Safts.* (Nach BAWDEN.)

Virus	Wirtspflanze	Ausbeute an Virus g
Tabakmosaik	Tabak	2,0
	Tomate	1,3
	Spinat	0,15
Kartoffel X	Tomate	0,7
	Tabak	0,3
Bushy stunt	Tomate Winter	0,15
	Tomate Sommer	0,01
Tabaknekrose	Tabak Winter	0,20
	Tabak Sommer	0,01
Turnip yellow mosaic	Brassica Chinensis	0,17
Kartoffel Y	Tabak Winter	0,012
	Tabak Sommer	0,0005

aufgenommen. Durch weiteres Umfällen mit Ammonsulfat werden die Begleitstoffe entfernt und durch vorsichtigen Ammonsulfatzusatz bei p_H 4,5 erhält man schließlich das Protein in Form parakristalliner Nadeln (Abb. 34). Die Reindarstellung kann auch durch 90 min langes

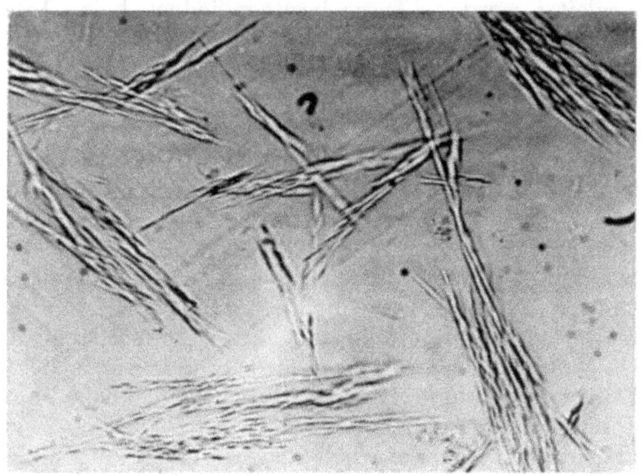

Abb. 34. Parakristalline Nadeln von Tabakmosaikvirus, Vergr. etwa 500fach.

Zentrifugieren des geklärten Pflanzensaftes bei 25000 Umdr./min erfolgen. Von amerikanischen Autoren werden auch vielfach hochtourige, kontinuierlich arbeitende Zentrifugen benutzt[1] (s. S. 26).

[1] STANLEY, W. M.: J. Amer. Chem. Soc. **64**, 1804 (1942).

Größe und Gestalt. Das TMV wurde zuerst von KAUSCHE, PFANKUCH und RUSKA[1] im Elektronenmikroskop abgebildet. In der Folgezeit wurden dann von verschiedenen Seiten die Moleküldimensionen im Elektronenmikroskop bestimmt. Die Ergebnisse widersprechen sich zum Teil, da das TMV bei niedrigem p_H leicht zu größeren Aggregaten zusammentritt und andererseits bei p_H-Erhöhung in kleinere Bruchstucke zerfällt (Abb. 35). Zerfall wie Aggregation sind auch von der Salzkonzentration abhängig. Beim Eintrocknen der Viruspräparate auf der Folie sind aber Verschiebungen der Salzkonzentration und des p_H unvermeidlich. Es muß daher eine Präparationstechnik gewählt werden, die die störenden Einflüsse möglichst herabsetzt[2]. Unter Verwendung von frischem Preßsaft, in dem die Aggregation auf ein Minimum beschränkt ist, fanden SIGURGEIRSON und STANLEY[3] ein deutlich ausgeprägtes Häufigkeitsmaximum der Teilchenlänge bei 280 $m\mu$ und einem Durchmesser von 15 $m\mu$ (Abb. 35b). Diese Werte wurden später auch von anderen Autoren bestätigt[2,4]. Auch bei der Untersuchung des Inhalts lebender Haarzellen von mosaikkranken Tabakpflanzen ergab sich, daß 68% der stabchenförmigen Partikel eine Länge von etwa 280 $m\mu$ haben. Aus den elektronenoptischen Daten berechnet sich ein Molgewicht von $40 \cdot 10^6$, wenn man einen kreisförmigen Querschnitt mit $r = 7{,}5\ m\mu$ annimmt. WILLIAMS und STEERE[5] beobachteten, daß in den infizierten Zellen die Viruspartikel häufig zu großen Bündeln von 1—3 $m\mu$ Länge und 150 $m\mu$ Breite vereinigt sind, die bei der Präparation leicht in die einzelnen Partikel zerfallen. BAWDEN legt besonderen Wert auf die Feststellung, daß die stäbchenförmigen Teilchen auch von kleineren Partikeln begleitet werden. Diese besitzen jedoch keine Infektiosität. Sie sind wahrscheinlich als Zerfallsprodukte des Virus aufzufassen, wobei jedoch die Möglichkeit nicht ausgeschlossen ist, daß in der Pflanze selbst auch kleinere, nicht infektiöse Vorstufen des Virus vorkommen. Aus elektronenmikroskopischen Aufnahmen wurden auch vielfach Schlüsse auf gewisse strukturelle Feinheiten des TMV gezogen. So wurde von JOHNSON[6] eine regelmäßige, periodische Struktur (Perlschnurstruktur) des TMV aufgefunden. KOHLER und BODE[7] glauben eine spiralige Struktur zu erkennen, so daß die Stäbchen in Wirklichkeit spiralig verlaufende Bänder oder Fäden darstellen sollen. Ihre Aufnahmen erinnern an die Bilder, die man vom TMV im Stadium des beginnenden Zerfalls erhält. Es besteht daher der Verdacht, daß es sich bei diesen Beobachtungen um sekundäre Veränderungen des stäbchenförmigen Teilchens handelt. Hiermit steht auch in Übereinstimmung, daß nach Untersuchungen von WILLIAMS[8], die bei höchster Vergrößerung durchgeführt wurden, keinerlei Oberflächenstruktur zu beobachten war.

[1] KAUSCHE, G. A., E. PFANKUCH u. H. RUSKA: Naturwiss. **27**, 292 (1939).
[2] SCHRAMM, G., u. M. WIEDEMANN: Z. Naturforsch. **7 b**, 379 (1951).
[3] SIGURGEIRSON, T., u. W. M. STANLEY: Phytopathology **32**, 26 (1947).
[4] OSTER, G., P. M. DOTY u. B. H. ZIMM: J. Amer. Chem. Soc. **69**, 1193 (1947).
[5] WILLIAMS, R. C., u. R. L. STEERE: Science (Lancaster, Pa.) **109**, 308 (1949).
[6] JOHNSON, J.: Phytopathology **41**, 78 (1951).
[7] KÖHLER, E., u. O. BODE: Naturwiss. **38**, 431 (1951).
[8] WILLIAMS, R. C.: Biochim. et Biophysica Acta **8**, 227 (1952).

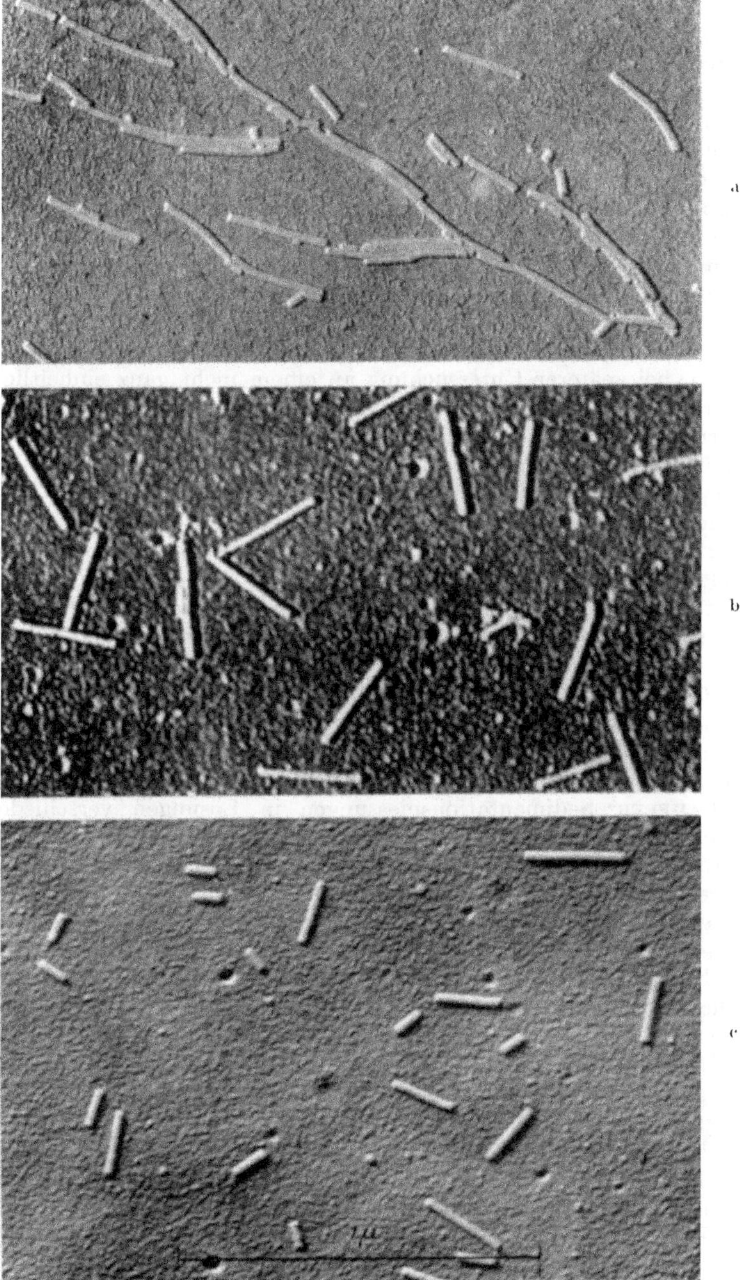

Abb 35. Elektronenmikroskopische Abbildung des Tabakmosaikvirus bei verschiedenem p_H. a) p_H 5,2, b) p_H 8,6, c) p_H 10.

Von ihm wurden auch die Bruchstücke des Virus genauer untersucht. Sie besitzen wahrscheinlich einen sechseckigen Querschnitt mit einem Durchmesser von 15 mμ. Aus der Schattenlänge läßt sich die Höhe dieser Bruchstücke berechnen, die zwischen 4 und 18 mμ liegt.

Bei der Untersuchung in der Ultrazentrifuge zeigt das TMV wie andere anisodiametrische Moleküle eine ausgesprochene Abhängigkeit der Sedimentationskonstanten von der Konzentration. Zur Ermittlung des Molgewichts muß daher die Sedimentationskonstante auf unendliche Verdünnung extrapoliert werden. Nach LAUFFER[1] ist es möglich, auch aus einer Messung bei endlicher Konzentration und aus der Viscosität der Lösung die richtige Sedimentationskonstante zu berechnen. Bei einem einheitlichen Präparat fanden SCHRAMM und BERGOLD[2] für $c = 0$ $s_{20} = 198\,S$. Von LAUFFER[3] wurde anfangs ein Wert von $193\,S$ angegeben, bei späterer Untersuchung an einem nicht ganz einheitlichen Präparat fand er jedoch $185\,S$[4]. Bei derartigen Messungen ist mit Fehlern von etwa 3—4% zu rechnen, so daß die Angaben noch miteinander verträglich erscheinen. Der Mittelwert würde bei etwa $192\,S$ liegen. Die Aggregationstendenz des TMV macht sich auch in der Ultrazentrifuge bemerkbar, so daß man neben der Hauptkomponente häufig Teilchen mit höherer Sedimentationskonstante findet. Von LAUFFER wurde z. B. ein Nebengradient mit s_{20} $(c = 0) = 216\,S$ beobachtet, der einem Dimeren aus zwei längsaggregierten Teilchen entsprechen würde. Von SCHRAMM und BERGOLD wurde für ein trimeres Teilchen bei einer Konzentration von 0,2% $s_{20} = 218\,S$ gefunden. Molekülgröße und Reibungsfaktor wurden in diesem Fall durch Diffusionsmessungen bestimmt. Bei stark aggregierten Präparaten wurden auch noch wesentlich höhere Sedimentationskonstanten beobachtet[4]. Zur Bestimmung der Hydratation wurden von SCHACHMAN und LAUFFER[5] Sedimentationsmessungen in Lösungen verschiedener Dichte vorgenommen. In Rohrzuckerlösung ergab sich die Dichte des hydratisierten Moleküls zu 1,266, was einer Hydratation von 27% entsprechen würde, in Serumalbumin $d = 1{,}127$ entsprechend 66% Hydratation. Da sich in stark salzhaltiger Lösung ein Mindestwert von 25% ergibt (s. S. 50), dürfte der Wert von 66% in salzarmer Lösung plausibel sein.

Die Durchführung exakter Diffusionsmessungen ist besonders schwierig, weil man bei einer Mischung verschiedener Molekülarten nur einen Mittelwert erhält. Ältere Angaben, bei denen die Einheitlichkeit nicht genau geprüft wurde, sind daher für die Berechnung des Molekulargewichts unbrauchbar. LAUFFER fand bei einem nicht ganz einheitlichen Präparat in 0,2%iger Lösung $D_{20} = 0{,}53 \cdot 10^{-7}\,\mathrm{cm}^2/\mathrm{sec}$. Ähnliche Werte wurden von SCHRAMM und BERGOLD an älteren, nicht vollständig einheitlichen Präparaten beobachtet; bei frisch hergestellten,

[1] LAUFFER, M. A.: J. Amer. Chem. Soc. **66**, 1195 (1944).
[2] SCHRAMM, G., u. G. BERGOLD: Z. Naturforsch. **2 b**, 108 (1947).
[3] LAUFFER, M. A.: J. of Phys. Chem. **44**, 1137 (1940).
[4] LAUFFER, M. A.: J. Amer. Chem. Soc. **66**, 1188, 1195 (1944).
[5] SCHACHMAN, H. K., u. M. A. LAUFFER: J. Amer. Chem. Soc. **71**, 536 (1949).

einheitlichen Präparaten wurde jedoch ein wesentlich niedrigerer Wert von im Mittel 0,44 gefunden. Eine deutliche Konzentrationsabhängigkeit läßt sich nicht feststellen. Das zur Berechnung des Molgewichts benötigte partielle spezifische Volumen wurde in verschiedenen Arbeitskreisen bestimmt. BAWDEN und PIRIE[1] fanden $V_0 = 0{,}73$, LAUFFER den gleichen Wert, SCHRAMM und BERGOLD aus einer gut übereinstimmenden Versuchsreihe im Mittel 0,743. SCHRAMM und BERGOLD berechnen aus ihren Werten für das TMV ein Molekulargewicht von $(40{,}7 \pm 5) \cdot 10^6$. Dieser Wert ist auch mit den Meßergebnissen anderer Autoren verträglich. Für das Reibungsverhältnis f/f_0 ergibt sich 2,03; entsprechend einem Achsenverhältnis von 21:1, ohne Berücksichtigung der Hydratation.

Das Achsenverhältnis läßt sich auch aus viscosimetrischen Daten ermitteln. Auch die Viscositat hängt stark vom Dispersionsgrad des Virus ab, so daß nur Messungen an Präparaten brauchbar sind, deren Einheitlichkeit auf andere Weise kontrolliert wurde. Derartige Messungen wurden von LAUFFER[2] durchgeführt, er fand fur ein relativ einheitliches Präparat $[\eta]_v = 39{,}0$[3], woraus sich nach SIMHA ein Achsenverhältnis von 20,3 ergibt. OSTER, DOTY und ZIMM[4] fanden $[\eta]_v = 28$, was $a/b = 17{,}3$ entspricht.

Wie auf S. 54 erwähnt wurde, wurde das Molgewicht und die Länge des TMV auch mit Hilfe der Lichtstreuung bestimmt. Die Länge des gelösten Virusteilchens ergab sich hierbei zu 270 ± 15 mμ und das Molgewicht zu $40 \cdot 10^6$. Die Übereinstimmung mit den oben genannten Ergebnissen in der Ultrazentrifuge ist also sehr gut.

Die genauesten Angaben über den Durchmesser des Virus ergeben sich aus Röntgenuntersuchungen (vgl. S. 71). Aus ihren Messungen leiten BERNAL und FANKUCHEN[5] einen hexagonalen Querschnitt des TMV mit einer Kantenlänge von 8,7 mμ ab. Genau genommen, ergibt sich aus den Messungen jedoch nur der Abstand der Molekülschwerpunkte voneinander. Die Angabe eines Durchmessers hat nur bei regelmäßig begrenzten Molekülen einen Sinn. Ob solche vorhanden sind, oder ob die Moleküle ineinander verzahnt sind, erscheint nach DORNBERGER[6] zweifelhaft.

Die TMV-Moleküle sind starre Stabchen. Diese besondere Form erleichtert die Ausrichtung der Moleküle, die sowohl spontan als auch unter der Einwirkung einer äußeren Kraft erfolgen kann. Die Ausrichtung äußert sich durch optische Anisotropie. Besonders interessant ist die spontane Doppelbrechung, die von verschiedenen Seiten untersucht wurde. BAWDEN und PIRIE[7] beobachteten als erste, daß salzfreie, wäßrige Lösungen des TMV, die mehr als 1,8% Virus enthalten, sich spontan in zwei Schichten trennen, wenn man sie einige Tage stehenlaßt.

[1] BAWDEN, F. C., u. N. W. PIRIE: Proc. Roy. Soc. (London) B **123**, 274 (1937).
[2] LAUFFER, M. A.: J. Amer. Chem. Soc. **1944**, 1188, 1195.
[3] $[\eta]_v = \eta_{spez}/\varphi$.
[4] OSTER, G., P. M. DOTY u. B. H. ZIMM: J. Amer. Chem. Soc. **69**, 1193 (1947).
[5] BERNAL, J. D., u. J. FANKUCHEN. J. Gen. Physiol. **25**, 111, 147 (1941).
[6] DORNBERGER-SCHIFF, K.: Ann. Phys. **6**, 14 (1949).
[7] BAWDEN, F. C., u. N. W. PIRIE: Proc. Roy. Soc. (London) B **123**, 274 (1937).

Wirbelt man die Schichten durcheinander, so erhalt man wieder eine isotrope Lösung, die sich aber nach einiger Zeit wieder in die beiden Phasen trennt. Die obere Schicht ist isotrop und zeigt starke Lichtstreuung, wie sie normalen TMV-Lösungen zukommt. Die untere Schicht zeigt eine permanente Doppelbrechung und nur eine geringe Lichtstreuung, da die Ordnung der Teilchen Interferenz und damit eine Abschwächung des Streulichts bewirkt. Röntgenuntersuchungen[1] zeigen, daß in der Bodenschicht die Virusteilchen in Richtung senkrecht zur Längsachse regelmäßig wie in einem Kristall angeordnet sind. Die Moleküle sind streng parallel gerichtet, die Abweichung vom Parallelismus beträgt in einer 36%igen kristallinen Flüssigkeit höchstens 45′. Die Abstände zwischen den Teilchen senkrecht zur Längsrichtung sind in salzfreien Lösungen nur von der Konzentration abhängig, und zwar gilt für den Abstand zwischen benachbarten Teilchen R (in Å) $= 1650 \cdot \sqrt{N}$ mit $N : g$ trockenes Virus in 100 cm³ Virus. In wäßrigen Lösungen wurden Abstände von 173 bis 500 Å beobachtet. Im getrockneten, gerichteten Gel sinkt der Abstand bis auf den Durchmesser der Virusteilchen von 152 Å. Interessanterweise werden Zwischenwerte zwischen 152 und 173 Å niemals beobachtet. In wäßrigen Lösungen scheint daher die Hydrathülle nicht unter einen gewissen Mindestbetrag abnehmen zu können, der einer Hydratation von 25 g H_2O je 100 g Virus entspricht. Läßt man das trockene Gel in einer Salzlösung quellen, so stellt sich ein Gleichgewicht ein, das von der Salzkonzentration und dem p_H abhangt. Die Quellung ist am isoelektrischen Punkt am geringsten. Hier beträgt der zwischenmolekulare Abstand 185 Å. In stärkeren Salzlösungen sinkt er auf 173 Å.

Die regelmäßige Anordnung der Teilchen ist nur verständlich, wenn diese eine Wechselwirkung aufeinander ausüben. Die Reichweite der Kräfte, die zehnmal größer ist, als man es bei Molekülen sonst gewöhnt ist, hat Anlaß zu theoretischen Betrachtungen von allgemeiner Bedeutung gegeben. Nach LANGMUIR und DERJUGIN[2] stoßen sich geladene Kolloidteilchen in einem Medium, das ihre Gegenionen enthält, gegenseitig ab. Nur bei zylindrischen Teilchen, wie denen des TMV, ist diese Kraft so groß, daß sich eine stabile gegenseitige Lage der Teilchen ergibt. Bei anderen Molekülformen reicht die Abstoßungskraft nicht zur Überwindung der Wärmebewegung aus. Es ist verständlich, daß durch Erhöhung der Salzkonzentration die Reichweite dieser elektrostatischen Kräfte herabgesetzt wird und daß infolgedessen in salzhaltigen Lösungen die Packung dichter ist. Auch durch Veränderung der Gesamtladung der Teilchen wird die Abstoßung beeinflußt. Am isoelektrischen Punkt, wo die Gesamtladung Null beträgt, wären also die geringsten Abstände zu erwarten, was den Beobachtungen entspricht. In stark salzhaltigen Lösungen fällt das Virus bekanntlich in Form parakristalliner Nadeln aus. Diese kommen wahrscheinlich dadurch zustande, daß bei dem gewählten p_H und der Salzkonzentration die Abstände soweit erniedrigt

---

[1] BERNAL, J. D., u. J. FANKUCHEN: J. Gen. Physiol. **25**, 111, 147 (1941).

[2] Literaturzusammenstellung s. bei G. OSTER: J. Gen. Physiol. **33**, 445 (1950).

werden, daß nun die van der Waalssche Anziehung der Teilchen wirksam werden kann.

Bei einer Betrachtung der zwischenmolekularen Abstände allein ist schwer verständlich, wie sich das Gleichgewicht zwischen einer isotropen und einer anisotropen Phase einstellen kann. Onsager hat nun die Entropie von Lösungen stäbchenförmiger Teilchen berechnet und konnte zeigen, daß eine Trennung in zwei im Gleichgewicht stehende Phasen erfolgen muß, wenn eine kritische Konzentration überschritten wird. Die Theorie geht von der folgenden Anschauung aus. In einer Lösung mit genügend hoher Konzentration stören sich die Teilchen gegenseitig, so daß sie nicht mehr rotieren können. Wenn aber, wie in Abb. 36 skizziert, einige Teilchen eine regelmäßige Packung in der Bodenschicht annehmen, können die verbleibenden ihre volle Brownsche Bewegung ausführen. Der Entropieverlust, der durch die regelmäßige Packung in der Bodenschicht eintritt, ist geringer als der Entropiegewinn in der Oberschicht. Von Oster[1] wurde die kritische Konzentration der Phasentrennung in Abhängigkeit von der Salzkonzentration und der Polydispersität untersucht. Das Verhältnis der Viruskonzentration in der unteren zu der in der oberen Schicht beträgt 1,4, während sich aus der Onsager-Theorie 1,34 berechnet. Die kritische Konzentration wurde in salzfreier Lösung bei monodispersen Teilchen zu 2,3% ermittelt. Aus der Onsager-Theorie würde sich ein etwa dreimal so großer Wert ergeben, doch diese Übereinstimmung ist angesichts der Vereinfachungen der Rechnung noch befriedigend. Man kann annehmen, daß Phasentrennung eintritt, sobald nicht mehr jedem Teilchen ein Raum entsprechend seinem Covolumen zur Verfügung steht. Dieses effektive Volumen, das etwa 20mal so groß ist wie das geometrische, wurde von Oster aus der Lichtstreuung berechnet. Oster beobachtete auch, daß sich aus der anisotropen Bodenphase bisweilen ein irisierendes Gel abscheidet, in dem die Virusteilchen nicht nur quer zur Längsachse. sondern in allen drei Richtungen regelmäßig angeordnet sind. Es ergeben sich Schichtebenenabstände von 3400 Å, die der Länge des hydratisierten Moleküls entsprechen könnten. Infolge dieser großen Schichtebenenabstände lassen sich Bragg-Reflexionen schon mit sichtbarem Licht beobachten, die bei den Kristallen aus kleineren Molekülen nur bei Verwendung von Röntgenlicht auftreten. Wenn die Beobachtungen richtig gedeutet sind, kann also das TMV in Lösung auch dreidimensionale Kristalle bilden. Diese Kristalle stimmen in einigen Eigenschaften

Abb 36. Anordnung der Viruspartikel in einem einphasigen (a) und zweiphasigen (b) System. (Nach Oster.)

[1] s. Anm. 2, S. 140.

mit den kristallisierten Einschlüssen überein, die man in TMV-kranken Pflanzen findet. Diese Kristalleinschlüsse sind sehr empfindlich und wandeln sich bei der geringsten Verletzung der Zelle in parakristalline Nadeln um. Die von OSTER aufgefundene vollständige Ordnung kommt nur in salzfreiem Medium vor. Es ist fraglich, ob diese Bedingungen in einer Zelle erfüllbar sind.

Lösungen des TMV zeigen auch in geringer Konzentration eine starke Strömungsdoppelbrechung. Beim Umschütteln oder Rühren beobachtet man einen charakteristischen, seidenartigen Glanz, der durch die teilweise Ausrichtung der Teilchen zustandekommt. Quantitative Untersuchungen wurden von verschiedenen Seiten durchgeführt. Die älteren Untersuchungen sind schwierig zu deuten, weil die Polydispersität nicht genügend berücksichtigt wurde. Neuerdings ermittelte DONNET[1] aus der Strömungsdoppelbrechung von TMV-Lösungen eine Rotationsdiffusionskonstante von 280 $\pm$ 10% c.g. S. Dieser Wert stimmt gut mit dem von 303 c.g. S. $\pm$ 20% überein, den man nach der für polydisperse Lösungen gültigen Formel erhält, wenn man die im Elektronenmikroskop ermittelte Längenverteilung des TMV zugrunde legt.

BUTENANDT, SCHEIBE, HARTWIG und FREKSA[2] sowie WILKINS, STOKES, SEEDS und OSTER[3] stellten bei orientierten TMV-Lösungen Dichroismus im UV fest, jedoch deuten sie diese Erscheinung in verschiedener Weise[4]. Während BUTENANDT u. a. annehmen, daß die Doppelbrechung durch Ausrichtung der Tryptophanringe quer zur Längsachse der Moleküle hervorgerufen wird, handelt es sich nach WILKINS[3] u. a. um eine Formdoppelbrechung. Da der entscheidende Versuch, ob diese Doppelbrechung verschwindet, wenn als Außenmedium statt Wasser eine Substanz von gleichem Brechungsindex wie das TMV gewählt wird, noch nicht durchgeführt wurde, kann die Frage der Deutung nicht entschieden werden. Auch sind die Experimente schwer zu vergleichen, da die Orientierung einmal durch Strömung in einer Capillare und das andere Mal durch ein elektrisches Wechselfeld oder durch Gelbildung erreicht wurde. Die Doppelbrechung im elektrischen Wechselfeld, die das TMV infolge seiner ausgesprochen anisodiametrischen Form aufweist, wurde mehrfach untersucht[5, 6, 7]. Es wurde eine Abhängigkeit sowohl von der Feldstärke als auch von der Konzentration festgestellt und auch Relaxationseffekte[8] gefunden. Die Deutung dieser Beobachtungen, insbesondere die Ermittlung der Dimensionen des TMV-Moleküls aus ihnen, bereitet jedoch noch große Schwierigkeiten.

---

[1] DONNET, J. B.: C. r. Acad. Sci. (Paris) **229**, 189 (1949).

[2] BUTENANDT, A., H. FRIEDRICH-FREKSA, ST. HARTWIG u. G. SCHEIBE: Hoppe-Seylers Z. **274**, 276 (1942).

[3] WILKINS, M. H. F., A. R. STOKES, W. E. SEEDS u. G. OSTER: Nature (London) **166**, 127 (1950).

[4] Siehe hierzu auch G. Scheibe: Z. Naturfosch. **9 b**, 85 (1954).

[5] KAUSCHE, G. A., u. W. LWOWSKI: Z. Naturforsch. **6 b**, 60 (1951).

[6] LAUFFER, M. A., u. W. M. STANLEY: Chem. Rev. **24**, 303 (1939).

[7] LAUFFER, M. A.: J. Amer. Chem. Soc. **1939**, 2412.

[8] O'KONSKI, CH. T., u. B. H. ZIMM: Science (Lancaster, Pa.) **111**, 113 (1950).

Wie bereits im allgemeinen Teil (S. 54) erwähnt wurde, gelang es LANGMUIR und SCHÄFER, das TMV auch zu monomolekularen Schichten zu spreiten, aus deren Dicke sich der Virusdurchmesser zu 12,5 mμ ergibt. Ausführliche Messungen über die Kleinwinkelstreuung mit Röntgenstrahlung liegen noch nicht vor. Die Methode der Ultrafiltration liefert naturgemäß nur Näherungswerte. Von SMITH und MACCLEMENT[1] wurde ein Wert von 15 mμ gefunden. Zum Schluß sollen noch einmal die nach verschiedenen Methoden gefundenen Molekülkonstanten des TMV in Tab. 15 miteinander verglichen werden.

Tabelle 15. *Molekulare Konstanten des Tabakmosaikvirus.*

Methode	Molekulargewicht in 10^6	L Lange in mμ	D Durchmesser in mμ	f/f_0	L/D
Elektronenmikroskop . .	40	280	15	—	19
s_{20}, D_{20}.	40,7 ± 5	—	—	2,03	21
Viscosität	—	—	—	—	17,3
Lichtstreuung	40 ± 2	270	—	—	—
Röntgeninterferenzen . .	—	—	15,2	—	—
Monomolekulare Schicht .	—	—	12,5	—	—
Filtration	—	—	15	—	—

Elektrochemische Eigenschaften. Das TMV liefert bei der Elektrophorese eine einheitliche Bande. Die Beweglichkeit in Abhängigkeit vom p_H ist in Abb. 45 wiedergegeben. Der isoelektrische Punkt liegt demnach in 0,01 m-Acetatpuffer bei 3,50. Die Beweglichkeit ist jedoch, wie nach der Theorie von DEBYE zu erwarten, nicht nur vom p_H, sondern auch von der Salzkonzentration der Lösung abhängig. So beträgt sie z. B. bei p_H 6,9 in 0,1 n-Phosphatpuffer —8,9 cm^2/secVolt und in 0,01 n-Phosphatpuffer —13 cm^2/Voltsec. Nach einer turbidimetrischen Methode wurde von OSTER[2] in reinem Wasser ein isoelektrischer Punkt von 3,91 festgestellt, in 0,5 m NaCl dagegen 3,6.

Auf die Unterschiede in der Beweglichkeit und im isoelektrischen Punkt bei den einzelnen Mutanten des TMV wird später eingegangen.

Serologische Eigenschaften. Das TMV wirkt im Säugetierorganismus als starkes Antigen. Es genügen relativ geringe Virusmengen, um einen hohen Antikörpergehalt im Saugetierorganismus zu erzeugen. Über das Antikörper-Bindungsvermögen des TMV liegen eine Reihe von Untersuchungen vor. Von SCHRAMM und FREKSA[3] wurde die Präcipitinreaktion mit Kaninchen- und Schweine-Antiserum quantitativ untersucht. Sie benutzten ein Kaninchen-Antiserum, das durch langdauernde Immunisierung einen besonders hohen Antikörpertiter von 0,79 mg Antikörper-N/cm^3 aufwies. Die hiermit erhaltenen Resultate sind in Abb. 20 wiedergegeben. Daraus ist zu entnehmen, daß 1 mg Virus-N in der Äquivalenzzone 2,05 mg Antikorper-N, beim größten Antikörperüberschuß hingegen 4,1 mg Antikörper-N zu binden vermag. Legt man

[1] SMITH, K. M., u. W. D. MACCLEMENT: Parasitology **33**, 320 (1941).
[2] OSTER, G.: J. of Biol. Chem. **190**, 555 (1951).
[3] SCHRAMM, G., u. H. FRIEDRICH-FREKSA: Hoppe-Seylers Z. **270**, 233 (1941).

für das Molekulargewicht des TMV $40 \cdot 10^6$ und für das des Antikörpers 160000 zugrunde, so ergibt sich, daß ein Molekül TMV in der Äquivalenzzone 500, im Überschußgebiet 1000 Antikörpermoleküle zu binden vermag.

Aus dem Durchmesser der Antikörpermoleküle läßt sich berechnen, daß im Antikörper-Überschußgebiet das Virusmolekül vollständig mit Antikörpern bedeckt ist. Die durch die Bindung des Antikörpers verursachte Verdickung des TMV konnte elektronenmikroskopisch bestätigt werden. Die Präcipitinreaktion des TMV wurde späterhin auch von anderer Seite untersucht[1, 2, 3]. In der zuletzt zitierten Arbeit wurden 6 verschiedene Seren geprüft. Das hochwertigste Serum enthielt 0,69 mg Antikörper-N/cm³, war also schwächer als das von SCHRAMM und FREKSA. Bei diesem Serum betrug das Verhältnis R = Antikörper-N/Antigen-N in der Äquivalenzzone 0,52, im Antikörper-Überschußgebiet 2,8, was einer maximalen Bindungsfähigkeit des TMV für 750 Antikörpermoleküle entsprechen würde. Bei den schwächeren Seren wurden niedrigere Werte für R gefunden. Die Autoren halten 0,25 in der Äquivalenzzone für den besten Wert. Der Vergleich aller dieser Untersuchungen zeigt, daß der R-Wert stark von dem Antikörpergehalt des Serums abhängt. Je niedriger dieser ist, desto geringer ist auch die Zahl der maximal an das Virus gebundenen Antikörpermoleküle. Charakteristisch ist wohl nur der Sättigungswert, der mit dem höchst konzentrierten Serum erreicht wird. Auf das serologische Verhalten der Spaltstücke und der Mutanten des TMV wird später eingegangen.

Über das Verhalten des TMV im Komplementbindungstest und in der anaphylaktischen Reaktion findet sich eine Zusammenstellung bei BAWDEN[4]. Unveröffentlichte[5] eigene Versuche zeigen, daß die Komplementbindungsreaktion zum Nachweis kleiner Mengen von TMV sehr geeignet ist. Während bei der Präcipitinreaktion nur Mengen von etwa 10 γ quantitativ erfaßt werden können, lassen sich mit der Komplementbindungsreaktion noch 0,1 γ nachweisen. Mit Hilfe dieses Testes konnte auch die Reinheit der auf dem üblichen Wege hergestellten Viruspräparate geprüft werden. Diese enthalten höchstens 0,2% an Wirtsprotein. Die Prüfung wurde mit Antiserum gegen Normalprotein in TMV-Lösungen durchgeführt. Weiterhin wurde mit TMV-Präparaten immunisiert. Das gebildete Immunserum reagiert 500mal schwächer mit normalem Protein als mit TMV-Protein. Wahrscheinlich wird es durch weitere Reinigung gelingen, diesen letzten Rest Normalprotein abzutrennen. Es besteht also keinerlei serologische Verwandtschaft zwischen dem Wirtsprotein und dem normalen Protein des Wirts.

Chemische Zusammensetzung. Das TMV besteht aus Protein und Ribosenucleinsäure, andere Bestandteile sind bisher nicht nachgewiesen

[1] KLECZKOWSKI, A.: Brit. J. Exper. Path. **22**, 44 (1941).
[2] BEALE, H. P., u. M. E. LOJKIN: Contrib. Boyce Thompson Inst. **1944**, 385.
[3] MALKIEL, S., u. W. M. STANLEY: J. of Immun. **57**, 31 (1947).
[4] BAWDEN, F. C.: Plant Viruses and Virus diseases.
[5] SCHRAMM, G., u. B. v. KEREKJARTO: unveröffentlicht.

worden. Der Proteinanteil weist hinsichtlich seiner Aminosäurezusammensetzung keine Besonderheiten gegenüber anderen Eiweißstoffen auf. Mit Hilfe der Adsorptionsanalyse[1] wurde der in Tab. 16 wiedergegebene Gehalt an Aminosäuren ermittelt, von KNIGHT[2,3] wurden mittels mikrobiologischer Wachstumsteste die Aminosäuren im einzelnen bestimmt (s. Tab. 16). Vergleicht man die Werte von KNIGHT mit denen von SCHRAMM und BRAUNITZER, so ergibt sich mit Ausnahme der aromatischen Aminosäuren und des Säureamids eine gute Übereinstimmung. Da die chromatographische Methode bei den aromatischen Aminosäuren genauer arbeitet als die mikrobiologische, dürfte der von KNIGHT angegebene Wert zu tief liegen. Der Säureamidwert wurde von KNIGHT nicht selbst bestimmt, sondern stammt aus einer älteren Arbeit; er berücksichtigt nicht die durch Zersetzung der Aminosäuren gebildete NH_3-Menge und ist daher auch zweifelhaft. Die im TMV vorhandenen Aminosäuren scheinen alle der normalen L-Reihe anzugehören[4, 5].

Tabelle 16. *Vergleich der Analysenwerte der Proteinkomponente des Tabakmosaikvirus. Samtliche Stickstoffwerte in Prozent des Gesamtstickstoffs der Proteinkomponente.*

Gruppen	KNIGHT	Eigene Werte
NH_3—N	9,15	8,4
Aromatische Aminosauren	7,84	8,6
Basische Aminosauren	20,8	20,8
Saure Aminosauren	15,1	15,4
Formolgruppe	16,7	16,9 (Korr.)
Aliphatische Aminosauren	30,2	31,2

Die Nucleinsäure des TMV ist eine Ribosenucleinsäure. Der Gehalt an Guanin, Adenin, Cytosin und Uracil wurde von MARKHAM und SMITH[6] bestimmt und ist in Tab. 13 im Vergleich zu einigen anderen Virusnucleinsauren angegeben. Nach den Phosphorbestimmungen von STANLEY und KNIGHT[7] enthält das TMV 0,52—0,58% P, woraus sich ein Nucleinsäuregehalt von 5,6% ergibt. Der Nucleinsäuregehalt läßt sich auch aus der UV-Absorption entnehmen[8, 9], wenn man die Nucleinsaure mit Trichloressigsäure aus dem Virus abtrennt. Hierbei wurde ein Wert von 5,2% gefunden. Die Abspaltung der Nucleinsäure aus dem Virus gelingt verhältnismaßig leicht. Diese wird immer dann in Freiheit gesetzt, wenn der Proteinanteil denaturiert, so z. B. durch starkes Alkali, durch Erwärmen mit Trichloressigsäure und durch andere

[1] SCHRAMM, G., u. G. BRAUNITZER: Z. Naturforsch. **5 b**, 297 (1950).
[2] KNIGHT, C. A.: J. of Biol. Chem. **171**, 297 (1947).
[3] BLACK, F. L., u. C. A. KNIGHT: J. of Biol. Chem. **202**, 51 (1953).
[4] SCHRAMM, G., u. H. MULLER: Naturwiss. **28**, 223 (1940).
[5] KNIGHT, C. A.: Cold Spring Habor Symp. Quant. Biol. **12**, 115 (1947).
[6] MARKHAM, R., u. J. D. SMITH: Biochemic. J. **46**, 513 (1950).
[7] STANLEY, M. W., u. C. A. KNIGHT: Cold Spring Harbor Symp. Quant. Biol. **9**, 255 (1941).
[8] SCHRAMM, H., u. H. DANNENBERG: Ber. chem. Ges. **77**, 53 (1944).
[9] SCHRAMM, G., H. DANNENBERG u. H. FLAMMERSFELD: Z. Naturforsch. **3 b**, 241 (1948).

Denaturierungsmittel. STANLEY und COHEN[1] arbeiteten eine besonders milde Methode zur Darstellung der TMV-Nucleinsäure aus. Hierbei wird das Virus in 0,1 n-NaCl-Lösung bei p_H 5—6 eine Minute lang auf 100° erwärmt. Das Protein koaguliert und die Nucleinsäure geht in Lösung. Die Autoren untersuchten die auf diese Weise dargestellte Nucleinsäure nach verschiedenen chemischen und physikalischen Methoden und fanden, daß die frisch isolierte Nucleinsäure ein Molgewicht von etwa 300000 ($s_{20} = 7{,}7$—$8{,}6\ S$, $D_{20} = 1{,}6$—$2{,}4$) und ein Achsenverhältnis von 27—32 besitzt. Die Nucleinsäure zersetzt sich jedoch sehr leicht in Teilchen mit einem Molgewicht von etwa 60000 ($s_{20} = 3{,}4$—$5{,}8$; $D_{20} = 3{,}5$ bis 5,2), die ebenfalls noch eine asymmetrische Gestalt (Achsenverhältnis 13—40) aufweisen. Durch Behandlung mit kaltem Alkali findet eine weitere Zersetzung zu Teilchen mit einem Molgewicht von 15000 ($s_{20} = 2{,}4$; $D_{20} = 9{,}4$) und einem Achsenverhältnis von 10 statt. Unter Zugrundelegung des höchsten gefundenen Teilchengewichts von 300000 würde das TMV etwa 7 Moleküle Nucleinsäure enthalten. Bei den größeren Nucleinsäuremolekülen könnte es sich jedoch auch um Assoziate handeln. Die Ergebnisse von STANLEY und COHEN[1] sind schwer reproduzierbar. Man erhält meistens uneinheitliche Präparate mit einer Hauptkomponente, deren Sedimentationskonstante 3,8 S und deren Diffusionskonstante 6—$8 \cdot 10^{-7}$ cm²/sec beträgt. Über die Anordnung der Nucleinsäure im TMV lassen sich nur Vermutungen aufstellen. Wahrscheinlich befindet sich die Nucleinsäure an der Oberfläche des TMV-Moleküls. Hierfür spricht die Tatsache, daß es auf Umwegen gelingt, ein nucleinsäurefreies Protein zu erhalten, das nach Größe und Gestalt dem vollständigen Virusmolekül entspricht (vgl. S. 153). Zwischen Nucleinsäurehaltigem und Nucleinsäure-freiem Protein besteht ein deutlicher serologischer Unterschied. Die Nucleinsäure muß also so auf dem Molekül angeordnet sein, daß sie für Antikörper zugänglich ist. Da die Nucleinsäure aus dem Virus unter Bedingungen abgespalten werden kann, die eine Hydrolyse ausschließen, ist anzunehmen, daß sie nicht durch Hauptvalenzen, sondern durch VAN DER WAALSsche Kräfte an das Protein gebunden ist. Eine Bedingung allein durch elektrostatische Kräfte läßt sich ausschließen, da in diesem Fall durch Salzfällung oder bei der Elektrophorese eine Abtrennung der Nucleinsäure zu erwarten wäre.

Chemisches Verhalten. Das TMV ist innerhalb eines relativ großen p_H-Bereichs von etwa 2—8 stabil. In höher konzentrierten Lösungen wurden von KAUSCHE[2] zwei Maxima der Stabilität gefunden, die durch die Unlöslichkeit des Virus in dem dazwischenliegenden Gebiet erklärt werden.

Über das Verhalten des nativen TMV gegen verschiedene Enzyme liegen eine Reihe von Untersuchungen vor. BAWDEN und PIRIE[3] beobachteten keine Inaktivierung bei der Einwirkung von Trypsin, Pepsin, Papain, Pankreatin und eines Autolysats aus Niere. Die Beständigkeit des Virus gegen Pepsin wurde von KLECZKOWSKI[4] bestätigt.

[1] STANLEY, W. M., u. S. S. COHEN: J. of Biol. Chem. **144**, 589 (1942).
[2] KAUSCHE, G. A.: Naturwiss. **28**, 61 (1940).
[3] BAWDEN, F. C., u. N. W. PIRIE: Proc. Roy. Soc. (London) B **123**, 274 (1937).
[4] KLECZKOWSKI, A.: Biochemic. J. **38**, 160 (1944).

Über die Einwirkung von Carboxypeptidase s. S. 148. Eine teilweise Inaktivierung wurde bei der Einwirkung von pflanzlicher Phosphatase auf das Virus beobachtet[1]. Die Befunde von SCHRAMM über die Inaktivierung des TMV durch einen Rohextrakt aus Dünndarmschleimhaut konnten nicht bestätigt werden[2]. Trypsin[3], Ribonuclease und Papain[4] ergeben mit dem Virus unwirksame Komplexverbindungen, die durch Verdünnung oder andere Maßnahmen wieder getrennt werden können, ohne daß eine merkliche Hydrolyse des Virusproteins festzustellen ist. Die Inaktivierung ist wohl darauf zurückzuführen, daß sich zwischen den meist basischen Eiweißstoffen (isoelektrischer Punkt > 7) und dem TMV (isoelektrischer Punkt 3,5) unlösliche Salze bilden. Das denaturierte Virusprotein wird dagegen durch proteolytische Fermente leicht gespalten.

Durch Umsetzung des Virus mit geeigneten Reagentien lassen sich systematische Abanderungen des Virusmoleküls erzielen. Es ist auf diese Weise möglich, Einblick in die Funktion der einzelnen Bausteine und Wirkungsgruppen der Viren zu erhalten. Man kann den größten Teil der Aminogruppen des Virus durch Acetylierung mit Keten oder durch Umsetzung mit Phenylisocyanat blockieren, ohne daß die Vermehrungsfahigkeit hierbei verschwindet[5]. Das Acetylderivat hat dasselbe Molgewicht wie das Virus und ist hinsichtlich seiner Ladung und Masse einheitlich. Es unterscheidet sich von dem nicht behandelten Virus durch sein Verhalten im elektrischen Feld, wo es entsprechend seiner verminderten positiven Ladung eine höhere Wanderungsgeschwindigkeit zur Anode besitzt. Diese Änderung der Aminogruppen ist jedoch nicht erblich, denn wenn Tabakpflanzen mit dem acetylierten Virus infiziert und die Nachkommen untersucht werden, so findet man bei diesen wieder freie Aminogruppen in gleicher Anzahl wie beim normalen Virus. Werden jedoch bei längerer Einwirkung von Keten oder Phenylisocyanat auch die phenolischen Hydroxylgruppen angegriffen, so verliert das Virus seine Vermehrungsfähigkeit. Aus diesen Versuchen ergibt sich, daß die meisten Aminogruppen des TMV für die Vermehrungsfahigkeit nicht notwendig sind. Dagegen scheint die phenolische Hydroxylgruppe des Tyrosins hierfür von größter Bedeutung zu sein. Aus Spezifitätsuntersuchungen mit Haptenen ist bekannt, daß Tyrosin eine stark determinante Gruppe bei der Bildung von Antikörpern ist. Es ist daher verstandlich, daß sie auch eine entscheidende Rolle bei der identischen Reduplikation des Virus spielt. Die Versuche wurden von MILLER und STANLEY[6] bestätigt und weiter ausgebaut. Es wurden auch Carbobenzoxy-, Chlorbenzoyl-, Benzosulfonylderivate hergestellt. Es ist bemerkenswert, daß bei einigen der Derivate die Wirksamkeit gegenuber Nicotiana glutinosa kaum verandert, die gegenuber Phaseolus vulgaris

[1] PFANKUCH, E., u. G. A. KAUSCHE: Biochem. Z. **301**, 223 (1939).
[2] COHEN, S. S., u. W. M. STANLEY: J. of Biol. Chem. **142**, 863 (1942).
[3] KLECZKOWSKI, A.: Biochemic. J. **38**, 160 (1944).
[4] BAWDEN, F. C., u. N. W. PIRIE: Proc. Roy. Soc. (London) B **123**, 274 (1937).
[5] SCHRAMM, G., u. H. MÜLLER: Hoppe-Seylers Z. **266**, 43 (1940); **274**, 267 (1942).
[6] MILLER, G. L., u. W. M. STANLEY: J. of Biol. Chem. **141**, 905 (1941); **146**, 331 (1942).

aber stark verringert ist. Aber auch bei diesen biologisch veränderten Viren ist die Änderung nicht erblich, es handelt sich also nicht um eine chemische Mutation. Man könnte daran denken, daß durch Enzyme der Wirtspflanze in einem Fall die angeführten Substituenten leichter abgespalten werden als im anderen. Es gelang aber bisher nicht, entsprechende Enzyme in den Pflanzen aufzufinden. Die einfachste Annahme ist daher wohl die, daß die Aminogruppen für die Vermehrungsfähigkeit des Virus ohne Bedeutung sind. Ähnliches scheint für den carboxylendständigen Aminosäurerest zu gelten. Bei der Behandlung des nativen TMV mit Carboxypeptidase wird Threonin abgespalten, ohne daß die Wirksamkeit verschwindet. Die Nachkommen dieses „verkürzten" TMV-Proteins besitzen wieder Threonin als Carboxylendgruppe[1].

Durch Einwirkung von Formaldehyd können ebenfalls die freien Aminogruppen des Virus blockiert werden. Gleichzeitig wird aber auch die Zahl der mit Folins Phenolreagens nachweisbaren Gruppen verringert. Das Formaldehydderivat des TMV ist inaktiv[2]. Es gelang, durch Dialyse bei p_H 3 daraus wieder aktives Virus herzustellen, wenn die Reaktion mit dem Aldehyd nicht zu weit getrieben worden war. Bei längerer Einwirkung entsteht ein nicht mehr reaktivierbares Praparat. Infolgedessen ist die Reaktivierung nicht immer reproduzierbar[3]. Es ist auch versucht worden[4], die Aminogruppen durch Nitrit in Hydroxylgruppen überzuführen. Wenn die Aminogruppen tatsächlich für die Vermehrungsfähigkeit ohne Bedeutung sind, müßte diese auch bei dieser Reaktion erhalten bleiben. Es zeigte sich aber, daß eine eindeutige Desaminierung mit Nitrit ohne Aktivitätsverlust nicht durchführbar ist. Wahrscheinlich spielen sich noch inaktivierende Nebenreaktionen ab.

Es liegen auch Untersuchungen vor über die Bedeutung der Sulfhydrylgruppen für die Vermehrungsfähigkeit des Virus. ANSON und STANLEY[5] fanden, daß man mit Jod bis zur Sulfonstufe oxydieren kann, ohne daß hierbei die Aktivität des Virus verlorengeht. Bei höherer Jodkonzentration erfolgt eine Substitution im Tyrosinring, die zur Inaktivierung führt. Aus diesen Versuchen kann wohl kaum der Schluß gezogen werden, daß die S—H-Gruppen ohne Bedeutung für die Vermehrungsfähigkeit sind. Es ist vielmehr damit zu rechnen, daß die Sulfongruppen in der Zelle wieder reduziert werden. Eine Inaktivierung des TMV kann selbstverständlich auch durch eine Reihe anderer mehr oder weniger unspezifischer Reagentien erfolgen. Es ist aber sehr schwierig, aus derartigen Versuchen Rückschlüsse auf bestimmte Wirkgruppen des Virus zu ziehen, da als Nebenreaktion stets eine unspezifische Umsetzung, z. B. eine Denaturierung erfolgen kann. Bemerkenswerterweise kann schon durch ganz unspezifische Adsorptionsvorgänge

---

[1] HARRIS, J. I., u. C. A. KNIGHT: Nature (London) **170**, 613 (1952).
[2] ROSS, A. F., u. W. M. STANLEY: J. Gen. Physiol. **22**, 165 (1938).
[3] KASSANIS, B., u. A. KLECZKOWSKI: Biochemic. J. **38**, 20 (1944).
[4] SCHRAMM, G., u. H. MÜLLER: Hoppe-Seylers Z. **274**, 267 (1942).
[5] ANSON, M. L., u. W. M. STANLEY: J. Gen. Physiol. **24**, 679 (1941).

die Vermehrungsfähigkeit verlorengehen, etwa durch Behandlung mit Milch oder einer Reihe von Pflanzen und Bakterienextrakten[1]. Häufig beobachtet man, daß trotz der verschwindenden Vermehrungsfähigkeit die serologische Spezifität erhalten bleibt[2]. Von KAUSCHE[3] wurde die Adsorption von Goldsol an verschiedene Virusproteine untersucht. Die hierbei auftretenden Unterschiede können zur Differenzierung verschiedener Virusarten benutzt werden. Die Adsorption verschiedener Farbstoffe und anderer Verbindungen an das TMV wurde besonders von PFANKUCH[4] untersucht. Wenn auf physikalischem oder chemischem Wege eine solche Adsorption festzustellen war, so war diese auch stets von einer Inaktivierung begleitet. Viele dieser Reaktionen sind umkehrbar. So kann aus den unlöslichen Adsorptionsverbindungen des TMV mit Invertseifen durch Dialyse wieder aktives Virus gewonnen werden.

Von MELCHERS und SCHRAMM[5] wurde gefunden, daß der Preßsaft von infizierten Tabakpflanzen auf TMV stärker inaktivierend wirkt als der Saft von gesunden Pflanzen. Möglicherweise handelt es sich hierbei um spezifische Abwehrstoffe, die von der kranken Pflanze erzeugt werden. Der Hemmstoff ist kochbeständig und in Butanol löslich, also kein Eiweißstoff. Da jedoch sehr viele Stoffe eine inaktivierende Wirkung auf das Virus ausüben, sind weitere Versuche notwendig, um die Spezifität dieser Hemmreaktion eindeutig zu beweisen. Wie alle Eiweißstoffe kann das TMV sehr leicht denaturiert werden. Neben den bekannten Denaturierungsmitteln wie Sulfosalicylsäure. Trichloressigsäure und starkem Alkali wirkt beim TMV auch Dodecylsulfat[6] bei p_H 8 und Harnstoff[7] in diesem Sinne. Der Verlauf der Hitzedenaturierung wurde von LAUFFER und PRICE[8] untersucht. Dabei wurde gefunden, daß dieser Vorgang zwischen 67 und 76° in 0,1 m-Phosphatpuffer bei p_H 7,5 als Reaktion erster Ordnung verläuft, die molare Aktivierungsenergie wurde zu 153000 cal berechnet. Auch durch hohen Druck (6000–8000 atü) wird eine Spaltung und Denaturierung des Virus bewirkt[9].

Bei all diesen Reaktionen beobachtet man einen Zerfall des Virus in kleinere Bruchstücke unter Abspaltung von Nucleinsäure. Bei der Harnstoffdenaturierung geht diese Spaltung bis zu Teilchen mit einem Molgewicht von 40000[10].

Innerer Aufbau des TMV. Die Einzelbausteine in dem Virusmolekül sind regelmäßig angeordnet. Hierfür sprechen vor allem die auf S. 71 erwähnten Ergebnisse der Röntgenographie. aus denen ein kristallähnlicher Aufbau gefolgert wird mit einer Elementarzelle vom Molgewicht 370000. Auch die Untersuchungen mit polarisiertem UV-Licht

[1] JOHNSON, J.: Phytopathology **31**, 679 (1941).
[2] PIRIE, N. W.: Adv. Enzymol. **5**, 1 (1945).
[3] KAUSCHE, G. A.: Biol. Zbl. **59**, 194 (1939).
[4] PFANKUCH, E.: Chemie **56**, 77 (1943); Biochem. Z. **312**, 72 (1942).
[5] MELCHERS, G., u. G. SCHRAMM: Naturwiss. **28**, 146 (1940).
[6] SREENIVASAYA, M., u. N. W. PIRIE: Biochemic. J. **32**, 1707 (1938).
[7] STANLEY, W. M., u. M. A. LAUFFER: Science (Lancaster, Pa.) **89**, 345 (1939).
[8] LAUFFER, M. A., u. W. C. PRICE: J. of Biol. Chem. **133**, 1 (1940).
[9] LAUFFER, M. A., u. R. B. DOW: J. of Biol. Chem. **140**, 509 (1941).
[10] LAUFFER, M. A., u. W. M. STANLEY: Arch. of Biochem. **2**, 413 (1943).

und die elektronenmikroskopischen Befunde weisen auf die Regelmäßigkeit des inneren Aufbaues hin. Einen näheren Einblick geben chemische Abbauversuche. Sie zeigen, daß das TMV aus einer großen Anzahl definierter Untereinheiten zusammengesetzt ist[1]. Das TMV zerfällt in schwach alkalischer Lösung stufenweise in Bruchstucke definierter Größe und Gestalt, wobei die biologische Wirksamkeit verlorengeht. Die Zerfallsgeschwindigkeit hängt stark vom p_H ab. So treten bei p_H 9 die ersten Spaltstücke nach 72 Std., bei p_H 10,5 schon nach 1 Std. auf. Auch im neutralen Gebiet ist stets mit einer endlichen Zerfallsgeschwindigkeit zu rechnen. Zum Nachweis der einzelnen Spaltstücke werden hauptsächlich die Ultrazentrifuge und die Elektrophorese verwandt. In Abb. 37 ist das Sedimentationsdiagramm der Ausgangslösung wiedergegeben. Wird diese Lösung 4 Tage einem p_H von 8,5 ausgesetzt, so sind bereits kleine Mengen der ersten Spaltkomponente sowie geringe Mengen noch kleinerer Bruchstücke nachweisbar (Abb. 38). Läßt man dagegen die Viruslösung 3 Tage bei einem p_H von 9,6 stehen, so ist die Menge der ersten Spaltkomponente bereits ebensogroß wie die des Ausgangsproteins. Weiterhin treten vier kleinere Spaltstücke in Erscheinung (Abb. 39). Das Auftreten scharf definierter Gipfel in den Sedimentationsdiagrammen zeigt, daß das Virus nicht kontinuierlich unter Abspaltung kleinster Molekülverbände abgebaut wird, sondern daß jeweils größere Einheiten auf einmal entfernt werden, die ihrerseits wieder zerfallen können. In der Ultrazentrifuge konnten 7 verschiedene definierte Spaltproteine nachgewiesen werden, durch Elektrophoreseversuche wurden noch weitere Komponenten aufgefunden. Es zeigte sich z. B., daß die vorletzte Spaltstufe mit dem Molgewicht 360000 aus zwei Fraktionen gleichen Molgewichts besteht, von denen die eine Nucleinsäure enthält und die andere nicht. Neben diesen Spaltstücken von Proteinnatur gelang es auch, freie Nucleinsäure nachzuweisen. Die physikalisch-chemischen Eigenschaften der Spaltstücke sind in

Tabelle 17. *Molekulargewichte und Formkonstanten der Spaltkomponenten.*

		Spaltstufe Nr.							
		1	2	3	4	5	6	7	8
Bruchteil des TMV	$\frac{1}{1}$	$\frac{5}{6}$	$\frac{4}{6}$	$\frac{3}{6}$	$\frac{2}{6}$	$\frac{1}{6}$	$\frac{1}{108}$ $\frac{1}{6}\cdot\frac{1}{18}$		$\frac{1}{324}$ $\frac{1}{108}\cdot\frac{1}{3}$
Mol.-Gew. (gef.) · 10^6	40,2	—	—	—	14,8	(7,4)	(0,36)	0,36	0,12
Mol.-Gew. (ber.) · 10^6	40,7	33,9	27,2	20,4	13,6	6,8	0,376	0,376	0,125
s_{20}. $c = 0$ in Svedberg . . .	198	180	157	140	125	97	8,7	8,7	5,0
f/f_0	2,03	1,98	1,91	1,80	1,42	1,32	1,98	1,98	1,64
Achsenverhaltnis aus f/f_0 . .	21	20	18	15	8	6	20	20	12
Dimens. mμ L/d	$^{250}/_{15}$ 16,6	$^{208}/_{15}$ 14	$^{167}/_{15}$ 11,1	$^{125}/_{15}$ 8,3	$^{83}/_{15}$ 5,5	$^{42}/_{15}$ 2,8	$^{42}/_{3}$ 14	$^{42}/_{3}$ 14	$^{14}/_{3}$ 4
	nucleinsäurehaltig							nucleinsäurefrei	

[1] SCHRAMM, G.: Z. Naturforsch. 2 b, 112, 249 (1947).

Tab. 17 zusammengestellt. Aus ihr ist zu entnehmen, daß bei den ersten Spaltstufen das Achsenverhältnis sich verringert, bis eine Molekülgröße erreicht ist, die einem Sechstel des ursprünglichen Werts

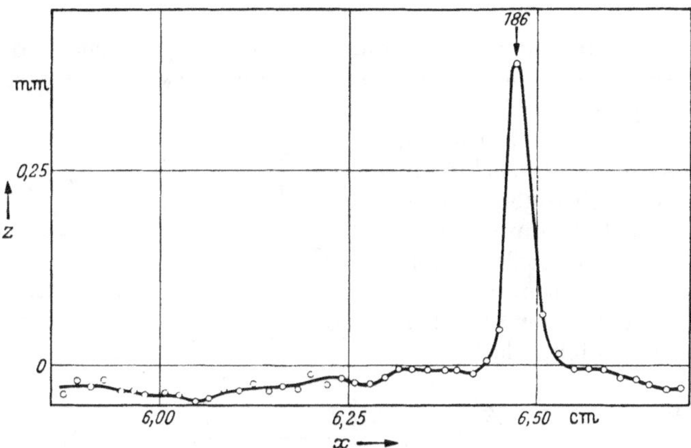

Abb 37. Sedimentationsdiagramm des Tabakmosaikvirus in 0,01 m $NaHCO_3$ p_H 8,2, Konz. = 0,24% Drehzahl 20250 U/min. z = Skalenstrichverschiebung, x = Abstand vom Rotationszentrum. Die Zahlen bezeichnen die gefundenen Sedimentationskonstanten für die zugehörigen Gradienten

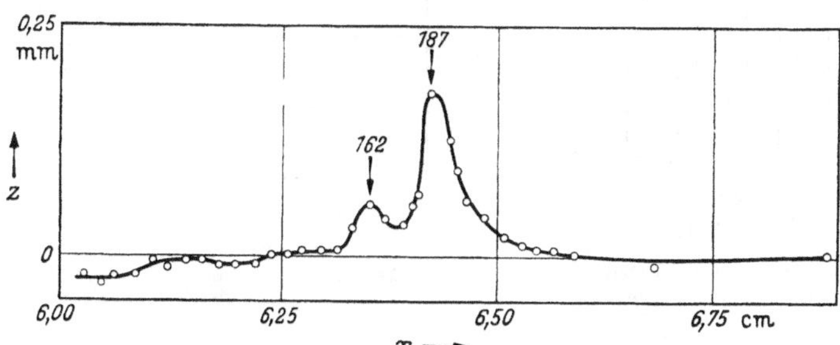

Abb 38. Spaltung des TMV bei p_H 8,5 in 0,1 m $NaHCO_3$, Konz. = 0,24%.

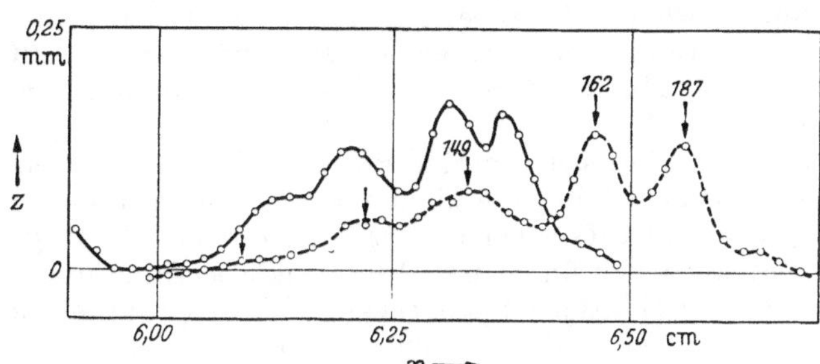

Abb. 39. Spaltung des TMV bei p_H 9,6 in 0,01 m Glykokoll, Konz. = 0,36%.

entspricht. Bei den weiteren Spaltungen nimmt dann das Achsenverhältnis wieder zu, um schließlich bei der kleinsten bisher aufgefundenen Spaltkomponente erneut abzusinken. Diese Ergebnisse lassen sich am einfachsten so deuten, daß zunächst eine Querspaltung des Virusstäbchens erfolgt, wie es schematisch in Abb. 40 dargestellt ist. Hierbei wird jeweils ein Sechstel des Moleküls abgetrennt. Diese Querspaltung ist auch aus elektronenmikroskopischen Aufnahmen ersichtlich[1] (siehe Abb. 35c).

In der Abb. 40 sind für die Abmessungen des $^1/_6$-Moleküls die röntgenographischen Befunde von BERNAL und FANKUCHEN (s. S. 71) zugrunde gelegt worden. Um die Zunahme des Reibungsfaktors bei der weiteren Spaltung zu erklären, wurde ursprünglich angenommen, daß das $^1/_8$-Molekül nunmehr eine Längsspaltung zu stäbchenförmigen Untereinheiten erleidet. Neuere Untersuchungen[2] machen aber wahrscheinlich, daß auch die $^1/_6$-Moleküle durch weitere Querspaltung in flache Scheiben zerfallen, deren Molekulargewicht 360000 beträgt. Diese lassen sich schließlich in drei weitere Untereinheiten mit einem Molgewicht von 120000 zerlegen, die frei von Nucleinsäure sind. Diese Anordnung ist in Abb. 41 wiedergegeben.

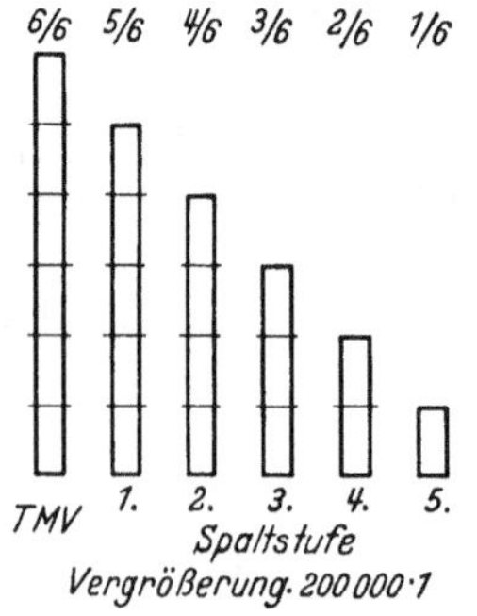

6/6 5/6 4/6 3/6 2/6 1/6
TMV 1. 2. 3. 4. 5.
Spaltstufe
Vergrößerung. 200000:1

Abb. 40. Querspaltung des Tabakmosaikvirus bis zu den Sechstelmolekulen

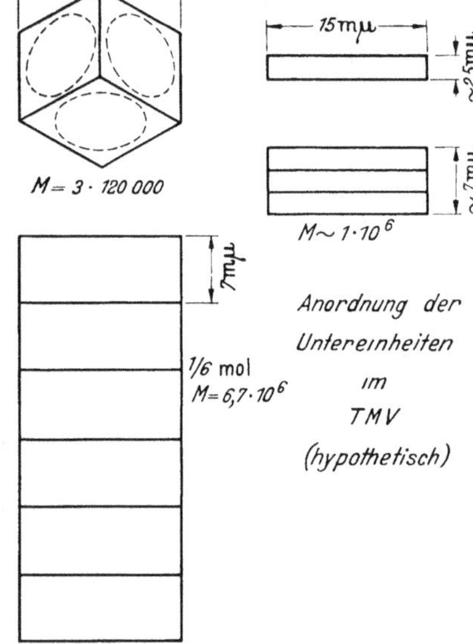

Abb 41. Anordnung der Untereinheiten im Sechstelmolekul.

Die Spaltstücke sind sicher native Proteine, da ihre Antigenstruktur vollkommen erhalten bleibt. Sie binden sogar mehr Antikörper als das Virus selbst, was wohl auf die bei der Spaltung auftretende Vergrößerung der Oberfläche zurückzuführen ist. Im Antikörper-Bindungsvermögen sind die nucleinsäurehaltigen Spaltstücke den nucleinsäurefreien überlegen, doch binden selbst diese mehr Antikörper als das Virus selbst. Für den nativen Charakter der unter milden Bedingungen erhaltenen Spaltstücke spricht auch, daß es gelungen ist, sie wieder zu einem hochmolekularen Protein zu vereinigen, dessen Größe und Gestalt dem des

[1] SCHRAMM, G., u. M. WIEDEMANN: Z. Naturforsch. 7 b, 379 (1951).
[2] SCHRAMM, G., u. W. ZILLIG: Unveroffentlicht.

ursprünglichen Virus ähnlich ist, das jedoch keine biologische Aktivität besitzt. Diese Resynthese erfolgt durch Erhöhung der H-Ionenkonzentration über verschiedene in der Ultrazentrifuge und elektronenoptisch nachweisbare Zwischenstufen und gelingt sowohl mit den nucleinsäurehaltigen als auch mit den nucleinsäurefreien Spaltstücken. Einige Zwischenstufen können ohne Veränderung des p_H allein durch Erhöhung der Salzkonzentration erhalten werden. Elektronenmikroskopisch auffallend sind scheibchenförmige Zwischenstufen mit einem Durchmesser von 15 mμ und einer Höhe zwischen 5—10 μ. Sie scheinen in der Mitte ein Loch oder eine Vertiefung zu besitzen (Abb. 42b). Sie lagern sich zu einem Stäbchen übereinander, so daß man schließlich ein hochmolekulares Protein erhält, dessen Form der des ursprünglichen TMV ähnelt.

Auf den elektronenoptischen Aufnahmen (Abb. 42c) erkennt man, daß die synthetischen Stäbchen die gleiche Dicke haben wie das Virus und sich wie das Virus zu parakristallinen Gebilden zusammenlagern können. Die Länge der Stäbchen schwankt stark, was allerdings auch bei dem Virus selbst der Fall ist, wenn man es bei dem gleichen p_H untersucht (Abb. 35a). In der Ultrazentrifuge zeigt das synthetische Protein einen einzigen Gradienten, der etwas breiter ist als bei dem Virus. Die Homogenität in Lösung ist also nicht ganz so groß wie bei dem natürlichen Protein.

Das reaggregierte Protein unterscheidet sich in einem wesentlichen Punkte von dem Virus, nämlich in dem Fehlen der Infektiosität. Bei der Abwesenheit von Nucleinsäure ist Vermehrungsfähigkeit wohl auch nicht zu erwarten. Aber auch alle Versuche, aus Nucleinsäure-haltigen Spaltprodukten oder durch Zugabe von Nucleinsäure oder anderen Stoffen ein aktives Produkt zu erhalten, sind bisher fehlgeschlagen.

Trotz dieses Mißerfolges ist doch die Tatsache bemerkenswert, daß bei ihrer Wiedervereinigung ein physikalisch und chemisch sehr ähnliches Molekül entsteht. Man kann hieraus wohl den Schluß ziehen, daß das Virus vor anderen möglichen Anordnungen der Untereinheiten energetisch bevorzugt ist. Durch die Struktur der Untereinheiten vom Molgewicht 120000 ist daher die Gestalt des hochmolekularen Virusproteins bereits weitgehend bestimmt. Dies legt die Vermutung nahe, daß diesen Untereinheiten auch bei der biologischen Entstehung des Virus eine beherrschende Funktion zukommt. Wenn es auch bisher noch nicht gelungen ist, kleinere vermehrungsfahige Moleküle als das Protein mit der Sedimentationskonstanten 192 S nachzuweisen, so machen es doch die Untersuchungen an den Mutanten des TMV wahrscheinlich, daß solche Untereinheiten die eigentliche Vermehrungsform des Virus darstellen. In diesem Zusammenhang sind die bereits erwähnten Befunde von Takahashi (s. S. 107) von besonderer Bedeutung, dem es gelang, aus mosaikkranken Tabakpflanzen einen Nucleinsäure-freien Begleitstoff zu isolieren, der eine überraschende Ähnlichkeit mit dem auf chemischem Wege gewonnenen Spaltprodukt des TMV zeigt. Dieser als X-Protein bezeichnete natürliche Begleitstoff des Virus ist serologisch mit dem TMV verwandt und läßt sich ebenfalls zu

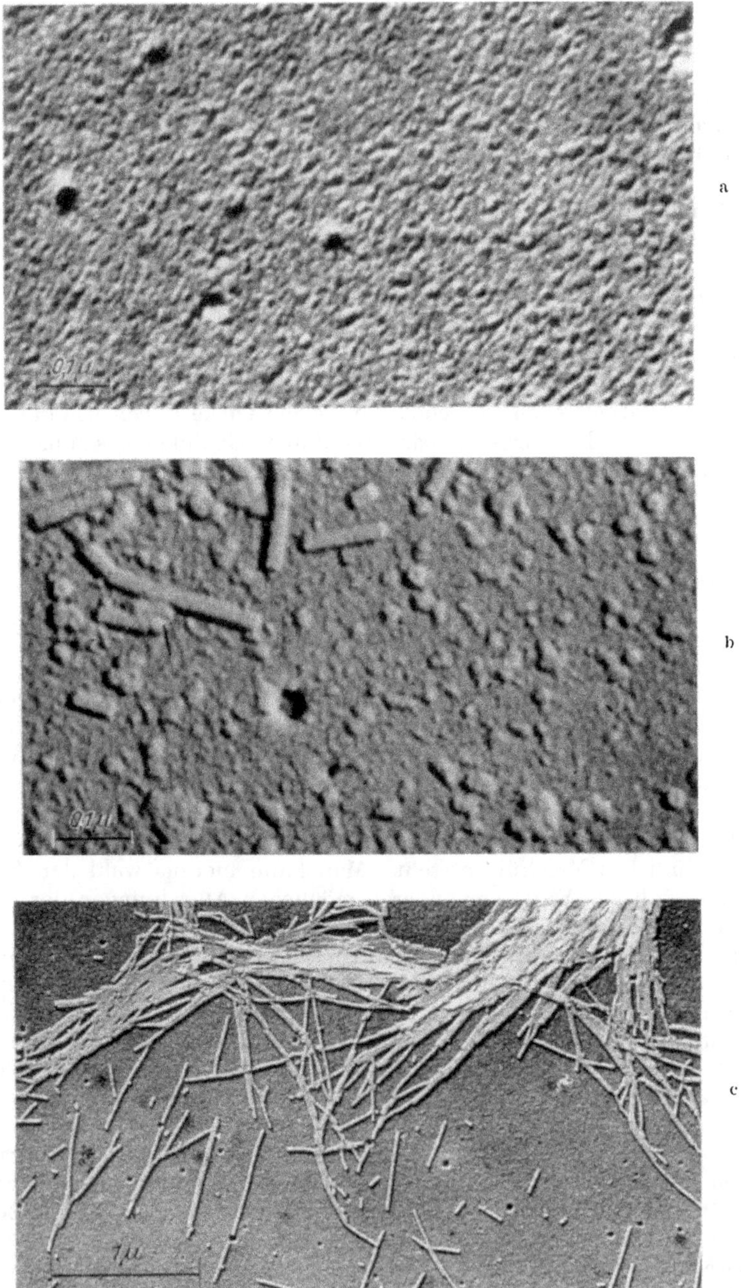

Abb. 42 a—c. Resynthese der Virusstäbchen nach SCHRAMM und ZILLIG. a) Nucleinsäure-freie Untereinheiten vom Molgewicht 120000 bei p_H 10. b) Die gleiche Lösung bei p_H 6. c) Die gleiche Lösung bei p_H 5,2.

stäbchenförmigen Teilchen reaggregieren. Die Befunde von TAKAHASHI wurden von COMMONER und Mitarbeitern (s. S. 108) bestätigt und weiter ausgebaut. Diese sind der Ansicht, daß das Nucleinsäure-freie X-Protein[1] ein Abfallprodukt[2] der Virussynthese darstellt. Es wird ein gewisser Überschuß an X-Protein produziert, dem es nicht mehr gelingt, sich mit Nucleinsäure zu dem aktiven Virus zu vereinigen.

Durch chemische Methoden gelang es, weiteren Einblick in die Struktur der Untereinheiten zu erhalten.

Nach den Ergebnissen der Denaturierung mit Harnstoff ist es wahrscheinlich, daß die Untereinheiten vom Molgewicht 120000 ihrerseits wieder aus einer größeren Anzahl von Peptidketten aufgebaut sind. Über die Zahl der Peptidketten im TMV und die Art ihrer endständigen Aminosäure geben Endgruppenbestimmungen Auskunft. Von HARRIS und KNIGHT[3] wurde die Carboxylendgruppe des TMV als Threonin erkannt, da dieses bei der Einwirkung von Carboxypeptidase auf TMV als einzige Aminosaure abgespalten wird. Legt man ein Molgewicht von $40 \cdot 10^6$ für das gesamte TMV-Molekul zugrunde, so ergibt sich aus dem Carboxylendgruppenwert für die einzelne Peptidkette ein Molgewicht von 14700. Von SCHRAMM und Mitarbeitern[4,5] wurde mit Hilfe der Dinitrofluorbenzolmethode von SANGER und dem Phenylthioisocyanatverfahren von EDMAN in dem von Nucleinsaure befreiten Protein Prolin als einzige Amino-Endgruppe nachgewiesen. Aus der Zahl der Prolingruppen berechnet sich das Molgewicht der Peptidkette zu 17000. Zu diesem Wert würde auch die Aminosäure-Analyse des TMV passen[1]. In Tabelle 18 sind die Minimal-Molekulargewichte berechnet, die sich aus dem Gehalt an den seltener vorkommenden Aminosäuren ergeben.

Tabelle 18. *Berechnung des Mindestmolgewichts des TMV.*

Aminosaure	%	Haufigkeit	Minimales Mol.-Gew
Cystein	0,69	1	17700
Lysin	1,5	2	19800
Tryptophan	2,1	2	19400
Glykokoll	1,9	4	15800
Isoleucin	6,6	8	15900
Phenylalanin	8,4	8	15700
Prolin	5,8	8	15900
			Mittel 17100

Nach diesen Ergebnissen besteht also die kleinste Untereinheit vom Molgewicht 120000, die sich ohne Denaturierung erhalten läßt, aus 6—8 Peptidketten, die mit der gleichen Aminosaure dem Prolin beginnen und der gleichen Aminosaure, dem Threonin, enden und wahrscheinlich

[1] KNIGHT, C. A.: J. of Biol. Chem. **171**, 297 (1947).

[2] TAKAHASHI, W., u. M. ISHII: Nature (London) **169**, 419 (1952); Amer. J. Bot. **40**, 85 (1953).

[3] HARRIS, J. J., u. C. A. KNIGHT: Nature (London) **170**, 613 (1952).

[4] SCHRAMM, G., u. G. BRAUNITZER: Z. Naturforsch. **8b**, 61 (1903).

[5] SCHRAMM, G., G. BRAUNITZER, u. J. W. SCHNEIDER: Z. Naturforsch. im Druck.

unter sich gleich sind. Das Gesamtmolekül des TMV besteht demnach aus etwa 2300 unter sich gleichen Peptidketten, ist also überraschend einfach gebaut.

Die Varianten des TMV.

Es sind eine Reihe von Virusstämmen bekannt, die in ihrem biologischen, chemischen und serologischen Verhalten dem TMV nahe verwandt sind. Zum Teil handelt es sich hierbei um Mutanten, deren Entstehung aus dem Wildstamm experimentell im Laboratorium verfolgt werden konnte, zum Teil aber auch um Varianten, die aus Freilandkulturen isoliert worden sind und über deren genetischen Zusammenhang mit dem TMV nichts bekannt ist. Die Zahl der biologisch charakterisierten Mutanten ist außerordentlich groß. So wurden allein von JENSEN[1] über 50 verschiedene Stämme aus dem spontan auftretenden Gelbfleckenmosaik kranker Tabakpflanzen isoliert, jedoch sind bisher nur wenige von ihnen chemisch näher untersucht worden, so daß sich eine vollständige Aufstellung in diesem Zusammenhang erübrigt. Die biologische Unterscheidung erfolgt durch das verschiedenartige Symptombild, das auf verschiedenen Testpflanzen, wie z. B. Tabak, Tomate, Nicotiana silvestris und Nicotiana glutinosa, hervorgerufen wird. Weiterhin treten Unterschiede auf in der Leichtigkeit, mit der sie übertragen werden können, und in der Geschwindigkeit, mit der sie sich von der Eintrittspforte aus in den Pflanzen ausbreiten. Besonders auffällig werden die biologischen Eigenschaften bei der Mutation zu den Gelbstämmen verändert. Diese erzeugen nicht mehr ein Hellgrün-Dunkelgrün-Mosaik, sondern eine ausgesprochen gelbe, fast weiße Fleckung auf dem grünen Untergrund der Blattfläche. Derartige Gelbstämme werden in der angelsächsischen Literatur als Aucuba mosaic-Viren bezeichnet. Es handelt sich hier zum Teil um Mutanten, zum Teil um aus dem Freiland isolierte Varianten. Derartige Gelbstamme wurden auch von PFANKUCH, KAUSCHE und STUBBE[2] als Mutanten des TMV isoliert und als TM 35, 44, 46, 56, 58, 88 usw. bezeichnet. Von FREKSA, MELCHERS und SCHRAMM[3] wurden besonders die als Var. flavum und Var. luridum bezeichneten Gelbmutanten untersucht. Die Gelbstämme sind für die Tabakpflanzen stark pathogen und bewirken eine meist sehr ausgeprägte Wachstumshemmung. Trotz der verstärkten Pathogenität ist die Vermehrungsrate dieser Gelbstämme häufig kleiner als die der Grünstämme[3]. Die starke Schädigung der Pflanze wird wahrscheinlich durch die Hemmung der Chlorophyllsynthese hervorgerufen. Bei anderen Mutanten ist die Pathogenität gegenüber dem Ausgangsstamm abgeschwächt, so bei dem Tenue-Stamm[3] und dem von STANLEY[4] isolierten "masked strain". Dieser erzeugt auf Tabak überhaupt keine sichtbaren Symptome mehr und kann nur durch die auf Nicotiana glutinosa bzw. Nicotiana rustica hervorgerufenen Lokalnekrosen nachgewiesen werden.

---

[1] JENSEN, J. H.: Phytopathology **23**, 964 (1933); **26**, 266 (1936); **27**, 69 (1937).
[2] PFANKUCH, E., G. A. KAUSCHE u. H. STUBBE: Biochem. Z. **304**, 238 (1940).
[3] FRIEDRICH-FREKSA, H., G. MELCHERS u. G. SCHRAMM: Biol. Zbl. **65**, 187 (1946).
[4] STANLEY, W. M.: Amer. J. Bot. **24**, 59 (1937).

Auf diejenigen Stämme, die chemisch untersucht wurden, sei naher eingegangen.

Von Bawden und Pirie[1] wurden neben dem gewöhnlichen TMV, das sich von Johnsons Tobacco virus 1 ableitet, die Stämme *Aucuba mosaic* (Var. aucuba H.) und *Enation mosaic* (Var. deformans H.) benutzt. Aucuba mosaic erzeugt in jungen Tabakpflanzen ein hellgelbes Mosaik, bei älteren Pflanzen entstehen in den beimpften Blättern schwere Nekrosen, ohne daß eine Generalisierung eintritt. Da das Virus die befallenen Tabakpflanzen so schwer im Wachstum hemmt, daß kaum genügende Saftmengen zu erhalten sind, erfolgt die Vermehrung in Tomaten oder Solanum nodiflorum, die ebenfalls mit einem gelben Mosaik auf das Virus reagieren. Das Enation virus ruft auf jungen Tabakpflanzen ähnliche Symptome hervor wie das gewöhnliche TMV, auf älteren Pflanzen erzeugt es Nekrosen, aber keine allgemeine Infektion. In Nicotiana glutinosa erzeugt dieses Virus Primärläsionen wie der normale Stamm. Charakteristisch ist das Krankheitsbild bei Tomaten, die Blätter sind stark deformiert, es entstehen sog. Farnblätter, auf der Unterseite der Blätter finden sich unter bestimmten Wachstumsbedingungen Auswucherungen (enations).

Von Stanley und Knight[2] wurden folgende Varianten benutzt:

Yellow aucuba[3] erzeugt auf Tabak ein hellgelbes Mosaik.

Die Symptome von *Green aucuba* unterscheiden sich auf Tabak nicht von denen des gewöhnlichen TMV. Es erzeugt aber im Gegensatz zu diesem Lokalnekrosen auf Nicotiana silvestris.

Masked strain (Var. deformans H.) ist für Tabak so schwach pathogen. daß sich die kranken Pflanzen nicht von den gesunden unterscheiden. Auf Nicotiana glutinosa und Nicotiana rustica erzeugt es primäre Läsionen ähnlich wie der normale Stamm.

J 14 D 1 leitet sich von dem Stamm J 14 (Var. lethale H.) ab[4]. Dieser entstand bei der Massenvermehrung des TMV auf Tabak. Bei der weiteren Vermehrung von J 14 wurde der Stamm J 14 D 1 aufgefunden. Der genetische Zusammenhang mit dem gewöhnlichen TMV ist also unsicher. Der Stamm erzeugt primär nekrotische Läsionen auf Tabak, außerdem tritt eine nekrotische Fleckung und Chlorosis auf, die zum Tode der infizierten Pflanzen führt.

Holmes rib grass (Var. plantaginis H.) wurde von Holmes aus Plantago lanceolata (Wegerich) isoliert und von Knight[5] chemisch rein dargestellt. Der Stamm erzeugt ringförmige Läsionen auf türkischem Tabak, jedoch keine Lokalläsionen auf Phaseolus. Die Vermehrung erfolgt entweder in Plantago oder auf Tabak.

---

[1] Bawden, F. C., u. N. W. Pirie: Proc. Roy. Soc. (London) B **123**, 274 (1937).

[2] Stanley, W. M., u. C. A. Knight: Cold Spring Harbor Symp. Quant. Biol. **9**, 255 (1941).

[3] Stanley, W. M.: J. of Biol. Chem. **117**, 323 (1937).

[4] Jensen, J. H.: Phytopathology **27**, 69 (1937).

[5] Knight, C. A.: J. of Biol. Chem. **145**, 11 (1942).

Cucumber Virus 3 und 4. Die Stämme wurden von AINSWORTH[1] biologisch näher charakterisiert, und zuerst von BAWDEN und PIRIE[2] aus Gurken rein dargestellt. Das Gurkenvirus 4 wurde später besonders von KNIGHT[3] näher untersucht. Die Stämme unterscheiden sich stark von dem gewöhnlichen TMV. Diese Viren wurden daher von HOLMES als besondere Art mit Marmor astrictum Var. chlorogenus bzw. Var. aucuba bezeichnet. Es existiert kein gemeinsamer Wirt für die Gurkenviren und das TMV. Die Gewinnung erfolgt aus Gurkenpflanzen. Das Gurkenvirus 3 ruft eine Aufhellung der Blattadern und anschließend ein grünes Mosaik hervor, Gurkenvirus 4 hingegen ein hellgelbes Mosaik.

Abb 43. Gleichaltrige Blätter von turkischem Tabak (Samsun), obere Reihe infiziert mit Gelbstamm Flavum, untere Reihe infiziert mit Vulgare nach G. MELCHERS.

Eine Serie weiterer Mutanten wurden von BLACK und KNIGHT[4] näher untersucht. Ihr Zusammenhang mit dem TMV wird durch das folgende Schema wiedergegeben:

$$\mathrm{TMV}\left\langle\begin{array}{l} \qquad\quad /B_2A \\ B_1 - B_2 - B_3 - B_4 \\ S_1 - S_2 - S_3 \end{array}\right.$$

Sie wurden jeweils durch Einzelherdisolierungen gewonnen und sind zum Teil Grün- und zum Teil Gelbstämme.

Von MELCHERS[5] wurde neben dem gewöhnlichen TMV, das in Anlehnung an die Nomenklatur von HOLMES als Marmor tabaci Var. vulgare bezeichnet wird, ein Gelbstamm isoliert, der *Var. flavum* genannt wird. Er trat als Mutante des TMV auf Tabak auf und wurde durch wiederholte Einzelherdisolierungen über Nicotiana glutinosa gereinigt. Der Stamm erzeugt auf Tabak primär Gelbflecken, außerdem bleichen die Blätter meist völlig aus und sterben nicht selten ab. Als sekundäres Symptom entwickelt sich ein gelbgrünes Mosaik (Abb. 43). Die Wachstumshemmung ist wesentlich stärker als die durch Vulgare.

[1] AINSWORTH, G. C.: Ann. Appl. Biol. **22**, 55 (1935).
[2] BAWDEN, F. C., u. N. W. PIRIE: Brit. J. of Exper. Path. **18**, 275 (1937).
[3] STANLEY, W. M., u. C. A. KNIGHT: J. of Biol. Chem. **141**, 29 (1941).
[4] BLACK, F. L., u. C. A. KNIGHT: J. of Biol. Chem. **202**, 51 (1953).
[5] MELCHERS, G.: Naturwiss. **30**, 48 (1942).

Aus Tomaten wurde ein dem TMV sehr nahe verwandtes Virus isoliert, das zunächst als Tomatenmosaikvirus Dahlem 1940[1], später als Marmor tabaci subsp. *Dahlemense* bezeichnet wurde. Es unterscheidet sich von Vulgare quantitativ durch seine schwächeren Symptome auf Tomaten und Samsuntabak und qualitativ in den Symptomen auf Phaseolus, wo es keine nekrotischen Läsionen verursacht, sowie auf Javatabak und Nicotiana silvestris, wo es im Gegensatz zu Vulgare nekrotische Läsionen hervorruft (Abb. 44). Var. luridum[2] ist eine Mutante von Dahlemense, die auf Tabak ein schmutzig gelbes Mosaik erzeugt. Die Wachstumshemmung ist stärker als bei Dahlemense. Die qualitativen Merkmalsunterschiede gegenüber Vulgare bleiben bei der Mutante erhalten. Das Verhalten dieser vier Stämme ist in Tab. 19 zusammengefaßt.

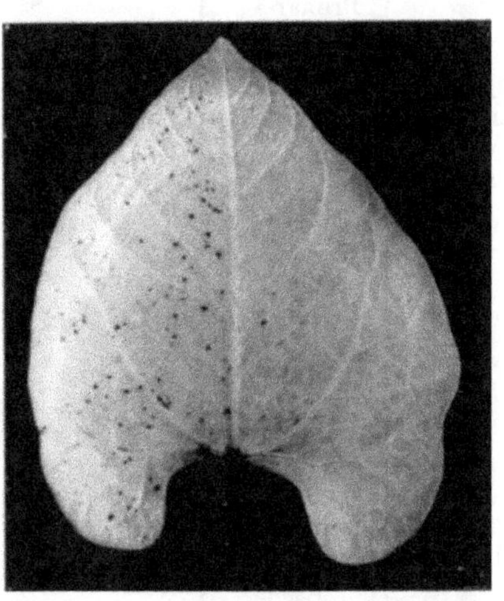

a b

Abb. 44 a u. b. Biologische Unterschiede zwischen Vulgare und Dahlemense, bei beiden Blättern ist jeweils die linke Hälfte mit Vulgare, die rechte mit Dahlemense-Virus infiziert nach G. MELCHERS. a) Blatt von Java-Tabak; b) Blatt von Phaseolus vulgaris (Golden Cluster Wax).

Größe und Gestalt. Die Varianten des TMV unterscheiden sich in Größe und Gestalt nicht von Vulgare. So geben z. B. auch die biologisch recht abweichenden Stämme Rib grass[3] und Cucumber 4[4] die gleiche Sedimentationskonstante und zeigen im Elektronenmikroskop die gleiche stäbchenförmige Gestalt. Nach Röntgenuntersuchungen[5]

[1] MELCHERS, G., G. SCHRAMM, H. TRURNIT u. H. FRIEDRICH-FREKSA: Biol. Zbl. **60**, 524 (1940).

[2] MELCHERS, G.: Naturwiss. **30**, 48 (1942).

[3] KNIGHT, C. A.: J. of Biol. Chem. **145**, 11 (1942).

[4] KNIGHT, C. A., u. W. M. STANLEY: J. of Biol. Chem. **141**, 29 (1941).

[5] BERNAL, J. D., u. I. FANKUCHEN: J. Gen. Physiol. **25**, 111 (1941); Nature (London) **139**, 923 (1937).

sollen allerdings die Gurkenviren einen etwas kleineren Durchmesser besitzen, 14,6 statt 15 mμ. Zwischen Dahlemense und Vulgare wurden statistisch gesicherte Unterschiede der Teilchenlänge beobachtet. Diese beruhen aber nicht auf Größenunterschieden der gelösten Teilchen, sondern auf der verschiedenen Empfindlichkeit der Virusstämme gegen die Einflüsse der elektronenmikroskopischen Präparationstechnik[1].

Tabelle 19.

		Vulgare	Flavum	Dahlemense	Luridum
Biologisches Verhalten	Primärsymptome auf Phasaeolus	+	+	—	—
	Primarsymptome auf Javatabak	—	—	+	+
	Sekundarsymptome auf Samsuntabak	Grunfleckung	Gelbfleckung	Grünfleckung	Gelbfleckung
	Wachstumshemmung von Samsuntabak	mittelmaßig	viel starker als bei der Stammform	schwach	starker als bei der Stammform
Physikalisch-chemisches Verhalten	Elektrophoretische Beweglichkeit bei pH 7	— 12,1	verringert gegenuber Stammform	— 12,1	verringert gegenüber Stammform
	Elektrophoretische Beweglichkeit bei pH 2	+ 10	> + 10	+ 5	+ 5
	Isoelektrischer Punkt	3,5	3,7	3,5	3,5
Serologisches Verhalten	Antikorperbindung bei gruppeneigenem Antiserum	großer als bei Mutante	verringert gegenuber Stammform	großer als bei Mutante	verringert gegenuber Stammform
	Gruppenspezifischer Antikörper	gemeinsam		gemeinsam	
	Stammspezifischer Antikörperanteil	mäßig	gering	mäßig	sehr gering

[1] SCHRAMM, G., u. M. WIEDEMANN: Z. Naturforsch. 6 b, 379 (1951).

Serologisches Verhalten. Die Verwandtschaft der beschriebenen Stämme mit Vulgare wurde vor allem durch serologische Untersuchungen sichergestellt. Es wurde vorwiegend die Präcipitinreaktion benutzt, jedoch scheint auch eine Differenzierung mit dem Komplementbindungstest möglich zu sein[1]. BAWDEN und PIRIE[2] führten eingehende serologische Kreuzreaktionen zwischen den von ihnen untersuchten Stämmen durch. Alle haben gewisse antigene Wirkgruppen gemeinsam, unterscheiden sich aber in anderen. Wenn man jede Wirkgruppe mit einem Buchstaben bezeichnet, so lassen sich die Beziehungen zwischen den Stämmen am einfachsten durch das Schema 1 wiedergeben. Im Aucuba mosaic findet sich neben den mit der Stammform gemeinsamen Wirkgruppen w und x eine neue, die mit y bezeichnet ist. Das Enation-Virus enthält zusätzlich noch die Wirkgruppe z, dagegen fehlt ihm x. Die Gurkenviren haben nur wenige Wirkgruppen aus dem w-Anteil mit TMV gemeinsam[2, 3], sie sind also am wenigsten mit diesem verwandt. Sie enthalten aber Antigene, die zum Teil im Yellow aucuba, vor allem aber im Rib grass vorkommen. Quantitative serologische Vergleiche wurden bisher nur mit den von MELCHERS isolierten Stämmen durchgeführt. Die beiden Stammformen Vulgare und Dahlemense stehen einander bereits so nahe, daß ein hochwirksames Antiserum gegen den einen Stamm bis zur gleichen Grenzverdunnung von etwa 10^{-6} g/cm^3 auch mit dem anderen Stamm reagiert. Alle untersuchten Stämme können aber deutlich nach der Adsorptionsmethode unterschieden werden. Wird z. B. Vulgare-Antiserum solange mit Dahlemense-Virus versetzt, bis sich kein Präcipitat mehr bildet, so bleibt ein Rest-Antikörper übrig, der nur mit Vulgare-Virus präcipitiert werden kann. Dieser Rest-Antikörper vermag auch Flavum-Virus, nicht aber Luridum zu fällen, er ist also für die Vulgare flavum-Gruppe charakteristisch, er wird in Schema 2 mit B bzw. b bezeichnet. In der Dahlemense luridum-Gruppe

Schema 1.

Stamm	Antigene Gruppen						
TMV	w	x					
Aucuba	w	x	y				
Enation	w	—	y	z			
Yellow aucuba	w	?	?	—	a	—	—
Rib grass	w	—	—	—	a	b	—
Gurkenviren	w	—	—	—	a	b	c

Schema 2. *Antigenanteile bei Mutanten des TMV.*

Vulgare		
A	B	v

Flavum ↓

A	b	f

Dahlemense		
A	C	d

Luridum ↓

A	c	l

[1] WEEVER, E. P., u. W. C. PRICE: Proc. Soc. Exper. Biol. a. Med, **79**, 125 (1952).
[2] BAWDEN, F. C., u. N. W. PIRIE: Brit. J. Exper. Path. **18**, 275 (1937).
[3] KNIGHT, C. A., u. W. M. STANLEY: J. of Biol. Chem. **141**, 29 (1941).

ist ein entsprechender Anteil C bzw. c enthalten. In jedem Antiserum gegen irgendeinen der Stämme sind 60—80% Antikörper vorhanden, die mit jedem anderen Stamm reagieren, also artspezifisch für TMV sind (A-Anteil). In geringerem Maße, etwa 20%, sind Antikörper nachweisbar, die gruppenspezifisch sind, d. h. nur mit Vulgare bzw. Flavum oder nur mit Dahlemense bzw. Luridum reagieren (B- bzw. C-Anteil). Nur in sehr kleiner Menge sind stammspezifische Antikörper vorhanden, die jeweils nur mit dem homologen Stamm reagieren, mit dem sie erzeugt sind (v, f, d, l). Man sollte erwarten, daß die Gemeinsamkeit, die in der Symptomausprägung zwischen den Grünstämmen (Vulgare und Dahlemense) einerseits und den Gelbstämmen (Flavum und Luridum) andererseits besteht, auch ihren serologischen Ausdruck findet, in einem spezifischen Antikörper, der nur auf die Grün- oder nur auf die Gelbstämme eingestellt ist. Ein derartiger Antikörper tritt aber nicht auf. Es konnte vielmehr gezeigt werden, daß bei der Mutation zu den Gelbstämmen jeweils bestimmte, bei der Stammform vorhandene serologische Wirkgruppen quantitativ vermindert werden. Die Mutante bindet weniger Antikörper als die Stammform, auch wenn das Serum mit der Mutante und nicht mit der Stammform hergestellt wurde. Die Unterschiede sind nur mit den gruppenspezifischen Antiseren nachweisbar, die Änderung muß also in dem gruppenspezifischen Anteil erfolgt sein. Sie wird in dem Schema durch den Übergang vom großen zum kleinen Buchstaben ausgedrückt. In dieser Hinsicht ist also eine übereinstimmende Änderung bei der Parallelmutation eingetreten. Wir haben also hier den paradoxen Fall, daß das heterologe Antigen aus einem Serum mehr Antikörper fällt als das homologe.

Elektrochemisches Verhalten. Die isoelektrischen Punkte von 7 verschiedenen Stämmen des TMV wurden von OSTER[1] durch Messung der Trübung in Abhängigkeit vom p_H der Lösung bestimmt. Das Maximum der Trübung wird hierbei mit dem isoelektrischen Punkt gleichgesetzt. Für das TMV ergibt sich übereinstimmend mit den elektrophoretischen Ergebnissen in Salzlösungen der isoelektrische Punkt bei p_H 3,5 ± 0,1, bei Holmes' rib grass unter den gleichen Bedingungen bei p_H 4,0 ± 0,1. In salzarmer Lösung verschieben sich die Trübungsmaxima, man erhält dann die in Tab. 20 wiedergegebenen Werte. Hiernach liegen die isoelektrischen Punkte der verschiedenen Viren in reinem Wasser um 0,5 p_H-Einheiten höher als bei Gegenwart von Puffer. Es ist zu bemerken, daß die isoelektrischen Punkte aller Stämme, mit Ausnahme von Masked strain, gegenüber dem TMV verschoben sind.

Tabelle 20. *Die isoelektrischen Punkte einiger Stämme des TMV in Wasser.* (Nach OSTER.)

Stamm	p_H
Gewöhnliches TMV . . .	3,91
Holmes' masked strain .	3,91
J 14 D 1	4,22
Holmes' rib grass . . .	4,49
Green aucuba.	4,50
Yellow aucuba	4,64
Gurkenvirus 4	4,90

[1] OSTER, G.: J. of Biol. Chem. **190**, 55 (1951).

Genaue Untersuchungen über die elektrophoretische Beweglichkeit wurden von MELCHERS und Mitarbeitern[1] ausgeführt. Die p_H-Beweglichkeitskurve ist jeweils für den einzelnen Stamm charakteristisch. Wie aus Abb. 45 hervorgeht, ist die Beweglichkeitskurve des Flavum-Virus gegenüber der des Vulgare in das alkalische Gebiet gerückt. Dementsprechend ist auch der isoelektrische Punkt von p_H 3,5 nach p_H 3,75 verschoben. Da beide Viren in Größe und Gestalt übereinstimmen, muß diese Änderung auf einer Erniedrigung der Zahl der sauren oder einer Erhöhung der Zahl der basischen Gruppen beruhen. Um zwischen diesen Möglichkeiten zu entscheiden, betrachten wir

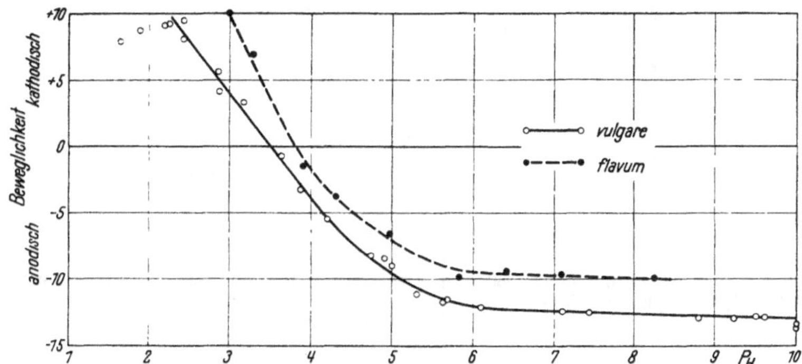

Abb. 45. p_H-Abhängigkeit der Beweglichkeit des Tabakmosaikvirus (Vulgare) und der Mutante Flavum.

zunächst die Beweglichkeitskurve im extrem sauren Gebiet. In diesem p_H-Bereich ist die Dissoziation der Carboxylgruppe und aller anderen sauren Gruppen fast vollständig zurückgedrängt, so daß die höhere Wanderungsgeschwindigkeit des Flavum in diesem Gebiet auf einem erhöhten Gehalt an basischen Gruppen beruhen muß. Es handelt sich offenbar um schwache Basen, denn mit steigendem p_H nähert sich die Flavum-Kurve wieder der von Vulgare. Erst oberhalb p_H 4 wird der Unterschied wieder größer, bis ab p_H 6 die Flavum-Kurve der von Vulgare parallel läuft. Zwischen p_H 4 und 6 liegt der Dissoziationsbereich der Carboxylgruppen. Man muß daher den flacheren Abfall der Flavum-Kurve in diesem Bereich auf einen geringeren Gehalt der Mutante an sauren Gruppen zurückführen. In Abb. 46 sind die p_H-Beweglichkeitskurven von Dahlemense und Luridum wieder mit der des Flavum verglichen. Bei allen drei Viren liegt der isoelektrische Punkt bei p_H 3,5. Im sauren Gebiet ist die Beweglichkeit des Dahlemense und des Luridum bedeutend niedriger als die des Vulgare-Virus. Dieser Unterschied ist also als charakteristisches Merkmal der Dahlemense-Gruppe aufzufassen, das bei der Mutation unverändert bleibt. Die Mutante Luridum unterscheidet sich hingegen von Dahlemense in ähnlicher Weise wie die Mutante Flavum von ihrem Ausgangsstamm

[1] FRIEDRICH-FREKSA, H., G. MELCHERS u. G. SCHRAMM: Biol. Zbl. **65**, 187 (1946).

Vulgare, indem nämlich oberhalb p_H 5,3 die Wanderungsgeschwindigkeit bedeutend vermindert ist. In beiden Fällen ist also die Zahl der dissoziationsfähigen sauren Gruppen um einen bestimmten Betrag herabgesetzt. Als zusätzliche Änderung tritt beim Flavum-Virus eine Erhöhung der Zahl der basischen Gruppen auf. Die Gleichsinnigkeit der

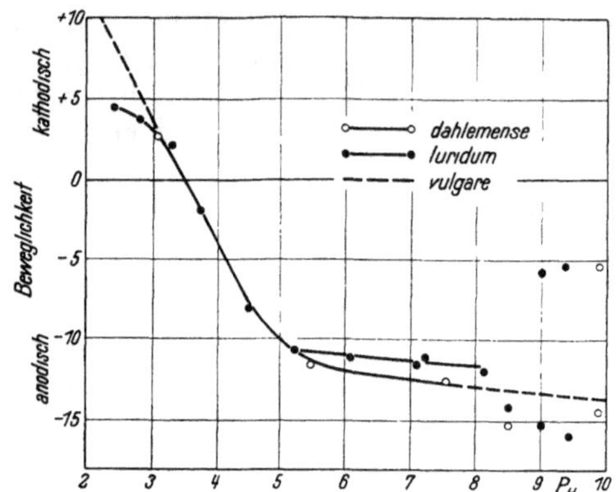

Abb. 46. p_H-Abhängigkeit der Beweglichkeit der Mutanten Dahlemense und Luridum im Vergleich zu Vulgare. Oberhalb p_H 9 erfolgt ein Zerfall in eine langsam wandernde und eine schnell wandernde Komponente.

chemischen Abwandlung bei der Mutation zu den Gelbstämmen wird besonders augenfällig, wenn wir ihr die Veränderungen gegenüberstellen. die bei der Mutation des Vulgare zu dem Grünstamm Tenue auftreten

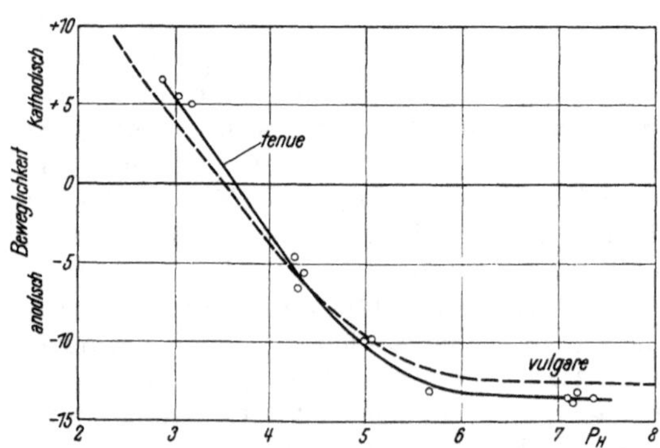

Abb 47. p_H-Abhängigkeit der Beweglichkeit der Mutante Tenue.

(s. Abb. 47). In diesem Fall wird die anodische Wanderungsgeschwindigkeit bei p_H 7 nicht erniedrigt, sondern erhöht.

Chemische Eigenschaften. Es sind von verschiedener Seite vergleichende chemische Untersuchungen über die Zusammensetzung der TMV-Stämme durchgeführt worden, um festzustellen, inwieweit sich die biologischen Besonderheiten in Unterschieden der chemischen

Zusammensetzung widerspiegeln. Von KNIGHT[1, 2] wurden 7 verschiedene Stämme vergleichend untersucht. Die Stämme unterscheiden sich nicht im P-Gehalt, so daß man annehmen darf, daß selbst bei wiederholten Mutationsschritten keine quantitative Änderung hinsichtlich des Gehalts an *Nucleinsäure* stattfindet. Auch die vier von MELCHERS isolierten Stämme besitzen den gleichen Nucleinsäuregehalt, wie aus der UV-Absorption hervorgeht[3]. Bei nahe verwandten Stämmen des TMV läßt sich auch kein deutlicher Unterschied in der Basenzusammensetzung der RNS feststellen. KNIGHT[2] fand nur bei den biologisch stark abweichenden Gurkenviren signifikante Unterschiede (s. Tab. 13). Bei den Mutanten des TMV tritt daher weder qualitativ noch quantitativ ein Unterschied in der RNS-Zusammensetzung auf[4]. Dieses Ergebnis deckt sich mit den Befunden von MARKHAM und SMITH[5], die bei verschiedenen Stämmen des TMV nur sehr geringfügige Differenzen in der Basenzusammensetzung feststellten, hingegen deutliche bei verschiedenen Virusarten (vgl. Tab. 19).

Die Aminosäurezusammensetzung des Proteinanteils von 7 verschiedenen Mutanten des TMV, deren genetischer Zusammenhang auf S. 158 wiedergegeben ist, im Vergleich zum Ausgangsstamm, wurde auf mikrobiologischem Wege von BLACK und KNIGHT[6] bestimmt. Die Differenzen sind meist sehr gering, werden aber von den Autoren für signifikant gehalten. Bei verschiedenen Varianten des TMV ergeben sich je nach dem Grad der Verwandtschaft mehr oder weniger deutliche Unterschiede[7] (Tab. 21).

Bei den biologisch einander nahestehenden Stämmen sind entweder gar keine (Masked strain) oder nur sehr geringfügige Änderungen zu bemerken, z. B. bei Green aucuba, Yellow aucuba und J 14 D 1. Die beiden ersten unterscheiden sich vom Ausgangsstamm nur durch einen um 10% höheren Gehalt an Arginin und einen etwas geringeren an Isoleucin. Bei J 14 D 1 ist nur der Glutaminsäure- und Lysinanteil signifikant verändert. Rib grass unterscheidet sich dagegen vom gewöhnlichen TMV im Prozentsatz von 13 Aminosäuren. Interessant ist. daß bei diesem Stamm auch zwei neue Aminosäuren auftreten, die beim gewöhnlichen TMV nicht aufzufinden sind, nämlich: Methionin und Histidin. Die Gurkenviren enthalten kein Cystein und auch ihre sonstige Zusammensetzung weicht stark von der des TMV ab. Es besteht insofern eine Parallele zu den biologischen und serologischen Ergebnissen, als die dem TMV am fernsten stehenden Stämme auch die größten Änderungen in der chemischen Zusammensetzung aufweisen.

Bei den vier von MELCHERS und Mitarbeitern untersuchten Stämmen wurde nur eine Gruppentrennung der Aminosauren durchgefuhrt.

[1] KNIGHT, C. A.: J. of Biol. Chem. **171**, 297 (1947).
[2] KNIGHT, C. A.: J. of Biol. Chem. **197**, 241 (1952).
[3] DANNENBERG, H., G. SCHRAMM u. H. FLAMMERSFELD: Z. Naturforsch. **3 b**, 241 (1948).
[4] BLACK, F. L., u. C. A. KNIGHT: J. of Biol. Chem. **202**, 51 (1953).
[5] MARKHAM, R., u. J. D. SMITH: Biochemic. J. **46**, 513 (1950).
[6] BLACK, F. L., u. C. A. KNIGHT: J. of Biol. Chem. **202**, 51 (1953).
[7] KNIGHT, C. A.: J. of Biol. Chem. **145**, 11 (1954).

Es ergab sich keine analytisch meßbare Änderung im Amidstickstoff auch die Summe der basischen, der aromatischen und der sauren Aminosäuren blieb die gleiche. Um die eben erwähnten elektrophoretischen Unterschiede zu erklären, müßte der Gehalt an sauren Aminosäuren bei den Mutanten um 10—20% niedriger sein als bei den Ausgangsstämmen, was sicher nicht der Fall ist. Da auch der Säureamidstickstoff unverandert ist, kann das Verschwinden der sauren Gruppen bei der Mutation nicht darauf zurückgeführt werden, daß bei den Mutanten mehr saure Gruppen durch Amidierung blockiert sind.

Tabelle 21. *Aminosäuregehalt gereinigter Präparate einiger Stamme des Tabakmosaikvirus.* [Aus W. M. STANLEY: Chem. Eng. News **36**, 3786 (1951).]

Aminosaure	TMV	M	J 14 D 1	GA	YA	HR	CV 3	CV 4	MD
Alanin . . .	5,1	5,2	4,8	5,1	5,1	6,4	—	6,1	0,2
Arginin . . .	9,8	9,9	10,8	11,1	11,2	9,9	9,3	9,3	0,2
Asparaginsaure	13,5	13,5	13,4	13,7	13,8	12,6	—	13,1	0,2
Cystein . . .	0,69	0,67	0,64	0,60	0,60	0,70	—	0	—
Cystin. . . .	0	—	0	—	0	0	0	0	—
Glutaminsaure	11,3	11,5	10,4	11,5	11,3	15,5	6,4	6,5	0,2
Glycin . . .	1,9	1,7	1,9	1,9	1,8	1,3	1,2	1,5	0,1
Histidin . . .	0	0	0	0	0	0,72	0	0	0,01
Isoleucin . .	6,6	6,7	6,6	5,7	5,7	5,9	5,4	4,6	0,2
Leucin . . .	9,3	9,3	9,4	9,2	9,4	9,0	9,3	9,4	0,2
Lysin	1,47	1,49	1,95	1,45	1,47	1,51	2,55	2,43	0,04
Methionin . .	0	0	0	0	0	2,2	0	0	0,1
Phenylalanin.	8,4	8,4	8,4	8,3	8,4	5,4	9,9	9,8	0,2
Prolin . . .	5,8	5,9	5,5	5,8	5,7	5,5	—	5,7	0,2
Serin	7,2	7,0	6,8	7,0	7,1	5,7	9,3	9,4	0 3
Threonin . .	9,9	10,1	10,0	10,4	10,1	8,2	6,9	7,0	0,1
Tryptophan .	2,1	2,2	2,2	2,1	2,1	1,4	0,5	0,5	0,1
Tyrosin . . .	3,8	3,8	3,9	3,7	3,7	6,8	3,8	3,7	0,1
Valin	9,2	9,0	8,9	8,8	9,1	6,2	8,8	8,9	0,2

M = Masked strain; GA = Green aucuba; YA = Yellow aucuba; HR = Holmes rib grass; CV 3/4 = Gurkenvirus; MD = mittlere Abweichung.

Strukturelle Änderungen. Bei den von MELCHERS isolierten Parallelmutanten ist es möglich, einige nähere Aussagen über die strukturellen Änderungen bei der Mutation zu machen (vgl. zu dem Folgenden Tab. 19). Biologisch äußert sich die Mutation in beiden Fällen darin, daß es sich um sog. Gelbstämme handelt, die also ein gelbes Mosaik erzeugen. Bei der Mutation zum Gelbstamm bleiben jedoch die charakteristischen Unterschiede der Ausgangsstämme erhalten, was sich durch die Wahl geeigneter Testpflanzen nachweisen läßt. Die chemische Veränderung bei diesen Mutationen besteht in einem Verschwinden saurer Gruppen, was durch die verminderte anodische Wanderungsgeschwindigkeit bei der Elektrophorese quantitativ erfaßt werden kann. Serologisch konnte ebenfalls die Abnahme bestimmter aktiver Gruppen festgestellt werden.

Die chemische Änderung bei der Mutation äußert sich am auffallendsten in dem Verschwinden saurer Gruppen. Wie oben dargelegt wurde, konnte weder im Protein- noch im Nucleinsäureanteil ein Unterschied gegenüber der normalen Form festgestellt werden, der die elektrophoretischen Änderungen erklären könnte. Weitere Untersuchungen[1] deuten darauf hin, daß die Art der Vereinigung der Nucleinsäure mit dem Protein geändert wird. Es wurde gefunden, daß bei den Gelbmutanten die Nucleinsäure schwerer abspaltbar ist und der Zerfall in Untereinheiten in anderer Weise erfolgt, als bei dem normalen Stamm. Bei allen Stämmen erfolgt zunächst die Spaltung zu den Sechstelmolekülen in gleicher Weise. Die Unterschiede treten auf, wenn man versucht, die Spaltung über diese Stufe hinaus fortzusetzen. Aus den Ausgangsstämmen Vulgare und Dahlemense erhält man bei p_H 10 nucleinsäurefreie Spaltstücke mit einer Sedimentationskonstante $s_{20} = 5\,S$, was einem Molgewicht von 120000 entspricht. Bei der von Dahlemense sich ableitenden Mutante luridum erhält man unter gleichen Bedingungen ein Sedimentationsdiagramm, das neben der Komponente mit 5 S in etwa gleicher Menge ein nucleinsäurehaltiges Spaltstück mit 8,6 S erkennen läßt. In Analogie zu Vulgare darf man für diese Spaltstücke wohl die Molgewichte 360000 und 120000 annehmen. Beim Flavum läßt sich eine Aufspaltung des Sechstelmoleküls zu diesen Bruchstücken unter Bedingungen, die eine Denaturierung ausschließen, überhaupt nicht erreichen. Wir erhielten als kleinste Komponente lediglich eine solche mit 45 S, was einem Molgewicht von 2—$3 \cdot 10^6$ entsprechen dürfte. Es zeigte sich also, daß die nucleinsäurefreie Komponente mit dem Molgewicht 120000 bei den Gelbstämmen gar nicht oder sehr viel schwerer als bei den Grünstämmen gebildet wird. Hieraus darf man schließen, daß die Nucleinsäure bei den Gelbstämmen fester gebunden ist als bei den Grünstämmen. Es wird angenommen, daß diese festere Bindung zu einer Herabsetzung der Dissoziation der Phosphorsäuregruppen der Nucleinsäure führt. Der Gedanke liegt nahe, daß die Mutation in diesen Fällen in einer räumlichen Umlagerung der Polypeptid- oder der Nucleinsäurekette besteht, die reaktionsfähige Gruppen der Proteine, etwa OH-Gruppen, in eine günstigere räumliche Lage zu den Phosphorsäuregruppen bringt, so daß eine festere Bindung vielleicht esterartiger Natur ermöglicht wird.

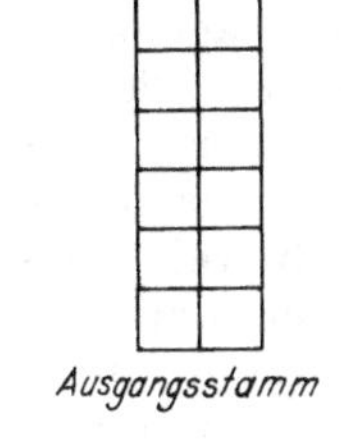

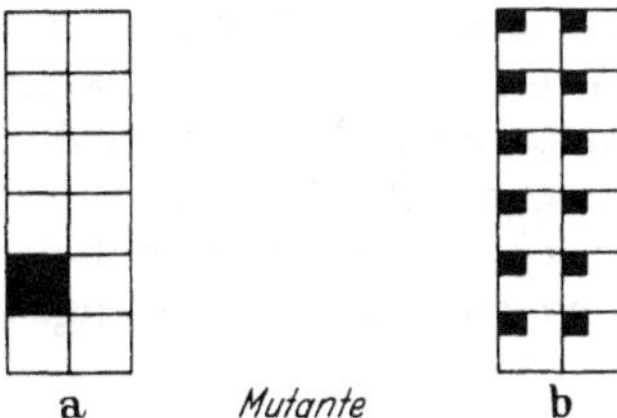

Abb. 48. Lokalisation der Mutation beim Tabakmosaikvirus. a) Abänderung von nur einer Untereinheit; b) Abänderung sämtlicher Untereinheiten.

Da wir nachgewiesen haben, daß das TMV aus einer großen Anzahl von Untereinheiten besteht, ergeben sich für die Lokalisation der mutativen Änderungen zwei Möglichkeiten, die schematisch dargestellt sind (Abb. 48). Entweder werden von der Mutation nur eine oder wenige Untereinheiten betroffen oder alle werden gleichmäßig abgeändert. Experimentell kann zwischen diesen beiden Möglichkeiten dadurch entschieden werden, daß man die Mutante in die Untereinheiten zerlegt und

[1] Schramm, G.: Z. Naturforsch. **3 b**, 320 (1948).

prüft, ob diese unter sich gleich sind oder verschiedene Eigenschaften besitzen. Diese Prüfung wurde auf serologischem Wege durchgeführt. Es zeigte sich, daß in der Mutante wahrscheinlich alle Untereinheiten gleichartig verändert sind. Die Mutation ist ein seltenes Ereignis und es ist daher wenig wahrscheinlich, daß gleichzeitig an mehreren 100 Stellen des Moleküls eine gleichartige Strukturumwandlung eingetreten ist. Es ist vielmehr anzunehmen, daß die Mutation nur einmal bei einer Untereinheit erfolgt, diese sich dann identisch vermehrt, und daß, wenn genügend Untereinheiten gebildet sind, diese zu einem neuen stäbchenförmigen Molekül zusammentreten. Diese Annahme scheint berechtigt, da ja im Reagenzglas eine Kombination der Untereinheiten zu einem Gesamtmolekül leicht vonstatten geht. Das stäbchenförmige Gesamtmolekül entspricht viel eher einer extracellulären Dauerform des Virus, während die eigentliche Vermehrungsform viel kleiner ist. Für den endgültigen Beweis dieser Anschauung wäre es allerdings notwendig, kleinere vermehrungsfähige Einheiten in der Zelle nachzuweisen. Dies ist bis jetzt noch nicht eindeutig gelungen.

Da bei der Mutation zu den Gelbstämmen die charakteristischen biologischen, chemischen und serologischen Gruppenunterschiede erhalten bleiben, sind also im TMV mindestens zwei unabhängig voneinander veränderliche, erbliche Merkmale vorhanden. Wahrscheinlich ist sogar die Zahl der unabhängig veränderlichen Erbfaktoren viel größer. In seinem Verhalten entspricht das TMV also nicht einem einzelnen Gen, sondern eher einer Gengruppe, wie sie in den Chromosomen vorliegt.

2. Kartoffel-Viren.

Die Viruskrankheiten der Kartoffel haben von allen pflanzlichen Viruskrankheiten in Deutschland wohl die größte wirtschaftliche Bedeutung. Die von verschiedenen Virusarten erzeugten Krankheiten werden unter dem Namen „Kartoffelabbau" zusammengefaßt. Man unterscheidet zwischen den folgenden serologisch miteinander nicht verwandten Virusarten, die, soweit sie untersucht sind, eine stäbchenförmige Gestalt besitzen.

a) Kartoffel X-Virus.

Das Kartoffel X-Virus (Potato latent virus, Potato mottle virus, Annulus dubius H.) findet sich in der Natur außer in Kartoffeln auch in Tomaten. Jedoch kann es auch auf verschiedene andere Solanaceen übertragen werden und auch auf andere Pflanzenfamilien, z. B. Compositen und Scrophulariceen. Es besteht aus einer großen Anzahl miteinander verwandter Stämme (s. u.), denen allen gemeinsam ist, daß sie auf den Blättern des Tabaks hellgrüne oder bräunlichweiße Ringmuster hervorrufen. Die Ausbildung des Ringmusters ist nicht selten gestört, und zwar besonders dann, wenn das X-Virus mit einem anderen Virus der X-Gruppe oder mit einem anderen Kartoffelvirus vermischt ist. Die meisten Kartoffelsorten sind gegen die Infektion mit X-Virus wenig empfindlich, sie zeigen auf dem Felde eine fast normale Entwicklung und höchstens eine schwache Mosaikfleckung. Trotz dieser schwachen

Symptome geht der Ertrag bei den kranken Pflanzen merkbar zurück. Das Kartoffel X-Virus wird in der Natur nicht durch Insekten übertragen. Schließt man im Feldversuch den mechanischen Kontakt zwischen benachbarten Pflanzen aus, so erfolgt keine Ausbreitung der Infektion.

Der Nachweis des latent vorhandenen X-Virus bereitet Schwierigkeiten, besonders bewährt haben sich serologische Methoden oder die Abimpfung auf geeignete Testpflanzen, am besten Gomphrena globosa, bei der das X-Virus braungelbe Lokalläsionen erzeugt, die von einem roten Ring umgeben sind[1]. Die völlige Resistenz der Wildform Solanum acaule gegen X-Infektionen ist für die Züchtung bedeutungsvoll[2]. Verschiedene Kultursorten besitzen eine Überempfindlichkeit gegen das X-Virus. Auch diese Eigenschaft hat praktische Bedeutung für die Züchtung, da sich die Virusträger in überempfindlichen Sorten von selbst ausmerzen[3, 4].

Darstellung. Das X-Virus wurde von verschiedenen Autoren[5, 6, 7, 8] aus infizierten Tabakpflanzen in reiner Form dargestellt. Die Darstellung ist etwas schwieriger als beim TMV, da das X-Virus nur in etwa 10mal geringerer Konzentration, etwa 100 mg/l, im Tabaksaft vorliegt als das TMV. Außerdem ist es gegen chemische Einflüsse empfindlicher als dieses. BAWDEN gibt an, daß es durch wiederholte Ammonsulfatfällung oft unlöslich wird. Wegen der Empfindlichkeit des Virus empfiehlt sich die Reindarstellung mit Hilfe der Ultrazentrifuge, es ist jedoch schwer, das Virus vollständig von Kohlenhydratbeimengungen zu befreien. Wie in den Lösungen des TMV setzt sich in konzentrierten X-Lösungen eine stark doppelbrechende Bodenschicht ab. Die Ordnung der Einzelteilchen in dieser Bodenschicht ist jedoch nicht so groß wie beim TMV. Es ist auch noch nicht gelungen, das Kartoffel X-Virus in kristalliner oder parakristalliner Form zu erhalten.

Größe und Gestalt. Auf den elektronenmikroskopischen Aufnahmen KAUSCHEs und PFANKUCHs zeigen sich Stäbchen sehr ungleicher Länge, so daß eine einwandfreie Längenbestimmung nicht möglich ist. Besonders die chemisch gereinigten Präparate neigen sehr zur Aggregation, so daß man oft nur ein Netzwerk erhält, bei dem keine einzelnen Moleküle mehr zu unterscheiden sind[9]. BODE und KÖHLER[10] gelang es, durch besondere Präparation einzeln liegende Stäbchen zu erhalten, deren Länge bei einem Stamm 600—620 mμ und beim anderen 560—580 mμ betrug.

---

[1] WILKINSON, R. E., u. F. M. BLODGETT: Phytopathology **38**, 28 (1948).
[2] STELZNER, G.: Z. Pflanzenzuchtg. **29**, 135 (1950).
[3] Siehe hierzu H. ROSS u. M. L. BAERECKE: Z. Pflanzenzuchtg. **30**, 280 (1951).
[4] ROSS, H., u. E. KOHLER: Zuchter **23**, 72 (1953).
[5] BAWDEN, F. C., u. N. W. PIRIE: Brit. J. Exper. Path. **19**, 66 (1938).
[6] LORING, H. S., u. R. W. G. WYCKOFF: J. of Biol. Chem. **121**, 255 (1937). — LORING, H. S.: J. of Biol. Chem. **126**, 455 (1938).
[7] PFANKUCH, E., u. G. A. KAUSCHE: Biochem. Z. **249**, 334 (1938).
[8] STANLEY, W. M., u. R. W. G. WYCKOFF: Science (Lancaster, Pa.) **85**, 181 (1937).
[9] BAWDEN, F. C., u. E. M. CROOK: Brit. J. Exper. Path. **28**, 403 (1947).
[10] BODE, O., u. E. KOHLER: Z. Naturforsch. **7 b**, 598 (1952).

Unter der Annahme einer Dicke von 10 mμ haben die Teilchen demnach ein Gewicht von etwa $36 \cdot 10^6$ bzw. $39 \cdot 10^6$.

In der Ultrazentrifuge zeigt das durch hochtouriges Zentrifugieren dargestellte Virus eine homogene Hauptbande mit 113 S in 0,2%iger Lösung. Eine Extrapolation auf $c \to 0$ wurde noch nicht durchgeführt. Daneben findet sich höchstens eine kleine Menge einer höher molekularen Komponente mit $s_{20} = 131\,S$. Sie entspricht einem Längsaggregat aus zwei Molekülen. Die Diffusionskonstante wurde noch nicht bestimmt, sie wird auch wegen der Aggregationstendenz des Virus schwer meßbar sein. Genaue Angaben über das Teilchengewicht sind daher noch nicht möglich. LORING[1] maß in 0,1%iger Lösung eine relative Viscosität von 1,09 und schätzt hieraus das Teilchengewicht zu $20 \cdot 10^6$.

Chemische Eigenschaften. Das X-Virus ist relativ stabil zwischen p_H 6 und 9, für kurze Zeit aber auch zwischen 5 und 10. Es ist in alkalischer Lösung beständiger als TMV, nicht aber in saurem Medium. Der Aktivitätsverlust außerhalb der Stabilitätsgrenzen geht parallel dem Verlust der Homogenität des Proteins[2]. Der Temperaturinaktivierungspunkt liegt bei 75° C, also tiefer als der des TMV. Das Virus wird durch Papain in Gegenwart von Cyanid schnell inaktiviert. Auch durch Pepsin und Trypsin wird die Aktivität herabgesetzt. Parallel zu dem Verlust an Infektiosität sinkt auch die serologische Spezifität ab[3]. Bei der Behandlung mit chemischen Agentien, z. B. mit HNO_2 vom p_H 4 bei 0° C, gelingt es jedoch, die Infektiosität zu vermindern, ohne die serologische Reaktionsfähigkeit im Präcipitin- wie im Komplementbindungstest herabzusetzen[4]. Der Nucleinsäuregehalt des X-Virus ist etwa derselbe wie der des TMV, es handelt sich ebenfalls um ein Ribonucleotid. Die Zusammensetzung ist in Tab. 13 wiedergegeben. Für die Nucleinsäure ergibt sich $s_{20} = 2{,}0$. Wie aus den zahlreichen Röntgeninterferenzen[5] hervorgeht, zeigt das X-Virus eine sehr große Regelmäßigkeit in seinem inneren Aufbau. Die Anordnung der Einzelatome in dem Molekül ist jedoch verschieden von der des TMV. Die Untersuchungen sind bisher noch nicht so eingehend durchgeführt, daß bereits ein Bild über die innermolekulare Struktur des X-Virus gegeben werden kann.

Die Mutanten des Kartoffel X-Virus wurden besonders von KÖHLER[6, 7] in biologischer Hinsicht untersucht. Nach der Inaktivierungstemperatur unterscheidet er die Gruppen X^N und X^E. Beide Gruppen lassen sich nach ihren Symptomen auf Samsun-Tabak wieder in ring- und mottle-Stämme unterteilen. Von BAWDEN wurden gewisse Stämme des X-Virus als B-Virus bezeichnet. Ihre Beziehung zu der von KÖHLER gewählten

---

[1] LORING, H. S.: J. of Biol. Chem. **126**, 455 (1938).
[2] STANLEY, W. M., u. R. W. G. WYCKOFF: Science (Lancaster, Pa.) **85**, 181 (1937).
[3] BAWDEN, F. C., u. N. W. PIRIE: Brit. J. Exper. Path. **16**, 64 (1939).
[4] BAWDEN, F. C., N. W. PIRIE u. E. T. C. SPOONER: Brit. J. Exper. Path. **17**, 204 (1949).
[5] BERNAL, J. D., u. J. FANKUCHEN: J. Gen. Physiol. **25**, 111 (1941).
[6] Siehe Zusammenfassung bei E. KÖHLER: Zbl. Bakter. II **101**, 29 (1939).
[7] s. Anm. 4, S. 169

Einteilung ist noch nicht geklärt. HOLMES unterscheidet zwischen einer Var. vulgare und einer Var. obscurum (Masked mottle strain) und einer Var. annulus (Ring spot strain). Mit diesem letzten Stamm wurden die meisten chemischen Untersuchungen durchgeführt. Ähnlich wie beim TMV gibt es auch einen Gelbstamm. Serologische Untersuchungen an verschiedenen X-Stämmen führten SALAMAN[1] und CHESTER[2] durch. Die serologischen Beziehungen zwischen den oben erwähnten Mutanten werden von CHESTER durch nebenstehendes Schema wiedergegeben.

Stamm	antigene Wirkgruppen				
Mottle strain	a	b	c		
Masked strain	a	b	—	d	
Ring spot	a	—	—	d	e

b) Kartoffel Y-Virus.

Das Kartoffel Y-Virus (Marmor upsilon H.) ist in der Natur weit verbreitet. Außer in Kartoffeln und Tabak finden sich verwandte Stämme auch in Gurken. Es verursacht am Tabak als Anfangssymptom eine Aufhellung der Blattnerven, als Folgesymptom eine unregelmäßige, manchmal perlartige Fleckung, jedoch keine Absterbeerscheinungen. Auf Kartoffeln erzeugt es sehr schwere Symptome. Bei fast allen Sorten treten auf der Blattunterseite schwarze Flecken abgestorbenen Gewebes auf, die vielfach den Nerven folgen und dann die Form von Strichen haben. Die Strichelnekrosen können von den Blattrippen auf den Blattstiel und den Stengel übergreifen; es kommt auf diese Weise zu den Erscheinungen des Blattschwunds, indem die unteren Blätter am Stengel heruntersinken und absterben. Weiterhin zeigen die befallenen Pflanzen vielfach abweichende Wuchsformen und bei Sorten mit härterem Laub beobachtet man auch stärkere Kräuselerscheinungen. Das Y-Virus kann durch die Pfirsichblattlaus (Mycus persicae) oder durch mechanisches Einreiben auf die Blattfläche übertragen werden. Die Bestimmung der biologischen Aktivität kann durch Verdünnungsreihen auf Nicotiana glutinosa erfolgen[3]. Auch beim Y-Virus sind zahlreiche Stämme bekannt. Als Testpflanzen für die Y^N-Gruppe eignen sich besonders Nicotiana glutinosa und für die Y^C-Gruppe Physalis floridana[4].

Darstellung. Eine Methode zur Anreicherung des Y-Virus wurde von BAWDEN und PIRIE[5] angegeben. Sie schließt eine Hydrolyse störender Begleitstoffe durch Trypsin ein und ist verhältnismäßig umständlich. In einer kurzen Notiz weisen PFANKUCH und HAGENGUTH[6] darauf hin, daß sie ebenfalls das Y-Virus anreichern konnten, wobei ein elektrophoretisch uneinheitliches Präparat, das aus drei verschiedenen Komponenten bestand, erhalten wurde. Im gleichen Jahr erschien auch eine kurze Mitteilung von MELCHERS[7] über die Darstellung des Y-Virus. Eine einfache Darstellungsmethode wurde von SCHRAMM[3] beschrieben.

[1] SALAMAN, M. H.: Proc. Roy. Soc. (London) B **229**, 137 (1938).
[2] CHESTER, K. S.: Phytopathology **26**, 778 (1936).
[3] SCHRAMM, G.: Z. Naturforsch. **7 b**, 513 (1952).
[4] Vgl. H. ROSS u. M. L. BAERECKE: Z. Pflanzenzüchtg. **30**, 280 (1951).
[5] BAWDEN, F. C., u. N. W. PIRIE: Brit. J. Exper. Path. **20**, 322 (1939).
[6] PFANKUCH, E., u. K. HAGENGUTH: Naturwiss. **31**, 370 (1943).
[7] MELCHERS, G.: Ber. dtsch. bot. Ges. **61**, 89 (1943).

Infizierte Nicotiana glutinosa werden zerkleinert und mit einer 2,5 %igen NaCl-Lösung extrahiert. Nach Entfernung chlorophyllhaltiger Bestandteile wird der Saft mit Ammonsulfat gefällt und das erhaltene Konzentrat durch Zentrifugierung bei 25000 Umdr./min weiter gereinigt. Die Ausbeute an Virus schwankt stark mit der Jahreszeit. In Wintermonaten lassen sich aus 1 kg Pflanzenmaterial etwa 12 mg, im Sommer nur 0,5 mg Virus gewinnen.

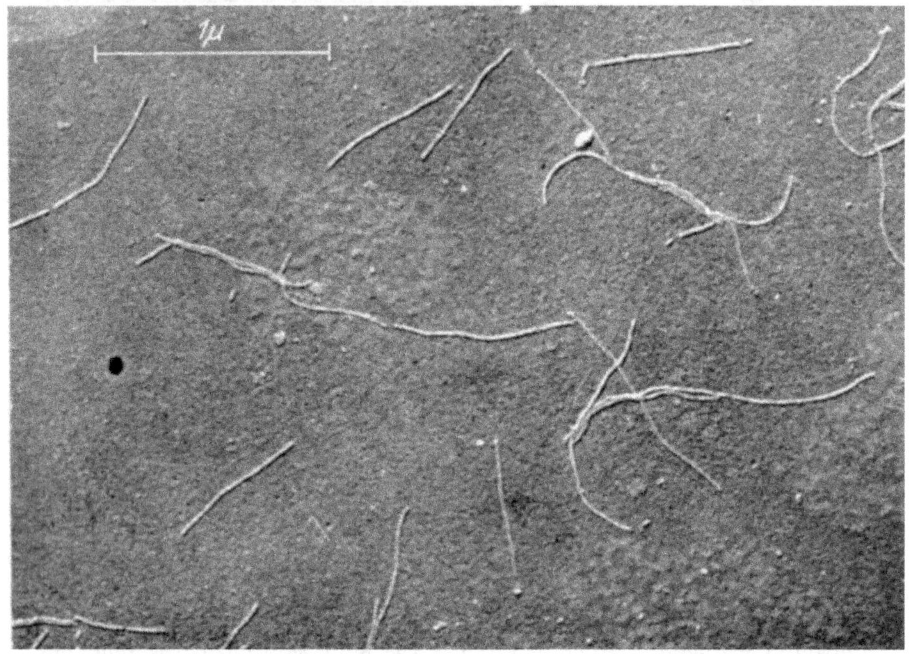

Abb. 49. Kartoffel Y-Virus, Einzelteilchen mit 750 mμ Lange.

Größe und Gestalt. Bei der statistischen Auswertung elektronenmikroskopischer Aufnahmen ergibt sich für das Y-Virus ein Häufigkeitsmaximum bei 700 mμ. Daneben finden sich auch kleinere Bruchstücke, da das Y-Virus sehr instabil ist. Für die Dicke der Teilchen ergibt sich elektronenoptisch ein Wert von etwa 13 mμ. Wegen des geringen Durchmessers und der großen Länge sind die Teilchen häufig gekrümmt und weniger starr als die Stäbchen des TMV (Abb. 49). Da der Durchmesser in die Berechnung des Molgewichts quadratisch eingeht, kann dieses aus den elektronenmikroskopischen Daten allein nicht mit Sicherheit ermittelt werden. In der Ultrazentrifuge zeigt das Y-Virus eine verhältnismäßig einheitliche Hauptkomponente, neben niedermolekularen Beimengungen, die als Spaltprodukte des Virus aufzufassen sind. Die Sedimentationskonstante der Hauptkomponente ist stark konzentrationsabhängig, für $c \to 0$ ergibt sich $s_{20} = 200\,S$. Berechnet man nun aus diesem Wert und einer Länge von 700 mμ unter

Annahme eines Molvolumens von 0,74 den Durchmesser der Teilchen, so findet man ebenfalls 13 mμ. Das Molgewicht des Y-Virus beträgt hiernach etwa $75 \cdot 10^6$.

Chemische Eigenschaften. Das Y-Virus ist unbeständig. Nach 24stündigem Stehen bei p_H 3,6 wird es zu 90%, bei p_H 9 unter gleichen Bedingungen zu über 99% zerstört. Auch bei mittleren p_H-Werten ist das Virus nur beschränkt haltbar. Bei p_H 7 sinkt die Wirksamkeit innerhalb von 4 Wochen auf etwa ein Zehntel des Ausgangswertes. Hierbei wird das Virus unlöslich und kann nicht wieder in aktiver Form in Lösung gebracht werden. Das Y-Virus wird im Saft durch 10 min langes Erhitzen inaktiviert. Untersuchungen über die chemische Zusammensetzung des Virus stehen noch aus.

c) Weitere Kartoffelviren.

Das Kartoffel A-Virus (Marmor solani H.) entwickelt am Tabak ähnliche Erscheinungen wie das Y-Virus, jedoch in sehr abgeschwächter Form. Auf Kartoffeln ruft es nur schwache bzw. gar keine sichtbaren Krankheitserscheinungen hervor. Bei einigen Sorten erzeugt es ein lebhaftes, mit leichter Blattwellung bzw. Kräuselung einhergehendes Mosaik. Zum Nachweis von A-Virus eignen sich besonders Solanum demissum bzw. Bastarde hiervon[1]. Das Virus ist ebenfalls durch Mycus persicae und auf mechanischem Wege übertragbar. Durch 10 min langes Erhitzen bei 60° C wird es abgetötet. PFANKUCH und HAGENGUTH isolierten aus Pflanzen, die mit A-Virus infiziert waren, ein Protein, dessen Beziehung zu dem Virus jedoch nicht sichergestellt ist. Wahrscheinlich handelt es sich um ein stäbchenförmiges Virus, das morphologisch dem Y-Virus nahesteht[2].

Das Kartoffel Z-Virus (Marmor angliae H.) ist in Deutschland verhältnismäßig selten und erzeugt an Kartoffelpflanzen ein starkes, allerdings nur vorübergehendes Einrollen der Blätter. Es kann durch den ausgepreßten Saft nicht übertragen werden, sondern nur durch Pfropfung Das übertragende Insekt ist nicht bekannt.

Das Kartoffel Blattroll-Virus (Ruga tabaci H.) erzeugt auf fast allen Kartoffelsorten eine bösartige Krankheit, die sich durch Wuchsstockung, gelbliche Verfärbung des Laubes und durch Einwärtsrollen oder Falten der Blätter äußert. Das Blattrollvirus ist durch den ausgepreßten Saft nicht übertragbar. Es wird hauptsächlich durch Mycus persicae verbreitet. Der Nachweis kann nur auf biologischem Wege erfolgen. Ein zeitsparender Weg hierzu wurde von BAERECKE ausgearbeitet. Man läßt Blattlause an Knollenkeimen saugen und setzt sie anschließend auf Sämlinge von Physalis floridana. Das Blattrollvirus bewirkt bei dieser Pflanze eine fast sofortige Hemmung des Wachstums. Der Test kann innerhalb 14 Tagen durchgeführt werden. Da es bisher kein Verfahren gibt, um angereicherte Lösungen des Virus auszutesten, ist über seine chemische Natur nichts bekannt.

---

[1] KÖHLER, E.: Zuchter **23**, 173 (1953).

[2] BODE, E.: Pflanzenschutztagung Heidelberg 1953.

Virus der Bukettkrankheit. In den letzten Jahren hat sich in Deutschland eine als *Bukettkrankheit*[1] bezeichnete Virose der Kartoffel ausgebreitet. Dieses Virus ähnelt in seinem Verhalten dem Ring spot-Virus des Tabaks. Über seine Natur ist noch wenig bekannt. Es erzeugt Primärläsionen auf Gomphrena[1,2].

Da die verschiedenen Kartoffelviren miteinander nicht verwandt sind, können sie gleichzeitig auf Kartoffelpflanzen auftreten und zu Mischinfektionen Anlaß geben, die oft viel schwerere Krankheitssymptome erzeugen als die einzelnen reinen Virusarten. Die Bekämpfung der Kartoffelvirosen erfolgt hauptsächlich durch sorgfältige Auswahl virusfreien Saatguts, das in Gegenden gezogen wird, deren Klima für die Verbreitung der Blattläuse ungünstig ist. Eine Zusammenfassung über den derzeitigen Stand der Resistenzzüchtung gibt RUDORF[3].

3. Weitere stäbchenförmige Viren.

Severe Etch-Virus (Marmor erodens Var. severum H., Ätzvirus). Das Virus ist eine Variante des Tobacco etch-Virus. Es erzeugt auf Tabak eine hellgelbe Sprengelung mit ausgesprochen nekrotischen Ätzfiguren. Es wird durch den ausgepreßten Saft übertragen. Serologisch zeigt es keine Verwandtschaft mit den bisher besprochenen Virusarten. Das Virus wurde von STANLEY und WYCKOFF[4] als einheitliches Protein isoliert. Zu seiner Darstellung diente ebenfalls die Ultrazentrifuge. Die Sedimentationskonstante wurde zu $s_{20} = 170\ S$ bestimmt. Da konzentrierte Lösungen Strömungsdoppelbrechung zeigen, wird es sich wahrscheinlich um ein stäbchenförmiges Virus handeln.

Henbane Mosaic-Virus (Hyoscyamus Mosaik-Virus, Marmor Hyoscyami H.). Das Virus kommt in der Natur auf Hyoscyamus (Bilsenkraut) vor, kann aber auch auf Tabak und andere Nachtschattengewächse übertragen werden. In Hyoscyamus ruft es eine chlorotische Aufhellung der Blattadern hervor, der ein Gelbmosaik folgt. Das Virus findet sich im Preßsaft nur in geringer Konzentration (1—3 mg/l). Konzentrierte Lösungen zeigen Strömungsdoppelbrechung, was vermuten läßt, daß es sich ebenfalls um ein stäbchenförmiges Virus handelt. Es besteht keine serologische Verwandtschaft mit den anderen Viren dieser Gruppe[5].

Sugar Beet Yellows-Virus (Corium betae H., Zuckerrüben-Gelbsuchtvirus) ruft besonders bei älteren Blättern der Zuckerrübe eine Gelbfärbung hervor, die von Deformationen und Kräuselung begleitet ist. Es kann durch Preßsaft auf mechanischem Wege nicht übertragen werden, sondern nur durch Insekten, z. B. Mycus persicae. Es verträgt die Überwinterung der Zuckerrüben, wird aber durch die Samen nicht

---

[1] KÖHLER, E.: Nachrichtenblatt des Deutschen Pflanzenschutzdienstes **5**, 21 (1953).

[2] KÖHLER, E.: Phytopathologische Zeitschrift **19**, 284 (1952).

[3] RUDORF, W., u. H. ROSS: Züchter **22**, 119 (1952).

[4] STANLEY, W. M., u. R. W. G. WYCKOFF: Science (Lancaster, Pa.) **85**, 181 (1937).

[5] BAWDEN, F. C., u. B. KASSANIS: Ann. Appl. Biol. **28**, 107 (1941).

auf die folgende Generation übertragen. Von LEYON[1] wurden in dem Preßsaft von Zuckerrübenblättern und von Chenopodium foliosum nach Infektion mit dem Virus fadenförmige Teilchen aufgefunden, die durch spezifische Antiseren präcipitierbar waren und nicht in gesunden Blättern vorkamen. Er nimmt daher an, daß diese Gebilde das Virus darstellen, doch hält er weitere Versuche für notwendig. Wahrscheinlich handelt es sich auch hier um eine Gruppe verschiedener Virusstämme.

III. Große, sich in Insekten vermehrende Pflanzenviren.

Neben den bisher besprochenen einfachen Pflanzenviren scheinen auch komplizierter gebaute phytopathogene Viren mit höherem Molekulargewicht vorzukommen. Diese werden im allgemeinen durch Insekten (Blattheuschrecken, leaf hoppers) verbreitet. Kennzeichnend für diese Viren ist, daß sie von den Insekten nicht sofort nach der Aufnahme weiter übertragen werden können, sondern erst nach einer Latenzzeit von mehreren Tagen. Es ist anzunehmen, daß sich diese großen Viren sowohl in den Insekten als auch in den Pflanzen vermehren.

Potato Yellow Dwarf-Virus. Näher untersucht wurde bisher das Potato yellow dwarf-Virus[2, 3]. Dieses weist allerdings eine Besonderheit auf, indem es auch mechanisch auf Nic. rustica übertragen werden kann. Die Form des Virus scheint recht variabel zu sein. Nach den ersten elektronenmikroskopischen Aufnahmen wurde es als Stäbchen mit einer Länge von 200 mμ und einer Dicke von 50 mμ beschrieben. Später wurden hauptsächlich rundliche Formen neben Stäbchen beobachtet. Die Bilder erinnern an die verschiedenen Entwicklungsformen der Insektenviren (siehe S. 188). Die Sedimentationskonstante des Potato-yellow-dwarf-Virus beträgt bei unendlicher Verdünnung 1115 S, ist also auch von gleicher Größenordnung wie die der Insektenviren. Man könnte daher vielleicht die großen Pflanzenviren vom Typ des Potato-yellow dwarf-Virus auch als phytopathogene Insektenviren bezeichnen.

IV. Bakteriophagen.

Die Bakteriophagen erhielten ihren Namen von ihrem Entdecker D'HERELLE 1917. Unabhängig davon waren sie bereits 1915 von TWORT beschrieben worden. Die ersten elektronenmikroskopischen Abbildungen wurden von RUSKA 1941[4] und etwas später von LURIA und ANDERSON[5] aufgenommen. Die Gruppe der Bakteriophagen umfaßt morphologisch sehr verschiedene Erreger, deren Durchmesser zwischen 10 und 200 mμ liegt und deren systematische Einordnung schwierig ist. Wegen der engen Beziehung ihrer Wirtsorganismen zu den Pflanzen sollen die

[1] LEYON, H.: Ark. Kemi (Stockh.) **3**, 105 (1951).

[2] BLACK, L. M., V. M. MOSLEY u. R. W. G. WYCKOFF: Biochim. et Biophysica Acta **2**, 121 (1948).

[3] BRAKLE, M. K., L. M. BLACK u. R. W. G. WYCKHOFF: J. Bot. **38**, 332 (1951).

[4] RUSKA, H.: Arch. Virusforsch. **2**, 345 (1942).

[5] ANDERSON, T. F.: Cold Spring Harbor Symp. Quant. Biol. **11**, 1 (1946).

Bakteriophagen hier im Anschluß an die Pflanzenviren abgehandelt werden. Allerdings sind nur wenige Phagen chemisch so weit charakterisiert, daß eine Besprechung im vorliegenden Zusammenhang angebracht erscheint.

1. Staphylococcus-Phage (Phagus liber H.).

Northrop[1] gelang es, einen Staphylokokkenphagen auf chemischem Wege in Form eines Nucleoproteids darzustellen. Ausgehend von 200 l einer Staphylokokkenkultur in Hefewasser erhielt er ohne wesentlichen Verlust an Wirksamkeit etwa 60 mg reines Protein, das, bezogen auf die Menge des Ausgangsmaterials, etwa die 100fache Wirksamkeit besaß. 10^{-16} g N dieses reinen Phagen genügten, um eine Bakteriolyse hervorzurufen. Für die Reinheit des dargestellten Proteins spricht die Unabhängigkeit seiner Löslichkeit von der Menge des vorhandenen Bodenkörpers. Die Identität des dargestellten Proteins mit dem Phagen wurde von Northrop durch eine Reihe sorgfältiger Untersuchungen sichergestellt. Die Sedimentationskonstante dieses Phagen konnte von Wyckoff[2] nur in konzentrierter Lösung bestimmt werden. Er fand $s_{20} = 650\,S$, was etwa einem Molgewicht von $300 \cdot 10^6$ bzw. einem Durchmesser von rund 80 mμ entsprechen wurde. Bei dem Versuch der Messung der Diffusionskonstante fand Northrop eine sehr starke Abhängigkeit von der Konzentration. Es ist jedoch nicht sicher, ob dieses Verhalten auf Aggregation oder auf die Versuchsbedingungen zurückzuführen ist. Es wurde namlich nicht die freie Diffusion, sondern die durch eine poröse Scheibe gemessen, wobei sich erfahrungsgemäß leicht Störungen ergeben. Für das Protein ergab sich folgende Analyse: C 41%, H 4,3%, N 14,3%, P 4,8%, Asche 3%, Glucose 3,5%. Dem Absorptionsspektrum nach handelt es sich um ein Nucleoproteid. Die Analyse zeigt, daß es mehr Phosphor enthält, als der Nucleinsäure entspricht.

Aus diesen schon länger zurückliegenden Versuchen von Northrop darf keinesfalls geschlossen werden, daß der Staphylococcus-Phage in seinem Aufbau von den anderen Phagen, etwa der T-Gruppe, abweicht. Von Cavallo und Schramm[3] wurde ein Staphylococcus-Phage untersucht, der in seiner Sedimentationskonstante mit dem von Northrop vergleichbar ist. Es handelt sich bei diesem nicht um ein einfaches Nucleoproteid, sondern um ein kaulquappenförmiges Gebilde, ähnlich T_5 (Durchmesser des Kopfes etwa 80 mμ, Länge des Schwanzes 200 mμ).

2. Die T-Phagen.

Die T-Phagen sind die bisher am besten untersuchte Gruppe unter den Phagen. Sie wurden zuerst von Demerec und Fano[4] beschrieben. Ihr gemeinsames Merkmal besteht darin, daß sie alle einen bestimmten Stamm B von Escherichia coli befallen. Die T-Phagen lassen sich

[1] Northrop, J. H.: J. Gen. Physiol. **21**, 335 (1938).
[2] Wyckoff, R. W. G.: J. Gen. Physiol. **21**, 367 (1938).
[3] Cavallo, G., u. G. Schramm: Unveröffentlicht.
[4] Demerec, M., u. U. Fano: Genetics **30**, 119 (1945).

serologisch in 4 Gruppen aufteilen, die untereinander keine Kreuzreaktion geben; dagegen ist jeder Stamm mit jedem anderen Stamm derselben Gruppe serologisch verwandt:

1. T_1, 2. T_5, 3. T_2, T_4, T_6, 4. T_3, T_7.

Von jedem Phagenstamm sind wieder Mutanten bekannt, die sich aber, soweit bisher festgestellt wurde, serologisch nicht von den Ausgangsformen unterscheiden.

Mutanten. Die wichtigsten Mutanten sind: 1. solche mit veränderter Wirtsspezifität (host range), diese werden mit dem Buchstaben h bezeichnet; 2. solche mit veränderter Kulturform. Sie liefern ein größeres Loch (plaque) im Bakterienrasen, das außerdem einen klaren statt eines trüben Hofes zeigt. Sie werden mit dem Buchstaben r gekennzeichnet. Es gibt viele genetisch verschiedene, aber phänotypisch gleiche r-Mutanten, je nachdem, welcher „locus" mutiert. Ein T_2-Phagenteilchen, das im Locus 7 und 13 mutiert ist, wird z. B. als T_{2r7r13} bezeichnet. Es gibt auch Kombinationen von h- und r-Mutanten, etwa T_{2hr7}. 3. Varianten, deren genetischer Zusammenhang mit dem typenspezifischen Stamm nicht genau bekannt ist. Diese werden mit großen Buchstaben bezeichnet: T_{2H} oder T_{2R}. 4. Biochemische Mutanten, die sich in ihren biochemischen Leistungen von den Ausgangsformen unterscheiden. Es gibt eine Mutante von T_2, die für das Eindringen in die Bakterien einen Cofaktor in Gestalt von Tryptophan benötigt und andere Mutanten, die ohne diesen Cofaktor auskommen.

Darstellung. Als Ausgangsmaterial dient das Lysat der infizierten Bakterienkultur. Mucinhaltiges Material laßt sich besser abtrennen, wenn man nicht frische Lysate verwendet, sondern diese erst eine Woche im Eisschrank aufbewahrt[1]. Bakterientrümmer werden durch Filtration entfernt. Aus der geklärten Lösung werden die Bakteriophagen in der üblichen Weise durch abwechselnd hoch- und niedertouriges Zentrifugieren angereichert. Die völlige Abtrennung von Fremdstoffen ist schwierig, so daß die Angaben über die chemische Zusammensetzung nicht unbedingt gesichert sind.

Bei der Verarbeitung größerer Mengen von T_2-Phagen erwies es sich als zweckmäßig, eine Fällung des Virus bei p_H 4 und eine enzymatische Entfernung der äußerlich anhaftenden DNS durch Desoxyribonuclease einzuschalten[2].

Beim T_7-Phagen bereitet die Abtrennung einer braunen Verunreinigung Schwierigkeiten. Die Aufarbeitung ist daher verlustreich und es werden aus 1 l Lysat nur etwa 0,4 mg Virus in reiner Form gewonnen. die nur 10% der ursprünglich vorhandenen Aktivitat entsprechen[1]. Beim T_2-Phagen sind die Ausbeuten besser. es werden etwa 4 mg/l Lysat erhalten.

---

[1] KERBY, G. P., R. A. GOWDY, M. L. DILLON, T. Z. CSAKY, D. G. SHARP u. J. W. BEARD: J. of Immun. **63**, 93 (1949).

[2] HERRIOTT, R. M., u. J. L. BARLOW: J. Gen. Physiol. **36**, 17 (1953).

Größe und Gestalt. Größe, Gestalt und die Molekulardimensionen gereinigter Phagen sind in Tab. 22 zusammengestellt[1]. Der T_1-Phage besitzt einen runden Kopf und einen dünnen, geraden oder leicht gekrümmten Schwanz. Der Kopf des T_5 ist ebenfalls rund, jedoch ist der Durchmesser größer. Die Phagen T_2, T_4, T_6 sind morphologisch nicht voneinander unterscheidbar. Sie besitzen einen großen Kopf, der die Form eines kurzen Stäbchens mit konischen oder abgerundeten Ecken aufweist. Der Kopf scheint eine innere Struktur zu besitzen. Das Ende

Tabelle 22. *Große, Form und Molekularkonstanten einiger gereinigter Bakteriophagen.* (Modifiziert nach PUTNAM.)

Typ	Coliphage	Elektronenmikroskopie Kopf in mμ	Elektronenmikroskopie Schwanz in mμ	s_{20} in S	D_{20} 10^{-7} cm²/sec	V_0	Infekt. g N/Phage in 10^{-16}	Teilchengewicht aus s und D in 10^6	Teilchengewicht biolog. in 10^6
I	T_1	50	120×10						
II	T_5	90	170×15						
III	T_2	60×80	100×20	700		0,66	1,3	100	584
	T_4	60×80	100×20		0,80				
	T_6	60×80	100×20	825	0,45	0,66	1	100	460
IV	T_3	45	kein		1,19			30—40	
	T_7	45	kein	480		0,68	0,5	30—40	260
	Staph.Ph.			650	0,18	0,83	1	530	300

des Schwanzes ist etwas aufgetrieben (s. Abb. 50). In älteren Suspensionen dieser Phagen sieht man leere Hüllen[2]. Diese Hüllen können durch einen osmotischen Schock abgesprengt werden. Der Schock wird dadurch hervorgerufen, daß man die Viren zunächst in 4 m NaCl suspendiert und dann die Suspension schnell mit destilliertem Wasser verdünnt. Die Viren werden dadurch inaktiviert und die elektronenmikroskopischen Bilder zeigen dann die leeren Kopfmembranen, an denen noch die Schwänze hängen. Nach Untersuchungen von HERSHEY[3] tritt bei der Infektion die äußere Hülle nicht in das Bacterium ein. Die Phagen der drei übrigen Gruppen zeigen unter dem Elektronenmikroskop keine Membranen und werden durch einen osmotischen Schock nicht inaktiviert. Die Phagen T_3 und T_7 besitzen im Gegensatz zu den übrigen keinen deutlich erkennbaren Schwanz. Nach FRASER und WILLIAMS[4] sollen aber auch bei T_3 und T_7 kurze Fortsätze vorhanden sein. Die Köpfe scheinen eine zweilappige Struktur zu besitzen. Im übrigen sind die Teilchen homogen und ohne umhüllendes Material. Die meisten der elektronenmikroskopisch bestimmten Abmessungen stammen von ANDERSON[5]. Neuere Messungen wurden von NODA[6]

[1] PUTNAM, F. W.: Science (Lancaster, Pa.) **111**, 482 (1950).
[2] ANDERSON, F. T.: Bot. Review **15**, 464 (1949).
[3] HERSHEY, A. D., u. M. CHASE: J. Gen. Physiol. **36**, 39 (1952).
[4] FRASER, D., u. R. C. WILLIAMS: J. Bacter. **65**, 167 (1953).
[5] ANDERSON, T. F.: Cold Spring Harbor Symp. Quant. Biol. **11**, 1 (1946).
[6] NODA, H.: Biochim. et Biophysica. Acta **12**, 495 (1953).

ausgeführt. Bei bedampften Aufnahmen werden wie auch in anderen Fällen größere Durchmesser festgestellt[1]. So fanden KERBY[2] u. a. bei T_7 im unbedampften Zustand $d = 51$ mμ, im bedampften $d = 70$ mμ.

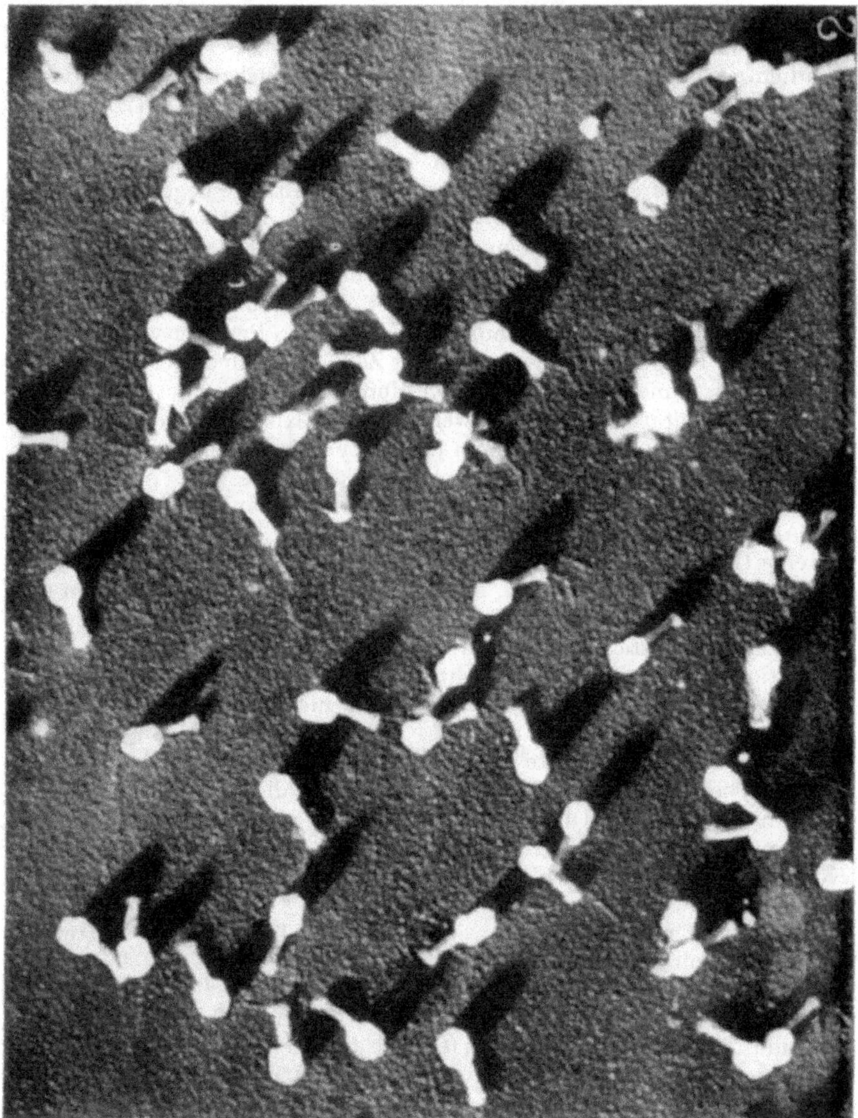

Abb. 50. Gereinigte T_2-Phagen, Vergr 37000fach, 30 min mit Formol fixiert, Aufnahme Dr J. S. MURPHY, nach HERRIOTT und BARLOW.

[1] HOOK, A. E., D. BEARD, A. R. TAYLOR, D. G. SHARP u. J. W. BEARD: J. of Biol. Chem. **165**, 241 (1946).

[2] s. Anm. 1, S. 177.

Bei der Untersuchung der T-Phagen in der Ultrazentrifuge erhält man im allgemeinen einen einzigen Gradienten, der auf einen verhältnismäßig hohen Grad von Einheitlichkeit hinweist. Allerdings wurde bisher nur T_6 mit der refraktometrischen Methode untersucht, T_2 und T_7 hingegen nur mit Hilfe von Absorptionsmessungen, die keine so genauen Schlüsse zulassen. Bei einigen Phagen, T_2 und T_6, findet man zwei Gradienten nebeneinander. Dies ist darauf zurückzufuhren, daß die Teilchen auch in einer aggregierten Form vorkommen. Bei T_2 findet man unterhalb p_H 5,8 eine einzelne Bande mit $s_{20} = 1000\ S$, oberhalb eine solche mit $s_{20} = 700\ S$. Wie beim TMV tritt also auch hier die Aggregation bevorzugt im sauren Gebiet ein. Ähnliche Verhältnisse liegen bei T_6 vor. Dort beobachtet man unterhalb p_H 4,9 eine Bande mit 1050 S, oberhalb in wechselnder Intensität daneben auch eine Bande mit 800 S. In sehr konzentrierten Lösungen des T_6-Phagen treten auch Aggregate mit einer Sedimentationskonstanten oberhalb 1000 S auf. Diese Flockung wird bei einer Konzentration von 10^{19} Phagen/cm^3 beobachtet. PUTNAM weist darauf hin, daß die Phagenkonzentration in der Zelle oberhalb dieser Flockungsgrenze liegt. Innerhalb des üblichen Meßbereichs bis etwa 0,1% herab ist die Sedimentationskonstante wenig von der Konzentration abhängig. Bei T_2, T_6 und T_7 beobachtet man jedoch bei sehr hohen Verdünnungen eine Anomalie, denn die Sedimentationskonstante fällt plötzlich zu ganz kleinen Werten ab. Die Messungen sind dank der sehr hohen UV-Absorption der Phagen möglich. Aus dieser Beobachtung könnte auf eine Dissoziation der Bakteriophagen in kleinere Partikel geschlossen werden, doch ist zu bedenken, daß bei diesen hohen Verdünnungen die Banden wegen des geringen Dichteunterschieds zwischen Lösung und Lösungsmittel instabil werden und durch Konvektion kleinere Sedimentationskonstanten vorgetäuscht werden können, als tatsächlich vorliegen. Die Frage, ob die Phagen bei sehr niedrigen Konzentrationen dissoziieren, muß also offen bleiben.

Die Diffusionskonstante wurde bei T_6 optisch nach der Lamm-Methode, bei T_3 und T_4 nur analytisch gemessen, diese Angaben sind also ungenauer. Auch die Diffusionskonstanten zeigen bei sehr hohen Verdünnungen einen anomalen Anstieg, doch ist auch hier ein Fehler durch Konvektion nicht auszuschließen. Die Versuche, diese Anomalien durch eine aktive Bewegung des Schwanzes zu erklären, sind mit Zurückhaltung aufzunehmen, zumal sie beim schwanzlosen T_3 ebenfalls auftreten. Außerdem würde eine aktive Bewegung einen Stoffwechsel voraussetzen, der nicht nachweisbar ist.

Die spezifischen Volumina wurden fur T_2 und T_7 pyknometrisch bestimmt. Der Wert von 0,66 bis 0,68 ist auffallend niedrig, da er im allgemeinen für Eiweißstoffe $V_0 = 0{,}74$ beträgt. Wahrscheinlich ist die hohe Dichte durch den hohen Gehalt an Nucleinsäure bedingt.

Aus den elektronenmikroskopischen Daten und der angegebenen Dichte berechnet sich für den Phagen T_6 ein Teilchengewicht von $230 \cdot 10^6$. Nimmt man allerdings an, daß der Phage stark abgeplattet ist, so ist das Molgewicht wesentlich geringer. Aus s_{20} und D_{20} würde sich für das dimere Teilchen ein Molgewicht von $167 \cdot 10^6$ ergeben. Wird aber der auf $c \to 0$ extrapolierte Wert der Sedimentationskonstanten $s_{20} = 1200\ S$ und $D_{20} = 0{,}45 \cdot 10^{-7}$ zugrunde gelegt, so berechnet sich das Molgewicht des dimeren T-Phagen zu rund $200 \cdot 10^6$, das des monomeren also zu rund $100 \cdot 10^6$. Dieser Wert könnte mit dem elektronenmikroskopisch erhaltenen bei Annahme einer starken Abplattung verträglich sein.

Bei den schwanzlosen, kugelförmigen T_7-Phagen ist die Übereinstimmung befriedigend. Hier ergibt sich aus elektronenoptischen Daten ein Durchmesser von 45 mμ, aus der Sedimentationskonstante unter der Annahme einer Kugelform ein solcher von 43 mμ, was einem Teilchengewicht von $30—40 \cdot 10^6$ entspricht.

Von PUTNAM wurde das Partikelgewicht der infektiösen Einheit aus der Infektionsdosis je mg N berechnet, die einen Plaque erzeugt. Dieser Wert stellt eine obere Grenze dar, da nicht sämtliche aktive Teilchen zur Infektion gelangen. Durch Auszählung der Phagenteilchen im Elektronenmikroskop ergibt sich eine bessere Übereinstimmung zwischen Teilchenzahl und Plaquezahl. Hieraus läßt sich schließen, daß in den zur Berechnung benutzten Präparaten zum Teil auch inaktive Teilchen enthalten sind. Setzt man die physikalisch-chemisch gemessene Diffusionskonstante in Beziehung zur biologisch gemessenen Adsorptionskonstante, so ergibt sich, daß nahezu jeder Zusammenstoß zwischen Phagen und Bacterium zur Adsorption führt.

Elektrophoretische Eigenschaften. Genauere Untersuchungen liegen über den Phagen T_6 vor. Er zeigte bei der Elektrophorese eine etwas diffuse Bande mit einer Wanderungsgeschwindigkeit von $-7{,}3 \cdot 10^{-5}$ cm² je Voltsec bei p_H 8,6 und von $-3{,}6 \cdot 10^{-5}$ bei p_H 5,1. Bei niedrigerem p_H konnte die Wanderungsgeschwindigkeit nicht gemessen werden, da die Phagen dann unlöslich werden. Der isoelektrische Punkt liegt wahrscheinlich etwa bei p_H 4,6. Auffallend ist, daß die Wanderungsgeschwindigkeit trotz des hohen Nucleinsäuregehalts verhältnismäßig gering ist[1]. Die Beweglichkeit des T_6 ist nahezu unabhängig davon, ob er aus Bouillon oder aus synthetischem Medium isoliert wurde. Elektrophoretisch konnten schneller wandernde Verunreinigungen abgetrennt werden, die sich als DNS erwiesen. Dem Phagen T_2 kommt nach SHARP und Mitarbeitern[2] ein isoelektrischer Punkt von ungefähr p_H 4,2 zu.

Chemische Zusammensetzung. Von TAYLOR[3] wurde für den T_2-Phagen die in Tab. 23 wiedergegebene Zusammensetzung analytisch bestimmt.

Tabelle 23. *Chemische Zusammensetzung des T_2-Phagen.*

Phagen aus	N %	P %	Kohlenhydrate %	Lipoid %	DNS %	RNS %
Brühe	13,5	4,84	13,6	2,6	41	7
Synthetisches Medium	13,3	5,22	11,7	1,8	46	1,3

[1] KOZLOFF, L. M., F. W. PUTNAM u. J. C. NEIL: J. of Biol. Chem. **181**, 207 (1949).

[2] SHARP, D. G., u. a.: J. of Biol. Chem. **165**, 259 (1946).

[3] TAYLOR, A. R.: J. of Biol. Chem. **165**, 271 (1946).

Sie ist verschieden für Phagen, die aus Nährbouillon und für solche, die aus synthetischem Medium isoliert wurden. Der Lipoidgehalt ist, verglichen mit dem tierischer Virusarten gleicher Größe, gering. Auch die Art der Lipoide ist verschieden. Während man bei den tierischen Virusarten hauptsächlich Phosphorlipoide findet, enthält der Phage T_2 nur Neutralfett. Vielleicht sind diese Lipoide ein charakteristischer Bestandteil des Phagen, denn die Bakterien enthalten nur Phosphorlipoide und kein Neutralfett. Der Kohlenhydratgehalt entspricht der Menge an Nucleinsäure. Nachdem TAYLOR zunachst sowohl DNS als auch RNS nachgewiesen hatte, zeigten spätere Versuche[1, 2], daß die RNS durch sorgfältige Reinigung aus dem Phagen nahezu vollständig entfernt werden kann, also kein wesentlicher Bestandteil ist. COHEN stellte fest, daß 99% des P als DNS vorliegt. Er konnte fernerhin zeigen, daß die überschüssige DNS bei den Phagen, die aus synthetischem Medium isoliert wurden, durch Behandlung mit Desoxyribosenuclease entfernt werden kann. Der höhere DNS-Gehalt ist also auf das Fehlen dieses Ferments im synthetischen Medium zurückzuführen. Die Angaben der einzelnen Autoren über den N- und P-Gehalt des T_2-Phagen sind schwankend. Während TAYLOR 41% DNS und COHEN 37% findet, gibt HERRIOTT 53% DNS an. Der letztere fand neben DNS in den Phagen höchstens 0,3—0,7% RNS und 0,2—0,6% Lipoid. Die Abweichungen gegenüber den Angaben von TAYLOR sind also recht erheblich. Abgesehen von der Unsicherheit ist der DNS-Gehalt überraschend hoch und wird von keiner anderen Virusart erreicht.

Untersuchungen über die chemische Zusammensetzung des T_6-Phagen wurden von PUTNAM, KOZLOFF und NEIL (S. 181) durchgeführt. Sie benutzten ein Präparat, das bei der Elektrophorese und in der Ultrazentrifuge völlig einheitlich war, und fanden einen N-Gehalt von 13,3 % und einen P-Gehalt, der dem der T_2-Phagen entspricht. Ferner untersuchten sie die Verteilung des Phosphors auf die verschiedenen Fraktionen des Virus und stellten fest, daß der größte Teil in der DNS vorkommt. Die P-Verteilung ist in der folgenden Tab. 24 wiedergegeben.

Tabelle 24. *Phosphorverteilung im T_6-Phagen.*

Fraktion	% P T_6
DNS	92,0—94,8
RNS	2,4—3,4
Saurelöslicher Phosphor	0,9—3,8
Alkohollöslicher Phosphor	0,5—1,2
Rest (P-Protein)	0,7—1,8

Der säurelösliche Phosphor besteht zum größten Teil aus anorganischem Phosphat. Man sieht, daß mit Ausnahme der DNS der Phosphorgehalt der übrigen Fraktionen verschwindend ist und von der Art der Präparation abhängt.

[1] COHEN, S. S., u. T. F. ANDERSON: J. of Exper. Med. **84**, 511 (1946).
[2] COHEN, S. S.: Cold Spring Harbor Symp. Quant. Biol. **12**, 35 (1946).

Für den T_7-Phagen wurde $N = 12{,}3$ und $P = 3{,}8\%$ gefunden. Es wurde nur eine sehr kleine Menge von Ribose nachgewiesen, so daß der P nahezu vollständig der DNS zuzurechnen ist und sich ein DNS-Gehalt von 38% ergibt[1].

Interessant ist die quantitative Zusammensetzung der Phagen DNS. Die geradzahligen Phagen T_2, T_4, T_6 wurden von WYATT und COHEN[2] untersucht. Sie enthalten statt des üblicherweise vorkommenden Cytosins 5-Oxymethylcytosin. Das Basenverhältnis ist bei den verschiedenen Mutanten der geradzahligen Phagen gleich und recht verschieden von dem der Coli-DNS (Tab. 25).

Tabelle 25. *Basenzusammensetzung der geradzahligen Phagen und des Colibacteriums.*

	Adenin %	Thymin %	Guanin %	Cytosin %	Oxymethylcytosin %
T_2, T_4, T_6	33,2	35,2	17,9	—	13,6
Coli	23	27,5	24	25,8	—

Von POLSON und WYCKOFF[1] wurde die Aminosäurezusammensetzung des Phagen T_4 untersucht. Die Autoren betrachten die Einheitlichkeit ihres Präparats als zweifelhaft und die Ergebnisse daher nur als vorläufig. In der Tabelle 26 sind die Werte mit denen des Wirts verglichen.

Stabilität. Die p_H-Stabilität der Phagen T_7[3] und T_5[4] wurde genauer untersucht. Zwischen p_H 5,5 und 7,5 scheint die Geschwindigkeit der Inaktivierung unabhängig vom p_H zu sein. Außerhalb dieser Grenze nimmt die Wirksamkeit der Phagen rasch ab. Parallel hierzu findet man in der Ultrazentrifuge kleine Bruchstücke von 19 S im alkalischen und 35 S im sauren Gebiet[5]. In verdünnten Lösungen von Na-Salzen werden die meisten Phagen bei Zimmertemperatur mit meßbarer Geschwindigkeit inaktiviert. In 1 m Na-Salzlösungen sind sie wesentlich stabiler, der Phage T_5 ist ebenso stabil wie in Bouillon. Die Inaktivierung von T_5 und den übrigen Phagen kann durch sämtliche zweiwertige Metallionen mit Ausnahme von Pb und Hg verhindert werden, und zwar ergeben

Tabelle 26.
Aminosäurezusammensetzung des T_4-Phagen.

Aminosäure	E coli	T_4
Asparaginsäure	9,6	12,0
Glutaminsäure	9,6	12,0
Serin	4,9	4,8
Glykokoll	7,9	7,3
Threonin	5,3	7,0
Alanin	8,4	9,4
Valin	5,0	6,5
Methionin	2,9	> 1,3
Phenylalanin	4,8	4,2
Isoleucin	4,6	3,9
Leucin	8,3	6,5
Tryptophan	1,3	—
Prolin	3,0	5,0
Tyrosin	4,3	3,7
Arginin	8,2	6,5
Lysin	8,3	8,4
Histidin	3,3	> 2,6

[1] POLSON, A., u. R. W. G. WYCKOFF: Science (Lancaster, Pa.) **108**, 501 (1948).
[2] WYATT, C. R., u. S. S. COHEN: Nature (London) **170**, 1072 (1952).
[3] KERBY, G. P.: J. of Immun. **63**, 93 (1949).
[4] ADAMS, M. H.: J. of Immun. **62**, 505 (1949).
[5] KERBY, G. P., R. A. GOWDY, M. L. DILLON, T. Z. CSAKY, D. G. SHARP u. J. W. BEARD: J. of Immun. **63**, 93 (1949).

0,001 m-Lösungen den besten Schutz. Worauf dieser Schutzeffekt der Kationen beruht, ist noch nicht geklärt. Die Wirkung von Strahlung auf die Phagen wurde an anderer Stelle geschildert. Das Inaktivierungsspektrum stimmt mit dem UV-Absorptionsspektrum überein. Licht mit mehr als 3600 Å hat kaum mehr einen inaktivierenden Einfluß.

Über das chemische Verhalten der Phagen bei der Vermehrung wurde bereits im allgemeinen Teil berichtet.

3. Weitere Phagen.

Soweit sich übersehen läßt, bestehen die Phagen anderer Bakterienarten ebenso wie die Phagen T_1 und T_5 aus einem Kopf- und einem Schwanzteil.

Phagen von Salmonella typhi[1] Vi I besitzt einen Kopf von ungefähr 100 mμ Durchmesser und einen kurzen Schwanz von 65 mμ Länge mit verdicktem Ende. Die Teilchen scheinen von einer Membran umgeben zu sein. Vi II besitzt einen runden Kopf von 40—50 mμ Durchmesser und einen Schwanz von 100 mμ Länge. Vi IV hat einen runden Kopf von 50—60 mμ Durchmesser und einen sehr dünnen Schwanz von 100 mμ Länge.

Phagen von Bacillus cereus[2]. Dieser temperierte Phage hat einen verhältnismäßig kleinen Kopf von 45 mμ Durchmesser und einen langen Schwanz von 270 mμ $\times$ 22 mμ. Neben dieser Hauptform kommen auch abweichende Formen vor.

V. Gruppe: Insektenviren[3, 4, 5].

Von den im allgemeinen Teil angeführten Genera der Insektenviren liegen eingehendere chemische Untersuchungen nur über die Polyederviren und die Kapselviren vor.

1. Polyederviren der Insekten (Borrelina).

Die Larvenstadien vieler Insektenarten werden von Viruskrankheiten befallen, die nach ihrem charakteristischen Symptom als Polyederkrankheiten bezeichnet werden. In den Kernen der befallenen Zellen entstehen in großer Menge 1—15 μ große polyedrische Eiweißkristalle. Bei den Lepidopteren entwickeln sich die Polyeder in fast allen Geweben mit Ausnahme der Gonaden, des Darms und der MALPIGHIschen Gefäße. In den Larven der Hymenoptere, Gilpinia hercynia, entstehen hingegen die Polyeder ausschließlich in den Zellen des Mitteldarms[6]. Die Polyeder bestehen aus einem nichtinfektiösen Protein, das die eigentlichen Viruspartikel umschließt. In der Lymphe finden sich diese auch in freier

[1] GIUNTINI, J., u. E. EDLINGER: VI. Internationaler Kongreß fur Mikrobiologie Rom 1953.

[2] KELLENBERGER, G., u. E.: Schweiz. Z. Path. **15**, 225 (1952).

[3] Zusammenfassende Darstellungen über dieses Gebiet finden sich bei E. A. STEINHAUS: Bacter. Rev. **3**, 203 (1949).

[4] BERGOLD, G.: Biol. Zbl. **63**, 1 (1943).

[5] BERGOLD, G.: Adv. Virus Res. **1**, (1953).

[6] BIRD, F. T.: Nature (London) **163**, 777 (1949).

Form. Die an Irrtümern reiche historische Entwicklung in der Erforschung der Polyederkrankheiten ist von anderer Seite ausführlich dargestellt worden[1]. Die neueren biochemischen Erkenntnisse auf dem Gebiete der Insektenviren verdanken wir vor allem den grundlegenden Arbeiten von G. BERGOLD.

a) Polyedervirus der Seidenraupe (Borrelina bombycis).

Biologisches Verhalten. Die Krankheit ist schon seit dem 16. Jahrhundert bekannt. Sie breitet sich bei den Seidenraupen (Bombyx mori) seuchenhaft aus und bietet eine erhebliche Gefahr für ihre Aufzucht. Die Inkubationszeit beträgt 6—8 Tage. Die kranken Insekten machen äußerlich einen geschwollenen Eindruck, kurz vor dem Tode nimmt ihre Haut eine gelbliche Färbung an. Die Erkrankung wird daher auch als Fettsucht oder Gelbsucht (grassery, jaundice) bezeichnet. Die biologische Aktivität des Virus wird durch Verdunnungsreihen bestimmt, wobei jeweils 5 mm^3 der zu prüfenden Lösung den Raupen subcutan injiziert wird. Der 50%-Endpunkt liegt bei $4 \cdot 10^{-13}$ g Protein je Tier[1].

Abb. 51. Auswahl kleiner Polyeder von Bombyx mori, Vergr etwa 3000fach. Aufnahme G. BERGOLD

Darstellung. Die Bombyxpolyeder sind Rhombododekaeder mit ziemlich scharfen Ecken und Kanten (Abb. 51). Ihre Größe schwankt zwischen 0,5 und 15 μ. Nach der Röntgenuntersuchung handelt es sich um Kristalle. In den Kristallen eingeschlossen sind einzeln oder paarweise die Virusteilchen. Die Polyederkristalle bestehen zu etwa 82% ihres Gewichts aus dem wasserunlöslichen, phosphorarmen, nichtinfektiösen Polyederprotein und enthalten in einer Menge von etwa 5% das wasserlösliche, nucleinsäurereiche, infektiöse Polyedervirus. Die Gewichts- sowie die Stickstoff- und Phosphorverteilung auf die einzelnen Fraktionen ist in der folgenden Tab. 27[1] zusammengestellt.

Das Polyederprotein schützt die eingeschlossenen Virusstäbchen gegen physikalisch-chemische Einwirkungen verschiedener Art. Durch vorsichtige Behandlung gelingt es, die Virusstäbchen aus dem Polyederprotein herauszulösen, wobei das Polyedermaterial mit den entsprechenden Lücken zurückbleibt.

Zur Darstellung des reinen Virusproteins werden die an der Krankheit verendeten Raupen zerrieben, die groben Bestandteile abfiltriert und

[1] BERGOLD, G.: Z. Naturforsch. **2b**, 122 (1947).

die Suspension für einige Tage oder Wochen bei Zimmertemperatur der Autolyse überlassen. Die Polyeder setzen sich als weiße Schicht am Boden ab. Durch wiederholtes Zentrifugieren werden sie gereinigt, bis eine fast weiße Emulsion der reinen Polyeder entsteht. Diese löst man nun in elektrolytarmem Alkali. Zur Auflösung der Bombyxpolyeder hat sich am besten 0,006 m Na_2CO_3 + 0,05 m NaCl bewährt. Aus dieser Lösung werden die hochmolekularen Viruspartikel abzentrifugiert und vom niedermolekularen Polyederprotein abgetrennt. Zur weiteren Reinigung wird das Virusprotein noch mehrfach gewaschen.

Tabelle 27. *Zusammensetzung der Bombyxpolyeder.*

Fraktion	mg	Stickstoff		Phosphor	
		mg	%	mg	%
Bombyxpolyeder	100	14,73	100	0,214	100 T
Ungeloste Polyederreste	1,00	0,14	0,96	0,004	1,8
Polyederprotein	82,20	12,42	84,40	0,023	10,7
Virusprotein	5,00	0,69	4,70	0,056	26,2
Ungelöstes Virusprotein	0,22	0,03	0,21	0,003	1,4
Niedermolekulare Anteile, Verluste beim Fallen	11,58	1,45	9,73	0,129	60,2

Größe und Gestalt. Die Viruspartikel sind im Dunkelfeld des Lichtmikroskops gerade noch als schwache Beugungsscheibchen zu erkennen. Auf den elektronenmikroskopischen Aufnahmen erscheinen sie als Stäbchen von 288 mμ Länge und 40 mμ Dicke[1]. Sie sind nicht völlig homogen, sondern zeigen eine gewisse Innenstruktur und knötchenförmige Verdickungen. Man beobachtet häufig Bündel aus zwei oder mehreren aneinandergelagerten Stäbchen. Daneben finden sich auch sphärische Partikel, die als Entwicklungsformen des Virus aufgefaßt werden[2] (Abb. 52).

In der Ultrazentrifuge zeigt das Bombyxvirus nur einen einzelnen, aber ziemlich breiten Sedimentationsgradienten. Die Viruspartikel sind also hinsichtlich der Größe nicht homogen. Diese Uneinheitlichkeit ist sicherlich zum Teil durch die Aggregationstendenz der Virusteilchen bedingt, die sich leicht zu Bündeln vereinigen. Hierfür spricht vor allem, daß die Einheitlichkeit sehr stark durch die Art und Konzentration der Elektrolytlösung beeinflußt wird. Bei anderen Polyederviren findet man teilweise mehrere Sedimentationsgradienten, die den einzelnen Aggregaten entsprechen. Beim Bombyxvirus beträgt die mittlere Sedimentationskonstante $s_{20} = 1871 \pm 108\,S$. Eine Abhängigkeit von der Konzentration der Lösung läßt sich nicht feststellen. Durch höheren Salzgehalt wird s_{20} erhöht. Auch die Diffusionskonstante des Bombyxvirus ist nicht konzentrationsabhängig. Sie beträgt $0{,}21 \cdot 10^{-7}$ cm²/sec $\pm 3\%$. Das partielle spezifische Volumen wurde pyknometrisch zu 0,77 bestimmt. Aus diesen Daten berechnet sich für das Bombyx mori-Virus

[1] Bergold, G.: Z. Naturforsch. **3 b**, 25 (1948).
[2] Bergold, G.: Canad. J. Res. **28 E**, 5 (1950).

ein Teilchengewicht von $916 \cdot 10^6$ und ein f/f_0-Wert von 1,51, was einem Achsenverhaltnis von 1:10 entspricht. Aus den elektronenmikroskopischen Daten wurde sich ein Teilchengewicht von $300 \cdot 10^6$ ergeben und ein Achsenverhältnis von 1:7. Die Übereinstimmung zwischen beiden

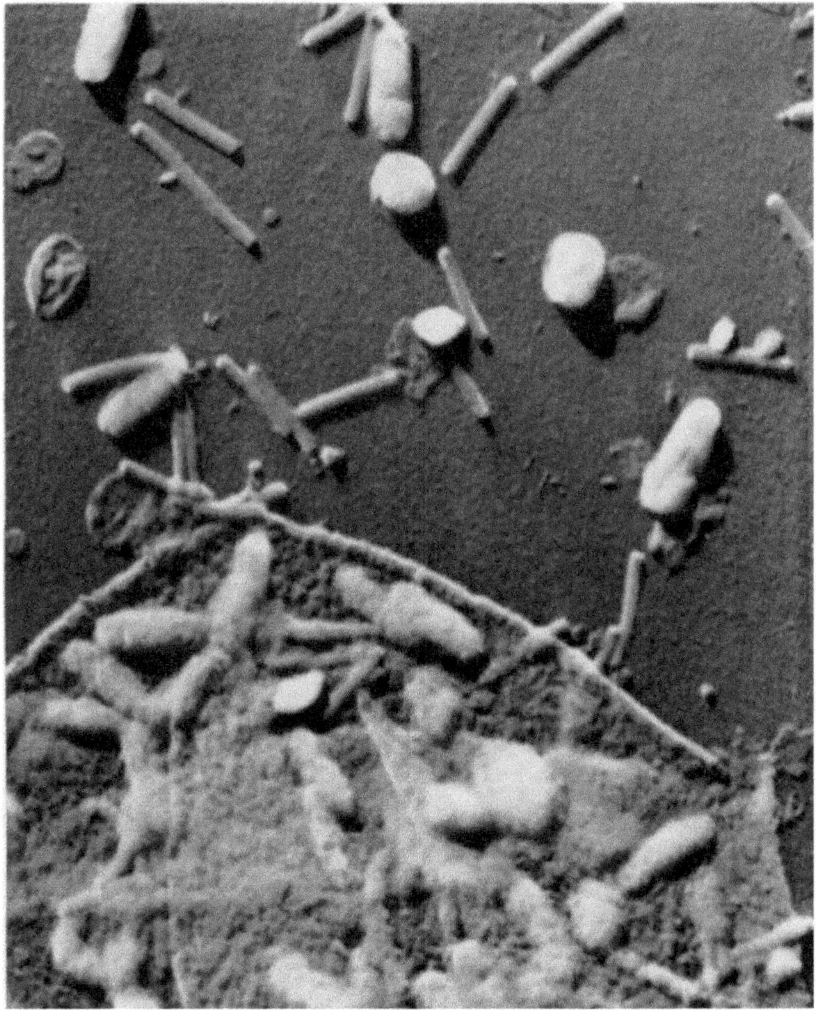

Abb. 52. Polyeder von P. dispar bei der Auflösung in alkalischer Lösung. Unten Rest des nicht gelösten Polyeders mit eingeschlossenen Virusteilchen, darüber verschiedene Entwicklungsformen, wie auf Abb. 53, Vergr. 25000fach. Aufnahme G. BERGOLD.

Messungen ist also schlecht. Da die Sedimentationsversuche durch die Aggregation des Virus unsicher sind, dürfte der aus den elektronenmikroskopischen Daten ermittelte Wert zuverlässiger sein.

Sorgfältige Fraktionierungsversuche zeigen, daß die biologische Aktivität an die einzelnen Stäbchen gebunden ist. Für das in der Lymphe vorhandene Virus hat sich durch Zentrifugierungsversuche das gleiche Teilchengewicht ergeben wie für das Virus aus den Polyedern.

Entwicklungsformen. BERGOLD unterscheidet bei den Polyederviren verschiedene Entwicklungsstufen. Zunächst sollen sphärische

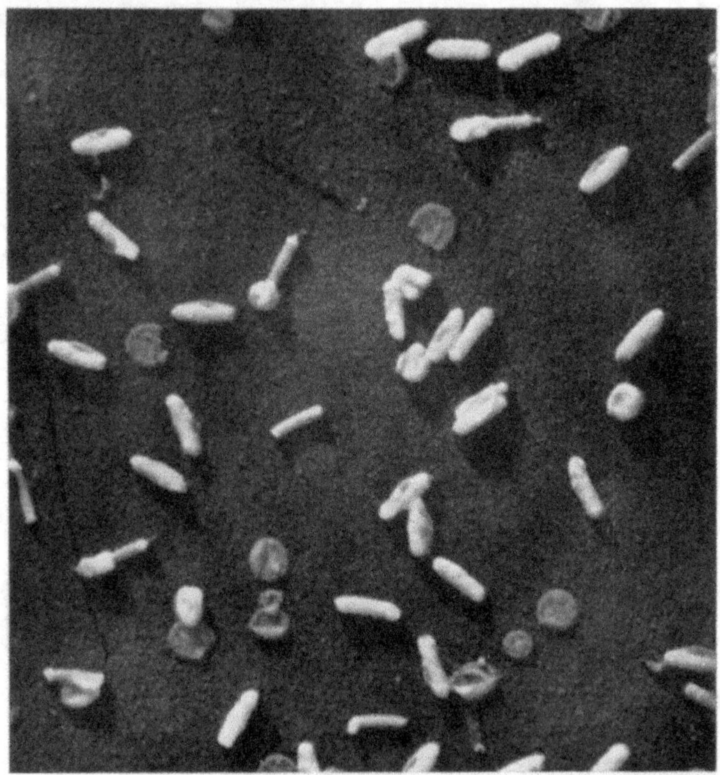

Abb. 53. Polyedervirus von B. mori. Verschiedene Entwicklungsstufen: Kugelige Frühstadien, stäbchenförmige Spätstadien, einzelne Stäbchen streifen gerade die Entwicklungsmembran ab, verschiedene leere Membranen, teilweise mit schlauchförmigem Fortsatz, Vergr. 37000 fach. Aufnahme G. BERGOLD.

Formen entstehen, die einen rundlichen Keim in einer Membran enthalten. Dieser Keim streckt sich und nimmt in der Membran eine gekrümmte Form an. Der Streckungsprozeß geht dann weiter und führt zu geraden Stäbchen, die immer noch in der Membran liegen. Die ursprünglich dicken Stäbchen werden dünner und schlüpfen schließlich aus der Membran aus. Die ausgetretenen Stäbchen scheinen nochmals von einer Membran umgeben zu sein, da man auf den Bildern auch leere schlauchförmige Hüllen findet. Das Ausschlüpfen erfolgt wahrscheinlich während der Trocknung im Elektronenmikroskop. Bisweilen bemerkt man an den Stäbchen kurze dornartige Fortsätze (siehe z. B. Abb. 53 rechts oben). BERGOLD hält es für möglich, daß diese ähnlich wie die Schwänze der Phagen für das Eindringen in die Zelle wichtig sind. Es ist anzunehmen, daß der Vermehrungscyclus dadurch in Gang gesetzt wird, daß die fertigen Virusstäbchen nach dem Eintritt in eine neue Zelle in kleinere Untereinheiten zerfallen und auf dem beschriebenen Wege wieder neue Stäbchen gebildet werden. Es ist hierbei aber zu bedenken, daß die zeitliche Aufeinanderfolge der einzelnen Stadien nicht gesichert werden kann, sondern aus dem Nebeneinander der verschiedenen Formen auf den elektronenmikroskopischen Abbildungen erschlossen werden muß (Abb. 52 u. 53).

Chemisches Verhalten. Das Bombyxvirus ist, solange es in das Polyederprotein eingeschlossen ist, unempfindlich gegen Lufttrocknung, tagelanges Hochvakuum oder Einfrieren. Lösungen der Polyeder (Polyederprotein + Virus) verlieren beim Aufbewahren bei 2° C langsam an Aktivität. Lösungen des reinen Virusproteins werden dagegen durch Einfrieren inaktiv und können auch nicht ohne Aktivitätsverlust getrocknet werden. Das reine Virusprotein ist empfindlich gegen Glycerin, Äthyl- und Octylalkohol, Äther. Das Virus ist am leichtesten in Wasser löslich, schlechter in Salzlösungen höherer Konzentration. In m/100-HCl (p_H 2,5) zerfällt es in kleinere Bruchstücke, denen eine Sedimentationskonstante von 850 bzw. 600 *S* zukommt. Die Spaltstücke erweisen sich im Tierversuch als völlig inaktiv. Auch in alkalischer Lösung, $p_H > 11$, treten kleinere Bruchstücke auf mit Sedimentationskonstanten von 220 *S*, 5,2 *S* und 3,4 *S*. Dialysiert man die in m/100 NaOH entstandenen Virusspaltstücke gegen Wasser, so tritt wieder eine in der Ultrazentrifuge einheitliche Komponente mit 1480 S auf, die sich aber in ihrem sonstigen Verhalten von dem ursprunglichen Virusprotein unterscheidet. Die Lösung nimmt einen gelartigen Charakter an.

Da sich die Polyeder sehr gut von den normalen Bestandteilen abtrennen lassen und ihre Auftrennung in Polyederprotein und Virusprotein ebenfalls quantitativ verläuft, ist bei diesen Viren trotz ihrer Größe die chemische Zusammensetzung mit Sicherheit festzustellen.

Tabelle 28. *Zusammensetzung der DNS verschiedener Insektenviren.*

Virus	Adenin	Thymin	Guanin	Cytosin	(A + T)/(G + C)
Pd . . .	0,845	0,80	1,225	1,13	0,70
Bm . .	1,17	1,12	0,90	0,81	1,34
Cpe . .	1,185	1,105	0,90	0,81	1,34
Ma . .	1,18	1,11	0,91	0,80	1,34
Cm . .	1,285	1,235	0,775	0,70	1,71
Ns . . .	1,29	1,21	0,785	0,715	1,67

Es sind Molverhaltnisse angegeben (Summe = 4,00).
Pd: Porthetria dispar, Polyedervirus;
Bm: Bombyx mori L., Polyedervirus;
Cpe: Colias philodice eurytheme Boisd., Polyedervirus;
Ma: Malacosoma americanum Fabr., Polyedervirus;
Cm: Cacoecia murinana Hb., Kapselvirus;
Ns: Neodiprion sertifer Geoff., Polyedervirus.

Besonders interessant ist der Vergleich der Nucleinsäurezusammensetzung verschiedener Insektenviren, der von WYATT[1] durchgeführt wurde. Die Ergebnisse sind in Tab. 28 zusammengefaßt.

Das Verhältnis A/T und G/C sowie Purin/Pyrimidin ist bei allen untersuchten Viren gleich 1. Charakteristisch ist das Verhältnis (A + T) / (C + G).

Polyederprotein. Das Polyederprotein, in das die Virusstäbchen eingehüllt sind, ist ein gut definierter, einheitlicher Eiweißstoff. Wie schon ausgeführt wurde, löst sich das Polyederprotein am besten in verdünntem Alkali. Am günstigsten ist eine Elektrolytkonzentration von 0,01 m. Um monodisperse Lösungen des Proteins zu erhalten, wurden von BERGOLD besondere Arbeitsbedingungen ausgearbeitet. Ist das p_H zu niedrig, so geht das Protein nicht vollständig in Lösung, außerdem treten Aggregate auf. Ist das p_H zu hoch, so zerfällt das Protein weiter in kleinere Bruchstücke. Die physikalisch-chemischen Konstanten und das Molekulargewicht der Hauptkomponente sowie der ersten und zweiten Spaltkomponente sind in der Tab. 29 wiedergegeben.

Tabelle 29. *Physikalisch-chemische Konstanten der Polyederproteine.*

Komponente		s_{20} in S	D in 10^{-7} cm²/sec	V_0	M	f/f_0
Hauptkomponente	Pd	12,57	4,18	0,736	276600	1,18
	Lm	12,78	3,50		336000	1,32
	Bm	12,85	3,12		378000	1,42
1. Spaltkomponente	Pd	3,12	6,08		47250	1,46
	Bm	3,16	4,80		60500	1,70
2. Spaltkomponente	Pd	1,43	8,58		15360	1,50
	Lm	1,38	6,98		18270	1,74
	Bm	1,49	6,80		20230	1,73

Zum Vergleich sind auch die Werte für das Polyederprotein von Lymantria monacha Lm. und von Porthetria dispar Pd. mitangeführt. Bei allen drei Arten verhält sich das Polyederprotein sehr ähnlich und besitzt ein Molgewicht um 300000. Unter geeigneten Bedingungen zeigt das Polyederprotein in der Ultrazentrifuge einen scharfen Gradienten. Bei der Spaltung in alkalischer Lösung entsteht aus der Hauptkomponente über eine nicht näher charakterisierte Zwischenstufe ein Spaltstück, das recht genau einem Sechstel des ursprünglichen Moleküls entspricht. Bei weiterer p_H-Erhöhung zerfällt diese Komponente nochmals in drei Bruchstücke, so daß Teilchen entstehen, die $^1/_{18}$ des ursprünglichen Molgewichts besitzen. Die kleinste Komponente mit $s_{20} = 1{,}5\ S$ geht bei der Dialyse gegen Wasser wieder in polyederähnliche, 5 μ große Gebilde über. Ob diese echte Kristalle sind, ist noch nicht geprüft worden. Die erste Spaltkomponente mit 3 S läßt sich unter geeigneten Bedingungen wieder in die Hauptkomponente mit 12 S überführen, jedoch gelingt keine Kristallisation. DESNUELLE u. a.[2] haben eine

[1] WYATT, G. R.: Expt. Cell Res. Suppl. 2. u. J. Gen. Physiol. **36**, 201 (1952).

[2] DESNUELLE, P., CHANG CHI TAN u. C. FROMAGEOT: Ann. Inst. Pasteur **69**, 75, 248 (1943).

Aminosäureanalyse des Polyederproteins durchgeführt, aus der sich ein Mindestmolgewicht von 97600 ergibt. Dies entspricht einem Viertel des von BERGOLD bestimmten Molgewichts für die Hauptkomponente. Von WELLINGTON[1] wurde ebenfalls eine Analyse der Polyeder-Proteine durchgeführt, und ihre Zusammensetzung mit der des Virus verglichen. Es ergaben sich deutliche Unterschiede. Die Beziehungen des Polyederproteins zum Virus sind noch ungeklärt. Serologisch zeigt das Polyederprotein weder mit dem Virus noch mit dem Protein der Lymphflüssigkeit oder des Gewebeextrakts eine Verwandtschaft. Die Polyederproteine verschiedener Insekten sind hingegen untereinander serologisch verwandt[2].

b) Polyedervirus der Nonne (Borrelina efficiens).

Die Nonne (Lymantria monacha) ist ein häufig auftretender Forstschädling. Meist findet in der Natur die Massenverbreitung durch den Ausbruch der Polyederseuche ein Ende. Die Krankheit ist schon länger bekannt und wird auch als Wipfelkrankheit bezeichnet, weil die kranken Larven kurz vor dem Tode auf die Wipfel der Bäume zu kriechen versuchen. Die infizierten Larven werden schlaff und kurz vor oder kurz nach dem Tode platzt die Haut und die zahllose Polyeder enthaltende Körperflüssigkeit tritt aus. Die Inkubationszeit beträgt 13—15 Tage. Die Polyeder haben meist eine tetraedrische Gestalt mit einem Durchmesser von etwa 2,5 μ. Aus den Polyedern läßt sich das Virusprotein in ahnlicher Weise wie bei Bombyx herauslösen. Die Viruspartikel sind ebenfalls stabchenförmig und etwa von gleicher Größe und Gestalt wie bei Borrelina bombycis. In der Ultrazentrifuge verhält sich das Virusprotein uneinheitlich. Es treten entsprechend den Aggregationsstufen drei Banden auf mit 1800, 2810 und 3640 S. Die Diffusionskonstante dieses Gemisches wurde zu $0{,}23 \cdot 10^{-7}$ bestimmt. Das umhüllende Polyederprotein ist einheitlich, die physikalisch-chemischen Konstanten sind in Tab. 29 wiedergegeben.

c) Polyedervirus des Schwammspinners (Borrelina reprimens).

Der Schwammspinner (Porthetria dispar) ist ebenfalls ein wirtschaftlich bedeutungsvoller Forstschädling. Die Polyeder weisen nicht so scharfe Kanten auf wie bei Borrelina bombycis. Die durchschnittliche Größe betragt 3,5 μ. Die aus den Polyedern isolierten Virusteilchen zeigen elektronenoptisch eine stäbchenförmige Gestalt von 41×360 mμ. Sie sind haufig zu Bündeln angeordnet und es ist mit chemischen Mitteln bisher nicht gelungen, diese Bündel vollig aufzulösen. Die Stabchen zeigen knotenformige Abschnitte. Bei der Aggregation mehrerer Teilchen legen sich diese Verdickungen genau aufeinander, so daß man im Elektronenmikroskop eine Struktur des Bundels bemerkt. In der Ultrazentrifuge verhalt sich das Virusprotein uneinheitlich, man findet 3 Banden mit 2500, 3100 und 4000 S. Die mittlere Diffusionskonstante beträgt $0{,}17 \cdot 10^{-7}$, das spezifische Volumen wurde zu 0,74 bestimmt.

[1] Siehe hierzu BERGOLD, G.: Adv. Virus Res.
[2] BERGOLD, G., u. H. FRIEDRICH-FREKSA: Z. Naturforsch. 2 b, 410 (1947).

Die am langsamsten sedimentierende Fraktion ist biologisch am wirksamsten, also sind auch hier die Einzelstäbchen die Träger der Viruswirksamkeit. Die chemische Analyse ergibt neben 15,28% N 1,33% P, was einem Nucleinsäuregehalt von 13% entsprechen würde.

Von BERGOLD[1] wurde gefunden, daß das Virus durch Zusatz von Kollidon (Polyvinylpyrrolidin) inaktiviert werden kann. Wird jedoch das Kollidon nach der Virusinfektion in die Raupen injiziert, so hat es keine Wirksamkeit mehr. Auch bei anderen Viruskrankheiten hat Kollidon keine therapeutische Wirkung[2].

d) Weitere Polyederviren.

Die aus elektronenoptischen Aufnahmen erhaltenen Dimensionen einiger weiterer Polyederviren sind in Tab. 30 wiedergegeben. Sie stimmen untereinander annähernd überein, so daß die Polyederviren eine morphologisch sehr einheitliche Gruppe bilden.

Tabelle 30. *Dimensionen einiger Polyederviren.*

Polyedervirus	Dimensionen in mμ	Autor
Ptychopoda seriata Schrk.	299 × 38	BERGOLD
Colias philodice eur. Bdvl.	277 × 41	BERGOLD
	300 × 40	STEINHAUS
Choristoneura fumiferana	260 × 28	BERGOLD
Malacosoma neustria (L.)	333 × 39	BERGOLD
Malacosoma americanum (F.)	316 × 45	BERGOLD
Malacosoma disstria Hbn.	324 × 46	BERGOLD
	315 × 40	STEINHAUS
Malacosoma pluviale (Dyar)	350 × 40	STEINHAUS
Laphygma exigua (HBn.)	270 × 40	STEINHAUS
Prodemia praefica Grote	290 × 50	STEINHAUS
Phryganidia californica Pack.	270 × 30	STEINHAUS
Diprion hercyniae	250 × 50	BIRD

Von THOMPSON und STEINHAUS[3] wurde eine Serie von Feldversuchen durchgeführt, um die Luzerneraupe (Colias), die in den USA starke Schäden an Luzernefeldern anrichtet, biologisch durch Ausstreuen von Virussuspensionen vom Flugzeug aus zu vernichten. Virussuspensionen von $5 \cdot 10^6/\text{cm}^3$ genügen, um eine sichere Infektion und Vernichtung der Raupen zu erreichen, wenn 0,47 l je Ar angewendet werden. Die Kosten des Verfahrens sind nicht höher als bei der Anwendung eines chemischen Insecticids. Die Anwendung muß rechtzeitig geschehen, da die Raupen nach der Infektion noch mindestens 4 Tage lang fressen.

2. Kapselviren der Insekten (Bergoldia).

Die Viren dieser Gruppe erzeugen in den kranken Insekten sehr kleine, aber mikroskopisch wahrnehmbare granuläre Einschlüsse (Abb. 54a). Die Krankheit wird daher auch als Granulose bezeichnet. Die Granula erscheinen hauptsächlich im Cytoplasma der Zellen, in einigen Fällen

[1] BERGOLD, G.: Z. Naturforsch. **3 b**, 300 (1948).

[2] KIKUTH, W., M. BOCK u. R. GONNERT: Z. Naturforsch. **3 b**, 342 (1948).

[3] THOMPSON, C. G., u. F. A. STEINHAUS: Hilgardia (Berkeley, Calif.) **19**, 411 (1950).

aber auch im Kern. Der größte Durchmesser der eiförmigen Granula beträgt etwa 1 μ. In allen bekannten Fällen enthalten die Granula nur

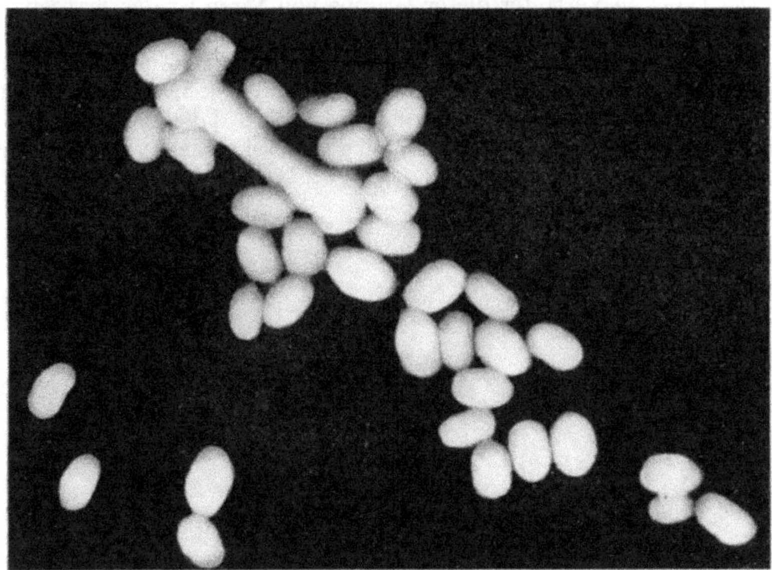

Abb. 54a. Kapseln von C. murinana, Vergr 25000fach, Aufnahme G. BERGOLD

Abb 54b Kapseln von C murinana nach Herauslösen der Virusstäbchen, Vergr 25000fach, Aufnahme G BERGOLD.

ein einziges Virusteilchen, das von einer Kapsel aus nichtinfektiösem Protein umschlossen ist.

Der typische Vertreter dieser Gruppe von Viren ist das Kapselvirus (Bergoldia calypta) von *Cacoecia murinana*. Es wird durch Behandlung der Granula mit verdünnter Sodalösung dargestellt. Aus jedem Körnchen schlüpft dann ein einheitliches stäbchenförmiges Virusteilchen aus, wobei ein entsprechendes Loch zurückbleibt, so daß die Granula aussehen wie Kaffeebohnen (Abb. 54b). Nach elektronenmikroskopischen

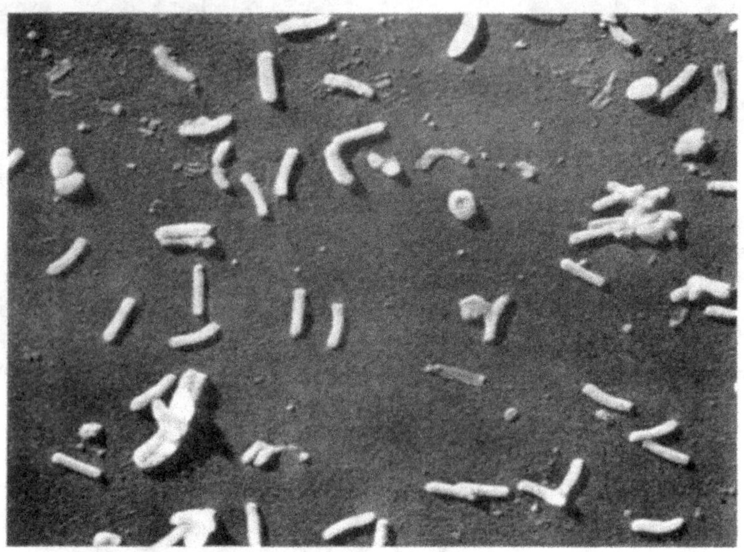

Abb 54c. Freie Virusteilchen von C. murinana, Entwicklungsstadien wie auf Abb. 53, etwa in der Bildmitte eine leere stabchenformige Membran. Vergr. 25000 fach, Aufnahme G. BERGOLD.

Aufnahmen besitzt das Virus eine Dicke von 50 mμ und eine Länge von 262 mμ. Außerdem treten die gleichen Entwicklungsformen auf wie bei den Polyederviren (Abb. 54c). Die Sedimentationskonstante beträgt $s_{20} = 1324\,S$, die Diffussionskonstante $D_{20} = 0{,}278 \cdot 10^{-7}$ cm²/sec, das Reibungsverhältnis $f/f_0 = 1{,}49$ und damit das Achsenverhältnis 5,2:1[1]. Aus s_{20} und D_{20} berechnet sich ein Molgewicht von $460 \cdot 10^6$, aus den geometrischen Dimensionen ein solches von $435 \cdot 10^6$. Die beiden Werte stimmen gut überein im Gegensatz zu den Polyederviren, da die Kapselviren nicht aggregieren. Das nichtinfektiöse Protein der Kapsel ist in seinen Eigenschaften dem Polyederprotein sehr ähnlich. Es löst sich wie dieses in starkem Alkali zu einer einheitlichen Substanz mit $s_{20} = 11{,}8\,S$, besitzt also annähernd das gleiche Molgewicht wie das Polyederprotein. Es zerfällt ebenfalls leicht in Spaltstücke mit $3{,}45\,S$ und einem Molgewicht von 60000.

[1] BERGOLD, G.: Z. Naturforsch. **3 b**, 338 (1948).

Kapselviren wurden auch bei verschiedenen anderen Insekten festgestellt. Ihre Größe und Form ähnelt sehr der des typischen Vertreters (Tab. 31).

Tabelle 31. *Dimensionen einiger Kapselviren.*

Kapselvirus	Dimensionen in mμ	Autor
Cacoecia murinana (Hbn.)	257 × 41	BERGOLD
Choristoneura fumiferana (Clem.)	272 × 36	BERGOLD
Pieris rapae (L.)	268 × 42	BERGOLD
	291 bis 300 × 41—50	TANADA
Peridroma margaritosa (Haw.)	340 × 40	STEINHAUS, HUGHES, WASSER
Junonia coenia Hbn.	300 × 40	STEINHAUS, THOMPSON
Estigmene acraea (Drury)	270 × 40	STEINHAUS
Argyrotaenia velutinana (Wlk.)	250 × 50	WASSER, STEINHAUS
Sabulodes caberata Gn.	275 × 65	HUGHES, THOMPSON[1]
Harrisina brilliams B. u. McD.	245 × 67	STEINHAUS, HUGHES

3. Sphärische Polyederviren (Smithia).

SMITH und WYCKOFF[2,3] fanden in den Polyedern verschiedener Lepidopteren z. B. Arctia villica L. keine stäbchenförmigen, sondern kugelförmige Virusteilchen, mit einem Durchmesser von 65 mμ. Nach dem Herauslösen der Partikel verbleiben Polyederreste, die Höhlungen mit dem gleichen Durchmesser aufweisen.

Neben den sphärischen Teilchen wurden von G. BERGOLD auch Stäbchen gefunden. Es ist daher zweifelhaft, ob die Viren des Genus Smithia sich grundsätzlich von den anderen Polyederviren unterscheiden oder ob hier nur gewisse Entwicklungsformen bevorzugt sind, die vorübergehend auch bei anderen Arten auftreten.

4. Insektenviren ohne Einschlußkörper (Morator).

Bei der Sackbrut der Bienen findet man lichtmikroskopisch keine Einschlußkörper. Im Elektronenmikroskop konnten kleine Körper festgestellt werden, die vielleicht das Virus darstellen. Es erhielt den Namen Morator aetatulae[4]. Bei erkrankten Raupen der Baumwollmotte (Cirphus unipuncta) sind ebenfalls keine Einschlußkörper feststellbar. Aus den kranken Tieren konnte jedoch das Virus mit der Ultrazentrifuge angereichert werden. Im Elektronenmikroskop werden Teilchen mit einem Durchmesser von 25 mμ beobachtet, die bei gesunden Tieren fehlen. Sie werden als Viren angesprochen und mit Morator nudus bezeichnet[5].

---

[1] HUGHES, K. M., u. C. G. THOMPSON: J. Inf. Dis. **89**, 173 (1951).
[2] SMITH, K. M., u. R. W. G. WYCKOFF: Nature **166**, 861 (1950).
[3] SMITH, K. M., u. R. W. G. WYCKOFF: Research **4**, 148 (1951).
[4] Vgl. STEINHAUS, E.: Bact. Rev. **3**, 203 (1949).
[5] WASSER, H.: J. Bacter. **64**, 787 (1952).

VI. Annähernd kugelförmige Viren der Warmblüter mit einem Durchmesser unter 50 mμ.

Diese Gruppe umfaßt einige biologisch recht verschiedenartige Viren, die sich aber morphologisch und in ihrem physikalisch-chemischen Verhalten ähneln. Soweit sie bisher untersucht sind, verhalten sie sich in der Ultrazentrifuge einheitlich. Es besteht daher die Möglichkeit, daß es sich um Proteinmoleküle definierter Zusammensetzung handelt, bewiesen ist dies jedoch nicht.

1. Kaninchenpapillomvirus[1].

Biologisches Verhalten. Bei amerikanischen Cottontail-Kaninchen ist ein gutartiges, aber sehr ansteckendes Hautpapillom verbreitet. An fast allen Körperteilen treten bei dieser Krankheit etwa 2 cm hohe, stark verhornte, meist einzeln stehende Warzen auf, die häufig von selbst abfallen oder sich spontan zurückbilden. SHOPE[2] zeigte 1933, daß die Warzen durch zellfreie Ultrafiltrate auf Tiere derselben Gattung übertragbar sind, also durch ein Virus ausgelöst werden. Nach SHOPE und anderen Beobachtern sind auch Hauskaninchen für das Papillomvirus empfänglich. Die Papillome werden hier erheblich größer und sind gefäßreicher. Sie können sich bei den Hauskaninchen, besonders bei gleichzeitiger Teerpinselung[3], in Carcinome umwandeln, die auch zur Bildung von Metastasen führen. Bei Cottontail-Kaninchen kommt solche carcinomartige Entartung nur in ganz seltenen Ausnahmefällen vor. Das Hauskaninchenpapillom läßt sich in der Regel nicht zellfrei weiterübertragen, auch kann aus diesem kein Virusprotein isoliert werden. Worauf die Inaktivität des Virus in den Papillomen der Hauskaninchen beruht, ist noch ungeklärt. Es scheint dort ein spezifisches Enzym vorzukommen[4], welches das Virus hydrolysiert. Versuche zur Reaktivierung des Virus in den unwirksamen Papillomextrakten waren gelegentlich erfolgreich, bedürfen jedoch einer näheren Nachprüfung[5]. Auch die Provokation des Virus in gesunden Hauskaninchen durch unspezifische Reize hat sich bei weiteren Versuchen nicht bestätigen lassen. Die biologische Aktivität kann durch Verdünnungsreihen bestimmt werden, genauer und bequemer ist aber die Ermittlung der Inkubationszeit in Abhängigkeit von der verabfolgten Virusmenge. Es besteht ein linearer Zusammenhang zwischen dem negativen Logarithmus der Viruskonzentration und der Länge der Inkubationszeit. Diese liegt zwischen 12 und 30 Tagen. Dem 50%-Endpunkt entspricht eine Inkubationszeit von 26 Tagen. Er liegt bei einer Konzentration von $10^{-8,3}$, diese Menge entspricht $94 \cdot 10^6$ Molekülen. Der Infektionserfolg ist also auffallend gering[6].

---

[1] Zusammenfassende Darstellung bei W. R. BRYAN u. J. W. BEARD: J. Nat. Cancer Inst. (Bethesda) **1**, 607 (1941).

[2] SHOPE, R. E.: J. of Exper. Med. **58**, 607 (1933).

[3] ROUS, P., u. J. G. KIDD: J. of Exper. Med. **63**, 399 (1938).

[4] BERNHEIM, F., M. L. C. BERNHEIM, A. R. TAYLOR, D. BEARD, D. G. SHARP u. J. W. BEARD: Science (Lancaster, Pa.) **95**, 230 (1942).

[5] DANNEEL, R.: Biol. Zbl. **61**, 441 (1941).

[6] BRYAN, W. R., u. J. W. BEARD: J. Inf. Dis. **66**, 245 (1940).

Darstellung. Aus den Papillomen von Cottontail-Kaninchen erhielten BEARD und WYCKOFF[1] durch abwechselnd hoch- und niedertouriges Zentrifugieren einen einheitlichen, hochmolekularen Eiweißstoff, dessen Identität mit dem Virus sichergestellt wurde. Die Ausbeute betrug 200 mg reines Virusprotein je 400 g Warzenmaterial[2]. Eine neuere Methode zur Darstellung größerer Mengen unter Verwendung einer kontinuierlich arbeitenden Sharples Zentrifuge wurde von TAYLOR[3] beschrieben.

Größe und Gestalt. Auf den elektronenmikroskopischen Aufnahmen erscheinen die Viruspartikel rund und von einheitlicher Größe (s. Abb. 31). Ihr Durchmesser beträgt 44 mμ[4]. Die physikalisch-chemischen Messungen stimmen hiermit gut überein. In der Ultrazentrifuge zeigt das Virusprotein einen einheitlichen Gradienten. Allerdings lassen sich keine genaueren Angaben über den Grad der Einheitlichkeit machen, da bisher die Untersuchungen nur mit der einfachen TOEPLERschen Schlierenmethode durchgeführt wurden. Die Konzentrationsabhängigkeit von s_{20} ist sehr gering, was bei kugelförmigen Teilchen zu erwarten ist. In 0,4%iger Lösung beträgt die Sedimentationskonstante 280 S, bei unendlicher Verdünnung 297 S. Die Sedimentationskonstante ist bei demselben Präparat gut reproduzierbar, schwankt aber bei Präparaten verschiedener Herkunft. Diese Schwankungen betragen etwa 4%. Sie werden von BEARD (Zusammenfassung) als signifikant angesehen und auf eine biologische Variabilität zurückgeführt. Bei der verwendeten optischen Beobachtungsmethode erscheint dieser Schluß nicht gerechtfertigt. Bei der Messung der Diffusionskonstanten in konzentrierten Lösungen ergeben sich Störungen durch die gegenseitige Beeinflussung der Teilchen, in verdünnten Lösungen, unterhalb 0,2%, erhält man ideale Diffusionskurven, wie sie von einer einheitlichen Substanz erwartet werden können. Es ergibt sich $D_{20} = 0{,}66 \cdot 10^{-7}$. Das spezifische Volumen wurde zu 0,754 bis 0,761 ermittelt, im Mittel also 0,757. Aus diesen Werten berechnet sich ein Molgewicht von $45 \cdot 10^6$ und bei einem sphärischen Molekül ein Durchmesser von 48 mμ. Der Reibungsfaktor f/f_0 beträgt 1,35. Falls die gesamte Abweichung von 1 nur auf der Hydratation beruht, ergibt sich nach den Diagrammen von ONCLEY[5] ein Wassergehalt von 1,1 g H_2O/1 g Protein. Aus dem Unterschied des spezifischen Volumens des hydratisierten Moleküls von 0,88[6] und V_0 berechnet sich ein Wassergehalt von 1,04 g H_2O/1 g Protein. Die Übereinstimmung ist ausgezeichnet.

Elektrochemische Eigenschaften. Das Protein verhält sich auch in elektrochemischer Hinsicht völlig einheitlich. Im Tiselius-Apparat wandert es bei Konzentrationen von 2,7—4,5 mg/ml mit einer einzigen

---

[1] BEARD, J. W., u. R. W. G. WYCKOFF: Science (Lancaster, Pa.) **85**, 201 (1937).

[2] NEURATH, H., D. G. SHARP, A. R. TAYLOR, D. BEARD u. J. W. BEARD: J. of Biol. Chem. **140**, 293 (1941).

[3] TAYLOR, A. R.: J. of Biol. Chem. **163**, 283 (1946).

[4] SHARP, D. G., A. R. TAYLOR, A. E. HOOK u. J. W. BEARD: Proc. Soc. Exper. Biol. a. Med. **61**, 259 (1946).

[5] ONCLEY, J. L.: Ann. New York Acad. Sci. **41**, 121 (1941).

[6] SHARP, D. G., A. R. TAYLOR u. J. W. BEARD: J. of Biol. Chem. **163**, 289 (1946).

scharfen Bande innerhalb des p_H-Gebiets von 3,78 bis 4,1 und von 6,54 bis 7,7. In der Nähe des isoelektrischen Punkts von 5,0 wird das Protein unlöslich. Bei p_H 3,78 wurde die Beweglichkeit in Richtung zur Kathode zu $3{,}7 \cdot 10^{-5}$ cm^2/Voltsec bestimmt.

Chemisches Verhalten. Das Kaninchenpapillom ist ein Nucleoproteid mit einem DNS-Gehalt von 8,7%. Zusätzliche Kohlenhydrate konnten nicht nachgewiesen werden. Ein sehr geringer Lipoidgehalt von 1,5% könnte auch von Verunreinigungen herrühren. Das Virusprotein ist stabil zwischen p_H 3 und 7,5. Unterhalb p_H 2,5 zerfällt es in nicht-infektiöse Bruchstücke. Neben nicht sedimentierenden Spaltstücken bemerkt man ein makromolekulares Produkt mit $s_{20} = 200$ S in der Ultrazentrifuge. Im alkalischen Gebiet ist der Verlust der Aktivität nicht sogleich mit dem Zerfall des Virusproteins verbunden. Die inaktivierte Lösung des Virusproteins bei p_H 10 besitzt eine unveränderte Sedimentationskonstante. Erst oberhalb p_H 10 erhält man kleinere Bruchstücke mit 129 S und schließlich bei weiterer Spaltung ein solches mit 30 S[1].

Serologisches Verhalten. Wegen der Einheitlichkeit des Papillomvirus konnte sein serologisches Verhalten quantitativ erfaßt werden. Insbesondere wurde der Mechanismus der Neutralisation des Virus durch Antiserum in einer Reihe von Arbeiten[2, 3, 4] genauer untersucht. Es zeigte sich, daß die Reaktion $V + K \rightleftarrows (VK)$ (V = Virus, K = Antikörper) völlig reversibel verläuft und zu einem Gleichgewichtszustand führt. Durch entsprechende Verdünnung läßt sich das freie Virus aus dem Komplex wieder zurückgewinnen. Auch die Komplementbindungsreaktion wurde quantitativ untersucht. Es zeigte sich, daß noch etwa 1 γ Virusprotein unter den üblichen Bedingungen positiv reagiert. Die Fähigkeit zur Komplementbindung ist streng an die infektiösen Teilchen geknüpft. Es ergeben sich keine Hinweise auf das Vorhandensein eines niedermolekularen S-Antigens.

Die Einheitlichkeit des Papillomvirus im Elektronenmikroskop, in der Ultrazentrifuge und bei der Elektrophorese sowie die im Vergleich zu den übrigen tierischen Virusarten einfache chemische Zusammensetzung sprechen dafür, daß es sich um ein Molekül definierter Zusammensetzung handelt. Diese Ansicht wurde zunächst auch von Beard und Mitarbeitern vertreten, doch hält er sie neuerdings für unannehmbar. Die Entscheidung muß weiteren Experimenten überlassen werden. Um sie aber wirklich treffen zu können, wäre es notwendig, die Einheitlichkeit in der Ultrazentrifuge genauer zu prüfen und die chemische Zusammensetzung genauer zu untersuchen. Aus den bereits vorliegenden Befunden kann man sicher den Schluß ziehen, daß das Papillomvirus sich wesentlich einheitlicher verhält als die größeren tierischen Virusarten etwa vom Typ des Influenzavirus oder des Virus der klassischen Geflügelpest.

[1] Beard, J. W., u. R. W. G. Wyckoff: J. of Biol. Chem. **123**, 461 (1938).
[2] Bryan, W. R., u. J. W. Beard: J. Inf. Dis. **68**, 133 (1941).
[3] Beard, D., A. R. Taylor, D. G. Sharp u. J. W. Beard: J. Inf. Dis. **69**, 173 (1941).
[4] Beard, D., D. G. Sharp, A. R. Taylor u. J. W. Beard: Proc. Soc. Exper. Biol. a. Med. **47**, 502 (1941).

2. Encephalitisviren.

Mangels besserer Kenntnis werden unter dieser Gruppenbezeichnung eine Reihe von Viren zusammengefaßt, zwischen denen keine immunologische oder serologische Beziehung aufgefunden werden konnte, die aber morphologisch einander ähnlich sind und auch eine Reihe biologischer Merkmale gemeinsam haben. Sie werden in der Natur leicht durch Insekten übertragen und vermehren sich gut auf Hühnerembryonalgewebe. Es handelt sich um die folgenden Virusarten:

a) amerikanische Pferdeencephalitis, Weststamm;
b) amerikanische Pferdeencephalitis, Oststamm;
c) Venezuela-Pferdeencephalitis;
d) japanische B-Encephalitis und die damit verwandten Stämme.

a) Viren der amerikanischen Pferdeencephalitis.

Biologisches Verhalten. Man unterscheidet zwei Stämme der amerikanischen Pferdeencephalitis, den westamerikanischen (western equine encephalitis, WEE) und den ostamerikanischen (eastern equine encephalitis, EEE). Die Viren kommen in den Vereinigten Staaten endemisch in Pferden und Vögeln vor, sind aber auch auf den Menschen übertragbar, wo sie hin und wieder kleinere Epidemien erzeugt haben. Die natürliche Übertragung erfolgt durch Insekten. Die Insekten dienen in diesem Fall nicht nur als Vektor, sondern die Viren vermehren sich in ihnen, und zwar EEE in Aedes solicitans und WEE in Aedes aegypti[1,2]. Daneben kommen als Überträger auch noch andere Insektenarten in Frage, z. B. Milben und vielleicht auch Zecken. Experimentell können verschiedene Säugetiere und Insekten infiziert werden, am besten gelingt die Übertragung auf die weiße Maus. Für die experimentelle Untersuchung ist es wichtig, daß die Viren auf Hühnerembryonen gezüchtet werden können, die das beste Ausgangsmaterial für die chemische Darstellung sind. Auch die biologische Aktivitätsbestimmung durch Verdünnungsreihen erfolgt am bequemsten am bebrüteten Hühnerei. Auch die Plaque-Technik auf Gewebekulturen nach Dulbecco ist anwendbar. Serologisch und immunologisch konnte bisher keine Verwandtschaft zwischen den beiden Stämmen festgestellt werden. Eine eindeutige Differentialdiagnose zwischen diesen beiden Stämmen und den Erregern anderer Encephalitiden ist auf klinischem Wege nicht möglich, sie muß durch serologische Untersuchungen erfolgen. Der Nachweis beruht auf dem Anstieg der neutralisierenden und komplementbindenden Antikörper im Blut. Es werden zwei Blutproben entnommen, die eine zu Beginn der Krankheit, die andere in der Rekonvaleszenzphase. Es wird geprüft, ob die Seren die Fähigkeit besitzen, die Wirkung bestimmter Vergleichsstämme auf die Maus zu neutralisieren. Wenn die neutralisierende Wirkung nach der Erkrankung nicht zugenommen hat, stammen die vorhandenen Antikörper aus einem früheren Krankheitsanfall. Wenn sie in beiden Blutproben fehlen, ist das Ergebnis zweifelhaft, da einige

[1] Merrill, M. H., C. W. Lacaillade u. C. Ten Broeck: Science (Lancaster, Pa.) **80**, 251 (1934).

[2] Merrill, M. H., u. C. Ten Broeck: J. of Exper. Med. **62**, 687 (1935).

Patienten gegen die Viren keine Antikörper bilden. Der Nachweis des Virus selbst kann nur nach dem Tode durch Entnahme von Gehirnmaterial und Übertragung auf die Maus erfolgen. Es muß berücksichtigt werden, daß Encephalitiden, namentlich postvaccinale, bekannt sind, die nicht auf einer Virusätiologie beruhen. Eine spezifische Therapie dieser und anderer Encephalitiden ist nicht bekannt, auch die Behandlung mit Antiserum hat nach dem Auftreten der ersten Krankheitssymptome keinen Sinn mehr.

Eastern equine encephalitis. Der EEE-Stamm ist virulenter als der WEE-Stamm. Die Mortalität bei Pferden ist hoch und auch beim Menschen sind die Krankheitssymptome ausgeprägter. Die Krankheit verläuft in zwei Phasen. Sie beginnt mit Kopfschmerzen und Erbrechen, nach einer Erholungsphase steigt das Fieber hoch an, gleichzeitig beobachtet man Krämpfe, Paralysen und Ödeme an den Beinen und im Gesicht. Histologisch äußert sich die Erkrankung in ausgeprägten Zerstörungen und Entzündungen des Zentralnervensystems. Bei 60% der Überlebenden bleiben Schädigungen zurück, die sich von Übererregbarkeit bis zu verschiedenen Paralysen erstrecken.

Western equine encephalitis. Der WEE-Stamm befällt den gleichen Wirtskreis wie EEE. Die Krankheitssymptome beim Menschen sind etwas milder als durch EEE, sie bestehen in Kopf-, Muskelschmerzen und verschiedenen Sinnesstörungen, Paralysen sind selten. Die Inkubationszeit beträgt 5—10 Tage. Histologisch bietet sich im wesentlichen das Bild einer Meningoencephalitis, das Rückenmark ist meist nicht angegriffen. Die bisher größte Epidemie umfaßte 3000 Personen, von denen 8—15% starben. Der Vermehrungscyclus des Virus wurde von DULBECCO auf einer Kultur von Hühner-Fibroblasten studiert. Es ergab sich eine Latenz-Zeit von etwa 3 Std. Die Virusausbeute je Zelle schwankt zwischen einigen wenigen und 150 Teilchen je Zelle.

Die biochemischen und morphologischen Untersuchungen, die vor allem von BEARD und seiner Schule durchgeführt wurden, ergaben, daß die beiden Stämme in ihrer Struktur nicht zu unterscheiden sind und einige auffallende gemeinsame Merkmale besitzen, die bei den anderen bisher untersuchten tierischen Virusarten nicht festgestellt wurden. Es scheint daher die Auffassung berechtigt, daß es sich um zwei Stämme derselben Virusart handelt. Vielleicht stehen sie in einem ähnlichen Verhältnis zueinander wie die Gurkenviren zum TMV, die nur sehr wenige antigene Gruppen gemeinsam haben. Es wäre denkbar, daß sich bei Verwendung sehr hochwertiger Antiseren eine serologische Beziehung zwischen den beiden Stämmen der amerikanischen Pferdeencephalitis feststellen ließe. Derartige Versuche scheinen aber noch nicht durchgeführt zu sein.

Darstellung. Die Darstellung erfolgt bei den beiden Stämmen in ähnlicher Weise. TEN BROECK und WYCKOFF[1] wiesen als erste in mit EEE infizierten Hühnerembryonen eine Komponente nach, die in der Ultrazentrifuge eine Sedimentationskonstante von 245 S zeigte und

[1] TEN BROECK, C., u. R. W. G. WYCKOFF: Proc. Soc. Exper. Biol. a. Med. **36**, 771 (1937).

virusaktiv war. Genauere Untersuchungen wurden von BEARD und seiner Schule durchgeführt. Sie empfehlen für EEE folgende Darstellungsweise[1], bei der die geringe Stabilität des Virus bei Zimmertemperatur berücksichtigt wird: Ein 20%iges Homogenisat aus Hühnerembryonengewebe wird in Ringerlösung zwischen 72 und 96 Std. aufbewahrt. Diese lange Extraktionszeit ist notwendig, um ein normales Protein mit 78,7 *S* zu zerstören, das sonst die weitere Aufarbeitung erheblich beeinträchtigen würde. In frischen Extrakten ist es kaum möglich, das Virusprotein von der normalen Komponente zu befreien, deren Konzentration etwa dreimal so hoch ist. Es wird dann weiterhin in der Kälte gearbeitet. Die groben Anteile werden auf einer gewöhnlichen Zentrifuge entfernt und der Extrakt durch Celite (eine Art Kieselgur) filtriert. Dann wird das Virus durch 30 min langes Zentrifugieren bei 20000 Umdr./min (30000 g) ausgeschleudert. Das Sediment wird wieder in Ringerlösung aufgenommen und die Verunreinigungen werden durch 15 min langes Zentrifugieren bei 15000 Touren entfernt. Dieser Vorgang wird noch zweimal wiederholt, bis man schließlich eine in der Ultrazentrifuge einheitliche Lösung erhält, aus der das oben erwähnte normale Protein vollständig verschwunden ist. Auf die gleiche Weise läßt sich auch das WEE-Virus darstellen[2]. Die Identität des isolierten Proteins mit dem Virus ist dadurch gesichert, daß 1. aus gesunden Embryonen bei gleicher Aufarbeitung kein solches Protein isoliert werden kann, 2. die Virusaktivitat mit der Anreicherung des Proteins parallel geht, 3. das Protein hochwirksam ist. Der 50%-Endpunkt liegt bei $10^{-13,2}$ g, was ungefähr 250 Molekülen entspricht. Serologische Reinheitsprüfungen scheinen noch nicht durchgeführt zu sein.

Größe und Gestalt. Auf den elektronenmikroskopischen Aufnahmen erscheinen die Pferdeencephalitisstämme als einheitliche sphärische oder scheibchenförmige Gebilde mit einem Durchmesser von etwa 40 mμ. Die Kernpartie wirkt dichter als die Randzone. Der Kontrast bei Durchleuchtungsaufnahmen wird durch $CaCl_2$ wesentlich verbessert[3] (Abb. 55). Das gereinigte Virus des EEE-Stammes sedimentiert mit einer scharfen Bande entsprechend 265 *S* bei einer Konzentration von etwa 0,4%. Die Sedimentationskonstante des WEE beträgt $s_{20} = 273\ S$, ist also innerhalb der Fehlergrenzen der des EEE gleich. Das Reibungsverhältnis beträgt nach Viscositätsmessungen $f/f_0 = 2{,}3$. Das partielle spezifische Volumen wurde im Pyknometer zu 0,839 bestimmt. Aus diesen beiden Werten berechnet sich ein Molgewicht von $152 \cdot 10^6$. Der hohe Reibungskoeffizient stimmt schlecht mit der im Elektronenmikroskop beobachteten kugelförmigen Gestalt überein, durch Hydratation allein kann diese starke Abweichung von 1 nicht erklärt werden. Es sei darauf hingewiesen, daß in unserem Laboratorium für das Virus der

---

[1] TAYLOR, A. R., D. G. SHARP, D. BEARD u. J. W. BEARD: J. Inf. Dis. **72**, 31 (1943).

[2] SHARP, D. G., A. R. TAYLOR, D. BEARD u. J. W. BEARD: Proc. Soc. Exper. Biol. a. Med. **51**, 506 (1942).

[3] SHARP, D. G., A. R. TAYLOR, D. BEARD u. J. W. BEARD: Arch. of Path. **36**, 167 (1943).

klassischen Geflügelpest ebenfalls ein sehr hoher Reibungskoeffizient gefunden wurde. Nachdem das Präparat jedoch elektrophoretisch gereinigt worden war, ergab sich ein sehr viel niedrigerer Wert für das Reibungsverhältnis, der dem elektronenmikroskopischen Bild des Virus entsprach. Es wäre möglich, daß auch bei den Pferdeencephalitisviren die hohe Viscosität durch Verunreinigungen bedingt ist. Aus dem elektronenoptischen Durchmesser von 40 mμ würde sich ein Molgewicht von $24 \cdot 10^6$ ergeben.

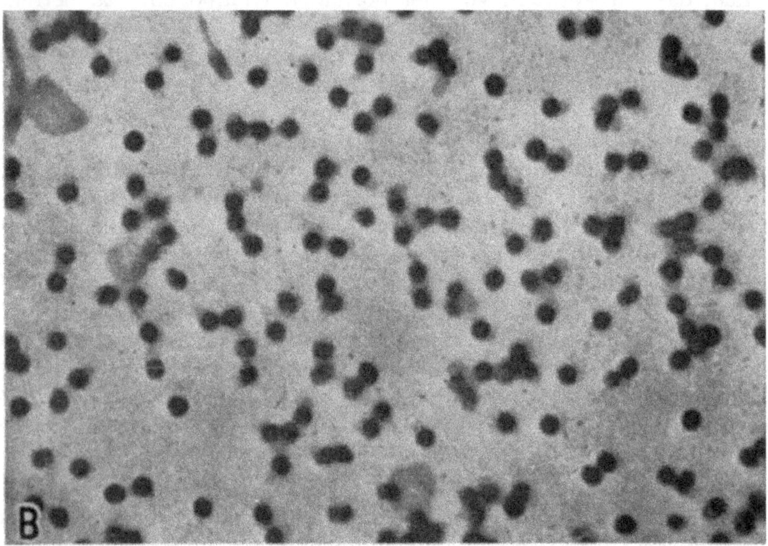

Abb 55. Virus der Pferde-Encephalitis, Weststamm (WEE), mit 0,092 m $CaCl_2$ behandelt, Vergr 45000fach, nach SHARP TAYLOR, BEARD und BEARD

Chemisches Verhalten. Die Viren der amerikanischen Pferdeencephalitis sind die einzigen tierischen Virusarten, in denen keine DNS, sondern nur RNS nachgewiesen wurde, sie nehmen insofern eine Sonderstellung ein. Der gesamte Nucleinsäurephosphor liegt in Form von RNS vor, die 10% des gesamten Virus ausmacht. Auffallend ist weiterhin der hohe Lipoidgehalt. Die Viren bestehen aus einem Komplex aus 46% Ribonucleoproteid und 44% Lipoid. Dieses enthält seinerseits 64% Phosphorlipoid, 25% Cholesterin und 15% Fettsäuren. Der hohe Lipoidgehalt erklärt auch das relativ große spezifische Volumen.

Das Virus ist in Ringerlösung wesentlich stabiler als in NaCl-Lösung. Wird das Salz durch Dialyse entfernt, so wird das Virus inaktiv. Das Virus ist beständig zwischen p_H 3 und 5 und zwischen 7 und 10. Um p_H 5,5 wird das Virus schnell inaktiv. Diese Inaktivierung ist keine reine p_H-Wirkung, sondern auch von einem Faktor abhängig, der in normalen und in kranken Embryonen vorkommt. Vielleicht handelt es sich um ein Enzym, dessen p_H-Optimum bei 5,5 liegt. Versuche mit der Ultrazentrifuge zeigen, daß das Virusprotein nach einer Aufbewahrung von

3—4 Tagen bei 5° und p_H 7—8,5 einheitlich bleibt. Oberhalb p_H 8,5 zerfällt es in kleinere, nicht sedimentierbare Komponenten, wobei die Zerfallsgeschwindigkeit mit dem p_H ansteigt. Unterhalb p_H 7 neigt das Protein zur Aggregation und wird schließlich unlöslich. Die p_H-Stabilität des Proteins und die der Viruswirksamkeit stimmen überein[1].

Das Virus zeigt im UV eine Absorptionsbande bei 260 mμ. Die Extinktion ist aber nicht allein auf den Gehalt an Nucleinsäure zurückzuführen, denn nach den Erfahrungen beim TMV wird wohl ein Teil durch Lichtstreuung vorgetäuscht. Das Virus wird durch ultraviolettes Licht inaktiviert, wobei die Einheitlichkeit und die Sedimentationskonstante des Proteins aber erhalten bleiben[2].

Die Pferdeencephalitisviren vertragen eine Behandlung mit Äther und mit Merthiolat 1:500. Diese Reagentien können daher als Konservierungsmittel benutzt werden. Die Viren sind ferner relativ haltbar in 50%igem Glycerin zwischen p_H 7,4 und 7,5. Auch durch Gefriertrocknung können die Viren in eine beständige Form gebracht werden. Von Interesse ist die Umsetzung des gereinigten EEE-Virus mit Formol, da auf diese Weise inaktiviertes Virus zur Schutzimpfung bei Pferden und in kleinerem Umfang auch bei einem besonders gefährdeten Personenkreis, z. B. Laboratoriumspersonal, benutzt wird. Bei Formolkonzentrationen unterhalb 0,01 m bleibt das Protein in Lösung, verliert aber an Homogenität. Die Inaktivierung ist hier selbst nach zwei Wochen nicht immer vollständig. Mit höheren Konzentrationen als 0,02 m ist die Inaktivierung nach etwa 4 Tagen vollständig, hierbei wird aber das Protein sehr inhomogen und schließlich unlöslich. Auch in Rohextraktion wird das Virus durch Formolbehandlung allmählich unlöslich[3].

Die besten Immunisierungserfolge ließen sich mit dem löslichen Protein erzielen, das durch Behandlung mit 0,01 m Formol gewonnen war. Nach einem ähnlichen Verfahren läßt sich auch eine gute Vaccine gegen die Venezuela-Pferdeencephalomyelitis herstellen[4]. Eine Inaktivierung des WEE ohne Verlust der Antigenwirksamkeit ist nach Versuchen von TENBROECK auch mit Senfgas möglich[5]. Über die Wirksamkeit der Formolvaccine liegen verschiedene Untersuchungen auch am Menschen vor[6]. Sie erzeugt eine solide Immunität, denn noch nach zwei Jahren wurden neutralisierende Antikörper nachgewiesen, allerdings keine Komplementbindung mehr. Beim Kaninchen findet man auch in der Cerebrospinalflüssigkeit Antikörper. Hiernach können diese in den Liquor eindringen und einen Schutz gegen intracerebrale Infektionen gewähren. Dieser Befund darf aber nicht verallgemeinert

[1] TAYLOR, A. R., D. G. SHARP u. J. W. BEARD: J. Inf. Dis. **67**, 59 (1940).

[2] TAYLOR, A. R., D. G. SHARP, H. FINKELSTEIN u. J. W. BEARD: J. Inf. Dis. **69**, 224 (1941).

[3] SHARP, D. G., A. R. TAYLOR, H. FINKELSTEIN, D. BEARD u. W. J. BEARD: Proc. Soc. Exper. Biol. a. Med. **43**, 650 (1943).

[4] RANDALL, R., F. MAUSER u. J. E. SMADEL: J. of Immun. **63**, 313 (1949).

[5] TEN BROECK, C.: Proc. Soc. Exper. Biol. a. Med. **31**, 217 (1933); **62**, 271 (1946).

[6] BEARD, J. W., D. BEARD u. H. FINKELSTEIN: J. of Immun. **38**, 117 (1940); **40**, 497 (1941).

werden, so ist z. B. beim Meerschweinchen keine Schutzwirkung gegen intracerebrale Infektionen zu erzielen.

Die Viren der amerikanischen Pferdeencephalitis haben in weitem Umfang als Modellsubstanzen für allgemeine immunologische Studien gedient (OLITZKY, SABIN)[1].

b) Venezuela-Pferdeencephalitisvirus.

Das Virus der *Venezuela-Pferdeencephalitis* kommt wie die vorher besprochenen Stämme hauptsächlich in Pferden und Maultieren in Mittel- und Südamerika vor, aber es sind auch Infektionen beim Menschen bekannt geworden. Über seine Morphologie weiß man bisher wenig. Zur Immunisierung s. S. 203).

c) Gruppe der japanischen B-Encephalitis und der damit verwandten Stämme.

Diese Gruppe umfaßt:

α) das Virus der japanischen B-Encephalitis. Es ist identisch mit dem Virus der australischen X-Disease;

β) das Virus der West Nile-Encephalitis;

γ) das Virus der St. Louis-Encephalitis;

δ) das Virus des Gelbfiebers, das nach den Untersuchungen von SABIN serologisch mit den Viren der japanischen B-Encephalitis und der West Nile-Encephalitis verwandt ist;

ε) das Dengue-Virus, das serologisch dem Gelbfiebervirus nahesteht;

ξ) das Virus des Rift Valley-Fiebers. Es kommt bei Schafen in Ostafrika vor und ist auch auf den Menschen übertragbar. Es ist von ähnlicher Größe wie das Gelbfiebervirus und wird auch klinisch diesem an die Seite gestellt[2]. Ob auch eindeutige serologische Beziehungen bestehen, konnte bisher noch nicht geklärt werden.

SABIN[3] fand, daß Antiserum gegen die japanische B-Encephalitis folgende Antikörpertiter gegen andere Viren dieser Gruppe zeigt: 1:256 gegen japanische B-Encephalitis, 1:128 gegen West Nile, 1:32 gegen Gelbfieber, 1:4 gegen Dengue, 1:2 gegen St. Louis und 0 gegen WEE und Rift Valley. Antiserum gegen Gelbfieber mit einem homologen Komplementbindungstiter von 1:32 bis 1:128 reagiert mit West Nile und japanischer B noch in Verdünnungen von 1:4 und 1:32. Einige dieser Seren reagieren auch mit Dengue. Dengue-Antiserum reagiert positiv mit japanischer B, West Nile und Gelbfieber, jedoch nicht mit St. Louis, WEE und Rift Valley. Die durch Ultrafiltration erhaltenen Radien dieser Viren sind in Tab. 2 zusammengestellt.

Außer den genannten sind noch eine Reihe weiterer Encephalitisviren von mehr örtlicher Bedeutung bekannt. Bei ihnen ist es aber nicht

---

[1] Zusammenfassung bei T. M. RIVERS: Viral and rickettsial infections of mean. Philadelphia: Lippincott 1948.

[2] FINDLAY, G. M., u. E. M. HOWARD: Arch. Virusforsch. (Wien) **4**, 411 (1952).

[3] SABIN, A. B.: Bacter. Rev. **14**, 225 (1950).

sicher, ob sie in diese oder in eine der nachfolgenden Gruppen einzuordnen sind. Sie sind in einer Reihe von Abhandlungen der Rockefeller Foundation beschrieben[1, 2, 3].

Von den hier aufgeführten Viren sei wegen der großen epidemiologischen Bedeutung das Gelbfiebervirus näher behandelt.

Das Gelbfieber-Virus.

Die von SABIN festgestellte serologische Verwandtschaft des Gelbfiebervirus mit den Encephalitisviren ist überraschend, da das Gelbfiebervirus ausgesprochen viscerotrop ist, d. h. es befällt vor allem die Eingeweide: Leber, Niere und Milz. Allerdings zeigen alle Gelbfieberstämme auch einen gewissen Neurotropismus, der durch die leichte intracerebrale Übertragbarkeit auf die weiße Maus bewiesen werden kann. Von KERR[2] wurde auch eine serologische Verwandtschaft des Gelbfiebervirus mit verschiedenen neurotropen Viren aus Afrika und Südamerika festgestellt. Weiterhin ist das Gelbfiebervirus den Encephalitisviren insofern ähnlich, als es ebenfalls durch Moskitos, Aedes aegypti übertragen werden kann. Durch Versuche von WHITMAN[4] wurde sichergestellt, daß sich das Virus in Aedes aegypti vermehrt. Das Verbreitungsgebiet des Gelbfiebers ist im wesentlichen auf die tropischen und subtropischen Zonen Amerikas und bestimmte Teile Afrikas begrenzt. Dies hängt vor allem damit zusammen, daß nur in diesen Gegenden ein Reservoir an menschlichen und tierischen Virusträgern und an Insektenüberträgern besteht.

Der Schutz gegen das Gelbfieber erfolgt einmal durch Bekämpfung der Insekten mit chemischen Insecticiden. Daneben spielt, da sich dies nicht überall durchführen läßt, die aktive Schutzimpfung mit abgeschwächten Stämmen eine große Rolle. Es war das Verdienst THEILERs[5], der hierfür mit dem Nobelpreis 1951 ausgezeichnet wurde, einen zur Vaccinierung geeigneten Stamm durch systematische Experimente entwickelt zu haben. Er übertrug den Asibi-Wildstamm zunächst intracerebral auf die weiße Maus. Hierdurch erlangte dieser aber eine unerwünschte neurotrope Wirkung. Um sie herauszuzüchten, wurde der Stamm nun auf Mäuseembryonalgewebe weiter vermehrt. Nach einigen Passagen gelang es, ihn auf Hühnerembryonalgewebe zu übertragen. Um den Neurotropismus zu unterdrücken, wurde der Stamm schließlich auf Hühnerembryonalgewebe gezüchtet, aus dem Gehirn und Rückenmark entfernt worden waren. In diesem Medium, das nur noch Spuren von Nervengewebe enthielt, wurde zuletzt der Stamm 17 D gewonnen, dessen viscerotrope und neurotrope Affinität soweit verändert war, daß er als Impfstamm gebraucht werden konnte. THEILER weist aber darauf hin, daß die Gründe für den Verlust des Neurotropismus noch nicht genügend geklärt sind. Bei Parallelversuchen mit

---

1 SMITHBURN, K. C.: J. of Immun. **68**, 441 (1952).
2 KERR, J. A.: J. of Immun. **68**, 461 (1952).
3 TAYLOR, R. M.: J. of Immun. **68**, 473 (1952).
4 WHITMAN, L.: J. of Exper. Med. **66**, 133 (1937).
5 Zusammenfassung bei RIVERS.

anderen Stämmen gelang es nämlich nicht, Rückverwandlungen in virulente Stämme zu vermeiden. Neben dem Stamm 17 D existiert noch ein von Franzosen[1] entwickelter Stamm, der im Gemisch mit Gummi arabicum zur Impfung verwendet werden kann. Bei diesem scheint jedoch die Zahl der unerwünschten Reaktionen größer zu sein als bei 17 D. Er wird vor allem bei Negern angewandt, die nach allgemeiner Ansicht gegen Gelbfieber weniger empfindlich sind als die weiße Bevölkerung. Durch ähnliche Passagen lassen sich auch andere Viren dieser Gruppe (Venezuela-Pferdeencephalitis, West Nile) in ihren Eigenschaften ändern[2].

Chemische Eigenschaften. Das Gelbfiebervirus ist extrem unbeständig. Es kann allerdings in 50%iger Glycerinlösung mehrere Monate aufbewahrt werden. Am beständigsten ist es nach Gefriertrocknung. Wegen dieser Labilität ist die Reindarstellung noch nicht gelungen. Im Serum kranker Affen wurde eine diffuse Bande mit $s_{20} = 18-30$ S nachgewiesen, die in normalem Serum fehlt und daher vielleicht mit dem Virus in Zusammenhang steht. PICKELS und BAUER[3] konnten das Virus durch Ultrazentrifugation anreichern, doch konnten auch in dem Konzentrat nur sehr diffuse Banden festgestellt werden, aus denen unter Annahme einer kompakten Kugelform ein Teilchendurchmesser zwischen 12 und 19 mμ berechnet wurde. Nach Ultrafiltrationsexperimenten besitzt das Gelbfiebervirus einen Durchmesser von 17—25 mμ. Es stimmt also im Durchmesser mit den Viren der Encephalitisgruppe überein, wie es nach der serologischen Verwandtschaft zu erwarten ist.

3. Poliomyelitisviren[4].

Verschiedene Stämme und ihre Differenzierung.

Es gibt eine ganze Reihe immunologisch verschiedener Poliomyelitisviren. Ihre Abgrenzung gegen andere neurotrope Viren ist schwierig. Von der Nomenklaturkommission des National Foundation for Infantile Paralysis[5] wurde eine vorläufige Definition vorgeschlagen, die als Grundlage einer Klassifizierung wohl allgemeine Anerkennung gefunden hat. Hiernach soll der Ausdruck Poliomyelitisvirus für solche Agentien benutzt werden, die Poliomyelitis beim Menschen erzeugen, unabhängig davon, wo der Stamm aufgefunden wurde. Zur Identifizierung sollen herangezogen werden: 1. klinisch-histologische Manifestationen der Krankheit beim Affen, 2. Wirtsspezifität, 3. immunologische Verwandtschaft, 4. physikalisch-chemische Eigenschaften. Für diagnostische Untersuchungen sollen in erster Linie Affen herangezogen werden, weil hier die Erscheinungen besonders typisch sind. Klinisch äußert sich die Poliomyelitis beim Affen in Fieber, Tremor, Muskelspasmen, denen nach 1—2 Tagen eine schlaffe Lähmung folgt. Das histologische Bild beim

[1] PELTIER, M., C. DURIEUX, H. JONCHÈRE u. E. ARQUIÉ: Ann. Inst. Pasteur **65**, 146 (1940).

[2] KOPROWSKI, H., u. E. H. LENNETTE: J. of Exper. Med. **84**, 181, 203 (1946).

[3] PICKELS, E. G., u. J. H. BAUER: J. of Exper. Med. **71**, 703 (1940).

[4] Zusammenfassende Literatur bei J. L. MELNICK: Ann. Rev. Microbiol. **5**, 309 (1951); Bakter. Rev. **14**, 233 (1930).

[5] Science (Lancaster, Pa.) **108**, 701 (1948).

Affen ist dem der menschlichen Poliomyelitis in der Art und Verbreitung der Schädigungen sehr ähnlich. Im Rückenmark sind die Läsionen gehäuft in der grauen Substanz 3, und zwar besonders in den Vorderhörnern. Anzeichen für Schädigungen der motorischen Nervenzellen müssen im akuten Stadium nachweisbar sein.

Die meisten Poliomyelitisstämme lassen sich experimentell nur auf Primaten übertragen. Gewisse Stämme jedoch, die bei typischen Krankheitsfällen des Menschen isoliert wurden, haben zusätzlich die Fähigkeit, Poliomyelitis bei Mäusen, Hamstern und Baumwollratten, nicht aber bei Meerschweinchen oder Kaninchen hervorzurufen. Diese Stämme sind alle immunologisch nahe verwandt zu dem 1938 von ARMSTRONG in Lansing/Michigan isolierten Lansing-Typ (Typ 2). Zu dieser Gruppe gehören u. a. der Yale-Stamm (YSK), der Phlipps-Stamm (Ph) und der Stamm MEF_1, die sämtlich in Amerika isoliert wurden. Der Lansing-Typ ist dort weit verbreitet. Daneben finden sich auch noch zwei immunologisch verschiedene Poliotypen, die als Brunhilde (Typ 1) und Leon (Typ 3) bezeichnet sind[1] und sich auf Mäuse nur schwer übertragen lassen. Die Poliomyelitisviren zeigen keine Hämagglutination. Alle 3 Poliotypen können sowohl auf nervenhaltigen als auch auf nervenfreien Gewebekulturen des Affen oder des Menschen gezüchtet werden[2,3]. Später fanden SCHERER und SYVERTON[4], daß die drei Typen des Poliomyelitis-Virus sich auch in einer Kultur maligner menschlicher Zellen vermehren. Der Lansing-Typ konnte auch an den Hühnerembryo[5] adaptiert werden. Diese Kulturen können also ebenfalls zum Nachweis der Viren verwendet werden. Besondere Bedeutung gewinnen diese Kulturverfahren dadurch, daß es mit ihrer Hilfe gelingt, Virusmaterial in genügender Menge für Schutzimpfungen herzustellen. Die Vermehrung in nervenfreiem Gewebe zeigt, daß die Ausbreitung der Viren im Organismus nicht unbedingt über die Nervenbahnen erfolgen muß.

Immunologisch bestehen keine Beziehungen zwischen den typischen Poliomyelitisviren, den Encephalomyokarditisviren und den Coxsackie-Viren, trotzdem diese Viren in Grenzfallen dieselben klinischen Erscheinungen hervorrufen und sich einander anscheinend morphologisch ähnlich sind.

Biologisches Verhalten. Der Verlauf der Poliomyelitis beim Menschen ist sehr verschieden. Am häufigsten ist eine milde, abortive Form, die zu keinen Lähmungen führt. Nach einer Inkubationszeit von 5 bis 35 Tagen treten leichte Krankheitserscheinungen auf, die einer Infektion der oberen Luftwege gleichen, oder es werden nur leichte gastrointestinale Störungen (Erbrechen, Übelkeit) beobachtet. Histologisch konnte festgestellt werden, daß auch bei dieser abortiven Form das Zentralnervensystem angegriffen wird, ohne daß es allerdings zu größeren Schädigungen kommt. Die Diagnose dieser abortiven Form ist nur durch Nachweis der Antikörper im Serum möglich. In schweren Fallen

[1] BODIAN, D., J. M. MORGAN u. H. A. HOWE: Amer. J. Hyg. **49**, 234 (1949).
[2] ENDERS, J. F., T. H. WELLER u. F. C. ROBBINS: Science **109**, 85 (1949).
[3] ENDERS, J. F.: J. of Immun. **69**, 639 (1952).
[4] SCHERER, W. P., u. J. T. SYVERTON: J. Exper. Med. **96**, 389 (1952)
[5] ROCA-GARCIA, M., A. W. MOYER u. H. R. COX: Proc. Soc. Exper. Biol. a. Med. **81**, 519 (1952).

folgt auf diese erste Phase nach einigen Tagen eine zweite, die mit stärkeren Störungen des Zentralnervensystems verknüpft ist und zu den bekannten Lähmungserscheinungen führen kann. Die Ursache für dieses unterschiedliche Krankheitsbild ist noch nicht genügend geklärt. Als Faktoren, die den Verlauf der Krankheit bestimmen, sind außer der Verschiedenheit der infizierenden Krankheitsstämme in Betracht zu ziehen: 1. die Größe der Infektionsdosis, 2. die Schwächung des Organismus durch Unterkühlung oder Überanstrengung, 3. die Schädigung durch gleichzeitige Infektion mit anderen Viren, z. B. Coxsackie-Virus oder durch Traumen, wie z. B. Tonsillektomie, 4. wird die Empfänglichkeit und der Krankheitsverlauf abhängig sein von dem hormonalen Zustand des Organismus. Insbesondere ist an den Einfluß von Cortison zu denken[1,2].

Die wichtigste Eintrittspforte für das Virus scheint beim Menschen der Darmtrakt zu sein. Das Virus läßt sich auch bei äußerlich gesunden Personen in der Rachenspülflüssigkeit und im Darminhalt nachweisen, jedoch im allgemeinen nicht im Blut und in den Lymphdrüsen. Der negative Befund schließt jedoch nicht aus, daß das Virus nicht trotzdem im Blut vorhanden ist, denn bei parenteraler Verabfolgung treten sehr frühzeitig Antikörper im Blut auf, die das Virus wirksam neutralisieren. Bei der oralen Verabfolgung von lebendem Poliomyelitisvirus an Kinder (Lansing-Stamm) wird ein Anstieg des Antikörpertiters im Serum beobachtet, ohne daß es zu klinischen Symptomen kommt. Über die weitere Ausbreitung des Virus im Organismus liegen noch keine gesicherten Kenntnisse vor. Versuche an Affen zeigen, daß sich das Virus entlang der peripheren Nervenbahnen ausbreiten kann[3]. So gelingt z. B. die intranasale Infektion bei Affen nicht, wenn man vorher den Riechnerv durchschneidet. Gegen die ausschließliche Verbreitung durch die Blutbahn sprechen auch klinische Beobachtungen, die zeigen, daß die Lokalisation der Schädigung davon abhängig ist, auf welchen Nervenbahnen das Virus eindringt. So kommt es nach Tonsillektomie häufig zu der bulbären Form der Poliomyelitis. Das Virus dringt in die freigelegten Fasern des glosso-pharyngealen Nerven ein, und so kommt es zu einer Lokalisation in dem der Eintrittspforte am nächsten gelegenen Teil des Gehirns. Die Geschwindigkeit der Ausbreitung des Virus im Ischiasnerv beträgt etwa 2,4 mm/Std[4]. Die Vermehrung des Poliomyelitisvirus auf nervenfreien Gewebekulturen und die Bildung der Antikörper im Blut zeigt, daß auch andere Ausbreitungsmöglichkeiten bestehen müssen. Es muß offen bleiben, inwieweit die Blutbahn oder die Nervenbahn oder beide an der Ausbreitung der Infektion im Menschen beteiligt sind.

Epidemiologisches Verhalten. Serologische Reihenuntersuchungen zeigen, daß neutralisierende Antikörper gegen die Poliomyelitisviren mit zunehmendem Alter der Kinder immer häufiger gefunden werden und

---

1 Shwartzman, G.: Proc. Soc. Exper. Biol. a. Med. **75**, 835 (1950).

2 Shwartzman, G., u. A. Fischer: J. Exper. Med. **95**, 342 (1952).

3 Koprowski, H., G. A. Jervis, T. W. Norton u. D. J. Nelsen: Proc. Soc. Exper. Biol. a. Med. **82**, 277 (1953).

4 Bodian, D., u. H. A. Howe: Bull. Hopkins Hosp. **69**, 79 (1941).

bei einem großen Prozentsatz der Erwachsenen vorkommen. In dichter besiedelten Gebieten müssen also dauernd abortiv verlaufende Infektionen mit dem Poliomyelitisvirus erfolgen. Dies ist aber nicht der Fall in dünn besiedelten Gebieten. So fanden PAUL und RIORDAN[1] 1941 in entlegenen Eskimodörfern Nordalaskas Antikörper gegen den Lansing-Stamm nur bei Personen, die vor 1920 geboren waren. In Übereinstimmung hiermit waren in dieser Gegend seit 1920 keine Poliomyelitiserkrankungen mehr aufgetreten. Neutralisierende Antikörper werden also noch 20 Jahre nach der Infektion gebildet, ohne daß in dieser Zeit ein neuer Kontakt mit dem Erreger erfolgt ist. Beobachtungen und experimenteller Befund sprechen dafür, daß das gleiche Individuum niemals zweimal von dem gleichen Stamm befallen wird, es sei denn, daß bei dem ersten Anfall bestimmte Teile des Zentralnervensystems ausgespart geblieben sind, was sich experimentell durch Durchtrennung des Rückenmarks verwirklichen läßt. Zweiterkrankungen mit einem heterologen Stamm sind dagegen möglich. Die Ausbreitung des Virus in einer Population erfolgt wohl hauptsächlich durch den Stuhl und andere Ausscheidungen der Virusträger. Das Virus findet sich daher auch in den Abwässern. Nicht erklärt ist bis jetzt das saisonbedingte Auftreten der Poliomyelitis im Spätsommer. Saisonbedingte Epidemien lassen sich häufig auf Insektenübertragung zurückführen. Es ist daran zu denken, daß Fliegen zur Verbreitung der Poliomyelitis beitragen, da festgestellt wurde, daß sie gelegentlich mit Virus behaftet sind. Die Übertragung braucht hierbei nicht von Mensch zu Mensch zu erfolgen, sondern man muß vor allem beachten, daß die Fliegen Nahrungsmittel verschmutzen können.

Schutzmaßnahmen. Durch die Erkenntnis, daß sich das Poliomyelitisvirus nicht ausschließlich auf den Nervenbahnen ausbreitet, sind die Aussichten, das Virus durch Antikörper in der Blutbahn abzufangen, sehr gestiegen. Die Untersuchungen, welcher Weg hierzu am geeignetsten ist, sind noch im Fluß. In Frage kommen entweder die aktive Immunisierung mit abgetötetem Virus oder einer lebenden Modifikation oder die passive Immunisierung durch Antikörper-Konzentrate. Versuche an Affen zeigen, daß man diese durch Virus-haltiges Gehirnmaterial, das mit Formol inaktiviert wurde, immunisieren kann. Einen guten Antikörper-Anstieg beobachtet man, wenn die Vaccine in Paraffinöl (Bayol) mit einem Emulgator (Arlacel) verabfolgt wird und gleichzeitig säurefeste Bacillen oder Extrakte aus ihnen zugefügt werden. Allerdings bedeutet der Zusatz der Bacillen zu dem Virus-haltigen Gehirnmaterial eine Gefahr, denn es kann hierdurch eine allergische Encephalomyelitis hervorgerufen werden, indem sich Auto-Antikörper gegen Nervengewebe bilden[2]. Untersuchungen über die Wirkung dieser Adjuvantien wurden besonders von SALK und Mitarbeitern[3,4] durchgeführt. Diese

[1] PAUL, J. R., u. J. T. RIORDAN: Amer. J. Hyg. **52**, 202 (1950).
[2] MORGAN, J. M.: J. of Exper. Med. **85**, 131 (1947).
[3] SALK, J. E., L. J. LEWIS, J. S. YOUNGNER u. B. L. BENNETT: Amer. J. Hyg. **54**, 157 (1951).
[4] SALK, J. E., M. L. BAILEY u. A. M. LAURENT: Amer. J. Hyg. **55**, 439 (1952).

berichten bereits über Experimente an 151 Freiwilligen, die mit Formol-inaktiviertem Virus geimpft wurden, das aus Kulturen von Affengewebe hergestellt war. Es wurde ein deutlicher Anstieg des Antikörper-Titers beobachtet, jedoch ist noch nicht entschieden, ob sich hiermit ein sicherer Schutz erreichen läßt. Von anderer Seite[1] werden Hoffnungen auf die Anwendung einer genügend modifizierten lebenden Vaccine gesetzt. Auf die allgemeinen Bedenken gegen den Gebrauch lebender Vaccine wurde bereits hingewiesen.

Es wurde nachgewiesen, daß in der γ-Globulin-Fraktion gesammelter Seren von Erwachsenen Antikörper gegen alle drei Poliomyelitis-Typen enthalten sind. Hammon und Mitarbeiter[2,3] führten passive Immunisierungen an etwa 50000 Kindern mit diesem γ-Globulin durch. Von der zweiten Woche nach der Schutzimpfung ab traten in der vaccinierten Gruppe weniger Lähmungsfälle auf als in der Kontroll-Gruppe. Aus den Experimenten kann man schließen, daß die passive Immunisierung einen deutlichen Schutz für etwa 5 Wochen gewährt. Jedoch werden noch weitere Versuche notwendig sein, um die passive Schutzimpfung allgemein anwenden zu können.

Darstellung. Die Versuche zur Reindarstellung des Virus haben bisher noch nicht zu sicheren Resultaten geführt. Die Schwierigkeiten beruhen vor allem darauf, daß die Viren sich in ihrer Größe nicht allzu sehr von normalen Bestandteilen des Gehirns unterscheiden. Eine sichere Identifizierung der dargestellten Präparate mit dem Virus ist also sehr schwierig. Versuche zur Anreicherung typischer Poliomyelitisstämme wurden von Loring und Schwerdt durchgeführt, in Anlehnung an vorhergehende Untersuchungen von Gard und Pedersen mit dem Theilerschen Virus. In ihren ersten Versuchen benutzten die Autoren[4] Gehirn und Rückenmark aus Affen, die mit dem MV und einem von Armstrong isolierten Stamm infiziert waren. Das in der Kälte oder in Glycerin aufbewahrte Material wurde zunächst zerkleinert und mit Ringerlösung extrahiert. Nach Entfernung gröberer Bestandteile mit einer Laboratoriumszentrifuge wurde der milchige Extrakt mit Äther ausgeschüttelt, wobei sich inaktives Material an der Grenzschicht Wasser—Äther ansammelt. Die geklärte wäßrige Lösung wurde filtriert und bei 36000 Umdr./min zentrifugiert. Das Sediment wurde in einem kleineren Volumen wieder aufgenommen, aggregierte Bestandteile entfernt und dann die Substanz durch abwechselnd hoch- und niedertouriges Zentrifugieren gereinigt. Das erhaltene Material war noch in einer Konzentration von $5 \cdot 10^{-9}$ g N aktiv. Die Sedimentationskonstante des gereinigten Präparats wurde zu 62 S bestimmt. Ein ähnliches Protein wurde aber auch bei Parallelaufarbeitungen gesunder Gewebe gefunden. Die Autoren stellten fest, daß diese normale Komponente beim längeren Einfrieren unlöslich wird. Diese Beobachtungen machten sie sich bei

[1] Cox, H. R.: Bull. New York Acad. Med. **29**, 943 (1953).

[2] Hammon, W. M., L. L. Coriell u. J. Stokes: J. Amer. Med. Assoc. **150**, 739, 750 (1952).

[3] Hammon, W. M., L. L. Coriell, J. Stokes, P. F. Wehrle u. C. R. Klimt: J. Amer. Med. Assoc. **150**, 757 (1952)

[4] Loring, H., u. C. E. Schwerdt: J. of Exper. Med. **75**, 395 (1942).

späteren Aufarbeitungen zunutze[1,2], die mit dem Lansing- und YSK-Stamm durchgeführt wurden. Gehirn und Rückenmark von Baumwollratten wurden in ähnlicher Weise aufgearbeitet wie in den ersten Versuchen mit dem MV-Stamm. Die Autoren schalteten aber in ihren Reinigungsprozeß nach der Ätherextraktion eine längere Kältebehandlung ein und erhielten hierdurch aus 100 g Ausgangsmaterial ein Konzentrat, das 0,2 mg Protein-N enthielt. Es besaß eine Wirksamkeit, die zwischen 10^{-10} und 10^{-8} g N liegt. Die Sedimentationskonstante wurde zu 83 ± 7 *S* bestimmt. Aus normalem Gewebe wurde bei gleicher Behandlung ein Konzentrat erhalten, das nur 0,01—0,02 mg N enthielt. Die Sedimentationskonstante des normalen Materials ist nicht angegeben. Auf elektronenmikroskopischen Aufnahmen fanden die Autoren in dem Viruskonzentrat kugelförmige Teilchen mit einem Durchmesser von etwa 25 mμ. Die Sedimentationskonstante ist auffallend niedrig. Als Beobachtungsmethode wurde anscheinend die UV-Absorption benutzt. Die von den Autoren publizierten Sedimentationsbilder lassen es als nicht ausgeschlossen erscheinen, daß eine Komponente mit höherer Sedimentationskonstante durch den Stoff mit $s_{20} = 83$ *S* verdeckt wird. Eine Anreicherung des Lansing-Stammes gelang auch durch Anwendung von Ionenaustauschern. Der Titer wird etwa auf das 10fache, die spezifische Aktivität auf das 45fache erhöht. Die Elution des Virus von dem Adsorbens erfolgt durch Na_2HPO_4[3]. Eine neue Methode zur Reinigung des Lansing-Typs wurde von BACHRACH und SCHWERDT[4] beschrieben. Sie gingen von Gehirnmaterial infizierter Baumwollratten aus; das Reinigungsverfahren besteht in einer isoelektrischen Fällung, einer Butanol-Extraktion, einer Anreicherung durch hochtouriges Zentrifugieren und einer Behandlung mit Ribonuclease, Desoxyribonuclease und Pepsin. Anschließend an die Enzymbehandlung wird das Virus nochmals durch Zentrifugation bei 30000 U/min konzentriert. In dem Konzentrat finden sich 2 Teilchenarten, für die elektronenoptisch ein Durchmesser von 12 mμ und 28 mμ bestimmt wurde. Durch quantitative Bestimmung der Teilchenzahlen im Elektronenmikroskop und der biologischen Aktivität konnten die 28 mμ Partikel mit dem Virus identifiziert werden. Für einen 50%igen Infektionserfolg sind etwa 20000 Teilchen oder $3 \cdot 10^{-13}$ g Virus erforderlich.

Größe und Gestalt. MELNICK[5] und Mitarbeiter bestimmten beim Lansing-Stamm die Sedimentationskonstante der aktiven Komponente in unbehandelten Extrakten auf biologischem Wege. Sie benutzten zwei verschiedene Verfahren: einmal führten sie Versuche in der Trennzelle des analytischen Rotors durch und zum anderen im präparativen Rotor in schrägstehenden Gefäßen in einer Rohrzuckerlösung. Im ersten

[1] LORING, H. S., u. C. E. SCHWERDT: Proc. Soc. Exper. Biol. a. Med. **62**, 289 (1946).

[2] LORING, H. S., L. MARTON u. C. E. SCHWERDT: Proc. Soc. Exper. Biol. a. Med. **62**, 291 (1946).

[3] LO GRIPPO, G. A., u. B. BERGER: J. Labor. a. Clin. Med. **39**, 970 (1952).

[4] BACHRACH, H. L., u. C. E. SCHWERDT: J. of Immun. **72**, 30 (1954).

[5] MELNICK, J. L., M. RHIAN, J. WARREN u. S. S. BREESE: J. of Immun. **67**, 151 (1951).

Fall ergibt sich für s_{20} als zuverlässigster Wert 170 *S*, im zweiten Fall im Mittel 157 *S*. Bei Annahme einer Kugelform berechnet sich hieraus ein Teilchendurchmesser von 30 mμ. Durch Filtrationsexperimente wurde der Durchmesser der aktiven Teilchen zu 15—23 mμ bestimmt, was mit den Ergebnissen anderer Autoren befriedigend übereinstimmt. *Eine Sedimentationskonstante von 160—170 S und ein Durchmesser von etwa 28 mμ für die kugelförmigen Teilchen dürfte wohl für das Virus des Lansing-Stammes der wahrscheinlichste Wert sein*, zumal sich hierdurch eine gute Übereinstimmung mit den biologisch ähnlichen Viren der EMC-Gruppe, dem Theiler-Virus und den Coxsackie-Viren ergibt. Es ist allerdings darauf hinzuweisen, daß kugelige Teilchen in den Viruskonzentraten nur zu beobachten sind, wenn diese vorher eingefroren waren. Es wäre denkbar, daß in den Rohextrakten das Virus auch in einer anderen Form vorliegt. In diesem Falle würde sich aus der biologisch bestimmten Sedimentationskonstante ein höheres Teilchengewicht und andere Abmessungen ergeben. Wie später noch näher ausgeführt wird, wurde von GARD[1] im Stuhl und im Gehirn von Poliomyelitispatienten ohne Einfrieren ein fadenförmiges Teilchen aufgefunden, das vielleicht in Beziehung zum Poliomyelitisvirus steht.

Chemisches Verhalten. Über die chemische Zusammensetzung des Poliomyelitisvirus kann zur Zeit noch nichts ausgesagt werden, da die Reinheit der Präparate nicht gesichert ist. Das Virus ist in einem p_H-Bereich von 4—10 relativ stabil. Es ist beständig gegen Phenol und Merthiolat, jedoch gegen Oxydationsmittel sehr empfindlich. Durch freies Chlor in einer Konzentration von 50 γ/l wird es in 10 min inaktiviert, ebenso wird die Wirkung des Virus durch $KMnO_4$ oder UV-Licht schnell zerstört. Das Virus kann bei —70 bis —20° 12 Monate lang ohne Wirksamkeitsverlust aufbewahrt werden, bei 50° wird es jedoch innerhalb 3 min zerstört. Durch Ultraschall wird es nicht inaktiviert[2]. Die schädigende Wirkung des Virus könnte zum Teil auf der Störung des Zuckerstoffwechsels beruhen[3]. Im Homogenat von Hirngewebe aus Mäusen, die mit dem Theiler-FA-Stamm infiziert sind, kann die Glykolyse bis zu 85% gehemmt sein. Die Glykolysehemmung setzt auch ein, wenn man gereinigte Präparate von Lansing- oder Theiler-Virus zu normalem Mäusegehirn zusetzt. Eine ähnliche, wenn auch weniger ausgesprochene Wirkung wird auch durch nicht neurotrope Viren, Influenza A und TMV, hervorgerufen. Die Hemmung kann durch Zugabe von Diphosphorpyridinnucleotid aufgehoben werden. Über die Veränderungen in den infizierten Zellen s. bei HYDÉN (S. 85).

4. Encephalomyokarditisviren (EMC).

Die Viren dieser Gruppe sind weit verbreitet. Identische oder nahe verwandte Stämme sind zu verschiedenen Zeiten und unter verschiedenen Namen beschrieben worden, so daß die Verhältnisse sehr unübersichtlich sind. Eine Zusammenfassung der Literatur findet sich bei

[1] GARD, S.: Acta med. scand., Suppl. 143 (1943).
[2] Literatur s. bei RIVERS.
[3] RACKER, E., u. J. KRIMSKY: J. of Exper. Med. 84, 191 (1946).

SMITHBURN[1], DICK[2], WARREN[3] und der Nomenklatur Kommission des National Foundation for Infantile Paralysis[4]. Ein typischer Vertreter dieser Gruppe wurde zuerst von JUNGEBLUT und SANDERS[5] sowie von JUNGEBLUT und DALLDORF[6] in New York aufgefunden. Diese Stämme wurden zuerst als Columbia SK und MM, später als EMC-Viren bezeichnet. Von SMADEL und WARREN wurde das Virus als Ursache einer bei amerikanischen Truppen auf den Philippinen auftretenden Krankheit erkannt. Ferner wurde es in Uganda aufgefunden und von DICK und Mitarbeitern als Mengo-Virus bezeichnet. Schließlich wurde es auch in Südamerika nachgewiesen. Viren dieser Gruppe kommen auch in Deutschland vor. So wurde von BELLER und KELLER[7] ein Stamm unter der Bezeichnung Li 32 isoliert und seine Verwandtschaft mit den Stämmen von JUNGEBLUT gesichert. Später wurden von BIELING und KOCH[8] weitere Stämme isoliert. Man nimmt an, daß das Virus bei Nagetieren endemisch ist, gelegentlich aber auch den Menschen befällt.

Mit den eigentlichen EMC-Stämmen verwandt ist das Virus der russischen Frühsommerencephalitis, die in der angelsächsischen Literatur mit verschiedenen Namen bezeichnet wird: Russian spring summer, Russian Far East, Russian forest spring, Russian endemic, Russian tick borne. Dieses Virus ist nahe verwandt, wenn nicht identisch mit dem Louping ill-Virus[9], das besonders bei Schafen in England und Schottland auftritt und gelegentlich auch den Menschen befallen kann. Im Neutralisationstest wurde die Verwandtschaft des Louping ill-Virus mit den EMC-Viren von SMITHBURN[10] sichergestellt. Von KERR[11] wurde gezeigt, daß der Mengo-Stamm verwandt ist mit den Encephalomyelitisviren der Maus (THEILERsches Virus). Von den murinen Stämmen sind besonders häufig untersucht: T 0, GD VII, Fa. Die beiden letzten sind unter sich ähnlicher als dem T 0-Stamm, der in mancher Hinsicht eine Sonderstellung einnimmt. Außer ihnen gehören in diese Gruppe vier verschiedene in Brasilien aufgefundene Virusstämme, die als Haemagogus-Gruppe zusammengefaßt werden (KERR). Zwischen den EMC-Viren und den Poliomyelitisviren besteht keine immunologische Beziehung.

Biologisches Verhalten. Die EMC-Viren sind dadurch gekennzeichnet, daß sie neben einer diffusen Encephalomyelitis des gesamten Zentralnervensystems auch eine akute interstitielle Myokarditis hervorrufen. Die Viren sind übertragbar auf Maus, Hamster, Baumwollratte (Sigmodon hispidus), wo sie rasch zum Tode führen. Bei Meerschweinchen rufen sie leichtes Fieber, aber keine Paralyse hervor, beim Affen gelegentlich vorübergehende Paralyse. Bei Ratten und Kaninchen werden

[1] SMITHBURN, K. C.: J. of Immun. **68**, 441 (1952).
[2] DICK, G. W. A.: J. of Immun. **62**, 375 (1949).
[3] WARREN, J., J. E. SMADEL u. S. B. RUSS: J. of Immun. **62**, 387 (1949).
[4] Science (Lancaster, Pa.) **108**, 701 (1948).
[5] JUNGEBLUT, C. W., u. M. SANDERS: J. of Exper. Med. **72**, 407 (1940).
[6] JUNGEBLUT, C. W., u. G. DALLDORF: J. Publ. Health **33**, 169 (1943).
[7] CASALS, J., u. L. T. WEBSTER: J. of Exper. Med. **79**, 45 (1944).
[8] BELLER, K., u. W. KELLER: Klin. Wschr. **1949**, 422.
[9] BIELING, R., u. F. KOCH: Marburger Med. Ges. 14. XII. 1949.
[10] SMITHBURN, K. C.: J. of Immun. **68**, 441 (1952).
[11] KERR, J. A.: J. of Immun. **68**, 461 (1952).

keine akuten Symptome festgestellt. Die Viren können auch auf Hühnerembryonen gezüchtet werden. Der wesentliche Unterschied gegenüber den Viren der Poliomyelitisgruppe besteht in der schwachen Pathogenität gegenüber Affen und in der leichten Übertragbarkeit auf erwachsene Mäuse.

Die EMC-Viren zeigen hämagglutinierende Eigenschaften. HALLAUER[1] zeigte 1947, daß das Columbia SK und MM-Virus Erythrocyten von Schafen agglutiniert. Auch EMC-, Mengo- und F-Virus wirken hämagglutinierend[2].

Größe und Gestalt. Auch bei den EMC-Viren sind unsere Kenntnisse noch lückenhaft. Am ausführlichsten wurde bisher das THEILERsche Virus untersucht.

Versuche mit Theiler-Virus. Auf biologischem Wege bestimmte GARD (s. S. 212) die Sedimentationskonstante des FA-Stammes zu 152 *S*. In einer späteren Arbeit von LEYON und GARD[3] wird auch ein Wert von 195 *S* angegeben, der mit Werten von BOURDILLON und MOORE[4] übereinstimmt, die 200 *S* fanden. Die Sedimentationskonstante des Theiler-Virus in nicht kältebehandelten Extrakten liegt also zwischen 150 und 200 *S*, was bei Annahme der Kugelform einem Teilchendurchmesser von etwa 30 mμ entspricht. Nach Ultrafiltrationsexperimenten[5] kann für das Virus ein Teilchendurchmesser von etwa 20 mμ angenommen werden.

Die genaue Gestalt des Virus kann nur an gereinigten Präparaten ermittelt werden. Die hier erzielten Ergebnisse sind aber bislang noch widerspruchsvoll. Zur Anreicherung des Theiler-Virus Stamm FA aus Mäusegehirnen wurden von GARD zunächst die Lipoide durch Extraktion mit Äther entfernt. Die weitere Anreicherung erfolgte durch Fällung mit Ammonsulfat, Wiederaufnahme des Niederschlags in destilliertem Wasser und Konzentrierung der Lösung durch Ultrafiltration. Das zunächst dargestellte Konzentrat enthielt 3 Komponenten mit Sedimentationskonstanten von 40, 160 und 210 *S*. Die Konzentration der drei Komponenten war etwa gleich und entsprach 0,5 mg/100 g Mäusegehirn. In normalen Mäusegehirnen, die in gleicher Weise aufgearbeitet worden waren, waren nur die Komponenten mit 40 und 210 *S*, jedoch keine Spur der mittleren Komponente mit 160 *S* vorhanden. Es war daher anzunehmen, daß diese mittlere Komponente das Virusprotein darstellt. Sie konnte in reiner hochaktiver Form isoliert werden und sedimentiert einheitlich mit 181 *S*. Bei der elektronenmikroskopischen Untersuchung des Viruskonzentrats wurden nur fadenförmige Teilchen mit einer Dicke von 15—20 mμ festgestellt. Da auch die Diffusionsmessungen für eine starke Anisodiametrie der Teilchen sprachen, nahm GARD (s. S. 212) zunächst an, daß das Theiler-Virus eine fadenförmige Gestalt besäße. Filamentöse Formen wurden auch von anderen Autoren[6, 7] beobachtet.

---

[1] HALLAUER, C.: Arch. Virusforsch. **4**, 224 (1951).
[2] HORVATH, B., u. C. W. JUNGEBLUT: J. of Immun. **68**, 627 (1952).
[3] LEYON, H., u. S. GARD: Biochim. et Biophysica Acta **4**, 385 (1950).
[4] BOURDILLON, J., u. D. H. MOORE: Science (Lancaster, Pa.) **96**, 541 (1942).
[5] THEILER, M., u. S. GARD: J. of Exper. Med. **72**, 50 (1940).
[6] JUNGEBLUT, W. C., u. J. BOURDILLON: J. Amer. Med. Assoc. **123**, 309 (1943).
[7] BENDER, A.: Z. Hyg. **129**, 332 (1949).

Nach dem Bekanntwerden der Arbeiten von LORING wandten LEYON und GARD die Einfriermethode auch bei dem THEILERschen Virus an. Nach der Ätherextraktion der Gehirnmasse wurde das Protein zunächst

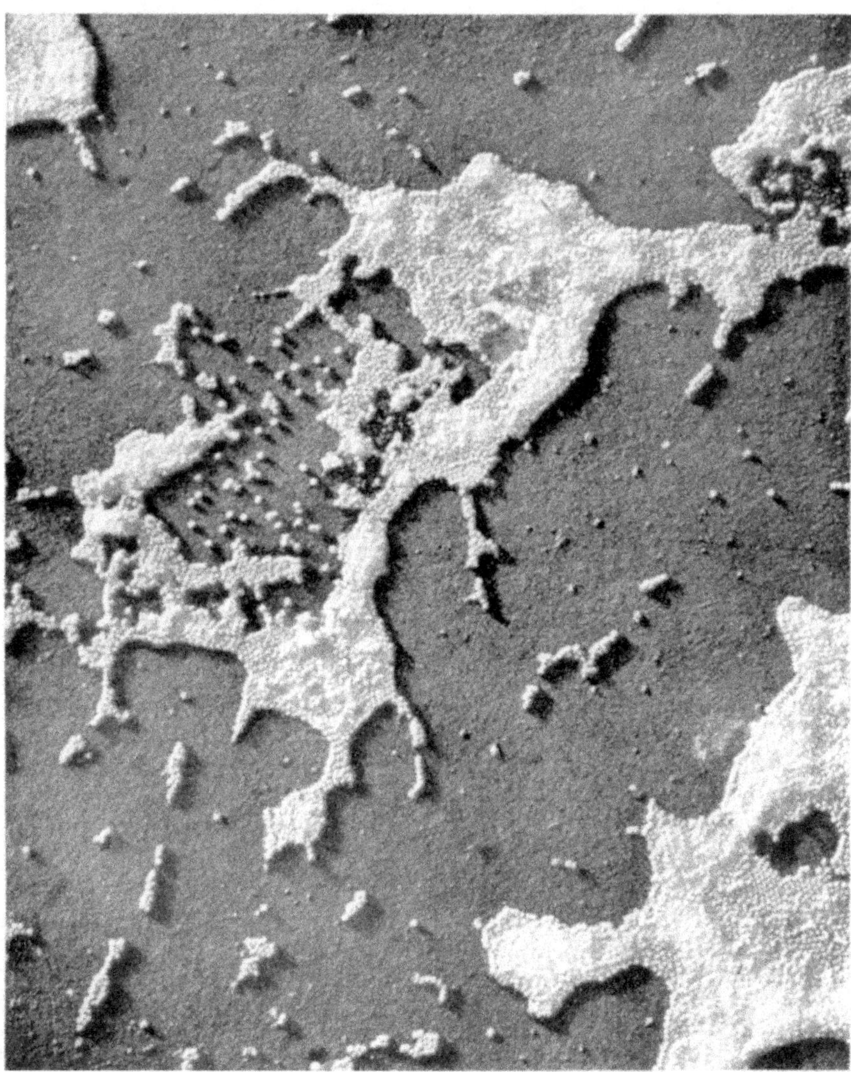

Abb. 56 Gereinigtes Virus der Mause-Encephalomyelitis, Stamm FA (THEILERsches Virus). Vergr. 27000fach, nach H LEYON.

durch Ansäuern auf p_H 4,5 ausgefällt. Es folgte dann eine Ammonsulfatfällung bei 33%iger Sättigung und abwechselnd hoch- und niedertouriges Zentrifugieren. Daraufhin wurde das Konzentrat in 0,001 m Phosphatpuffer bei p_H 7 und —16° zwei Monate aufbewahrt, nachher wurde wieder abwechselnd hoch- und niedertourig zentrifugiert. Der 50%-Endpunkt lag bei $10^{-9,5}$. Das Präparat zeigte im Elektronenmikroskop nun nahezu *kugelförmige Teilchen mit einem Durchmesser von 27 mμ* (Abb. 56). Auch in den Rohkonzentraten aus gesunden Mäusehirnen wurden im Elektronenmikroskop Teilchen von der gleichen Größe und Gestalt beobachtet wie im Viruspräparat. Nach Behandlung mit Ammonsulfat und wiederholtem Einfrieren und Auftauen verschwinden jedoch diese Partikel. Dagegen verträgt das Viruspräparat Einfrieren und Auftauen ohne augenscheinliche Veränderung. Von LEYON[1] wurde ein solches durch Einfrieren erhaltenes Viruskonzentrat in der Ultrazentrifuge genauer untersucht. Es ergab sich ein ziemlich einheitlicher Gradient, dessen Sedimentationskonstante in konzentrierten Lösungen 150 S, in verdünnten zwischen 160 und 165 S beträgt. Hieraus berechnet sich ein Teilchendurchmesser von etwa 30 mμ, was mit den elektronenmikroskopischen Aufnahmen gut übereinstimmt. Der Wert paßt auch zu dem biologisch bestimmten s_{20} von 152—195 S. Wenn auch ein endgültiger Beweis fehlt, so scheint es doch sehr wahrscheinlich, daß sphärische Partikel mit einer Sedimentationskonstante von etwa 165 S mindestens eine Zustandsform der Theiler-Virus darstellen. Zur weiteren Sicherung wäre es notwendig, die Reinheit der bisherigen Viruspräparate auf serologischem Wege zu prüfen. Da in den ebenfalls hochaktiven, ohne Kaltebehandlung erhaltenen Präparaten nur fadenförmige Teilchen vorkommen, erscheint es nicht ausgeschlossen, daß daneben auch andere Zustandsformen existieren. Es wäre wünschenswert, daß die Natur dieser fadenförmigen Bestandteile näher untersucht würde und insbesondere geprüft würde, ob sie beim Einfrieren in sphärische Teilchen zerfallen.

Nach den bisherigen Untersuchungen stimmen die Eigenschaften der typischen Encephalomyokarditis-Viren hinsichtlich ihres Verhaltens in der Ultrafiltration und in der Sedimentation mit dem Theiler-Virus überein. GOLLAN und MARVIN[2] fanden in ihren gereinigten Präparaten des MM-Stammes auf elektronenmikroskopischen Aufnahmen ebenfalls sphärische Partikel von etwa der gleichen Größe. Sie stellten das Präparat ohne hochtouriges Zentrifugieren durch Fällung mit Methanol her.

5. Coxsackie-Viren.

In den USA und Kanada wurden eine Reihe von Virusstämmen isoliert, die als Coxsackie-Viren bezeichnet werden nach dem Dorf Coxsackie im Staate New York, wo der erste Stamm dieser Art 1947 von DALLDORF[3, 4] isoliert worden war.

---

[1] LEYON, H.: J. of Exper. Cell Res. **2** 207 (1951).

[2] GOLLAN, F., u. J. F. MARVIN: Proc. Soc. Exper. Biol. a. Med. **62**, 289 (1949).

[3] DALLDORF, G., u. G. M. SICKLES: Science (Lancaster, Pa.) **108**, 61 (1948).

[4] DALLDORF, G., G. M. SICKLES, H. PLAGER u. R. GRIFFORD: J. of Exper. Med. **89**, 567 (1949).

Biologisches Verhalten[1]. Die Erscheinungsformen der durch Coxsackie-(C)-Viren verursachten Krankheit sind beim Menschen sehr verschieden. Sie kann als nichtparalytische Poliomyelitis, aseptische Meningitis, epidemische Myalgie (Bornholmsche Krankheit) oder Herpangina auftreten. Das klinische Bild wird noch dadurch kompliziert, daß auch Mischinfektionen mit Poliomyelitis oder anderen Erregern vorkommen und das C-Virus selbst mehrere Stämme umfaßt. Es ist daher der in der Geschichte der Infektionskrankheiten bemerkenswerte Zustand eingetreten, daß wir mehr über das Virus selbst wissen als über die Krankheiten, die es erzeugt. Laboratoriumsinfektionen mit reinem Coxsackie-Virus geben ein Krankheitsbild, das schon früher als Bornholmsche Krankheit beschrieben wurde. Da Patienten, die an dieser Krankheit leiden, Antikörper gegen Coxsackie-Virus entwickeln, muß das C-Virus als Erreger dieser Krankheit gelten. Milde Verlaufsformen der Bornholmschen Krankheit können mit Appendicitis, Pleuritis oder Influenza verwechselt werden.

Eine eindeutige Diagnose auf C-Virus kann daher nur mit Laboratoriumsmethoden durchgeführt werden, indem man das Virus selbst oder neutralisierende Antikörper gegen dieses nachweist. Vom Poliomyelitisvirus unterscheidet sich das Coxsackie-Virus durch seine Übertragbarkeit auf neugeborene, noch saugende Mäuse. Man nahm früher an, daß es auf erwachsene Mause schwer übertragbar sei, neuerdings wurde jedoch festgestellt, daß sich bestimmte Stämme des C-Virus auch in erwachsenen Mäusen vermehren, wo sie eine Entzündung des Pankreas hervorrufen[2]. Das C-Virus findet sich außer im Zentralnervensystem hauptsächlich in Muskeln und Blut. Das wichtigste Symptom ist eine Myositis (Muskelentzündung). Die Unterschiede des C-Virus gegenüber dem YSK-Stamm des Poliomyelitisvirus sind in Tab. 32 zusammengestellt.

Tabelle 32. *Unterschiede des Poliomyelitis- und des Coxsackie-Virus nach* MELNICK.

Wirt	Verhalten	Poliomyelitis YSK	Coxsackie
Maus .	Virustiter in neugeborenen Tieren	$10^{-1,5}$	10^{-6}—10^{-8}
	Virustiter in erwachsenen Tieren	$10^{-1,5}$—$10^{-3,6}$	0—10^{-3}
	Virusverteilung	Zentralnervensystem	Muskel, Blut, Faeces, Zentralnervensystem
	Hauptsymptom	Myelitis	Myositis
Affe .	Hauptsymptom	Myelitis, Paralyse	Fieber ?, Ausscheidung im Darm

Vom C-Virus sind eine große Anzahl immunologisch verschiedener Typen bekannt geworden, die sich nach DALLDORF in 2 Gruppen einteilen lassen. Die Gruppe A umfaßt mindestens 5 Typen, die in Mausen

[1] Siehe hierzu O. VIVELL u. R. GADEKE: Die Viren der Coxsackie-Gruppe. In Ergebnisse der Hygiene, Bakteriologie, Immunitätsforschung und experimentellen Terapie **27**, 512 (1952).

[2] PAPPENHEIMER, A. M., J. B. DANIELS, F. S. CHEEVER u. T. H. WELLER: J. of Exper. Med. **92**, 169 (1950).

eine schlaffe Paralyse mit Myositis als Hauptsymptom erzeugen. Die Gruppe B umfaßt mindestens 2 Typen, die in Mäusen spasmische Paralysen und Tremor hervorrufen, wobei aber teilweise ebenfalls schlaffe Paralysen beobachtet werden, auch Encephalitis und Pankreatitis kommen bei den Versuchstieren häufig vor. Die in Deutschland vorkommenden Stämme gehören vorwiegend dem A-Typ an[1]. Die Viren der Gruppe A erreichen ihren höchsten Titer in Muskeln und Blut, der der Gruppe B findet sich hauptsächlich im Fettgewebe und im Gehirn[2]. Ebenso wie das Poliomyelitisvirus wird das Coxsackie-Virus mit den Faeces ausgeschieden und findet sich daher auch in den Abwässern und bei Fliegen[3].

Größe und Gestalt, chemische Eigenschaften. Das Virus, Stamm Texas, konnte von MELNICK und Mitarbeitern[4, 5] angereichert werden. Er wandte dabei eine interessante Methode an, die von WARREN ausgearbeitet worden war und auch zur Reinigung anderer Viren brauchbar ist. Bei Zusatz von Protamin zu virushaltigen Extrakten werden Gewebstrümmer ausgefällt, wobei die kleineren Viren wie das Coxsackie-Virus in Lösung bleiben. Nach dieser Behandlung wurde das Virus in dem geklärten Extrakt durch die Ultrazentrifuge ausgeschleudert. Das gereinigte Präparat gab in der Ultrazentrifuge eine Sedimentationskonstante von 184 S. Unter Annahme der Kugelform und eines spezifischen Volumens von 0,77 errechnet sich hieraus ein Teilchendurchmesser von 35 mμ. Im Elektronenmikroskop beobachtet man sphärische Partikel mit einem Durchmesser von 34 mμ. Der Wert der Sedimentationskonstante stimmt gut mit dem in der Rohlösung auf biologischem Wege ermittelten von 107—164 S überein, der seinerseits gleich dem für das Poliomyelitisvirus ist. Ultrafiltrationsexperimente ergeben bei sechs verschiedenen Stämmen Durchmesser zwischen 10 und 30 mμ. Das Coxsackie-Virus scheint also in der Größe dem Poliomyelitisvirus sehr ähnlich zu sein. Solange jedoch keine serologische Verwandtschaft festgestellt ist, muß es als gesonderte Virusart gelten. Das Virus wird am schnellsten durch 0,1 n-HCl oder 0,3%igen Formaldehyd inaktiviert. Hinsichtlich seiner Beständigkeit gegen Äther und Kälteeinwirkung gleicht es dem Poliomyelitisvirus. In Glycerin-Kochsalzlösung ist es bei tiefer Temperatur jahrelang haltbar.

6. Neurotrope Viren mit unbekannter Morphologie.

Wegen gewisser Ähnlichkeiten im klinischen Verhalten sei anschließend auf einige weitere neurotrope Viren hingewiesen, die wahrscheinlich größer sind als die bisher beschriebenen und auch abweichende Symptome zeigen.

---

[1] VIVELL, O., u. J. SCHARRER: Arch. Virusforsch. **5**, 84 (1953).
[2] FINDLAY, G. M., u. E. M. HOWARD: Brit. Med. J. **1950**, 1233.
[3] MELNICK, J. L.: Bull. New York Acad. Med. **26**, 342 (1950).
[4] MELNICK, J. L., M. RHIAN, J. WARREN u. S. S. BREESE: J. of Immun. **67**, 151 (1951).
[5] MELNICK, J. L.: Bull. New York Acad. Med. **26**, 342 (1950).

a) Lymphocytische Choriomeningitis.

Diese Krankheit[1] ist eine endemische Virusinfektion verschiedener Säugetiere, insbesondere der Maus, bei welcher das Zentralnervensystem, und zwar vor allem die Meningiten, befallen werden und auch die Chorioidplexus entzündliche Infiltrate mit Hyperämie aufweisen. Das Virus wurde zuerst von ARMSTRONG und LILLIE[2] im Gehirn eines Affen nachgewiesen. E. TRAUB[1] fand dann einen sehr ähnlichen, wenn nicht identischen Stamm in einer Mäusekolonie in Princeton. Später wurde das Virus auch beim Menschen nachgewiesen. Serologische Untersuchungen ergaben, daß das Virus in den USA viel weiter verbreitet ist, als nach den klinisch erkennbaren Fällen vermutet werden sollte. Auch in vielen anderen Ländern fand sich das Virus beim Menschen und bei weißen Mäusen.

Die lymphocytische Choriomeningitis bietet ein Musterbeispiel für eine latente Virusinfektion. Mäuse, die nach Erholung von der natürlichen Infektion zu Virusträgern werden, scheiden den Erreger mit dem Harn und dem Nasensekret viele Monate lang aus, so daß durch diese Dauerausscheidung regelmäßig gesunde Mäuse angesteckt werden. Auch in diesen äußerlich gesunden Tieren findet also eine ständige Virusvermehrung statt. Das Überstehen der Krankheit hinterläßt bei allen empfänglichen Tieren und wahrscheinlich auch beim Menschen eine hochgradige Immunität. Im Serum immuner Mäuse sind neutralisierende Antikörper nicht nachweisbar. Die humoralen Antikörper scheinen demnach bei der Immunität der Maus keine oder nur eine sehr untergeordnete Rolle zu spielen. Vielleicht wird hier der Schutz durch eine Interferenzwirkung des ständig vorhandenen Virus ausgeübt. Über die Verbreitung dieses Virus durch parasitische Würmer siehe SYVERTON[3].

Über die Morphologie des Erregers ist nur wenig bekannt. Nach Ultrafiltrationsexperimenten soll es einen Durchmesser von 40—60 mμ besitzen und nach der biologisch bestimmten Sedimentationskonstanten einen solchen von 37—55 mμ[4].

Auch in der Morphologie unterscheidet sich dieses Virus also deutlich von den bisher beschriebenen neurotropen Viren.

b) Virus der Tollwut (Rabies, Lyssa).

Das Virus findet sich in der Natur vor allem bei Hunden und den damit verwandten Wildtieren, doch ist die Wirtsspezifität wenig ausgeprägt, so daß fast alle Warmblüter einschließlich des Menschen für das Virus empfänglich sind.

PASTEUR gelang es im Jahre 1884, durch intracerebrale Passagen beim Kaninchen das Virus in seiner Pathogenität stark abzuschwächen. Dieser modifizierte Stamm wurde von ihm als Virus fixe bezeichnet.

[1] TRAUB, E.: Choriomeningitis der Maus. In Handbuch der Viruskrankheiten. Jena: Fischer 1939.

[2] ARMSTRONG, C., u. R. D. LILLIE: Publ. Health Rep. **1934**, 1019.

[3] SYVERTON, J. T., O. R. MCCOY u. J. J. KOOMEN: J. of Exper. Med. **85**, 759 (1947).

[4] RIVERS, T. R., u. T. F. M. SCOTT: J. of Exper. Med. **63**, 415 (1936); Science (Lancaster, Pa.) **81**, 439 (1935).

Er ist durch eine besonders kurze Inkubationszeit von 4—6 Tagen gekennzeichnet. Im Gehirn erzeugt er keine NEGRIschen Einschlußkörper. PASTEUR zeigte, daß man durch wiederholte subcutane Injektion von stufenweise gesteigerten Mengen an Virus fixe gegen eine nachfolgende experimentelle oder natürliche Tollwutinfektion immunisieren kann. Die Wirksamkeit des Virus wurde hierbei durch Trocknung über KOH abgeschwächt. Das Verfahren wurde später mannigfach abgeändert. Heute benutzt man meistens Vaccine, bei der das Virus durch Behandlung mit Formalin, Phenol, Äther, Chloroform, Senfgas oder UV-Licht inaktiviert wird. Wieweit die Wirksamkeit derartiger Impfstoffe auf Spuren von nicht abgetötetem Virus beruht, ist noch nicht eindeutig entschieden. Bei wiederholter Schutzimpfung derselben Person kann eine allergische Reaktion auftreten, die sich in Lähmungen äußert. Das einverleibte Gehirnmaterial erzeugt organspezifische Antikörper, die Störungen des Zentralnervensystems hervorrufen. Die Tollwut ist die einzige Viruskrankheit, bei der eine aktive Schutzimpfung noch nach der Infektion möglich ist. Dies hängt damit zusammen, daß die Inkubationszeit des Virus fixe wesentlich kürzer ist als die des Wildstamms, der als Straßenvirus bezeichnet wird. Bei dem Straßenvirus schwankt sie je nach dem Ort der Infektion zwischen 10 Tagen und 7 Monaten und ist bei Bißwunden im Gesicht besonders kurz. Für die Immunisierung von Hunden, bei der es auf ein möglichst bequemes Impfverfahren und langdauernde Immunität ankommt, ist auch ein durch Ei-Passagen abgeschwächter Stamm (Flury-Stamm) verwendbar[1,2]. Über die chemische Natur des Virus ist wenig bekannt. Nach Ultrafiltrationsexperimenten[3] kommt ihm ein Durchmesser von 100—150 mμ zu.

c) Virus der Bornaschen Krankheit der Pferde.

Die Krankheit hat ihren Namen nach dem sächsischen Kreis Borna. Sie stellt eine meist tödlich verlaufende Encephalomyelitis dar, die in Mitteldeutschland schon sehr lange bekannt ist. Außer dem Pferd scheint auch noch das Schaf empfänglich zu sein. Wieweit auch das Rind unter natürlichen Verhältnissen erkrankt, ist noch unbestimmt. Das Virus läßt sich auch auf kleinere Versuchstiere, z. B. Kaninchen, nicht jedoch auf die Maus übertragen. Als Schutzmaßnahme gegen die Krankheit hat sich ein Trockenimpfstoff bewährt, der aus Kaninchengehirn hergestellt wird[4].

Die Größe des Virus wird von GALLOWAY und ELFORD[5] mit 85 bis 125 mμ angegeben. Neben der Borna-Krankheit wird noch eine Reihe anderer virusbedingter Encephalitiden des Rindes und des Pferdes beschrieben, jedoch ist über die Natur der Erreger und ihre gegenseitige Beziehung zu wenig bekannt, als daß eine genauere Behandlung hier angebracht wäre.

---

[1] KOPROWSKY, H., u. H. R. COX: J. of Immun. **60**, 533 (1948).
[2] KOPROWSKY, H.: Vet. Med. **47**, 144 (1952).
[3] GALLOWAY, I. A., u. W. J. ELFORD: J. of Hyg. **36**, 532 (1936).
[4] ZWICK, S., u. J. WITTE: Berl. tierärztl. Wschr. **1931**, 33.
[5] GALLOWAY, I. A., u. W. J. ELFORD: Brit. J. Exper. Path. **14**, 196 (1933).

7. Virus der Maul- und Klauenseuche.

Das Virus der Maul- und Klauenseuche erzeugt bei Zweihufern eine fieberhafte, hochkontagiöse Krankheit, die mit der Entwicklung charakteristischer Bläschen (Aphthen) an den unbehaarten Stellen der Epidermis und den mit Plattenepithel versehenen Schleimhäuten des Verdauungstrakts einhergeht. Das Virus findet sich hauptsächlich in den Aphthen, läßt sich aber auch im Blut und in den Organen nachweisen. Auch andere Haustiere, wie Ziegen und Schweine, sind für das Virus empfänglich, jedoch ist das Rind weitaus empfindlicher. Auch auf den Menschen kann das Virus übertragen werden[1], jedoch sind spontane Infektionen sehr selten, da hierfür neben einer großen Virulenz des Virus noch besondere, infektionsfördernde Momente notwendig sind. Im Laboratorium konnte das Virus auch an verschiedene Versuchstiere angepaßt werden. So sind eine Reihe an das Meerschweinchen adaptierter Stämme bekannt. RÖHRER[2] gelang die intracerebrale Übertragung der verschiedenen Typen der Maul- und Klauenseuche auf die weiße Maus. TRAUB und SCHNEIDER[3] konnten das Virus der Maul- und Klauenseuche (MKS) im bebrüteten Hühnerei züchten. Die Übertragung gelang erst nach wiederholten Wechselpassagen zwischen Meerschweinchen und Hühnerembryonen. Nach neueren Versuchen vermehrt sich das MKS-Virus auch in infantilen Mäusen[4] oder Ratten[5]. FRENKEL[6, 7] gelang es, das MKS-Virus in großem Maßstab auf einer Gewebekultur des Zungenepithels von Rindern zu vermehren. Die Methode eignet sich zur Darstellung des Virus für die Vaccinebereitung.

Beim MKS-Virus sind mehrere immunologisch und serologisch verschiedene Typen bekannt. Nach dem Vorschlag des Internationalen Tierseuchenamts werden diese Typen mit O, A und B bezeichnet. Sie bestehen zum Teil wieder aus serologisch verschiedenen Varianten. Der Typ O wurde 1920 von VALLÉE in Frankreich, Departement Oise. nachgewiesen, er ist identisch mit dem auf der Insel Riems gezüchteten Meerschweinchenstamm, der früher mit A bezeichnet wurde, und umfaßt die beiden Stämme O_1 und O_2. Der Typ A wurde von VALLÉE und CARRÉ bei deutschem Reparationsvieh gefunden, von WALDMANN und TRAUTWEIN bei Rindern aus Bayern nachgewiesen und damals mit B bezeichnet. Er umfaßt fünf verschiedene Varianten A_1 bis A_5. Der Typ C, von dem bisher keine Varianten bekannt sind, wurde im Mai 1926 bei einer aus Mailand eingesandten Probe von WALDMANN und TRAUTWEIN aufgefunden und im gleichen Jahr auch in Ostpreußen nachgewiesen[8]. Außer diesen in Europa verbreiteten existieren in Afrika

[1] ROHRER, H.: Munch. med. Wschr. **1943**, 359.

[2] ROHRER, H.: Z. Inf.krkh. Haustiere **60**, 338 (1944).

[3] TRAUB, E., u. B. SCHNEIDER: Z. Naturforsch. **3 b**, 178 (1948).

[4] SKINNER, H. H., W. M. HENDERSON u. J. B. BROOKSBY: Nature (London) **169**, 794 (1952).

[5] MATA, E. G., L. PIZZI u. H. AVAMBURU: Gac. Veter. **74**, (1951).

[6] FRENKEL, H. S., u. H. H. J. FREDERIKS: Nature (London) **164**, 235 (1949).

[7] FRENKEL, H.: Amer. J. Vet. Res. **12**, 187 (1951).

[8] Zusammenfassende Darstellung uber den Nachweis der einzelnen Typen in Deutschland s. bei GEIGER: Tierarztl. Umschau **5**, 401 (1950).

noch besondere Typen (HENDERSON)[1]. Die Differenzierung der einzelnen Typen erfolgt durch Komplementbindungsreaktionen, wobei Aphthendecken kranker Rinder gegen Meerschweinchen-Antiseren geprüft werden. Die Typendifferenzierung ist von großer praktischer Bedeutung, da die zur Impfung benutzte Vaccine jeweils auf den herrschenden Stamm eingestellt sein muß.

Reindarstellung. Die ersten Versuche zur Reindarstellung des MKS-Virus wurden von PYL[2] durchgeführt. Durch Adsorption an Aluminiumhydroxyd bei p_H 9,2 bzw. an Kaolin bei p_H 7,6 und nachfolgende Elution gelang ihm eine erhebliche Anreicherung und Reinigung des Virus. Die Versuche wurden von ihm mit anderen Methoden fortgesetzt[3] und auch auf den neurotropen Mäusestamm ausgedehnt[4]. Er gelangte zu einem Präparat, das in der Ultrazentrifuge verhältnismäßig einheitlich mit einer Sedimentationskonstanten von 17—18 S sedimentierte. Weitere Versuche wurden von JANSSEN[5] durchgeführt. Als Ausgangsmaterial wurde der Inhalt der Hautbläschen erkrankter Schweine benutzt. Durch abwechselnd hochtouriges Zentrifugieren bei 27000 Touren (50000 g) in der luftgetriebenen Zentrifuge und niedertouriges Zentrifugieren bei 3000 Touren wurde ein einheitliches Protein mit einer Sedimentationskonstanten $s_{20} = 17\ S$ erhalten, das nahezu die Gesamtaktivität des Ausgangsmaterials enthielt. Spätere Versuche wurden mit der Lymphe von Rinderaphthen durchgeführt. Als bester Weg zur Anreicherung des Virus erwies sich zweistündiges Zentrifugieren bei 20000 Touren (25000 g) und 0° C. Elektrophoreseversuche zeigten eine einheitliche Komponente, die etwas schneller wandert als β-Globulin. Aus der UV-Absorption wird auf einen Nucleinsäuregehalt von 11,6% geschlossen. Aus normalem Rinderserum wurde unter gleichen Bedingungen kein solches Protein erhalten, wohl aber aus Extrakten des normalen Epithels von Rinderzungen. Es wird daher für möglich gehalten, daß das Präparat durch normales Protein verunreinigt ist. Weitere Versuche zum Beweis der Identität des isolierten Proteins mit dem Virus wurden nicht unternommen. Da die von JANSSEN und PYL beobachtete Sedimentationskonstante auffallend gering ist, mit der der normalen Serumkomponenten übereinstimmt, mit der biologisch bestimmten Sedimentationskonstanten des Virus aber nicht in Einklang zu bringen ist, werden sicherlich noch weitere Versuche notwendig sein, um zu beweisen, daß es sich bei dem isolierten Protein um das Virus handelt. Berichte über die elektronenmikroskopische Abbildung[6, 7] des Virus sind daher mit Zurückhaltung zu beurteilen.

---

[1] HENDERSON, W. M.: Rep. Agricultural Research Council 1952.

[2] PYL, G.: Zbl. Bakter. I Ref. **102**, 284 (1931).

[3] PYL, G., u. K. O. HOBOHM: Z. Bakter. I Orig. **151**, 373 (1944).

[4] PYL, G.: Exper. Veterinärmed. **4**, 9 (1951).

[5] JANSSEN, L. W.: Z. Hyg. **118**, 558 (1937); Proc. Kon. Ned. Akad. v.Wetensch. **52**, (9) 1017 (1949); Naturwiss. **29**, 102 (1941).

[6] v. ARDENNE, M., u. G. PYL: Naturwiss. **28**, 531 (1940).

[7] BERNARD, R., H. GIRARD, J. HIRZ u. C. MAKOWIACK: Congrès International de Microscopie electronique. Paris, Sep. 1950.

Aus der optisch von JANSSEN und PYL beobachteten Sedimentationskonstanten würde sich ein Molgewicht von 0,5—1 · 10^6 ergeben, woraus sich unter der Annahme eines spezifischen Volumens von 0,75 ein Durchmesser von 10,5—13,5 mμ berechnen würde.

Größe und Gestalt. Nach Ultrafiltrationsversuchen an ungereinigtem Virus kommt diesem ein Durchmesser von 8—12 mμ zu[1]. RUSKA-MENZE[2] konnte durch Ultrafiltrationsexperimente keinen Unterschied zwischen dem dermotropen und dem neurotropen Mäusestamm finden, der Durchmesser betrug 12—15 mμ. Hiermit stimmt auch die biologisch bestimmte Sedimentationskonstante von 70 *S*[3] überein, die einem Molgewicht von mindestens 4 · 10^6 und einem Durchmesser von 16 bis 23 mμ entspricht[4, 5].

Auf den elektronenmikroskopischen Aufnahmen beobachteten ARDENNE und PYL Teilchen mit einem Durchmesser von 20—30 mμ, während BERNARD und Mitarbeiter einen solchen von 10—15 mμ fanden. Nach der Ultramikrometrie mit α-Strahlen erhielt BONÉT-MAURY[6] einen Durchmesser von 30 $\pm$ 10 mμ. Wenn die Messungen auch zum Teil noch unsicher sind, so dürfte doch feststehen, daß das MKS-Virus zu den kleinsten überhaupt bekannten Virusarten gehört.

Chemisches Verhalten. Das MKS-Virus läßt sich durch Fällung mit Salzen oder organischen Lösungsmitteln anreichern. PYL[7] zeigte weiterhin, daß man virushaltiges Gewebe durch Extraktion mit Aceton lipoid- und gleichzeitig wasserfrei machen kann, ohne daß es zu nennenswerten Verlusten der Aktivität kommt. Auch eine Extraktion der gefriergetrockneten Organe mit Äther läßt sich verlustfrei durchführen. Das Virus ist gegen Wärme ziemlich empfindlich, aber recht widerstandsfähig gegen Kälte. Nach PYL und KLENK[8] ist das gelöste Virus am haltbarsten bei p_H 6,8 in m/15-Phosphatpuffer und 13 Vol.-% Glycerin. Virushaltiges Material wird am besten durch Einfrieren bei —40° C aufbewahrt. Zur biologischen Auswertung empfiehlt es sich, das Virus in einem isotonischen Puffer zu lösen, der aus 1 Teil m/15 Na_2HPO_4 und 9 Teilen 0,29 %iger NaCl besteht. Ähnlich wie bei der EEE wurden von PYL[9] bei der MKS zwei Maxima der p_H-Stabilität gefunden, das erste liegt bei p_H 3, das zweite bei 7,5 bis 7,7. Bei dem neurotropen Stamm beobachtete RUSKA-MENZE nur eine eingipfelige Kurve der p_H-Stabilität mit einem Maximum bei etwa p_H 8.

Lösliches Antigen. Wie viele andere Viren wird das der MKS im erkrankten Organismus von nichtinfektiösen, aber Antigen-wirksamen Stoffen begleitet, die als lösliche Antigene bezeichnet werden. Ultrazentrifugierungen zeigen, daß diese S-Antigene des MKS-Virus ein

[1] GALLOWAY, J. A., u. W. J. ELFORD: Brit. J. Exper. Path. **12**, 407 (1931).
[2] RUSKA-MENZE, C.: Exper. Veterinarmed. **4**, 21 (1951).
[3] BRADISH, C. J., J. B. BROOKSBY, J. F. DILLON u. M. NORAMBUENA: Proc. Roy. Soc. (London) B **140**, 107 (1952).
[4] GALLOWAY, J. A., u. W. J. ELFORD: Brit. J. Exper. Path. **17**, 187 (1936).
[5] GALLOWAY, J. A., u. W. J. ELFORD: J. of Hyg. **37**, 463 (1937).
[6] BONÉT-MAURY, P.: Ann. Inst. Pasteur **69**, 22 (1943).
[7] PYL, G.: Exper. Veterinarmed. **4**, 9 (1951).
[8] PYL, G., u. KLENK: Zbl. Bakter. I Orig. **128**, 161 (1933).
[9] PYL, G.: Z. Inf.krkh. Haustiere **60**, 332 (1944).

kleineres Molgewicht als das Virus selbst besitzen müssen[1]. Die S-Antigene sind typenspezifisch, wieweit sie jedoch auch stammspezifisch sind ist noch nicht mit Sicherheit geklärt. Nach den Messungen von BRADISH u. a. konnte die Sedimentationskonstante des löslichen Antigens auf biologischem Wege zu 7,8 S bestimmt werden. Das lösliche Antigen vom Typ O konnte weitgehend gereinigt werden, $6 \cdot 10^{-7}$ g Protein N dieses Präparats waren bei der Komplementbindungsreaktion noch wirksam[2]. In der Ultrazentrifuge wurde ein einheitlicher Gradient mit 5 S gemessen, zu dem gleichen Wert führt die biologische Bestimmung der Sedimentationskonstanten. Bei der Ungenauigkeit des biologischen Testes dürfte dieser Wert mit den Messungen von BRADISH vereinbar sein. Elektrophoretisch ließen sich in dem Präparat nur sehr geringe Verunreinigungen nachweisen, die zum Teil aus freier Nucleinsäure bestanden. In den Antigen selbst ließ sich keine Nucleinsäure feststellen[2].

Schutzmaßnahmen. In den Ländern, in denen die MKS wenig verbreitet ist, wie die USA, England, Schweiz und Skandinavien, wird das erkrankte Vieh abgeschlachtet. In Deutschland und in fast allen übrigen Ländern Europas, wo die Seuche gehäuft auftritt, ist diese Maßnahme nicht möglich. Zur Verhütung der Ausbreitung wird eine Schutzimpfung durchgeführt, die am besten in Form einer Ringimpfung um den Infektionsherd erfolgt. Neuerdings wird eine generelle Schutzimpfung des gesamten Rinderbestandes vorgeschlagen[3]. Als Vaccine hat sich der auf der Insel Riems von WALDMANN[4] und Mitarbeitern entwickelte Adsorbat-Impfstoff besonders bewährt. Er ist das Vorbild geworden für Adsorbat-Impfstoffe gegen verschiedene andere Seuchen. Zur Herstellung der Vaccine wird der Blaseninhalt und die Aphthendecken infizierter Rinder zerkleinert, die Flüssigkeit auf der Zentrifuge geklärt, aus Glykokollpuffer vom p_H 9 an Aluminiumhydroxyd adsorbiert, schließlich mit einer geringen Menge Formol versetzt. Der Impfstoff besteht hauptsächlich aus inaktivem Virusmaterial, das seine antigene Struktur bewahrt hat. Es ist allerdings möglich, daß daneben auch aktives Virus in geringer Konzentration in der Vaccine vorkommt, doch ist die Menge stets so gering, daß es nicht zum Ausbruch einer akuten Krankheit kommt. Nach den letzten Erfahrungen[2] hält die aktive Immunität nach Impfungen mit Riemser MKS-Vaccine gegen künstliche Infektionen mindestens 28 Monate vor.

VII. Kugelförmige Viren der Warmblüter mit einem Durchmesser über 50 mμ.

Diese Viren unterscheiden sich von den kleineren tierischen Virusarten durch ihre geringere Einheitlichkeit und kompliziertere chemische Zusammensetzung. Sie besitzen hämagglutinierende Wirkung und enthalten Antigene aus der Wirtszelle.

[1] TRAUB, E., u. G. PYL: Z. Immun.forsch. **104**, 158 (1943).
[2] SCHÄFER, W., u. O. ARMBRUSTER: Z. Naturforsch. **9b**, 42 (1954).
[3] RÖHRER, H., H. MÖHLMANN u. G. PYL: Exper. Veterinärmed. **1**, 1 (1950).
[4] WALDMANN, O., G. PYL, K. O. HOBOHM u. H. MOHLMANN: Zbl. Bakter. I Orig. **148**, 1 (1941).

1. Virus der klassischen Geflügelpest (fowl plague, Europäische Pest).

Die Geflügelpest wurde zuerst in Italien beobachtet und von dort angeblich mit italienischen Hühnern über die ganze Welt verbreitet. Anscheinend ist sie jetzt in den meisten Ländern erloschen. In Oberitalien tritt sie noch gelegentlich auf, besitzt aber auch dort keine große Bedeutung mehr. Das Virus befällt neben Hühnervögeln auch Gänse und Enten. Intracerebral kann es auch auf Mäuse übertragen werden. Es vermehrt sich auch auf Hühnerembryonen, wodurch seine experimentelle Bearbeitung sehr erleichtert wurde. Die äußeren Symptome der Krankheit sind wenig charakteristisch. Sie bestehen beim Huhn in Atemstörungen und mitunter auch in Schädigungen des Zentralnervensystems. Nach einer Inkubationszeit von 1—2 Tagen führt die Seuche innerhalb weniger Tage fast immer zum Tode. Der pathologische Befund ist gekennzeichnet durch zahlreiche Hämorrhagien (Blutungen) in den Eingeweiden. Die Krankheitssymptome ähneln also sehr denjenigen der atypischen Geflügelpest (s. S. 240). Doch unterscheidet sich die klassische Pest von dieser durch ihre geringe Kontagiosität, sie ist nur sehr schwer von Huhn zu Huhn zu übertragen, während dies bei der atypischen sehr leicht geschieht. Serologisch besteht keine Verwandtschaft zwischen den Geflügelpestviren, so daß sie als zwei verschiedene Virusarten anzusprechen sind[1].

Das Virus ist in Lösung nicht sehr beständig. Die Infektiosität der in der Eiflüssigkeit gelösten Viren sinkt bei längerer Aufbewahrung im Kühlschrank rasch ab, nach 13 Tagen sind 40%, nach 15 Tagen 95% verlorengegangen. Hierbei ändert sich der Hämagglutinationstiter nicht merklich. In salzfreier Lösung aggregiert das Virus unter Verlust der Wirksamkeit.

Darstellung. Als Ausgangsmaterial für die Darstellung eignet sich am besten die Chorioallantoisflüssigkeit infizierter Hühnereier. Das Virus wird zunächst bei 23000 Umdr./min abgeschleudert, das Sediment in gepufferter NaCl-Lösung wieder aufgenommen und der unlösliche Rückstand niedertourig abzentrifugiert. Dieser Vorgang wird in ähnlicher Weise noch zweimal wiederholt. Man erhält dann ein Protein, das in der Ultrazentrifuge nur einen einzigen, aber recht unscharfen Konzentrationsgradienten zeigt[2]. Elektrophoretisch läßt sich in einem solchen Präparat noch eine schneller wandernde Verunreinigung nachweisen und abtrennen[3]. Auch beim elektrophoretisch gereinigten Präparat ist der Konzentrationsgradient in der Ultrazentrifuge unscharf. Das Virus ist also der Größe nach nicht einheitlich.

Größe und Gestalt. An einem durch Ultrazentrifugierung und Elektrophorese gereinigten Präparat wurden die folgenden Konstanten[3] gemessen: $s_{20} = 737 \pm 5\ S$, $D_{20} = 0{,}456 \cdot 10^{-7}$ cm²/sec, $f/f_0 = 1{,}29$. Hieraus berechnet sich ein mittleres Teilchengewicht von $151 \cdot 10^6$. Die

[1] SCHAFER, W.: Tierarztl. Umschau **13**, 241 (1950).
[2] SCHAFER, W., u. G. SCHRAMM: Z. Naturforsch. **5 b**, 91 (1950).
[3] SCHAFER, W., K. MUNK u. O. ARMBRUSTER: Z. Naturforsch. **7 b**, 29 (1952).

geringe Abweichung des Reibungsfaktors von 1 ist wohl nur auf Hydratation zurückzuführen. Die Form der gelösten Teilchen kann auf jeden Fall nur wenig von der Kugel abweichen. Unter dieser Annahme berechnet sich aus dem Teilchengewicht ein Durchmesser von 70 mμ. Bei Präparaten, die nicht elektrophoretisch gereinigt waren, ergibt sich eine sehr viel niedrigere Diffusionskonstante und dementsprechend ein

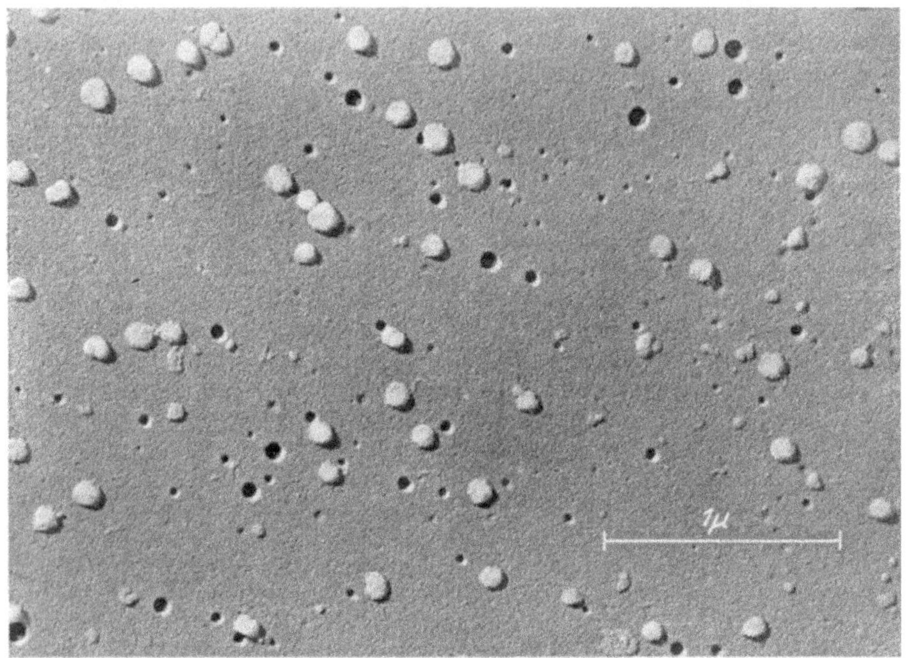

Abb. 57. Virus der klassischen Geflugelpest, Vergr 30000 fach, Aufnahme W. SCHAFER.

viel höherer Wert für f/f_0. Die durch Elektrophorese abgetrennten Verunreinigungen besitzen eine stark asymmetrische Form und verfälschen das Gesamtresultat.

Die physikalisch-chemischen Messungen konnten durch elektronenmikroskopische Untersuchungen bestätigt werden. In einem mit OsO_4 fixierten Präparat, das elektrophoretisch gereinigt ist, beobachtet man nur kugelförmige Teilchen mit einem Durchmesser von 72 mμ (Abb. 57). Ohne Fixation werden die Teilchen zu runden Scheiben abgeflacht mit einem entsprechend größeren Durchmesser. Teilchen ähnlicher Größe wurden auch von ELFORD und DAWSON[1] in angereicherten Viruspräparaten aufgefunden. In Präparaten, die durch Adsorption von Virus an hämolysierte Hühnererythrocyten hergestellt waren, beobachteten sie daneben schlauchförmige Gebilde von etwa 6 μ Länge. Solche Schläuche wurden auch von W. SCHÄFER[2] aufgefunden, insbesondere bei dem Stamm

[1] ELFORD, W. J., u. I. M. DAWSON: J. Gen. Microbiol. 3, 298 (1949).

[2] SCHÄFER, W.: Vgl. Vortrag SCHRAMM auf der Tagung der Deutschen Naturforscher u. Ärzte in Essen 1952. Klin. Wschr. (1953), 198

Brescia der klassischen Geflügelpest (Abb. 58). Es handelt sich vielleicht um Entwicklungsstadien des Virus. Ähnliche Formen wurden auch beim Influenzavirus beobachtet (s. Abb. 60).

Die Identität der isolierten runden Teilchen mit dem Virus wurde dadurch sichergestellt, daß nach biologischen Versuchen sowohl die

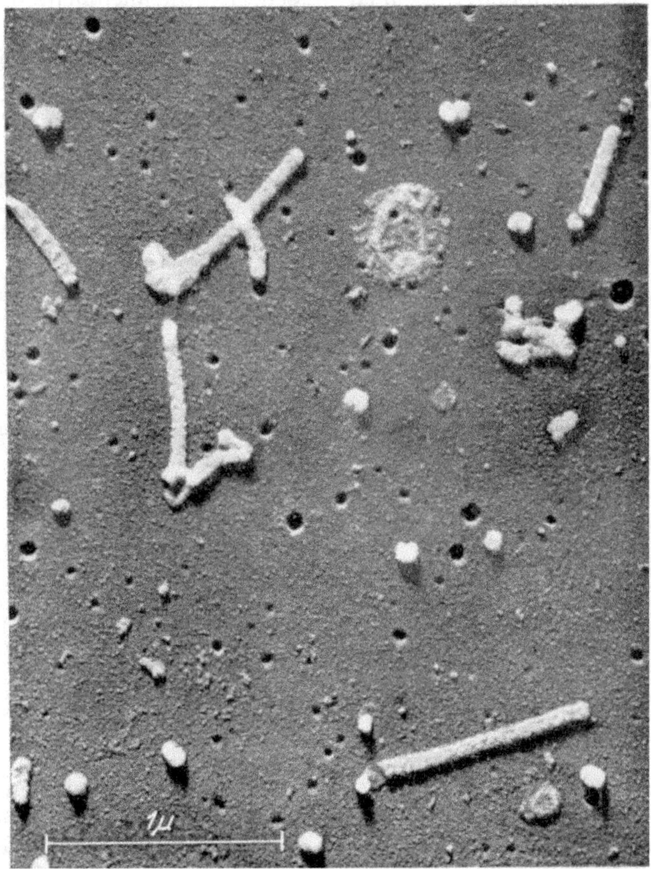

Abb. 58. Einzelteilchen des Virus der klassischen Geflügelpest neben schlauchförmigen Gebilden. Aufnahme W. SCHÄFER.

Infektiosität als auch die Hämagglutinationsaktivität und die serologische Spezifität die gleiche Sedimentationskonstante besitzen wie das Protein.

Bei den reinsten Viruspräparaten genügt eine Dosis von $10^{-14,47}$ g Proteinstickstoff, um 50% der infizierten Hühnerembryonen zu töten. Dies entspricht etwa 100 Virusteilchen. In der Hämagglutinationsreaktion sind noch $4,2 \cdot 10^{-9}$ g N wirksam[1].

Struktur des Virus. Serologisch lassen sich auch in den vollständig gereinigten Viruspräparaten zwei Bestandteile nachweisen: 1. das

[1] SCHÄFER, W., K. MUNK u. O. ARMBRUSTER: Z. Naturforsch. **7 b**, 29 (1952).

virusspezifische V-Antigen und 2. ein mit dem normalen Protein der Wirtszelle verwandtes wirtsspezifisches Antigen (NK = normale Komponente)[1]. Die Menge des wirtsspezifischen Antigens im Virus der klassischen Geflügelpest (KP) läßt sich nicht genau bestimmen, sie könnte in der Größenordnung von 30—40% liegen. Da sich die beiden Anteile auf keine Weise voneinander trennen lassen, ist anzunehmen, daß das

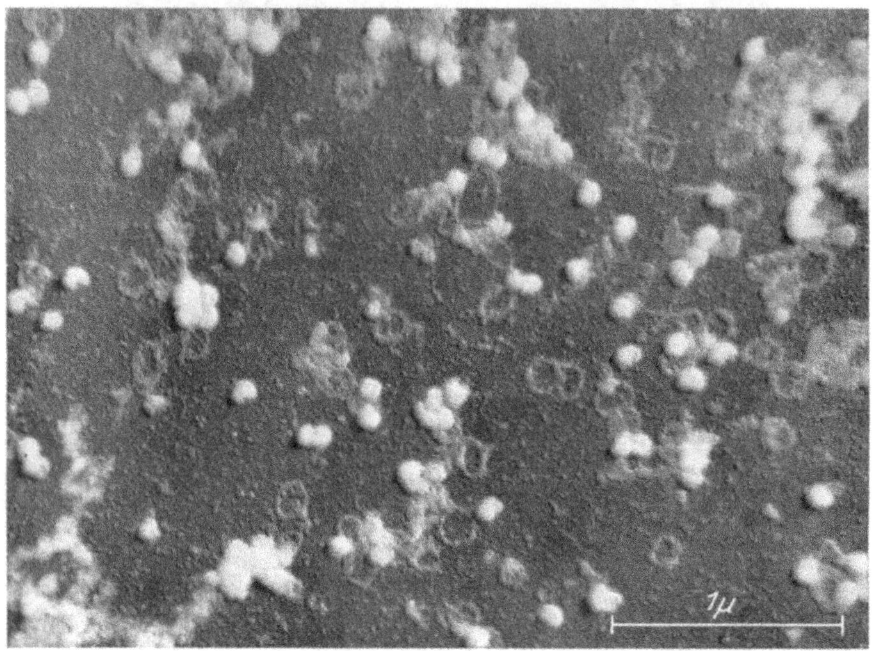

Abb 59. Virus der klassischen Geflugelpest nach Behandlung mit Alkali. Vollstandige Teilchen neben leeren Hullen, Aufnahme W. SCHAFER.

wirtsspezifische Antigen entweder sehr fest an die Virusteilchen adsorbiert ist oder sogar einen strukturellen Bestandteil bildet. Aus diesem Grunde sind die Aussagen über die chemische Zusammensetzung des Virus unsicher. Phosphorbestimmungen an nur in der Ultrazentrifuge, aber nicht elektrophoretisch gereinigten Präparaten ergaben einen Wert von 1%[2]. Die positive Reaktion mit dem Dische-Reagens sprach für DNS. Außer Nucleinsäure enthält das Virus wahrscheinlich noch Phosphorlipoide.

Trotzdem das KP-Virus nur wenig größer ist als die Pflanzenviren vom Typ des TMV bzw. Kartoffel Y-Virus (Molgewicht 40 bzw. $75 \cdot 10^6$), ist seine Struktur doch völlig andersartig. Versucht man ähnlich wie beim TMV das KP-Virus durch alkalische Behandlung in seine Untereinheiten zu zerlegen, so findet nicht ein Zerfall in unter sich gleiche

[1] MUNK, K., u. W. SCHAFER: Z. Naturforsch. **6 b**, 372 (1951).
[2] SCHAFER, W., u. G. SCHRAMM: Z. Naturforsch. **5 b**, 91 (1950).

Untereinheiten statt, sondern es erfolgt eine Auflösung in ein verhältnismäßig niedermolekulares Protein und in eine hochmolekulare Hüllsubstanz[1] (Abb. 59). Man kann also auch auf chemischem Wege verschiedene strukturelle Elemente unterscheiden. Die Beziehung dieser Komponenten zu den serologisch festgestellten ist jedoch noch unklar.

Begleitstoffe. In dem infizierten Organismus findet man neben den eigentlichen Virusteilchen noch zwei charakteristische Begleitstoffe: 1. ein S-Antigen und 2. einen hämagglutinierenden Faktor. Nachweis und Bestimmung des S-Antigens erfolgt mittels der Komplementbindungsreaktion mit Seren, die durch Immunisierung von Mäusen mit Geflügelpestvirus gewonnen wurden. Das S-Antigen ist kleiner als das V-Antigen, besitzt kein Hämagglutinationsvermögen und ist nicht infektiös[2]. Das S-Antigen findet sich besonders reichlich in den infizierten Eihäuten, es läßt sich aber auch in der Eiflüssigkeit nachweisen. Es konnte von SCHÄFER und MUNK[3] weitgehend angereichert werden. Es sedimentiert in der Ultrazentrifuge mit 40 S, woraus sich ein Partikelgewicht von etwa $1{,}5 \cdot 10^6$ berechnen würde. Das S-Antigen ist also dem Gewicht nach etwa 100mal kleiner als das Virusteilchen selbst. Aus der Sedimentationskonstante ergibt sich ein Durchmesser von etwa 15 mμ, der auch auf elektronenmikroskopischen Aufnahmen bestätigt werden konnte. Das gereinigte S-Antigen gibt noch in einer Menge von 0,07—0,1 γ Protein N eine positive Komplementbindungsreaktion. Es ist bemerkenswert, daß sich auch in diesem gereinigten S-Antigen wie in dem Virus selbst eine wirtsspezifische Komponente nachweisen läßt. Alle Versuche sprechen dafür, daß beide antigene Wirkungen an das gleiche Eiweißteilchen mit etwa 40 S gebunden sind.

Der hämagglutinierende Faktor wurde bei Untersuchungen über die Vermehrung des Geflügelpestvirus aufgefunden. Er entsteht ebenso wie das lösliche Antigen vor den fertigen vollinfektiösen Virusteilchen. Seine Sedimentationskonstante liegt zwischen der des löslichen Antigens und des vollständigen Virusteilchens. Von dem S-Antigen unterscheidet sich der hämagglutinierende Faktor durch seine Hämagglutinationswirkung, von dem fertigen Virusteilchen durch das Fehlen der Infektiosität. Wahrscheinlich handelt es sich hier um eine Zwischenform bei der Synthese des Virus.

2. Influenzavirus.

Die Influenza ist eine über die ganze Welt verbreitete Infektionskrankheit der Menschen. Die Infektion ist auf den Respirationstrakt beschränkt, hat aber eine Reihe allgemeiner Symptome zur Folge, wie Schüttelfrost, Fieber, Muskelschmerzen. Die Inkubationszeit beträgt 1—2 Tage. Ein Influenzaanfall wird häufig von Pneumonien begleitet, die aber fast immer auf zusätzliche bakterielle Infektionen zurückzuführen sind. Besonders sind hierfür verantwortlich zu machen: Staphylokokken, hämolytische Streptokokken, H. influenzae und Pneumokokken.

[1] SCHÄFER, W.: Unveröffentlicht.
[2] SCHÄFER, W.: Z. Naturforsch. **6 b**, 207 (1951).
[3] SCHÄFER, W., u. K. MUNK: Z. Naturforsch. **7 b**, 573 (1952).

Das Influenzavirus läßt sich im oberen Respirationstrakt des Menschen vom 1. bis 5. Tag fast regelmäßig nachweisen. Das sicherste Verfahren hierzu ist die Übertragung auf 10—13 tägige Hühnerembryonen, in denen sich das Virus besonders gut vermehrt. Auch Überimpfung auf Frettchen oder Mäuse und Hamster gelingt in den meisten Fällen. Rachenspülflüssigkeit enthält unter Umständen beträchtliche Mengen des Virus. In einigen Fällen werden 10^7 für den Hühnerembryo infektiöse Dosen in 1 cm^3 nachgewiesen. Diese hohe Viruskonzentration erklärt auch die leichte Übertragbarkeit durch versprühte Tröpfchen.

Bei dem Influenzavirus sind zwei serologisch nicht miteinander verwandte Typen bekannt, die als Influenzavirus A und B bezeichnet werden. Klinisch ist eine Differenzierung zwischen dem A- und B-Virus nicht möglich, wenn auch im allgemeinen das A-Virus ausgeprägtere Krankheitserscheinungen erzeugt. Von jedem dieser Typen sind wieder eine Reihe serologisch unterscheidbarer Stämme bekannt. Zum A-Typ gehören z. B. die Stämme WS, PR 8, A', und Schweine-Influenza, zum B-Typ der Lee-Stamm.

Das Influenzavirus war das erste, bei dem die Fähigkeit zur *Agglutination* roter Blutkörperchen nachgewiesen wurde (S. 101). Hierzu eignen sich am besten Hühnererythrocyten, doch ist auch Menschen- oder Meerschweinchenblut brauchbar. Auch an andere empfangliche Zellen kann sich das Influenzavirus mit Hilfe der Agglutination binden. Diese Bindung bleibt jedoch immer nur eine gewisse Zeit bestehen, da das Virus auf enzymatischem Wege die Receptoren zerstört und wieder in Lösung geht. Die Hämagglutination ist eine besonders empfindliche und bequeme Nachweismethode für das Influenzavirus. Durch spezifische Antikörper gegen das Influenzavirus wird die Hämagglutination gehemmt. Diese Hemmung kann zum Nachweis von stammspezifischen Antikörpern im Serum von Patienten benutzt werden. Hierbei ist zu beachten, daß auch in normalen Seren ein Inhibitor der HA-Reaktion vorkommt. Während der Infektion verschwindet dieser Hemmstoff, da er durch die enzymatische Wirkung des Virus abgebaut wird. Das Verschwinden des Hemmstoffes kann daher zur Frühdiagnose der Influenza verwendet werden[1].

G. und W. HENLE[2] zeigten, daß das Influenzavirus bei intracerebraler Injektion schwere *toxische Erscheinungen* hervorruft, ohne daß eine Vermehrung des Virus festzustellen ist. Ebenso werden bei intraabdominaler und intravenöser Injektion schwere Nekrosen in Leber und Milz und Blutungen in der Darmwand beobachtet, ohne daß eine Vermehrung des Virus außerhalb des Respirationstrakts nachzuweisen wäre. Es handelt sich hier nicht um ein Exotoxin, denn die toxische Wirkung kann nicht von den infektiösen Einheiten abgetrennt werden. Sie wird durch spezifische Immunseren neutralisiert. Durch Immunisierung können Mäuse gegen die toxische Wirkung geschützt werden.

Begleitstoffe des Virus. In gleicher Weise, wie bereits bei dem Virus der klassischen Geflügelpest besprochen, entstehen bei der Vermehrung

[1] FAZEKAS DE ST. GROTH, S.: Nature (London) **167**, 43 (1951).

[2] HENLE, G., u. W. HENLE: J. of Exper. Med. **84**, 623, 639 (1946).

des Influenzavirus als Begleitstoffe ein nichtinfektiöses lösliches (S) Antigen und ein Agglutinin. Auf die Größe und die chemischen Eigenschaften des S-Antigens wird später eingegangen (S. 234). Das S-Antigen scheint ein Bestandteil der Viruspartikel zu sein, aus denen es durch Behandlung mit Äther freigemacht werden kann.

Das Agglutinin findet sich in besonders hoher Konzentration neben dem Virus, wenn man wiederholt unverdünnte Chorioallantoisflüssigkeit infizierter Hühnereier zur Passage benutzt. Solche unverdünnte Viruslösungen zeigen eine geringere Injektiosität als verdünnte, was auf die Wirkung des beigemengten Agglutinins zurückzuführen ist. Das Agglutinin wird als unreifes (incomplete) Virus aufgefaßt. In hoher Konzentration hemmt es die Entwicklung des Virus durch Interferenz (s. S. 110), so daß sich immer mehr unreifes Virus anhäuft. Das Agglutinin ist kleiner als das Virus. Es verhält sich in der Ultrazentrifuge nicht einheitlich. Die Sedimentationskonstante liegt zwischen 430 und 667 S[1]. Wieweit das durch Ätherbehandlung aus den Virusteilchen freiwerdende Agglutinin mit dem natürlich vorkommenden identisch ist, bleibt noch zu prüfen.

Reindarstellung[2]. Das Influenzavirus wird am besten aus der Eiflüssigkeit infizierter Hühnerembryonen durch abwechselnd hoch- und niedertouriges Zentrifugieren gewonnen[3]. Dabei müssen zu hohe Drehzahlen vermieden werden, da sonst die Viruspartikel zusammengepreßt werden und nicht mehr in Lösung gehen. Vor der Ultrazentrifugierung kann das Virus durch Adsorption an rote Blutkörperchen und nachfolgende Elution angereichert werden. Auch eine chemische Anreicherung durch Fällung mit Methanol ist möglich[4]. Das Influenzavirus wird in der Eiflüssigkeit von nicht virusspezifischem normalem Protein begleitet. Nach Untersuchungen von LAUFFER und STANLEY[5] hat dieses eine Sedimentationskonstante von 200—300 S und ist deswegen nur schwer aus den Influenzapräparaten zu entfernen. Es besitzt eine hohe Viscosität, so daß in seiner Gegenwart die Sinkgeschwindigkeit der Virusteilchen verlangsamt wird. Ähnliche Beimengungen machen sich auch bei der Reinigung des Virus der klassischen Geflügelpest störend bemerkbar[6].

Größe und Gestalt. In der Ultrazentrifuge zeigt sowohl das A- als auch das B- und das Schweineinfluenzavirus einen einzigen, allerdings nicht einheitlichen Gradienten. Die bisher bekannten physikalisch-chemischen Daten sind in Tab. 33 zusammengefaßt.

[1] Vgl. S. GARD, P. v. MAGNUS, A. SVEDMYR u. A. BIRCH-ANDERSEN: Arch. Virusforsch. **4**, 591 (1952).

[2] Zusammenfassung bei J. W. BEARD: J. of Immun. **58**, 49 (1948); Physiol. Rev. **28**, 349 (1948).

[3] SHARP, D. G., A. R. TAYLOR, I. W. MCLEAN, D. BEARD u. J. W. BEARD: J. of Biol. Chem. **159**, 29 (1945).

[4] MOYER, A. W., G. R. SHARPLESS, M. C. DAVIES, K. WINFIELD u. H. R. COX: Science (Lancaster, Pa.) **112**, 459 (1950).

[5] LAUFFER, M. A., u. W. M. STANLEY: J. of Exper. Med. **80**, 531 (1944). — MILLER, G. L., M. A. LAUFFER u. W. M. STANLEY: J. of Exper. Med. **80**, 553 (1944).

[6] SCHAFER, W., K. MUNK u. O. ARMBRUSTER: Z. Naturforsch. **7 b**, 29 (1952).

Tabelle 33. *Physikalisch-chemische Daten der Influenzaviren.*

Virus	s_{20} in S		V_h	V_0	Hydratation gH_2O/gVirus	M aus s	Elektronenmikroskop	
	L. u. St.[1]	S.u.Ma.[2]					d in mμ	M in 10^6
Influenza A .	722	742	0,906	0,822	0,9	$280 \cdot 10^6$	101	290
Influenza B .	683	840	0,906	0,863	0,5	$440 \cdot 10^6$	123	680
Schweine-Infl.	—	727	0,909	0,850	0,65	$315 \cdot 10^6$	96,5	270

Die von den verschiedenen Autoren[1, 2, 3] gemessenen Sedimentationskonstanten stimmen befriedigend überein, ihre Konzentrationsabhängigkeit ist gering, was für die Kugelform der Teilchen spricht. Der Mittelwert dürfte bei 760 S liegen. Von SHARP und Mitarbeitern[2] wurde die Dichte des hydratisierten Teilchens und damit V_h nach der Schwebemethode bestimmt. Hieraus und aus V_0 lassen sich die angegebenen Werte für die Hydratation ermitteln. Aus der gefundenen Hydratation ergibt sich ein Reibungsfaktor von 1,3 für das A-Virus und von etwa 1,2 für das B- und das Schweineinfluenzavirus. Mit diesen Werten sind die in der Tabelle aufgeführten Teilchengewichte berechnet und mit den Gewichten verglichen, die sich aus dem elektronenmikroskopisch gemessenen Durchmesser ergeben. Die Werte streuen ziemlich stark um einen Mittelwert von etwa $350 \cdot 10^6$. Auf elektronenmikroskopischen Abbildungen werden vorwiegend sphärische Teilchen beobachtet (Abb. 31 a).

Chemische Zusammensetzung. Die Untersuchungen über die chemische Zusammensetzung sind mit Vorbehalt aufzunehmen, da keine Gewähr dafür besteht, daß alle Komponenten wirklich wesentliche Bestandteile des Virus sind, und da es auch nicht sicher ist, ob den Viren wirklich eine definierte Zusammensetzung zukommt. Von TAYLOR[4] wurden vergleichende Untersuchungen über die Zusammensetzung des A-, B- und des Schweineinfluenzavirus durchgeführt, die in der folgenden Tab. 34 zusammengestellt sind.

Tabelle 34. *Chemische Zusammensetzung der Influenzaviren in Prozent.*

Virus	C	N	P	Kohlenhydrate	DNS	Lipoid
Influenza A	53,2	10,0	0,97	12,5	2,1	23,4
Influenza B	52,2	9,7	0,94	13,1	3,7	22,4
Schweine-Influenza	51,4	9,0	0,87	10,0	+	24,0

Die Virusteilchen sind ein Komplex aus Protein, Lipoid, Kohlenhydraten und einer geringen Menge Desoxyribosenucleinsäure (DNS). Das Lipoid ist anscheinend fest an das Virusteilchen gebunden, da es

[1] LAUFFER, M. A., u. W. M. STANLEY: J. of Exper. Med. **80**, 531 (1944).

[2] SHARP, D. G., A. R. TAYLOR, I. W. MCLEAN, D. BEARD u. J. W. BEARD: J. of Biol. Chem. **159**, 29 (1945).

[3] GARD, S., P. v. MAGNUS, A. SVEDMYR u. A. BIRCH-ANDERSEN: Arch. Virusforsch. **4**, 591 (1952).

[4] TAYLOR, A. R.: J. of Biol. Chem. **153**, 675 (1944).

sich nicht mit Petroläther, sondern nur mit einer Alkohol-Äther-Mischung extrahieren läßt. Das Lipoid besteht aus Phosphorlipoiden, Cholesterin und Neutralfett. Auch ein Teil des Kohlenhydrats ist mit Alkohol-Äther extrahierbar. Der nach DISCHE bestimmte Wert für den DNS-Gehalt ist wesentlich geringer, als dem gesamten Kohlenhydrat entspricht. In dem Virusteilchen sind also außer den zu der Nucleinsäure gehörigen auch noch andere Kohlenhydrate enthalten. Im Gegensatz zu den Befunden von HOYLE (s. u.) konnte Ribosenucleinsäure nicht eindeutig nachgewiesen werden. Auch KNIGHT[1] fand nur eine sehr schwache Reaktion auf Ribose. Er führte auch Untersuchungen über die Aminosäurezusammensetzung[2] des A- und des B-Virus durch und fand geringe Unterschiede, die er für signifikant hält.

Tabelle 35. *Aminosaure-Zusammensetzung verschiedener Influenza-Stamme und des Normalproteins der Allantois-Flussigkeit in Prozent.* (Nach KNIGHT.)

Aminosaure	PR 8	Lee	Normalprotein
Alanin	2,4	2,6	—
Arginin	5,0	4,0	3,9
Asparaginsaure	7,4	7,3	6,2
Glutaminsäure	7,7	6,2	6,1
Glycin	2,5	2,9	1,8
Histidin	1,4	1,5	0,8
Isoleucin	4,1	4,2	3,2
Leucin	5,3	5,5	4,3
Lysin	3,6	4,7	2,5
Methionin	2,3	2,1	1,1
Phenylalanin	3,7	3,4	3,6
Prolin	2,6	2,7	2,8
Serin	2,2	2,2	2,1
Threonin	3,7	4,0	3,8
Tryptophan	1,1	0,7	0,7
Tyrosin	3,1	2,1	2,2
Valin	3,4	3,2	3,2

Sorgfältig gereinigtes Influenza A-Virus verhält sich bei der Elektrophorese einheitlich. Bisweilen wird aber noch eine zweite Bande beobachtet, die von Verunreinigungen herrührt. Der isoelektrische Punkt liegt in der Nähe von p_H 5. Im alkalischen Gebiet zwischen p_H 9,3 und 7,4, wo das Virus stabil ist, beträgt die Wanderungsgeschwindigkeit 6.6 bis $6{,}7 \cdot 10^{-5}$ cm²/Voltsec. Bei p_H 2,8 bis 3,0 wird das Virus inaktiv, dort ergibt sich eine Beweglichkeit von $8{,}7$—$9{,}7 \cdot 10^{-5}$ cm²/Voltsec. Das Influenzavirus ist in Ringerlösung stabil, ferner in 0,1 m Phosphatpuffer. Dagegen ist es unbestandig in 1 m oder 0,001 m Phosphatpuffer sowie in destilliertem Wasser, wo es unlöslich wird. Gegen verschiedene reduzierende Agentien mit Ausnahme von Ascorbinsaure ist das Virus stabil. Durch Phenol wird es schnell zerstört, dagegen hat Sulfothiazol keine deutliche Wirkung. Genauere Untersuchungen über die p_H-Stabilität scheinen noch nicht durchgeführt zu sein.

[1] KNIGHT, C.: J. of Exper. Med. **85**, 99 (1947).
[2] KNIGHT, C.: J. of Exper. Med. **86**, 125 (1947).

Struktur. Von HOYLE[1] wurden durch Aufspaltung der Virusteilchen wichtige Ergebnisse über deren Aufbau gewonnen. Virusteilchen, die durch Adsorption an roten Blutkörperchen gereinigt waren, wurden in wäßriger Lösung mit dem halben Volumen Äther geschüttelt. Hierbei zerfällt das Virus in kleinere Einheiten. Bei dem Zerfall steigt der Hämagglutinationstiter der Lösung, jedoch wird die Komplementbindungsaktivität gegenüber dem stammspezifischen und gegenüber dem typenspezifischen Antiserum herabgesetzt. Ebenso wird die receptorzerstörende Aktivität der Teilchen stark vermindert. Behandelt man die Zerfallsprodukte mit Erythrocyten, so wird ein Agglutinin adsorbiert, das sich nach einiger Zeit von den Blutzellen wieder eluieren läßt und das man auf diese Weise getrennt untersuchen kann. Die nach Abtrennung des Agglutinins verbleibende Lösung enthält ein lösliches Antigen, das mit dem als Begleitstoff des Virus in freier Form auftretenden S-Antigen identisch zu sein scheint. In der Lösung lassen sich elektronenoptisch Teilchen mit einem Durchmesser von etwa 12 mμ nachweisen[2]. Etwa der gleiche Durchmesser ergibt sich für das S-Antigen nach Zentrifugierungsversuchen[3]. Das S-Antigen besitzt keine Hämagglutinationsfahigkeit. Es ist hitzelabil und durch Ammonsulfat fällbar. Bei der Ammonsulfatfällung geht allerdings die antigene Wirkung verloren, so daß eine Anreicherung nicht erfolgen konnte. Die S-Antigene aller A-Stämme des Influenzavirus sind unter sich gleich, sie sind also nicht stammspezifisch. HOYLE glaubt, daß es sich um Ribosenucleotide handelt. Er stützt diese Ansicht auf die Fällbarkeit der Teilchen mit Lanthanacetat und auf die Tatsache, daß durch Behandlung mit Ribonuclease die antigene Wirkung zum Teil zerstört wird.

Da bei der chemischen Analyse der ganzen Teilchen nur sehr geringe Mengen RNS nachgewiesen werden konnten, wäre es wünschenswert, daß der Nachweis der RNS im S-Antigen durch wirklich spezifische Reaktionen geführt würde.

In der Lösung des Agglutinins lassen sich elektronenmikroskopisch Teilchen mit einem Durchmesser von 12—15 mμ nachweisen. Auch diese Teilchen sind also kleiner als die intakten Viruspartikel. Das Agglutinin gibt bei der üblichen Technik keine Komplementbindung mit dem typenspezifischen Antiserum gegen das S-Antigen oder mit dem stammspezifischen Antiserum gegen die intakten Virusteilchen. Es verhindert jedoch die Komplementbindung der aktiven Virusteilchen mit dem spezifischen Antiserum. Hieraus kann man schließen, daß sich das Agglutinin zwar an die Antikörper bindet, daß jedoch das Komplement nicht mehr fixiert wird. HOYLE ist der Meinung, daß das Agglutinin sowohl das S-Antigen als auch das stammspezifische Antigen in abgewandelter Form enthält. Möglicherweise beruht diese Veränderung auf der Extraktion wichtiger Lipoide mit dem Äther. Für den Verlust der receptorzerstörenden Wirkung des Agglutinins lassen sich vorläufig

---

[1] HOYLE, L.: J. of Hyg. **50**, 229 (1950).

[2] HOYLE, L., R. REED u. W. T. ASTBURY: Nature (London) **171**, 256 (1953).

[3] HENLE, W., u. M. WIENER: Proc. Soc. Exper. Biol. a. Med. **57**, 176 (1944).

noch keine befriedigenden Gründe angeben. HOYLE entwickelt aus diesen Ergebnissen folgendes Bild der Struktur des Influenzavirus. Die Teilchen bestehen aus einem Paket kleinerer Einheiten, nämlich dem S-Antigen und dem Agglutinin, die in einer lipoidhaltigen Hülle eingeschlossen sind. Diese Hülle soll aus der Zellwand des Wirts stammen. Beim Eintritt des Virus in die Zelle verschmilzt die Virushülle mit der

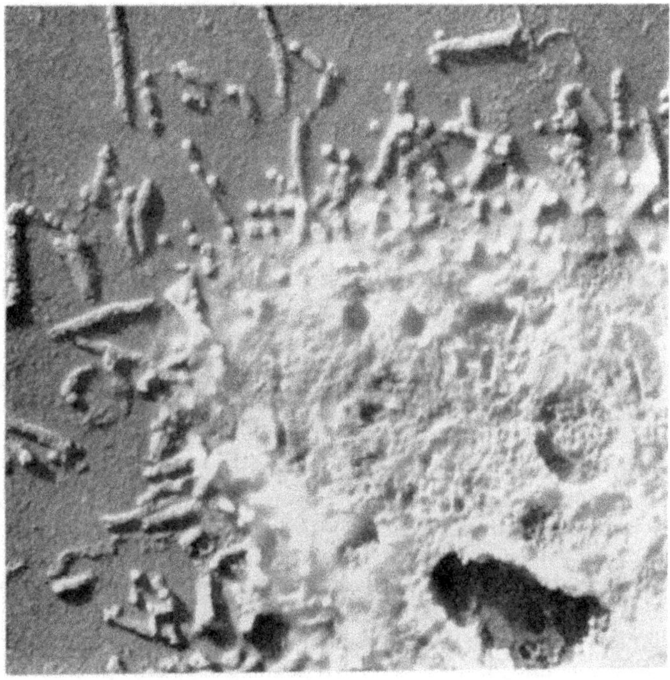

Abb. 60. Chorioallantois-Membran mit Influenza-Virus infiziert, schlauchförmige Protusionen am Zellrand. Zerfall in einzelne sphärische Teilchen von der Größe des Influenza-Virus. Vergr. 12000fach (Nach R. W. G. WYCKOFF.)

Zellwand. das Teilchen zerfallt und die Untereinheiten treten in die Zelle ein. Das lösliche Antigen wird als selbstvermehrungsfähig betrachtet. In einem späteren Stadium bildet sich aus dem löslichen Antigen das stammspezifische Agglutinin, dessen Eigenschaften durch die des ursprünglich vorhandenen Agglutinins bedingt werden, das als Matrize wirkt. Agglutinin und S-Antigen bilden einen Komplex, der die Zellwand auf enzymatischem Wege erweichen kann. Es entstehen schlauchförmige Protusionen, die das Virusprotein enthalten. Diese Protusionen brechen ab und zerfallen schließlich in die kugelförmigen Virusteilchen. Elektronenmikroskopische Untersuchungen zeigen deutlich das Vorhandensein derartiger Protusionen (Abb. 60), allerdings treten sie in gleicher Weise auch bei Zellen auf, die mit Vaccinevirus oder Rous-Sarkom infiziert sind. Es kann sich daher möglicherweise auch um eine unspezifische Reaktion der geschädigten Zelle handeln[1, 2, 3].

Immunologisches Verhalten. Nach einem Influenzaanfall läßt sich eine starke Zunahme der virusneutralisierenden Antikörper im Blut des Patienten feststellen. Diese Antikörper sind stammspezifisch. Daneben treten auch Antikörper gegen das lösliche Antigen auf, die nur typen- und nicht stammspezifisch sind. Der Anstieg des Antikörpertiters beginnt etwa 7 Tage nach Krankheitsbeginn und erreicht sein Maximum nach etwa 14 Tagen. Nach 8—12 Monaten ist der Gehalt an Antikörpern wieder auf den Stand vor der Infektion abgesunken. Der Anstieg des Antikörpertiters läßt sich diagnostisch verwerten. Es kann leicht festgestellt werden, welcher Stamm die Krankheit verursacht hat. Spezifische *therapeutische Maßnahmen* sind bei dem Influenzavirus ebensowenig wie bei den anderen typischen Viruskrankheiten bekannt. Die üblichen Antibiotica sind ohne Wirkung gegen die Virusinfektion, können jedoch bisweilen gleichzeitig auftretende bakterielle Erkrankungen günstig beeinflussen. Auch die passive Schutzimpfung erweist sich als erfolglos, sobald die ersten Anzeichen der Krankheit aufgetreten sind. Dagegen ist ein Schutz gegen das Influenzavirus durch *aktive Immunisierung* möglich. Größere Versuche wurden von der USA Army durchgeführt[4]. Als Impfstoff wird meist durch Formol abgetötetes Virus benutzt, das an Aluminiumhydroxyd oder andere Trägersubstanzen[5] adsorbiert ist. Man gewinnt hierzu das Virus meist aus Hühnerembryonen. Um eine hochwirksame Vaccine zu erhalten, muß das Virus angereichert und von den normalen Zellbestandteilen befreit werden. Hierdurch wird eine unerwünschte Sensibilisierung gegen Antigene des Hühnerembryos vermieden. Die virusneutralisierenden Antikörper beginnen etwa eine Woche nach der Impfung zu erscheinen und erreichen ihr Maximum nach zwei Wochen, ihre Menge bleibt dann über einen Monat konstant und fällt darauf langsam ab. Eine gewisse Schutzwirkung ist nach einer Woche zu erwarten, der volle Schutz tritt jedoch erst nach 1—2 Monaten ein und hält höchstens ein Jahr an. Antikörper gegen das lösliche Antigen werden bei der Impfung mit dem abgetöteten Virus nicht gebildet. Auch nach der künstlichen Immunisierung kann eine Infektion erfolgen, jedoch verläuft diese innerhalb des angegebenen Zeitraums bedeutend milder als bei nicht schutzgeimpften Personen. Die Wirkung von Formolvaccine gegen die Schweineinfluenza wurde besonders von Beard und Mitarbeitern[6] untersucht.

[1] Wyckoff, R. W. G.: J. of Immun. **70**, 187 (1953).

[2] Angulo, J. J.: Arch. Virusforsch. **4**, 199 (1952).

[3] Murphy, J. S., D. T. Kurzon u. F. B. Bang: Proc. Soc. Exper. Biol. a. Med. **73**, 596 (1950).

[4] USA Army Commission Influenza J. Amer. Med. Assoc. **124**, 982 (1944).

[5] Salk, J. E., M. L. Bailey u. A. M. Laurent: Amer. J. Hyg. **55**, 439 (1952).

[6] McLean, I. W., D. Beard u. J. W. Beard: J. of Immun. **56**, 109 (1947). McLean, I. W., D. Beard, A. R. Taylor, D. G. Sharp u. J. W. Beard: Proc. Soc. Exper. Biol. a. Med. **60**, 358 (1945).

3. Schnupfenvirus.

Der Schnupfen (common cold, coryza) ist eine klinisch nicht scharf umrissene Krankheit. Man versteht hierunter im allgemeinen eine akut verlaufende Entzündung der Schleimhäute der oberen Luftwege mit kurzer Inkubationszeit. Ähnliche Krankheitsbilder rufen das Virus des febrilen Katarrhs (acute indifferentiated respiratory disease), abgeschwächtes Influenza A-Virus oder Viren aus der Gruppe der atypischen Pneumonie hervor, bei diesen ist aber die Inkubationsperiode meist länger. Die Virusnatur des Schnupfen-Erregers konnte durch zahlreiche Versuche an Freiwilligen sicher gestellt werden. Die ersten Versuche dieser Art wurden von KRUSE[1] 1914 vorgenommen. Die Übertragung des Schnupfens auf Versuchstiere wurde wiederholt versucht, doch blieben die Ergebnisse unsicher. Umfangreiche Versuche wurden vor allem in England durchgeführt (ANDREWES)[2], 20 Tierarten, darunter verschiedene Affen, wurden ohne Erfolg geprüft. Es gelang auch nicht, die verschiedentlich behauptete Züchtung des Schnupfen-Virus im Hühnerembryo zu reproduzieren. Dagegen scheint es möglich zu sein, in Gewebekulturen von menschlicher embryonaler Lunge das Virus zu vermehren[3]. Es wurden auch interessante Einzelheiten über den Übertragungsmodus festgestellt. Die Inkubationsdauer beträgt nur 1—3 Tage. Schon vor Ausbruch der Krankheit ist viel Virus im Nasensekret festzustellen. Durch Unterkühlungen verschiedener Art, auch durch das Tragen feuchter Socken, wird kein Schnupfen erzeugt, noch die Empfindlichkeit gegenüber kleinen Dosen des Virus herabgesetzt.

Das Virus ist sehr empfindlich gegen Austrocknung. Bei —76° C ist es jedoch jahrelang haltbar. Es verträgt aber keine Gefriertrocknung. Nach Filtrationsexperimenten liegt der Durchmesser des Virus zwischen 70 und 30 mμ. Es ist unempfindlich gegen Penicillin und andere Antibiotica, wird aber durch Äther schnell inaktiviert.

4. Pneumonievirus der Maus (HORSFALL).

Das Virus wurde 1939 von HORSFALL und HAHN[4] aus den Lungen von äußerlich gesunden Mäusen isoliert. Durch transnasale Passage von Maus zu Maus nimmt es an Virulenz zu und führt schließlich zu einer tödlich verlaufenden Pneumonie bei Mäusen, Baumwollratten und Hamstern. Wieweit das Virus auch für Erkrankungen des Menschen verantwortlich zu machen ist, bleibt fraglich. Zwar wurden bei Patienten neutralisierende Antikörper im Blut nachgewiesen, doch wurde bisher in keinem Fall nach einer atypischen Pneumonie ein Anstieg des Antikörpertiters gegen das Pneumonievirus der Maus festgestellt.

Das Virus hat hämagglutinierende Eigenschaften. Es konnte bisher noch nicht in reiner Form isoliert werden. Daher liegen nur indirekte Bestimmungen der Größe vor, die aus der Sedimentationsgeschwindigkeit

[1] KRUSE, W.: Munch. med. Wschr. **1914**, 1547.

[2] ANDREWES, C. H.: Lancet **1949**, 71. — ANDREWES, C. H.: New England J. Med. **242**, 235 (1950).

[3] ANDREWES, C. H., et al.: Lancet **1953**, 546.

[4] HORSFALL, F. L., u. R. G. HAHN: J. of Exper. Med. **71**, 391 (1939).

der Hämagglutination erschlossen wird. Nach Untersuchungen von HORSFALL und CUMEN[1] kommt das Virus in zwei Formen vor. Gebunden an normale Bestandteile des Gewebes tritt es auf, wenn man homogenisierte Mäuselungen bei p_H 7,6 mit Salzlösung extrahiert. In freier Form erhält man es, wenn man die Lungen vorher mit Salzlösung durchströmt, wobei Erythrocyten und andere Substanzen, die sich mit dem Virus vereinigen können, entfernt werden. Die gebundene Form soll nach den Sedimentationsexperimenten einen Durchmesser von 140 $m\mu$, die freie einen solchen von 40 $m\mu$ besitzen. Das Virus ist also der Größe nach mit dem Influenzavirus zu vergleichen. Durch Wärme oder durch Behandlung mit Alkali lassen sich inaktive Teilchen erhalten, die in ihrem Sedimentationsverhalten der freien Form entsprechen. Sie wirken noch agglutinierend. Das durch Hitzebehandlung hergestellte freie Virus läßt sich durch Einwirkung von Gewebebrei wieder in die gebundene Form überführen. Die Vermehrung des Virus der Pneumonie kann durch Injektion von hochgereinigten Polysacchariden aus Friedländer-Bacillen unterbunden werden. Auch wenn diese Substanzen lange nach der Infektion gegeben werden, unterbrechen sie die weitere Virusvermehrung und hindern den Fortschritt der Lungenveränderungen[2].

5. Weitere tierische und menschliche Pneumonieviren. Erreger der atypischen Pneumonie des Menschen[3].

Beim Menschen treten interstitielle Pneumonien auf, die auch als primare atypische Pneumonien bezeichnet werden. Das Krankheitsbild zeigt gewisse Ähnlichkeiten mit den Symptomen des durch Rickettsia burneti verursachten Q-Fiebers, mit der Psittakose oder auch mit der Influenza. Freiwilligenversuche beweisen zweifelsfrei, daß diese Pneumonien durch ein Virus erzeugt werden. Eine Übersicht über verschiedene beim Menschen isolierte Pneumonitisviren und ihr Vergleich mit verschiedenen tierischen Pneumonieviren findet sich bei MEYER und EDDIE[4]. Wahrscheinlich handelt es sich bei vielen dieser Erreger um Verwandte des Psittakosevirus. Die menschlichen Stämme sind alle hochinfektiös für die Maus, zum Teil auch für einige Vogelarten. Die weitere Forschung wird zeigen müssen, ob es sich bei der atypischen Pneumonie nicht um eine Gruppe verschiedenartiger Krankheiten handelt.

Auch bei verschiedenen Tieren sind Viruspneumonien bekannt. Näher untersucht ist die Bronchopneumonie der Maus, deren Erreger in die Psittakosegruppe gehört (s. S. 252). Weiterhin sind bei Katzen, Kaninchen, Meerschweinchen, Frettchen, Schafen, Ziegen, Schweinen, Rindern und Pferden Pneumonien bekannt, von denen angenommen wird, daß sie durch Viren erzeugt werden. Die ätiologischen Verhältnisse sind hier aber sehr unsicher. Es ist wahrscheinlich, daß es sich bei einigen dieser Erreger um größere Viren handelt[5].

---

[1] HORSFALL, F. L., u. E. C. CUMEN: J. of Exper. Med. **85**, 23, 39 (1947).

[2] HORSFALL, F. L., u. M. McCARTY: J. of Exper. Med. **85**, 623 (1947).

[3] Zusammenfassung s. F. L. HORSFALL in RIVERS, S. 287.

[4] MEYER, K. F., u. B. EDDIE: Arch. Virusforsch. **4**, 579 (1952).

[5] Zusammenfassung s. BELLER u. KELLER: Krankheiten der Haus- und Laboratoriumstiere.

VIII. Viren der Warmblüter mit unregelmäßiger Gestalt.

Das Mumpsvirus und das Virus der atypischen Geflügelpest werden häufig mit dem Influenzavirus zusammengefaßt. Da sie aber in ihren morphologischen Eigenschaften stark von diesem abweichen, hingegen untereinander gewisse Ähnlichkeiten zeigen, wird es zweckmäßig sein, sie in einer besonderen Gruppe zu behandeln.

1. Virus des Mumps.

Mumps ist eine weitverbreitete Krankheit, die meist gutartig verläuft. Beim Menschen tritt nach einer Inkubationszeit von durchschnittlich 18—21 Tagen eine charakteristische Vergrößerung der Ohrspeicheldrüsen auf. Die submaxillaren und sublingualen Drüsen werden gelegentlich ebenfalls angegriffen. Auch andere Organe können in Mitleidenschaft gezogen werden, so die Geschlechtsorgane und das Nervensystem. Im histologischen Bild zeigt die Ohrspeicheldrüse eine Degeneration der Zellen der Ausführungsgange. Charakteristische Einschlußkörper werden nicht beobachtet.

Das Mumpsvirus ist außer auf den Menschen und den Affen nur auf das bebrutete Hühnerei übertragbar. Viren, die Krankheitserscheinungen an den Speicheldrüsen hervorrufen, sind auch bei verschiedenen Nagetieren bekannt, doch ist ihr Zusammenhang mit dem Mumpsvirus bis jetzt noch nicht aufgeklärt. Im Menschen erzeugt das Mumpsvirus eine bleibende Immunitat, was aus der geringen Zahl der Sekundärinfektionen hervorgeht. Mumps ist bei Kindern unter 9 Monaten sehr selten, was wahrscheinlich darauf zurückzufuhren ist, daß die Antikörper während der Schwangerschaft von der Mutter übertragen werden. Es ist möglich, daß zwischen dem Mumpsvirus und dem Virus der atypischen Geflügelpest eine Verwandtschaft besteht[1]. Bei Patienten, die Mumps überstanden haben, finden sich haufig neutralisierende Antikörper gegen atypische Geflügelpest. Im Tierversuch konnte allerdings keine gegenseitige Neutralisation festgestellt werden, was aber eine Verwandtschaft nicht unbedingt ausschließt[2]. Das Virus hat hämagglutinierende Eigenschaften, es wird von einem löslichen Antigen begleitet. In der Haut von Personen, die früher infiziert wurden, ruft das Virus eine allergische Reaktion hervor, die zum Nachweis dienen kann. Sicherer ist der Nachweis der spezifischen Antikörper im Blut entweder durch die Komplementbindungsreaktion in Gegenwart von Mumpsvirus oder durch die Blockierung der Hamagglutinationswirkung des Virus. Eine Schutzwirkung gegen das Virus ist durch aktive Immunisierung möglich. Hierzu wird entweder Humanvirus verwendet, das aus Affendrüsen gewonnen und durch Formol inaktiviert wurde, oder aktives Virus, das durch wiederholte Passagen über das Hühnerei abgeschwächt wurde und seine Fahigkeit, die typische Parotitis zu erzeugen, verloren hat[3].

---

[1] Kilham, L., E. Jungherr u. R. E. Luginbuhl: J. of Immun. **63**, 37 (1949).

[2] Wenner, H. A., M. H. Jenson u. A. Monley: J. of Immun. **68**, 343 (1952)

[3] Henle, G., J. Stokes, J. S. Burgoon, W. J. Bashe, C. F. Burgoon u. W. Henle: J. of Immun. **66**, 379 (1951).

Die Vermehrung des Virus im Hühnerei kann durch Zugabe von gereinigten Polysacchariden aus Friedländer-Bacillen gehemmt werden[1]. Im Hühnerei besitzt das Virus eine Latenzzeit von ungefähr 20 Std. Wird das Polysaccharid während der ersten Hälfte dieser Periode verabfolgt, so wird die Virusvermehrung vollständig unterbunden. Dies spricht dafür, daß das Polysaccharid in den intracellulären Prozeß während der Vermehrung eingreift. Die Adsorption des Virus an empfängliche Zellen wird hingegen nicht beeinflußt und das Polysaccharid hat auch keinen Effekt auf das Virus in vitro. Wird das Polysaccharid vier Tage nach der Infektion verabreicht, so wird die weitere Virusvermehrung gehemmt. Die Hemmung ist spezifisch für das Mumpsvirus und das Virus der Mäusepneumonie. Die Viren der Influenza und der atypischen Geflügelpest werden nicht beeinflußt. Auch bei Mumps wurde ein Stamm gefunden, der gegen die Friedländer-Polysaccharide resistent ist.

Darstellung. Als Ausgangsmaterial für die Reindarstellung dient die Chorioallantoisflüssigkeit infizierter Hühnerembryonen. Die Darstellung ist schwierig und die Verluste an Infektiosität sind relativ hoch, da das Virus instabil ist. Es wird in der üblichen Weise abwechselnd hoch- und niedertourig zentrifugiert. Zum Wiederaufnehmen der Sedimente bewährte sich am besten eine auf das doppelte Volumen verdünnte Ringerlösung, die 0,01 m Glykokoll enthält. In anderen Lösungen wurde eine starke Aggregation beobachtet[2].

Größe und Gestalt. Auf den elektronenmikroskopischen Aufnahmen von Viruskonzentraten findet man Teilchen ungleichmäßiger Größe mit einem mittleren Durchmesser von etwa $233 \pm 35\,\mathrm{m}\mu$. Mit Formol behandelte Teilchen besitzen einen Durchmesser von $170 \pm 31\,\mathrm{m}\mu$. Die Gestalt der Partikel ist unregelmäßig, sie weisen häufig eine amöboide Form auf. Für den Hauptgradienten wurde $s_{20} = 1311\,S$ gemessen, daneben findet sich ein zweiter Gradient mit $s_{20} = 1940\,S$, der wohl auf Aggregation zurückzuführen ist. LD_{50} gereinigter Präparate lag bei $10^{-13,5}$ g N/Ei. Das Optimum der p_H-Stabilität liegt zwischen p_H 5,8 und 8. Doch waren auch in diesem Gebiet nach 4 Wochen 99% der Viruspartikel inaktiviert[2].

2. Virus der atypischen Geflügelpest.

Das ursprüngliche Verbreitungsgebiet der atypischen Geflügelpest (asiatische Geflügelpest, Newcastle disease) ist Asien. In Europa wurde sie erstmalig in Newcastle-on-Tine bei indischen Kampfhähnen beobachtet. Sie ist jetzt in verschiedenen Formen in Europa und auch in den USA verbreitet. Dort wurde die Seuche zuerst als Pneumo-Encephalitis beschrieben, bis 1944 ihre Identität mit der Newcastle disease festgestellt wurde. Unter den Krankheitserscheinungen stehen respiratorische und nervöse Symptome im Vordergrund. Die Inkubationszeit

[1] Ginsberg, H. S., W. F. Goebel u. F. L. Horsfall: J. of Exper. Med. **87**, 385 (1948).

[2] Weil, M. L., D. Beard, D. G. Sharp u. J. W. Beard: J. of Immun. **60**, 561 (1948).

beträgt 3—6 Tage, die Krankheit führt im allgemeinen innerhalb weniger Tage zum Tode. Die pathologisch-anatomischen Veränderungen sind etwas verschieden von denen der klassischen Pest, doch läßt sich eine sichere Differentialdiagnose nur auf Grund serologischer Reaktionen durchführen. Das Virus unterscheidet sich von dem der klassischen Pest durch seine leichte Übertragbarkeit von Huhn zu Huhn. Es ist außerdem auf verschiedene Arten von Hausgeflügel und auch auf Tauben übertragbar. Auch für den Menschen scheint das Virus infektios zu sein. es ruft eine Conjunctivitis hervor[1, 2]. Über eine mögliche immunologische Beziehung zum Mumpsvirus wurde dort berichtet. Das Virus zeigt die Hämagglutinationsreaktion und wird von einem löslichen Antigen begleitet. Als Schutzmaßnahme hat sich die aktive Immunisierung mit einer Adsorbatvaccine bewährt, die aus infizierten Hühnerembryonen hergestellt wird[3]. Aus gereinigten Viruskonzentraten lassen sich erheblich wirksamere Vaccinen herstellen[4].

Darstellung. Die Darstellung erfolgt am besten aus der Chorioallantoisflüssigkeit durch abwechselnd hoch- und niedertouriges Zentrifugieren[5]. Auch eine Anreicherung durch Ammonsulfatfällung ist möglich, jedoch ist sie mit höheren Aktivitätsverlusten verknüpft. LD_{50} der reinsten Präparate beträgt $10^{-14,9}$ g N/Ei, dies entspricht einer Menge von 6 Virusteilchen. Mit der Hämagglutinationsreaktion sind noch $3,6 \cdot 10^{-8}$ g N Virus nachweisbar. Für die Identität des isolierten Proteins mit dem Virus sprechen die folgenden Befunde: Das Protein findet sich nur in infizierter, nicht aber in normaler Eiflüssigkeit. Es wird durch spezifische Antiseren präcipitiert. Die biologisch bestimmte Sinkgeschwindigkeit der Infektiosität und der Hamagglutination stimmt mit der optisch gemessenen des Proteins überein.

Größe und Gestalt. Auf den elektronenmikroskopischen Aufnahmen ist die Gestalt des Virus variabel. In salzfreiem Medium beobachtet man runde Teilchen, die aus einem dichten Kern und einer dunnen Umhüllung bestehen. In salzhaltiger Lösung findet man gestreckte Formen, die häufig einen verdickten Kopf und einen Schwanz aufweisen. Der Durchmesser der salzfrei hergestellten Präparate liegt etwa bei 200 mμ. Aus Bedampfungsaufnahmen geht hervor, daß es sich um flache Scheibchen handelt (Abb. 61). In der Ultrazentrifuge erhalt man nur eine diffuse Bande mit einer Sedimentationskonstante s_{20} von 1340 ± 70 S. Die Sedimentationskonstante ist von der Konzentration nicht abhängig. Es ist ferner keine systematische Veränderung von s_{20} mit steigendem Salzgehalt der Losung zu bemerken. Das gleiche gilt fur die mit besonderer Sorgfalt bestimmte Diffusionskonstante. Für diese ergibt sich ein Mittelwert von $D_{20} = 0,15 \cdot 10^{-7}$ cm²/sec. Es wird daher angenommen, daß die Virusteilchen in Lösung unabhangig von der Salzkonzentration stets die gleiche Gestalt besitzen. Dementsprechend ergibt

[1] Burnet, F. M.: Med. J. Austral. **2**, 313 (1943).
[2] Yatom, J.: J. Amer. Med. Assoc. **132**, 169 (1946).
[3] Traub, E.: Zbl. Bakter. I Orig. **150**, 1 (1943).
[4] Schafer, W.: Tierarztl. Umschau **1951**, 199.
[5] Schafer, W., G. Schramm u. E. Traub: Z. Naturforsch. **4 b**, 157 (1949).

sich auch für den Reibungsfaktor in 0,01 bis 0,2 m Salzlösung stets derselbe Wert von 2,5. Daher ist es wahrscheinlich, daß der elektronenoptisch beobachtete Unterschied in der Gestalt des Virus in Wasser und Salzlösungen erst beim Auftrocknen der Präparate auf die Folie hervorgerufen wird. Hiermit stimmen Ergebnisse von BANG[1] überein, der bei Lichtstreuungs- und Viscositätsmessungen des Virus beim Wechsel des Lösungsmittels, reines Wasser oder Salzlösungen, keinen Unterschied

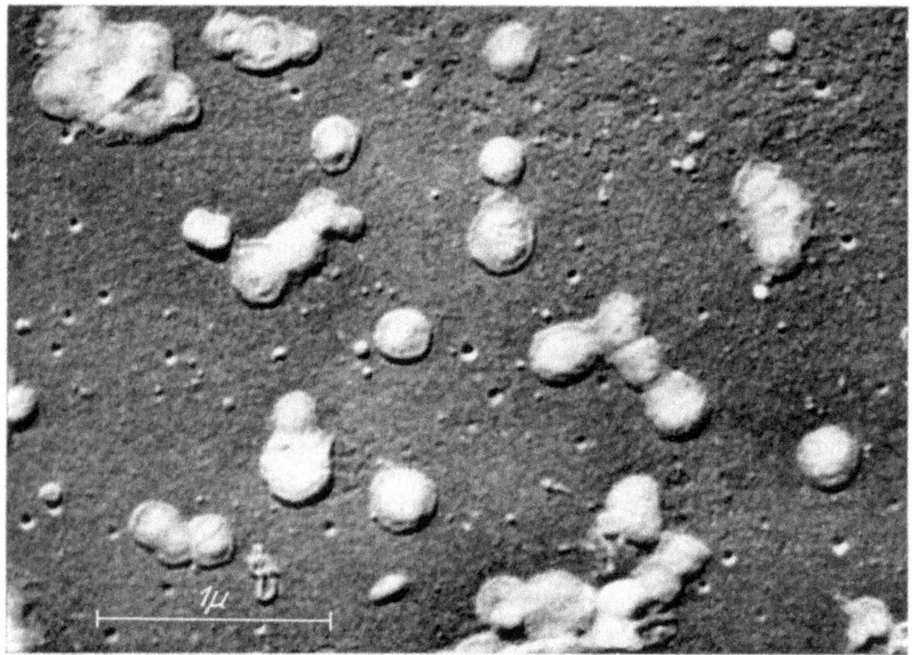

Abb. 61. Virus der atypischen Geflugelpest, Aufnahme W. SCHÄFER.

feststellen konnte. Die Gestaltsänderung des Virus ist reversibel, durch Dialyse salzhaltiger Lösungen erhält man wieder die runden Formen, die sich durch erneute Salzzugabe wieder in die gestreckten Formen überführen lassen. Wird das Virus vorher durch chemische Reagentien, Senfgas oder Formaldehyd, inaktiviert, so bleibt die Umwandlung zu den fadenförmigen Partikeln in Salzlösung aus. Aus den Werten von s_{20}, D_{20} und einem spezifischen Volumen von 0,73 ergibt sich ein Teilchengewicht von $800 \cdot 10^6$. Bei einer kugelförmigen Partikel würde diesem Wert ein Durchmesser von 125 mμ entsprechen. Hinsichtlich des Volumens besteht also eine befriedigende Übereinstimmung mit den im Elektronenmikroskop beobachteten Scheibchen von 200 mμ. Auffallend ist der hohe Reibungsfaktor von 2,5, der nur schwer mit der beobachteten annähernd isodiametrischen Form des Virus in Einklang zu bringen ist.

[1] BANG, F. B.: J. of Exper. Med. 88, 251 (1948).

Durch die Hydratation allein kann er nicht erklärt werden, das Virus muß also in der Lösung von der kompakten Kugelform abweichen. Wahrscheinlich besitzt es eine annähernd sphärische, aber sehr lockere Struktur. Es ist aber darauf hinzuweisen, daß durch Verunreinigungen sehr häufig eine Erhöhung des Reibungsfaktors vorgetäuscht wird.

Chemische Zusammensetzung. CUNHA und Mitarbeiter[1] fanden für das Virus der atypischen Geflügelpest eine ziemlich komplizierte Zusammensetzung. Es enthält verschiedene Lipoide und Nucleinsäuren, von denen wenigstens ein Teil dem DNS-Typ angehört. Nach serologischen Untersuchungen enthält das Virus der atypischen Pest auch nach sorgfältiger Reinigung noch 30—40% normale Antigene, die sich weder durch Ultrazentrifugierung noch durch Elektrophorese von dem Virus abtrennen lassen[2].

p_H-Stabilität. Das Virus ist gegen p_H-Änderungen recht resistent. Zwischen p_H 4 und 11 erfolgte innerhalb 24 Std. keine merkliche Abnahme des Infektionstiters. Die Infektiosität virushaltiger Eihäute oder Hühnerembryonen wird durch mehrwöchiges Einfrieren bei —15 bis —45° C nicht wesentlich verändert.

IX. Quaderförmige Viren der Warmblüter.

Die Viren dieser Gruppe lassen sich durch ihre charakteristische Gestalt von den bisher besprochenen Viren abgrenzen. Die elektronenmikroskopischen Dimensionen der quaderförmigen Virusarten sind in Tab. 36 angeführt, die auf Messungen von RUSKA und KAUSCHE[3] beruht.

Eine gewisse Übergangsstellung zwischen den kugel- und den quaderförmigen Viren nimmt das Virus der Varicellen ein.

Tabelle 36. *Elektronenmikroskopische Dimensionen der quaderformigen Virusarten.*

Virus	Lange Achse m		Kurze Achse m		Achsenverhaltnis	
	a	σ	b	σ	a/b	σ
Molluscum contagiosum	255	± 61,3	178	± 41,8	1,45	± 0,143
Ektromelie	232	± 24,6	172	± 9,6	1,34	± 0,024
Myxom	287	± 20,7	233	± 19,0	1,22	± 0,122
Kanarienpocken	311	± 26,1	263	± 22,7	1,14	± 0,108
Vaccine	262	± 28,2	209	± 23,9	1,25	± 0,124

1. Virus der Varicellen und des Zoster.

Als Varicellen (Windpocken) bezeichnet man eine milde Infektionskrankheit, die durch einen in Schüben auftretenden Bläschenausschlag an der Haut und an den Schleimhäuten gekennzeichnet ist und bei Kindern, mitunter aber auch bei Erwachsenen vorkommt. Herpes zoster (Gürtelrose) äußert sich ebenfalls in einem Bläschenausschlag, der

[1] CUNHA, R., M. L. WEIL, D. BEARD, A. R. TAYLOR, D. G. SHARP u. J. W. BEARD: J. of Immun. **55**, 69 (1947).
[2] SCHAFER, W., K. MUNK u. O. ARMBRUSTER: Z. Naturforsch. **7 b**, 29 (1952).
[3] RUSKA, H., u. G. A. KAUSCHE: Z. Bakter. **150**, 311 (1943).

gewöhnlich auf ein umschriebenes Hautgebiet, meist auf den Innervationsbereich bestimmter Ganglien derselben Körperseite beschränkt ist. Beide Krankheiten scheinen auf den Menschen beschränkt zu sein, sie sind auf Tierarten nur schwer übertragbar. Beim Affen werden nach testikulärer Übertragung Zelleinschlüsse beobachtet, jedoch entstehen keine typischen Bläschen auf der Haut. Die beiden Erkrankungen werden durch Viren hervorgerufen, die morphologisch nahe miteinander verwandt sind.

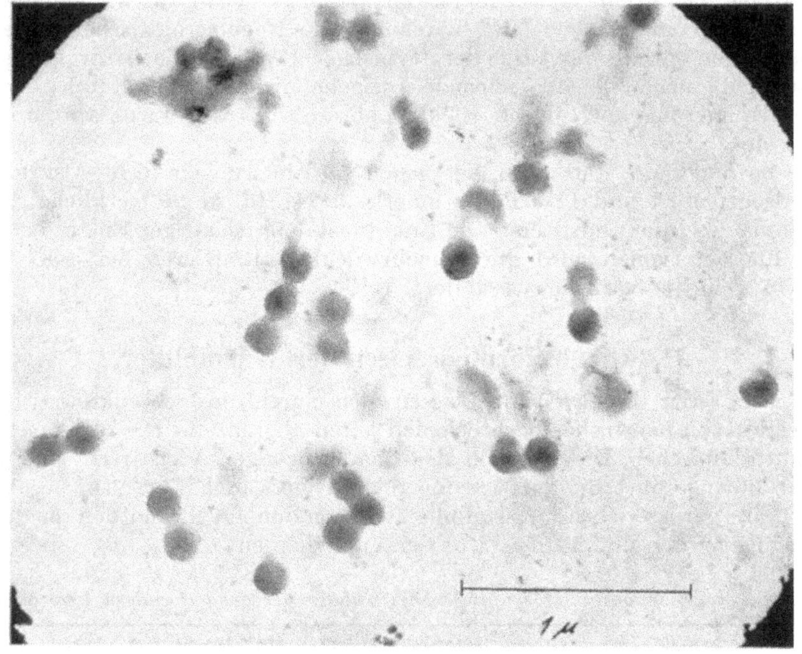

Abb. 62 Virus der Varicellen, Vergr. 28000 fach, nach H. RUSKA

Bei einer Windpockenepidemie treten häufig Zostererkrankungen auf, umgekehrt wird auch über das Vorkommen von Varicellen nach Zosterinfektionen berichtet. Die Seren von Rekonvaleszenten enthalten jeweils auch Antikörper gegen das andere Virus. Einige Autoren halten daher die beiden Viren für identisch. Wahrscheinlich handelt es sich jedoch um verschiedene Stamme derselben Virusart. Das Zostervirus scheint eine Immunität gegen Varicellen zu erzeugen, nicht jedoch umgekehrt das Varicellenvirus gegen Zoster. Demnach ist das Zostervirus das vollständigere Antigen.

Die beiden Viren sind von RUSKA[1] sowie von FARRANT und O'CONNOR[2], das Virus der Varicellen außerdem von NAGLER und RAKE[3] elektronenmikroskopisch untersucht worden (Abb. 62). RUSKA beschreibt die

[1] RUSKA, H.: Klin. Wschr. **(1943)**, 703.
[2] FARRANT, J. L., u. O'CONNOR: Nature (London) **163**, 260 (1949).
[3] NAGLER, F. P. O., u. G. RAKE: J. Bacter. **55**, 45 (1948).

beiden Viren, die morphologisch nicht zu unterscheiden sind, als unregelmäßige Polygone mit einem Durchmesser von 145 mμ. NAGLER und RAKE fanden nach Goldbedampfung eine Größe von 177 $\times$ 210 mμ. Sie sind der Ansicht, daß die Elementarkörper meist rechtwinklig sind und zu den quaderförmigen Viren gehören. Auf jeden Fall sind die Unterschiede zwischen langer und kurzer Achse wesentlich geringer als bei den eigentlichen quaderförmigen Viren (s. Tab. 36). Untersuchungen über die chemische Zusammensetzung des Varicellen- und des Herpeszoster-Virus sowie über das physikalisch-chemische Verhalten in gelöstem Zustand liegen nicht vor.

2. Vaccinevirus.

Das Vaccine-(Kuhpocken-)virus[1] ist eine Variante des Variolavirus (Menschenpocken). Nahe verwandt mit dem Vaccinevirus sind auch die Pockenerreger anderer Tiere, z. B. der Geflügelpocken und der Ektromelie der Maus. Das Vaccinevirus ruft beim Menschen keine allgemeine Pockenerkrankung, sondern nur lokalisierte Erscheinungen hervor, die aber zu einer festen Immunität führen. Hierauf beruht die von JENNER 1798 entwickelte Pockenschutzimpfung. Schwere Symptome nach der Infektion mit dem Impfvirus sind sehr selten. Sie können bei Kindern mit Hautkrankheiten oder Ekzemen auftreten, die infolgedessen von der Impfung ausgeschlossen sind. In sehr vereinzelten Fällen kommt auch eine postvaccinale Encephalitis vor, bei der es jedoch nicht sicher ist, wieweit sie auf eine direkte Wirkung des Virus zurückzuführen ist. Das Vaccinevirus kann auf die meisten Laboratoriumstiere übertragen werden. Für experimentelle Untersuchungen werden meist Kaninchen oder Hühnerembryonen benutzt. Es sind verschiedene Stämme des Vaccinevirus bekannt, die sich durch ihre Virulenz unterscheiden. Durch intracerebrale Passage bei Kaninchen kann der im allgemeinen dermotrope Stamm in einen neurotropen verwandelt werden. Auch die Adaption an andere Gewebe ist möglich. Histologisch und elektronenoptisch lassen sich in den erkrankten Geweben meist Ansammlungen kleiner Granula nachweisen, die als Elementarkörperchen bezeichnet werden. Sie wurden zuerst von PASCHEN durch eine geeignete Farbung sichtbar gemacht und als Erreger der Pocken erkannt. Bei der leichten Verwechslungsmöglichkeit mit anderen Granula wurde zuerst die Entdeckung von PASCHEN wenig beachtet und fand erst allgemeine Anerkennung, als die Elementarkorper in reiner Form dargestellt und ihre Spezifitat durch Agglutination mit Vaccine-Antiserum und durch ihre hohe Infektiositat nachgewiesen war.

Darstellung. Zur Darstellung der Virusteilchen eignen sich am besten die Methoden von CRAIGIE[2] sowie von PARKER und RIVERS[3]. Durch Zentrifugierung des Gewebeextrakts von infizierter Kaninchenhaut bei etwa 12000 Touren. Wiederaufnahme des Niederschlags in 0,004 m

[1] Zusammenfassung s. bei J. E. SMADEL u. C. L. HOAGLAND: Bacter. Rev. **6**, 79 (1942).

[2] CRAIGIE, J.: Brit. J. Exper. Path. **13**, 259 (1932).

[3] PARKER, R. F., u. T. M. RIVERS: J. of Exper. Med. **62**, 65 (1935).

Citrat-Phosphat-Puffer, p_H 7 und Entfernung unlöslicher Bestandteile durch gewöhnliche Zentrifugierung erhält man eine Lösung, die praktisch nur die Virusteilchen enthält. Aus einem Kaninchen gewinnt man etwa 1—2 mg Virusmaterial. Die minimale Infektionsdosis beträgt im Mittel 4 Virusteilchen, was einem Gewicht von $2,1 \cdot 10^{-14}$ g Virus entspricht[1]. Über die Beziehung zwischen Infektiosität und Dosis wurde bereits an anderer Stelle berichtet.

Größe und Gestalt. Auf elektronenmikroskopischen Aufnahmen sieht man beim Vaccinevirus in der Regel quaderförmige Gebilde. Nach den auf S. 243 angeführten Messungen hat das Virus einen Querschnitt von 262×209 mμ. Die Streuung der Werte für die Längen und die Breiten entspricht einer Gauß-Verteilung. Vergleichsweise wurden auch Staphylokokken ausgemessen. Hierbei zeigten sich infolge der vor der Zellteilung auftretenden Streckung Unterschiede in der Längen- und Breitenverteilung, die nicht der Gauß-Kurve folgen. RUSKA schloß hieraus, daß sich die Elementarkörper nicht wie die Bakterien durch Wachstum und anschließende Zweiteilung vermehren. Die Dicke der Teilchen läßt sich aus Bedampfungsaufnahmen zu etwa 57 mμ abschätzen. Nach Gefriertrocknung erhalten DAWSON und MCFARLANE[2] eine Dicke von etwa 110 mμ. Es ist anzunehmen, daß die Teilchen beim Eintrocknen auf die Folie schrumpfen, so daß der höhere Wert wahrscheinlicher ist. Das Virus läßt im Elektronenmikroskop eine deutliche Innenstruktur erkennen. Es zeigt häufig mehrere zentrale Verdickungen, die etwa wie die 5 Punkte eines Spielwürfels angeordnet sind. Auch auf den Bedampfungsaufnahmen kommt die zentrale Erhebung deutlich zum Vorschein (Abb. 63). In der Ultrazentrifuge sedimentieren die Teilchen mit einer diffusen Bande, für die sich eine Sedimentationskonstante von 4910 S ergibt[3]. Das spezifische Volumen beträgt $V_0 = 0,793$. Legt man eine Hydratation von 50% zugrunde (vgl. weiter unten), so ergibt sich als Reibungsfaktor $f/f_0 = 1,2$. Aus diesem, der Sedimentationskonstante und dem spezifischen Volumen von 0,79 berechnet sich das Gewicht des nichthydratisierten Teilchens zu $3,2 \cdot 10^9$. Dieser Wert würde einem nichthydratisierten kugelförmigen Teilchen mit einem Durchmesser von 200 mμ entsprechen. Aus den elektronenoptischen Daten ergeben sich, je nachdem welche Dicke man annimmt, Werte zwischen 2,4 und $4,6 \cdot 10^9$. Die Übereinstimmung ist also befriedigend. Es wurde verschiedentlich versucht, die Dichte des hydratisierten Teilchens nach der auf S. 50 beschriebenen Schwebemethode in Rohrzuckerlösungen zu bestimmen. Hierbei zeigte es sich aber, daß die Dichte des Virus mit steigender Dichte der Lösung zunimmt. Es treten also Wechselwirkungen des Suspensionsmittels mit den Viruspartikeln auf. Die Sedimentationskonstante ist nur bei geringer Dichte des Lösungsmittels linear von dieser abhängig. Es wird angenommen, daß dieser Wert dem Verhalten der unveränderten Virusteilchen entspricht. Durch Extrapolation erhält

[1] SMADEL, J. E., T. M. RIVERS u. E. G. PICKELS: J. of Exper. Med. **70**, 379 (1939).

[2] DAWSON, L. M., u. A. S. MCFARLANE: Nature (London) **161**, **464** (1948).

[3] PICKELS, E. G., u. J. E. SMADEL: J. of Exper. Med. **68**, 583 (1938).

man für das hydratisierte Vaccinevirus eine Dichte $V_h = 0{,}86$ in salzfreiem Medium. Aus V_h und V_0 ergibt sich eine Hydratation von 0,5 g H_2O je 1 g Virus.

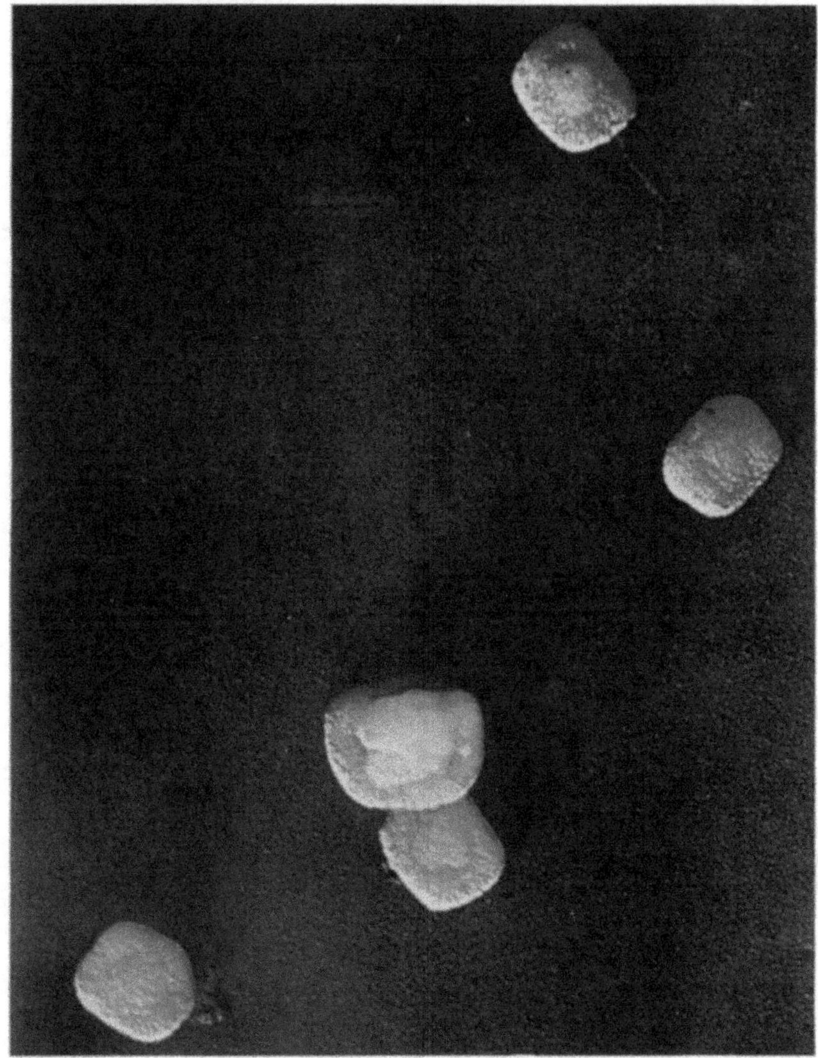

Abb 63. Vaccine-Virus durch Salzfallung gereinigt, Vergr. 60000fach, nach DAWSON und MC FARLANE

Außerdem zeigen die Autoren[1], daß die Dichte der Viruspartikel mit der Zeitdauer der Aufbewahrung in Rohrzuckerlösung variiert. Sie nimmt zuerst zu und dann wieder ab. Um genaue Werte zu erhalten, müssen

[1] SMADEL, J. E., E. G. PICKELS u. T. SHEDLOVSKY: J. of Exper. Med. **68**, 607 (1938).

die Versuche in einem Medium durchgeführt werden, in dem keine Wechselwirkung mit den Viruspartikeln beobachtet wird. Aus der Tatsache der Wechselwirkung wurde teilweise der Schluß gezogen, daß die Virusteilchen von einer semipermeablen Membran umgeben sind. Jedoch lassen sich die Befunde genau so gut durch eine Änderung der äußeren Hydrathülle oder des Quellungszustands erklären.

Chemische Zusammensetzung. Die chemische Zusammensetzung des Vaccinevirus ist sehr kompliziert. Die Elementaranalyse ergibt 33,7% C, 15,3% N, 0,57% P, 0,05% Cu[1, 2]. Das Virus enthält 5,7% Lipoide, die aus etwa 1,7% Cholesterin, 2,2% Phosphorlipoiden und 2,2% Neutralfett bestehen. Es ist nicht sicher, ob das Cholesterin ein wesentlicher Bestandteil des Virus ist, denn es kann durch Extraktion mit Äther entfernt werden, ohne daß die Infektiosität des Präparats leidet. Als Nucleinsäurebestandteil wurde 5,6% DNS festgestellt. Wahrscheinlich ist der gesamte Phosphor und Zucker in der DNS-Fraktion enthalten. Das Cu ist fest an das Virus gebunden und kann auf keine Weise von diesem abgetrennt werden, während künstliche Zusätze an Cu-Ionen leicht wieder entfernt werden können[3]. Die Emissionsspektralanalyse zeigt, daß das Virus außer Cu kein weiteres Metall enthält. Mittels chromatographischer Verfahren konnte unter Zerstörung der Elementarkörper ein im UV fluorescierender Bestandteil isoliert werden, der mit Hilfe des spezifischen Apoferments der d-Aminosäureoxydase als Flavin-Adenin-Dinucleotid identifiziert werden konnte[4]. Auch Biotin konnte nachgewiesen werden. MacFarlane und Salaman[5] konnten Phosphatase und Katalase, aber keine Dehydrogenase in dem Virus feststellen. Weiterhin ergaben sich keine Anzeichen für die Gegenwart von Zymohexase, Enolase, Glucosidase und Nucleosidase. Von anderer Seite[6] wurde die Abwesenheit von Dehydrogenase bestätigt, aber ebenfalls Phosphatase, Katalase, Lipase nachgewiesen. Gleichzeitig wurde aber gezeigt, daß die Virusteilchen große Mengen an Phosphatase, Katalase und Lipase adsorbieren können, so daß diese Enzyme nicht als sicherer Bestandteil des Virus angesehen werden können, sondern wahrscheinlich Verunreinigungen darstellen. Sorgfältige spektroskopische Untersuchungen zeigten in den Virusteilchen weder Cytochrom noch Cytochromoxydase[4].

Die Elementarkörperchen enthalten verschiedene, serologisch unterscheidbare Komponenten, die bei der alkalischen Extraktion des Virus in Lösung gehen. Das Virus besteht etwa zur Hälfte aus dem sog.

---

[1] Hoagland, C. L., G. I. Lavin, J. E. Smadel u. T. M. Rivers: J. of Exper. Med. **72**, 139 (1940).

[2] Hoagland, C. L., J. E. Smadel u. T. M. Rivers: J. of Exper. Med. **71**, 737 (1940).

[3] Hoagland, C. L., S. M. Ward, J. E. Smadel u. T. M. Rivers: J. of Exper. Med. **74**, 69 (1941).

[4] Hoagland, C. L., S. M. Ward, J. E. Smadel u. T. M. Rivers: J. of Exper. Med. **74**, 133 (1941).

[5] MacFarlane, M. G., u. M. H. Salaman: Brit. J. Exper. Path. **19**, 184 (1938).

[6] Hoagland, C. L., S. M. Ward, J. E. Smadel u. T. M. Rivers: J. of Exper. Med. **76**, 163 (1942).

NP-Antigen, einem Nucleoproteid, das 6% DNS enthält[1]. Es ist unlöslich zwischen p_H 4,5 und 7,5, löst sich aber zwischen p_H 8 und 8,5. Antikörper gegen das NP-Antigen treten in den Seren verschiedener Tierarten auf, wenn diese mit aktivem Vaccinevirus hyperimmunisiert

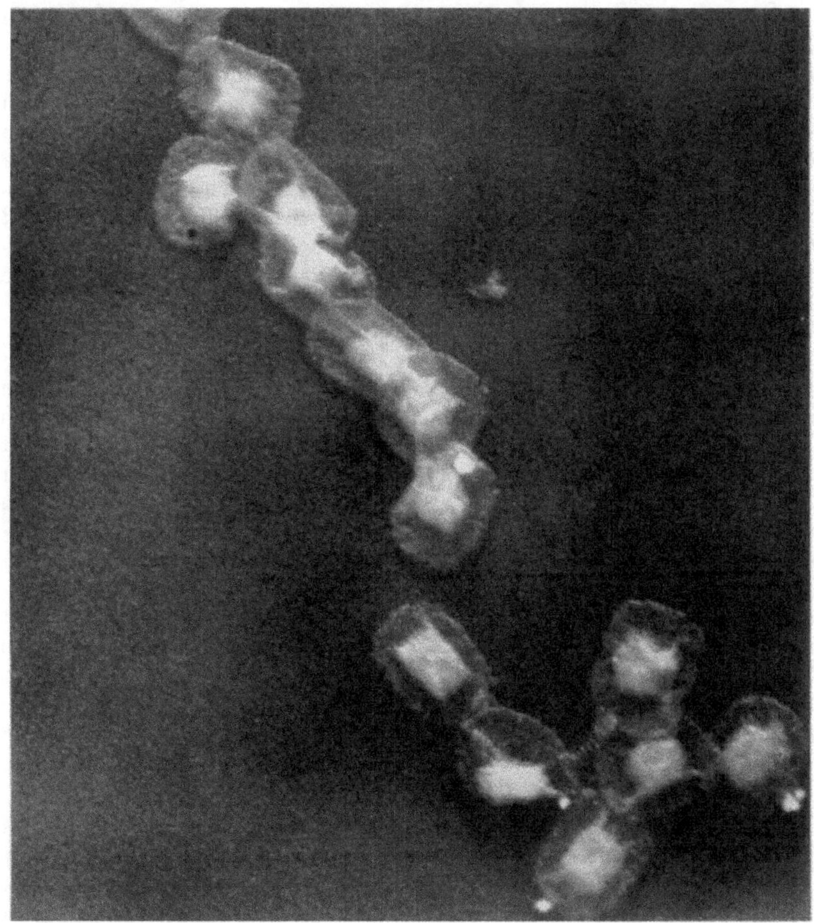

Abb. 64 Vaccine-Virus mit Pepsin verdaut, Vergr. 60000 fach, nach DAWSON und MCFARLANE.

werden. Sie haben jedoch nicht die Fahigkeit, die infektiöse Wirkung des Vaccinevirus zu neutralisieren.

Ein zweites Antigen, das LS-Antigen, tritt in freier Form in allen Tieren auf, die entweder mit Variola oder mit Vaccine infiziert wurden. Es ist also nicht stammspezifisch. Es findet sich auch gebunden an die Viruspartikel. Das LS-Antigen ist ein Glykoproteid mit einem

[1] SMADEL, J. E., T. M. RIVERS u. C. L. HOAGLAND: Arch. Path. **34**, 275 (1942).

Molgewicht von 240000[1]. Es enthält 16,5% N und aromatische Aminosäuren, wie Tyrosin, Tryptophan und Phenylalanin, wurden durch Absorptionsmessungen nachgewiesen. Als Kohlenhydrat wurde Glucosamin und Glucuronsäure aufgefunden. Das LS-Antigen enthält wieder zwei Komponenten, einen hitzelabilen L- und einen hitzestabilen S-Anteil. Während durch Erhitzen der L-Anteil zerstört wird, kann der S-Anteil durch Chymotrypsin abgebaut werden, wobei die Aktivität der L-Komponente erhalten bleibt[2]. Das LS-Antigen wirkt hämagglutinierend. Die hämagglutinierende Wirkung der Elementarkörper scheint nur auf ihrem Gehalt an LS-Antigen zu beruhen[3]. Wie bei anderen löslichen Antigenen bietet die Immunisierung mit LS-Antigen keinen Schutz gegen die Infektion mit aktivem Virus. Da weder die Antikörper gegen das NP- noch die gegen das LS-Antigen die Viruswirksamkeit aufheben, muß das Virus noch weitere Antigenwirkgruppen enthalten. Übereinstimmend mit den chemischen Befunden zeigt auch die serologische Untersuchung einen sehr komplizierten Bau der Elementarkörper.

Innere Struktur des Vaccinevirus. Schon die elektronenmikroskopischen Abbildungen zeigen, daß die Elementarkörper des Vaccinevirus inhomogen sind und aus dichteren und lockeren Strukturelementen bestehen. Die Strukturunterschiede konnten durch enzymatischen Abbau noch deutlicher gemacht werden[4, 5]. Durch Behandlung mit Pepsin gehen drei Viertel des Virus in Lösung und es bleibt ein zentraler Kern übrig, der von einer zarten Plasmamembran umgeben zu sein scheint. Er enthält die gesamte DNS des Virus. Auf den elektronenmikroskopischen Aufnahmen sind weitere Inhaltskörper nicht aufzufinden (Abb. 64). Die gelegentlich in den Ecken sichtbaren Verdickungen sind somit durch Pepsin hydrolysierbar und nicht von der gleichen Art wie der zentrale Kern. Wieweit die den Kern umgebenden Eiweißreste wirklich als Membran anzusehen sind, bleibt unsicher. Es gelang nicht, wie bei den Bakterien durch Behandlung mit Ultraschall eine Zellmembran abzutrennen.

3. Virus der Ektromelie der Maus.

Die Ektromelie ist eine bei Mäusen häufig vorkommende latente Viruskrankheit, die durch unspezifische Reize provoziert werden kann. Sie äußert sich in ödematösen Anschwellungen der Pfoten, der Schnauze und des Schwanzes. Nach Austritt der Ödemflüssigkeit trocknen die befallenen Extremitäten häufig ein und fallen ab. Die Letalität beträgt bis zu 70%. In den Epithelzellen der Haut lassen sich die Elementarkörper auch färberisch nachweisen. Das Ektromelievirus ist serologisch mit dem Vaccinevirus verwandt, dem es auch in seinen übrigen biologischen Eigenschaften sehr ähnlich ist. Das Virus kann daher als der

[1] Shedlovsky, T., u. J. E. Smadel: J. of Exper. Med. **75**, 165 (1942).
[2] Smadel, J. E., C. L. Hoagland u. T. Shedlovsky: J. of Exper. Med. **77**, 165 (1943).
[3] Brunet, F. M., u. W. C. Boake: J. of Immun. **53**, 1 (1946).
[4] Dawson, I. M., u. A. S. McFarlane: Nature (London) **161**, 464 (1948).
[5] Peter, D., u. Th. Nasemann: Z. Naturforsch. **8b**, 547 (1953).

murine Vertreter der Säugetierpocken angesehen werden und wird daher auch als Mäusepockenvirus bezeichnet[1].

4. Virus des Molluscum contagiosum.

Molluscum contagiosum ist eine im allgemeinen seltene, in einzelnen Gebieten jedoch gehäuft auftretende Krankheit des Menschen. Sie ist durch die Bildung zahlreicher Knoten in den epidermialen Schichten der Haut gekennzeichnet. Histologisch läßt sich eine Hypertrophie und Hyperplasie der betroffenen Zellen feststellen. Im Cytoplasma treten 20—30 μ große granuläre Gebilde auf, die sog. Molluscumkörper, die die Elementarkörper enthalten. Eine Übertragung der Krankheit auf Versuchstiere gelang bisher nicht.

5. Myxomvirus des Kaninchens.

Diese Krankheit wurde von SANARELLI in Montevideo zuerst beobachtet, kommt aber auch in Kalifornien vor. Das Myxomvirus findet praktisch Anwendung zur Bekämpfung der Kaninchenplage in Australien[2]. In Frankreich gelangten zwei infizierte Kaninchen in die freie Wildbahn. Hierdurch hat sich die Myxomatosis auch in Europa rasch ausgebreitet. Die kranken Tiere zeigen myxomatöse Anschwellungen der Haut, die stellenweise auch auf die Schleimhaut übergreifen. Es ist nicht sicher, ob diese Anschwellungen durch Neubildungen von Zellen hervorgerufen werden. Man beobachtet häufig hypertrophierte Zellen. Die Krankheit verläuft fast regelmäßig tödlich. Das Virus findet sich hauptsächlich in den Hautknoten und kann durch Extraktion der Haut und Zentrifugation angereichert werden[3]. Die Konzentrate sind hochwirksam.

Mit dem Virus des Kaninchenmyxoms ist nahe verwandt das Virus des *Kaninchenfibroms*[4], das von SHOPE aufgefunden wurde[5]. Dieses Virus erzeugt im subcutanen Bindegewebe des Kaninchens fibromatöse Wucherungen. Auch hier handelt es sich wohl nicht um einen echten Tumor, sondern um eine Entzündungsreaktion des Gewebes. Das histologische Bild erinnert an das von Molluscum contagiosum. Das Virus kann auch auf Cottontail-Kaninchen übertragen werden. Die Verwandtschaft mit dem Myxomvirus wurde durch Kreuzimmunisierungsversuche bewiesen. Tiere, die mit Fibromvirus infiziert wurden, sind meist immun gegen Myxomvirus. Umgekehrt schützt auch Behandlung mit Myxomvirus, das durch Passagen über den Hühnerembryo abgeschwächt wurde, gegen die nachfolgende Infektion mit Fibromvirus. In vitro neutralisieren Antikörper gegen das Myxomvirus auch das Fibromvirus während umgekehrt mit Antifibromserum nur das homologe Virus neutralisiert wird.

[1] Zusammenfassung s. bei F. FENNER: J. of Immun. **63**, 341 (1949).

[2] RATCLIFFE, F. N., K. MYERS, B. V. FENNESSEY u. J. H. CALABY: Nature (London) **170**, 7 (1952).

[3] SCHRAMM, G.: Naturwiss. **27**, 149 (1939).

[4] SHOPE, R. E.: J. of Exper. Med. **56**, 793 (1952).

[5] Übersicht s. bei F. FENNER: Nature (London) **171**, 562 (1953).

Eine sehr interessante Beobachtung machten RIVERS und WARD[1]. Ihnen gelang es, durch Verimpfung von Fibromvirus in Verbindung mit hitzeinaktiviertem Myxomvirus eine Umwandlung des Fibrom- in das Myxomvirus zu erzielen. Es handelt sich hier also um eine gerichtete Umwandlung, ähnlich der Typenumwandlung der Pneumokokken. Es ist dies der einzige bisher bekannte Fall einer gerichteten Mutation bei Viren. Ein näheres Studium dieses Vorgangs auf breiterer Basis wäre daher wunschenswert.

X. Viren der Psittakose-Lymphogranuloma-Gruppe.

Zu dieser Gruppe gehören die größten bisher bekannten Virusarten, sie besitzen eine bläschenförmige Gestalt und weisen morphologisch und biologisch manche Ähnlichkeit mit den niederen Mikroorganismen auf. Ihre Entwicklung in infizierten Organismen ist durch Antibotica, wie Aureomycin oder Terramycin, hemmbar. Allen Viren dieser Gruppe scheint ein hitzestabiles Antigen gemeinsam zu sein[2, 3]. Man zählt nach GÖNNERT[4] zu dieser Gruppe die Erreger der Psittakose, des Lymphogranuloma inguinale, des Trachoms und Paratrachoms, der Bronchopneumonie der Maus, der Ratte und der Katze, der Sinusitis der Puten sowie eine Reihe anderer tierischer Erkrankungen. Die Größe dieser Virusteilchen ist sehr uneinheitlich, sie kann zwischen 200 und 450 mμ schwanken; infolgedessen ist eine physikalisch-chemische Bestimmung der Teilchengröße wenig zweckmäßig. Auf elektronenmikroskopischen Aufnahmen erscheinen diese Viren als flüssigkeitsgefüllte Bläschen. Da sie den pleuropneumonieahnlichen Organismen (PPLO) in vielen vergleichbar sind, wurden sie von RUSKA[5] mit diesen zusammen in die Gruppe der Cysticeten eingeordnet.

a) Virus der Bronchopneumonie der Maus.

Die Bronchopneumonie ist eine latent bei vielen Mäusen vorkommende Krankheit, die durch unspezifische Reize provoziert werden kann. Sie wurde von GÖNNERT[6] näher charakterisiert. RUSKA[7] isolierte das Virus aus kranken Lungen und untersuchte es elektronenoptisch. Er fand kugelförmige Gebilde mit einem Durchmesser von 230—430 mμ. Einige Teilchen erscheinen wie aufgebrochene Membranen keimender Bakteriensporen. Mitunter finden sich auch kontrastarme Gebilde gleicher Größe, die als leere Membranen aufgefaßt werden. Wegen seiner Größe ist das Bronchopneumonievirus ein sehr günstiges Objekt für das Studium der Virusvermehrung. Allerdings bleibt die Frage offen, ob die

[1] RIVERS, T. M., u. S. M. WARD: J. of Exper. Med. **66**, 1 (1937).
[2] HILLEMAN, M. R.: J. Infect. Dis. **76**, 96 (1945).
[3] MONSUR, K. A., u. C. F. BARWELL: Brit. J. Exper. Path. **32**, 414 (1951).
[4] GONNERT, R.: Über Virusmorphologie und Virusvermehrung. Behringwerk-Mitteilungen H. 25 (1952).
[5] RUSKA, H., u. K. POPPE: Z. Naturforsch. **2 b**, 35 (1947).
[6] GONNERT, R.: Zbl. Bakter. I **147**, 161 (1941).
[7] RUSKA, H.: Klin. Wschr. **1944**, 121.

Untersuchungen an den großen bläschenförmigen Viren unmittelbare Rückschlüsse auf die Vermehrungsweise der kleinen einfach gebauten Viren gestatten. In Abb. 65 ist die Vermehrung des Bronchopneumonievirus der Maus nach GÖNNERT schematisch dargestellt. Als erstes sichtbares Stadium der Virusvermehrung erscheint in den Zellen etwa 4 Std. nach der Infektion ein wenige Mikron großes Gebilde, das als Initialkörper bezeichnet wird. Er besteht aus einer sog. Grundsubstanz.

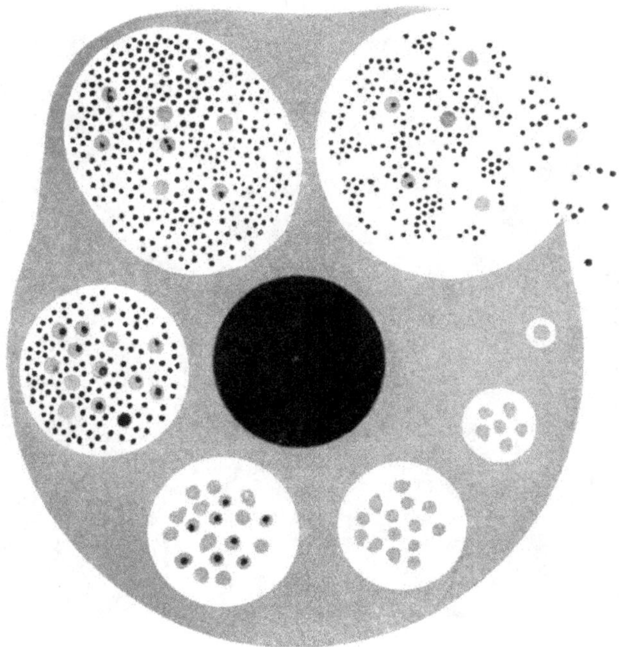

Abb. 65. Schema des Entwicklungscyclus des Bronchopneumonie-Virus, nach GÖNNERT.

Im Laufe der Vermehrung wächst der Initialkörper heran und zerfällt in homogene Grundsubstanzbrocken. Diese liegen in einem Einschluß, der gegen das Cytoplasma scharf abgesetzt ist. In diesen Schollen erscheinen dann zunächst wenige nach GIEMSA violett färbbare Elementarkörper. Da sie nach FEULGEN positiv reagieren, müssen sie relativ große Mengen an DNS enthalten. Die Elementarkörper werden zahlreicher, bis der heranwachsende Einschluß die Zelle sprengt, wobei Tausende von Elementarkörpern frei werden. Die Elementarkörper scheinen aus der Grundsubstanz zu entstehen. In den ersten Stadien nach der Infektion läßt sich kein aktives Virus nachweisen, erst nach dem Auftreten der ersten Elementarkörper verlaufen die Infektionsversuche positiv. Auch bei diesem Virus scheint sich der eingedrungene Elementarkörper nicht als solcher zu vermehren, sondern zunächst in eine andersartige Substanz, die sog. Grundsubstanz überzugehen.

b) Virus der Psittakose und andere.

Psittakose. Die Krankheit kommt vor allem bei Papageien, aber auch bei anderen Vögeln vor (Ornithose). Die Psittakose stellt eine schwere Erkrankung mit verhältnismäßig hoher Letalität dar. Andere Stämme des Psittakose-Virus rufen ein mildes Krankheitsbild hervor, das als atypische Pneumonie bezeichnet wird (s. S. 238). Epidemiologisch bemerkenswert ist, daß die Übertragung des Virus von Papageien auf den

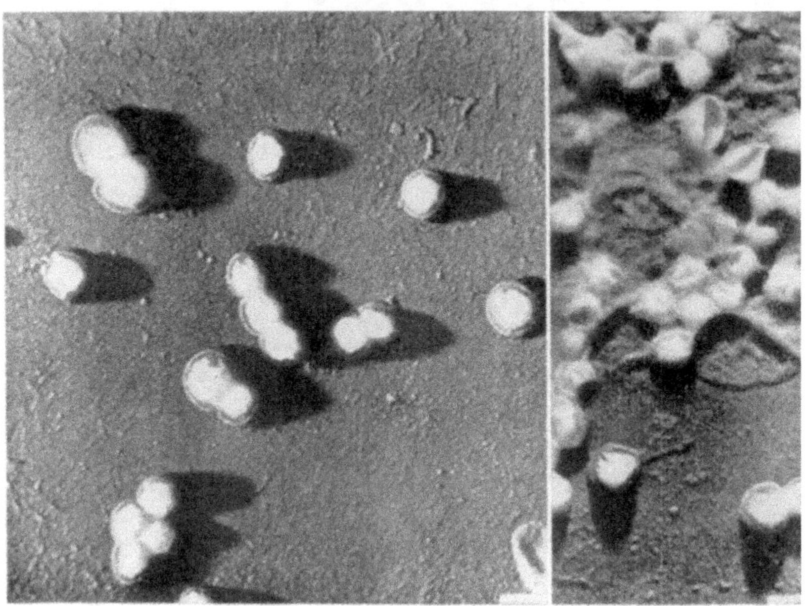

Abb. 66. Virus der Katzenpneumonie, Vergr 13000fach, nach HAMRE, RAKE und RAKE.

Menschen sehr leicht gelingt und auch eine erste Passage von Mensch zu Mensch häufig eintritt, dann aber die Infekt-Kette abreißt. Infolgedessen kommt es nicht zu größeren Epidemien. Nach elektronenmikroskopischen Aufnahmen ist das Psittakose-Virus morphologisch dem Bronchopneumonie-Virus sehr ähnlich und es gleicht diesem auch in der Art seiner Vermehrung[1]. Die Infektion bleibt jedoch häufig latent und erst die Übertragung auf den Menschen und die dort entstehende schwere Lungenentzündung verrät das Vorhandensein des Virus.

Lymphogranuloma inguinale (Lymphogranuloma venereum, klimatischer Bubo). Diese Krankheit der Menschen ist auf der ganzen Welt verbreitet, tritt aber bevorzugt in tropischen und subtropischen Gebieten auf. Die Übertragung erfolgt meist durch den Geschlechtsverkehr, das Virus kann aber auch durch die Augenschleimhaut in den Körper eindringen. Die Krankheit äußert sich im wesentlichen in einer Anschwellung

[1] BEDSON, S. P., u. O. W. BLAND: Brit. J. Exper. Path. **13**, 461 (1932); **15**, 243 (1934).

und Vereiterung der regionären Lymphdrüsen und kann zu einer Reihe sekundärer Störungen Anlaß geben. Das Virus läßt sich auf verschiedenen Tierarten und im Hühnerei züchten. Elektronenmikroskopisch zeigt das Virus einen Durchmesser von etwa 430 mμ und ist dem Psittakose-Virus ähnlich[1]. Zum klinischen Nachweis kann der Haut-Test nach FREI dienen. Dieser beruht auf einer Überempfindlichkeit der Infizierten gegen ein im Virus enthaltenes Antigen. Dieses kann aus dem Virus mit 0,02 m Salzsäure extrahiert werden[2].

Katzenpneumonie. Dieses Virus wurde vor allem von RAKE[3, 4] und Mitarb. optisch untersucht (Abb. 66) und mit dem Virus des Lymphogranuloms verglichen. Sie fanden hierbei Formen, die mit eingedrückten Gummibällen verglichen werden können. Der Durchmesser liegt etwa bei 500 mμ, die aus der Schattenlänge ermittelte Dicke beträgt 175—375 mμ. Die Autoren schließen auf das Vorhandensein einer Grenzmembran und einer gallertartigen Innensubstanz, die sich beim Trocknen von der Grenzmembran durch Schrumpfung ablöst. In kleinen Mengen wurden auch Initialkörper festgestellt, die einen Durchmesser von 700—900 mμ haben.

XI. Pleuropneumonie-ähnliche Organismen.

Die pleuropneumonie-ähnlichen Organismen (pleuropneumonia like organisms, PPLO) lassen sich auf künstlichen Nährböden züchten und unterscheiden sich dadurch von den Viren. Da sie aber morphologisch den Viren der Psittakosegruppe ähnlich sind und auch in ihrem Vermehrungsmechanismus eine gewisse Übereinstimmung besteht, sei hier kurz auf diese Organismen eingegangen. Es sind sowohl parasitäre als auch frei lebende Formen bekannt. Zu den ersteren gehören die Erreger folgender Krankheiten: Pleuropneumonie des Rindes, Agalaktie der Ziegen und Schafe, Polyarthritis der Ratte. Daneben wurden von SEIFFERT, LAIDLAW und ELFORD auch Organismen aus Abwässern isoliert, über deren Pathogenität nichts bekannt ist. Formen, die als L-Organismen bezeichnet werden, treten häufig in Bakterienkulturen auf, besonders, wenn diese unter Penicillineinfluß stehen. Sie wurden hauptsächlich von KLIENEBERGER untersucht[5].

Die morphologische Charakterisierung dieser Organismen ist schwierig, da sie je nach den Präparationsbedingungen sehr verschiedene Formen im Elektronenmikroskop zeigen. Bei den Erregern der Pleuropneumonie findet man neben zusammengefalteten Bläschen mit eingeschlossenen Körnchen oftmals auch nur membranartige Bruchstücke. In älteren Kulturen treten häufig auch fädige Strukturen auf.

---

[1] KUROTCHKIN, T. J., R. L. LIBBY, E. GAGNON u. H. R. COX: J. of Immun. **55**, 283 (1947).
[2] BARWELL, C. F.: Brit. J. Exper. Path. **33**, 268 (1952).
[3] RAKE, G., H. RAKE, D. HAMRE u. V. GROUPÉ: Proc. Soc. Exper. Biol. a. Med. **63**, 489 (1946).
[4] HAMRE, D., G. RAKE u. H. RAKE: J. of Exper. Med. **86**, 1 (1947).
[5] Zusammenfassung s. bei E. KLIENEBERGER-NOBEL: Filtrable forms of bacteria. Bacter. Rev. **15**, 77 (1951).

Von RUSKA und POPPE[1] wurde besonders der SEIFFERTsche Mikroorganismus näher untersucht und mit dem Erreger der Pleuropneumonie verglichen. Man findet runde, fast völlig homogene Scheibchen mit einem Durchmesser zwischen 400—700 mμ (Abb. 67). Die Dicke beträgt schätzungsweise 20—30 mμ. Ähnliche Beobachtungen wurden von SMITH, HILLIER und MUDD[2] bei zwei verschiedenen L-Organismen gemacht, die aus dem menschlichen Uterus isoliert wurden. Elektronenmikroskopische Untersuchungen über den Erreger der Polyarthritis der Ratte liegen von WEIS[3] vor.

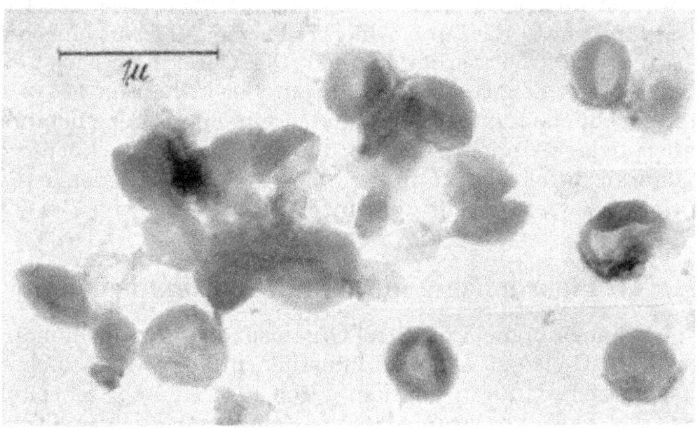

Abb 67. SEIFFERTscher Mikroorganismus, 2 Tage alte Kultur, nach H. RUSKA und POPPE

Die L-Organismen[4] werden heute als besondere Zustands- oder Entwicklungsformen der Bakterien aufgefaßt. Der Übergang eines Bacteriums in eine L-Form wurde von KLIENEBERGER[5] zuerst bei Streptobacillus moniliformis beobachtet. Später wurden L-Formen auch bei sehr vielen anderen Bakterien aufgefunden. Im allgemeinen ist die L-Phase nur von kurzer Dauer, unter geeigneten Bedingungen entstehen aus den L-Formen wieder die bacillären Formen. Es ist zu vermuten. daß die frei lebenden Mikroorganismen L-Formen darstellen, die stationär geworden sind. Die Bildung der L-Formen wird durch ungünstige Lebensbedingungen der Bakterien gefördert. In diesem Sinne wirkt Penicillin, das die bacillären, nicht aber die L-Formen schädigt. Auch durch Infektion mit Bakteriophagen kann die Bildung der L-Phase hervorgerufen werden[6]. Die L-Formen können sich als solche vermehren, ohne in die bacilläre Phase überzugehen. Die Vermehrung der L-Formen und der anderen PPLO erfolgt nicht durch Zweiteilung,

[1] RUSKA, H., u. R. POPPE: Z. Hyg. **127**, 201 (1947).
[2] SMITH, W. E., J. HILLIER u. S. MUDD: J. Bacter. **56**, 589 (1948).
[3] WEIS, L. J.: J. Bacter. **47**, 523 (1944).
[4] s. Anm. 5, S. 255.
[5] KLIENEBERGER, E.: J. Path. Bacter. **40**, 93 (1935).
[6] HAUDUROY, P.: C. r. Soc. Biol. (Paris) **91**, 1209, 1325 (1924).

sondern durch Zerfall in viele kleine Untereinheiten, die wieder zu größeren Teilchen heranwachsen[1]. Der Vermehrungsmechanismus der L-Organismen ähnelt also dem der großen Viren und nicht der Teilung einer Zelle. Nähere Untersuchungen wurden besonders von FREKSA und GERBER[2] durchgeführt.

XII. Morphologisch weniger gut untersuchte Viren.

Im folgenden Abschnitt wird auf einige wichtige menschliche und tierische Viruskrankheiten eingegangen, deren Erreger noch zu wenig untersucht sind, um eine Einordnung nach morphologischen Gesichtspunkten zu ermöglichen. Um die Übersicht zu erleichtern, werden diese Krankheiten nach ihren Symptomen in Gruppen zusammengefaßt, womit jedoch nichts über die Verwandtschaft der Erreger ausgesagt werden soll.

1. Tumorbildende Viren.

Neben dem bereits erwähnten Papillom des Baumwollschwanzkaninchens gibt es auch bei anderen Tierarten virusbedingte gutartige Geschwülste[3,4,5]. So werden z. B. die beim Menschen und bei Rindern auftretenden Warzen durch filtrierbare Erreger hervorgerufen. Auch bei Hauskaninchen wurde eine virusbedingte Warzenkrankheit aufgefunden[6]. Über die physikalisch-chemischen Eigenschaften dieser Viren liegen noch keine weiteren Angaben vor. Daneben gibt es aber auch Viren, die typische Krebsgeschwülste hervorrufen, die sich durch infiltrierendes Wachstum und Metastasenbildung auszeichnen. Das wichtigste dieser Viren ist das des Hühnersarkoms.

a) Virus des Rous-Sarkoms.

1910 gelang es ROUS, ein bei Hühnern spontan auftretendes Sarkom zellfrei auf andere Hühner zu übertragen. In der Folgezeit wurde dann noch eine Reihe anderer zellfrei übertragbarer Sarkome beim Huhn aufgefunden. Das Rous-Sarkom Nr. 1 ist aber wohl am häufigsten zu Untersuchungen über virusbedingte Tumoren benutzt worden, da die Übertragung besonders leicht gelingt. Histologisch ist es ein Spindelzellensarkom. Das gleiche gilt für das von FUJINAMI aufgefundene Hühnersarkom, das sich von dem Rous-Sarkom dadurch unterscheidet, daß es auch auf andere Vögel, z. B. Fasanen und Enten, übertragbar ist. Von MURRAY und BEGG wurde ein zellfrei übertragbares Endotheliom aufgefunden, das sich histologisch von den Zellen der Gefäßinnenwand ableitet. Bei diesem Sarkom gelingt die zellfreie Übertragung nicht regelmäßig, da das Virus nicht immer in filtrierbarer Form vorliegt.

[1] KLIENEBERGER, E., u. J. SMILES: J. of Hyg. **42**, 110 (1942).

[2] GERBER, G.: Dissertation Tübingen 1953.

[3—5] Zusammenfassende Darstellungen uber tumorbildende Viren.

[3] HAGEN, E., u. S. MAURER: Virustumoren. In Handbuch der Viruskrankheiten.

[4] GREENSTEIN, J. P.: Biochemistry of Cancer. New York: Acad. Press 1947.

[5] SHRIGLEY, E. W.: Virus induced tumors of animals. In Ann. Rev. Microbiol. **5**, 241 (1951).

[6] PARSONS, R. Y., u. Y. G. KIDD: J. of Exper. Med. **77**, 933 (1943).

In einer Serie von Tierpassagen kann die Filtrierbarkeit plötzlich verlorengehen und bei späteren Passagen wieder auftauchen. Man führt diese Schwankungen auf die Gegenwart eines Hemmstoffes zurück, ohne allerdings hierfür sichere Beweise zu haben.

Die Bearbeitung der Sarkomviren wird dadurch erschwert, daß die Virusaktivität sich nicht genau bestimmen läßt. Am besten geeignet ist wohl das von BRYAN[1] vorgeschlagene Verfahren, bei dem die Länge der Latenzzeit bis zum Auftreten des ersten Tumors als Maß für die Aktivität der untersuchten Lösungen benutzt wird. Die Latenzzeit liegt bei mittleren Dosen in der Größenordnung von 10 Tagen. Die Wirkung erfolgt also verglichen mit anderen cancerogenen Agentien sehr schnell. Man darf daher wohl annehmen, daß das Virus unmittelbar krebserzeugend wirkt und nicht nur als auslösendes Agens für eine latente Krebsbereitschaft.

Die serologischen Beziehungen zwischen den verschiedenen Virusstämmen wurden besonders von ANDREWES[2] geklärt. Das Antiserum gegen Fujinami-Sarkom neutralisiert auch das Virus des Rous-Sarkoms, des Endothelioms und anderer filtrierbarer Tumoren. Antiserum gegen Rous-Sarkom neutralisiert das Endotheliom und einige andere übertragbare Sarkome, nicht jedoch das Fujinami-Sarkom. Hieraus kann man schließen, daß alle diese Viren gemeinsame Antigene haben, wobei der Antigenbestand des Fujinami-Virus der vollständigste ist.

Antiserum gegen normales Gewebe vermag in Gegenwart von Komplement, nicht aber ohne dieses die tumorbildende Wirkung der Viren zu neutralisieren. GYE und PURDY[3] fanden, daß das Antiserum gegen normales Hühnergewebe nur gegen Viren aus Hühnertumoren eine neutralisierende Wirkung besitzt, nicht dagegen gegen solche aus Ententumoren. Umgekehrt war auch das Antiserum gegen Entengewebe nur gegen Viren aus Enten-, nicht aber gegen solche aus Hühnergewebe wirksam. Das Sarkomvirus scheint daher neben dem ihm eigentümlichen Antigen noch Antigene des Wirts gebunden zu halten, ähnlich wie es bei vielen anderen tierischen Virusarten beobachtet wurde. Serologisch läßt sich das Sarkomvirus auch in Geschwülsten nachweisen, die durch Teerpinselung entstanden sind. Derartige Sarkome sind nicht zellfrei übertragbar. Von ANDREWES[4] wurde ein solches durch Teer erzeugtes Sarkom auf einen Fasan transplantiert, worauf im Serum des Fasans Antikörper entstanden, die das Virus des Rous-Sarkoms neutralisieren. Die Versuche konnten von FOULDS bestätigt[5] werden. Der Extrakt eines mit Dibenzanthracen hervorgerufenen Sarkoms des Huhnes erzeugt im Kaninchen Antikörper, die das Virus des Rous-Sarkoms neutralisieren. Hieraus könnte geschlossen werden, daß die nicht zellfrei übertragbaren Teertumoren ebenfalls durch ein Virus erzeugt werden. Es ist aber kaum anzunehmen, daß die cancerogenen Agentien die Zelle zur

---

[1] BRYAN, W. R.: J. Nat. Cancer Inst. (Bethesda) **6**, 225 (1945).
[2] ANDREWES, C. H.: J. of Path. **34**, 91 (1931); **35**, 243 (1932).
[3] GYE, W. E., u. W. J. PURDY: Brit. J. Exper. Path. **14**, 250 (1933).
[4] ANDREWES, C. H.: J. of Path. **43**, 23 (1936).
[5] FOULDS, L.: Amer. J. Cancer **31**, 404 (1937).

Neubildung eines Tumorvirus anregen, wahrscheinlicher ist, daß sie das latent vorhandene Virus aktivieren.

Versuche zur chemischen Reindarstellung. LEDINGHAM und GYE[1] zeigten, daß das Agens des Rous-Sarkoms bei einer Drehzahl von 15000 Umdr./min ausgeschleudert und konzentriert werden kann. Es muß sich also um relativ große Teilchen handeln. Nach chemischen Untersuchungen von CLAUDE[2] besitzen diese Sedimente eine komplizierte Zusammensetzung und enthalten beträchtliche Mengen von Lipoiden und Nucleoproteiden. Nach Versuchen von KABAT und FÜRTH[3] erhält man gleichartige Sedimente auch aus verschiedenen normalen Geweben und den Organen verschiedener Tiere. Die serologische Untersuchung zeigt, daß das Präparat aus Hühnertumoren hauptsächlich aus normalen Gewebebestandteilen und nur zum geringsten Teil aus Virus besteht. Antiseren gegen Tumorgewebe enthalten dagegen auch neutralisierende Antikörper, die mit Antigen aus normalem Hühnergewebe nicht adsorbiert werden können. Über die chemische Natur des Tumorvirus kann also noch nichts ausgesagt werden. Das Agens ist relativ unbeständig. Selbst bei 0° bleibt das Virus nur 2—3 Tage wirksam. Durch Zusatz von HCN kann die Haltbarkeit erhöht werden[4].

Beziehungen des Rous-Sarkom zur Hühnerleukose. ELLERMANN und BANG[5] beschrieben als erste eine beim Huhn vorkommende Krankheit, die mit einer starken Vermehrung der weißen Blutkörperchen einhergeht und als Leukose bezeichnet wird. Eine spontane Übertragung von Huhn zu Huhn findet nicht statt. Die Leukose ähnelt sehr einer Geschwulstkrankheit. Es gibt Fälle, wo es nicht möglich ist, die Grenze zwischen einer leukämischen Infiltration und einem Lymphosarkom zu ziehen. Zwischen Leukose und Sarkom bestehen enge Beziehungen, da auch die Erreger der Leukose filtrierbar sind. Es gibt Virusstämme, die je nach der Art der Applikation eine Leukose oder ein Sarkom erzeugen, z. B. ein Sarkom bei intramuskulärer und eine Leukose bei intravenöser Injektion. Umgekehrt sind häufig leukämische Erscheinungen mit dem Rous-Sarkom verknüpft. Das Leukosevirus unterscheidet sich serologisch insofern von dem des Sarkoms, als es bisher nicht möglich war, eine aktive oder passive Immunisierung gegen Leukose zu erzielen. Über die Morphologie des Leukosevirus ist nichts bekannt.

b) Brustkrebsfaktor der Maus.

BITTNER[6] zeigte in zahlreichen Untersuchungen, daß in krebsanfälligen Mäusestämmen durch ein vermehrungsfähiges Agens, das in der Milch und in Organextrakten vorkommt, Brustdrüsenkrebs ausgelöst werden kann. Schon 0,1 cm³ der auf 1:1000 verdünnten Milch einer Maus aus einem Stamm mit hoher Tumorrate kann bei einem Jungtier

[1] LEDINGHAM, J. C. G., u. W. E. GYE: Lancet **1935**, 376.
[2] CLAUDE, A.: Science (Lancaster, Pa.) **87**, 467 (1938).
[3] KABAT, E. A., u. J. FURTH: J. of Exper. Med. **71**, 55 (1940).
[4] GYE, W. E., u. W. J. PURDY: Brit. J. Exper. Path. **11**, 282 (1930).
[5] ELLERMANN, V., u. O. BANG: Zbl. Bakter. I **46**, 595 (1908).
[6] BITTNER, J. J.: Cancer Res. **8**, 625 (1948); Amer. J. Med. **8**, 218 (1950).

in 8—12 Monaten einen Brustkrebs erzeugen. Da das in der Milch enthaltene Agens ultrafiltrierbar und vermehrungsfähig ist, muß es als Virus angesehen werden. Das Agens ist nicht unbedingt krebserzeugend, sondern es sind hierfür bestimmte genetische Voraussetzungen nötig. Es ist auch nicht in allen Mammacarcinomen nachweisbar, besonders fehlt es in solchen, die in wenig krebsanfälligen Mäusen vorkommen. Es ist daher nicht sicher, ob dieses Agens unmittelbar als Krebsursache gelten darf oder nur einen Zusatzfaktor darstellt, der die Krebsentstehung begünstigt. Auch beim Milchfaktor der Maus könnte es sich um ein bedingt krebsauslösendes Virus handeln. Hierfür würde auch die relativ lange Inkubationszeit sprechen, die mehrere Monate beträgt. Da das Virus auch peroral wirkt, muß es gegen Enzyme des Verdauungstrakts recht beständig sein. Es hat gute antigene Wirkung und wird durch entsprechende Antiseren neutralisiert.

Die Reindarstellung ist schwierig, da das Ausgangsmaterial nicht in genügenden Mengen zur Verfügung steht. Sie wurde in zwei verschiedenen Arbeitskreisen versucht. PASSEY und Mitarbeiter[1] erhalten aus Brustdrüsengewebe und aus der Milch krebsanfälliger Mäuse Teilchen mit einem Durchmesser von 20—30 mμ. Die Darstellung erfolgt durch Fettextraktion des getrockneten Gewebes mit Petroläther, Behandlung mit Trypsin und hochtouriges Zentrifugieren (1 Std. bei 13000 g). Durch die chemische Behandlung werden die Teilchen nicht geschädigt, denn in wäßrigen Extrakten frischer, nicht behandelter Gewebe finden sich ebenfalls Teilchen der gleichen Größe. Auf den elektronenmikroskopischen Abbildungen sieht man zum Teil auch größere Gebilde, die als Aggregationsprodukte der kleineren Virusteilchen aufgefaßt werden können. Für die Identität der isolierten Partikel mit dem Virus spricht 1. daß gleichartige Partikel in Tumoren, die durch Methylcholanthren in krebsresistenten Mäusen erzeugt werden, nicht auftreten, 2. daß sie sich auch im gesunden Gewebe krebskranker Mäuse nicht finden, 3. daß die krebsauslösende Wirkung mit der Anreicherung der Partikel parallel geht. Von GRAFF[2] und Mitarbeitern wurde ebenfalls das krebsauslösende Virus aus der Milch krebsanfälliger Mäuse isoliert. Diese Autoren fanden aber einen größeren Durchmesser für das Virus, was von PASSEY auf Aggregation zurückgeführt wird.

c) Virus und Krebs.

Man könnte versucht sein, die krebsige Entartung eines Gewebes ganz allgemein auf die Wirkung eines virusähnlichen Agens zurückzuführen. Es wären zwei Möglichkeiten denkbar: 1. Alle krebsanfälligen Organismen enthalten latent geschwulstbildende Viren, die durch krebsauslösende Reize aktiviert werden können. 2. Die Krebsentstehung

[1] PASSEY, R. D., L. DMOCHOWSKI, W. T. ASTBURY u. R. REED: Nature (London) **160**, 565 (1947). — PASSEY, R. D., L. DMOCHOWSKI, W. T. ASTBURY, R. REED u. P. JOHNSON: Nature (London) **165**, 107 (1950).

[2] GRAFF, S., D. H. MOORE, W. M. STANLEY, H. T. RANDALL u. C. D. HAAGENSEN: Cancer **2**, 755 (1949).

könnte darauf beruhen, daß durch äußere Einflüsse selbstvermehrungsfähige Einheiten der Zelle soweit verändert werden, daß sie nicht mehr den Gesetzen des normalen Wachstums gehorchen.

Gegen eine Virusätiologie des Krebses spricht zunächst, daß Krebs nicht ansteckend ist und eine Übertragung durch zellfreie Extrakte im allgemeinen nicht gelingt. Es muß also die zusätzliche Annahme gemacht werden, daß derartige Viren äußerst hinfällig und außerhalb der Zelle nicht in aktiver Form beständig sind. Weiterhin ließ sich in den nicht virusbedingten Tumoren bisher serologisch kein neues Antigen nachweisen. Die Auffassung, daß die Entstehung eines Krebses allgemein auf der Aktivierung eines latenten Virus beruht, entbehrt also bisher jeder experimentellen Grundlage. Die Vielzahl der bekannten Tumoren würde zudem eine unwahrscheinlich hohe Anzahl verschiedener latenter Tumorviren voraussetzen.

Die zweite Möglichkeit ist durchaus in Betracht zu ziehen. Die Analyse der Krebsentstehung durch Azofarbstoffe macht es sehr wahrscheinlich, daß durch diese Farbstoffe vermehrungsfähige Einheiten der Zelle verändert werden (DRUCKREY)[1]. Inwieweit derartige abgewandelte Duplikanten bereits als Viren bezeichnet werden dürfen, muß der weiteren Forschung überlassen bleiben. Auffallend ist, daß bei diesen abgewandelten Einheiten serologisch kein neues Antigen nachweisbar ist, während die Viren stets zellfremde viruseigene Antigene enthalten.

2. Viren der Herpes simplex-Gruppe.

Von SABIN[2] wurde eine serologische Verwandtschaft zwischen dem Herpesvirus, dem Virus der Aujeszky-Krankheit und dem sog. B-Virus aufgefunden. Das Herpesvirus soll seinerseits wieder mit dem Virus der Keratoconjunctivitis verwandt sein. Eine Nachprüfung sowohl der serologischen als auch der Größenbestimmung ist notwendig. Die Zusammenfassung dieser Viren in einer Gruppe muß als vorläufig betrachtet werden.

a) Herpes simplex-Virus.

Herpesinfektionen sind beim Menschen sehr häufig. Das Virus erzeugt auf der Haut, den Schleimhäuten oder der Hornhaut des Auges Bläschen, die in Gruppen zusammenstehen. Bei Befall der Mundschleimhaut ergibt sich das Bild der Stomatitis. Das Virus kann auch Erkrankungen des Zentralnervensystems hervorrufen, die sich beim Kaninchen in einer schweren diffusen Encephalitis äußern. Das Virus kann leicht auf Versuchstiere übertragen werden. Am sichersten gelingt der Nachweis auf der Hornhaut des Kaninchens. Personen, die eine Herpesinfektion durchgemacht haben, bleiben meist dauernd Virusträger. Sie beherbergen das Virus in einem latenten Zustand. Durch unspezifische Reize, wie Fieber, Sonnenstrahlung oder seelische Erregung kommt die Krankheit wieder zum Ausbruch, indem sich epitheliale Hautbläschen zeigen. Menschen, die häufig Herpes simplex bekommen,

---

[1] DRUCKREY, H., u. K. KÜPFMULLER: Z. Naturforsch. **3b**, 254 (1948).

[2] SABIN, A. B.: Brit. J. Exper. Path. **15**, 248, 372 (1934).

haben im Serum einen hohen Antikörpergehalt. Die humoralen Antikörper können anscheinend die Ausbreitung des Herpesvirus von einer Epithelzelle zur anderen nicht verhindern[1]. Tierexperimente zeigen, daß Herpes-Antiserum, wenn es 12 Std. nach dem Eintritt des Virus gegeben wird, das lokale Angehen des Virus nicht verhindern kann, wohl aber die Ausbreitung durch den Blutstrom[2]. Auf diese Weise ist es zu verstehen, daß bei Patienten mit einem hohen Antikörpergehalt des Blutes lokale Herpesläsionen entstehen können. Untersuchungen über die Vermehrung des Herpesvirus wurden von ACKERMANN und KURZ[3] durchgeführt. Durch Fraktionierung konnten sie zeigen, daß ein erheblicher Teil des Virus eng an die Mitochondrien gebunden ist. Sie nehmen an, daß diese Organellen eine besondere Rolle bei der Entwicklung des Virus spielen.

Über die morphologischen Eigenschaften des Herpesvirus ist wenig bekannt. Nach Ultrafiltrationsversuchen von ELFORD[4] ergibt sich ein Durchmesser von 100—150 mμ. LEVADITI[5] und Mitarbeiter fanden etwas höhere Werte von 100—300 mμ. Aus der biologisch ermittelten Sinkgeschwindigkeit in der Ultrazentrifuge ergibt sich ein Durchmesser von 180—220 mμ[6]. In Schnitten von infizierter Chorioallantoismembran lassen sich elektronenoptisch gleichmäßige sphärische Partikel nachweisen, deren Durchmesser zwischen 120 und 125 mμ liegt. Es wird angenommen, daß es sich um die Virusteilchen selbst handelt[7]. In Lösung ist das Virus recht unbeständig. Unter Aktivitätsverlust läßt es sich in Glycerin sowie in Serum oder gelatinehaltigen Suspensionen aufbewahren. In $NaCl_1$-haltiger Lösung wird es rasch zerstört.

Das Herpesvirus wird von einem löslichen Antigen begleitet, das sich durch Komplementbindung nachweisen läßt und in immunen Tieren eine charakteristische Hautreaktion auslöst. Die Wirksamkeit im Hauttest bleibt auch nach dem Erhitzen erhalten, während die Fähigkeit zur Komplementbindung zerstört wird[8].

b) Virus der Keratoconjunctivitis.

Herpesinfektionen des Auges sind klinisch nicht unterscheidbar von solchen mit dem Virus der epidemischen Conjunctivitis. Für den Erreger dieser Krankheit wurde auch immunologisch eine Verwandtschaft mit dem Herpesvirus festgestellt[9]. Trotz der Ähnlichkeit im klinischen Bild und der serologischen Verwandtschaft sollen die Erreger nicht identisch

[1] GILDEMEISTER, E., u. J. AHLFELD: Zbl. Bakter. **139**, 325 (1937).
[2] EVANS, C. A., H. B. SLAVIN u. C. P. BERRY: J. of Exper. Med. **84**, 429 (1946).
[3] ACKERMANN, W. W., u. H. KURZ: J. of Exper. Med. **96**, 151 (1952).
[4] ELFORD, W. I., I. R. PERDAU u. W. SMITH: J. Path. **36**, 49 (1933).
[5] LEVADITI, C., M. PAIC u. D. KRASSNOFF: C. r. Soc. Biol. (Paris) **121**, 805 (1936).
[6] BECHHOLD, H., u. M. SCHLESINGER: Z. Hyg. **115**, 342 (1933).
[7] MORGAN, C., S. A. ELLISON, H. M. ROSE u. D. H. MOORE: Proc. Soc. Exper. Biol. a. Med. **82**, 454 (1953).
[8] BROWN, J. A.: Brit. J. Exper. Path. **34**, 290 (1953).
[9] MAUMENEE, A. E., H. S. HAYES u. T. L. HARTMAN: Amer. J. Ophthalm. **28**, 823 (1945).

sein. Nach Ultrafiltrationsexperimenten ergibt sich ein Durchmesser von 25—50 mμ, also wesentlich kleiner als beim Herpesvirus.

c) Virus der Aujeszky-Krankheit (Pseudowut).

Die Aujeszky-Krankheit kann bei verschiedenen Haustieren mit Ausnahme der Equiden und bei sehr vielen Wildtieren auftreten. Die Symptome können manchmal denen der Hundetollwut ähneln. Neben der Ratte sind vor allem die Schweine für die Verbreitung des Virus verantwortlich zu machen. Neben vorübergehenden allgemeinen Symptomen wird die Krankheit bei Wiederkäuern und Fleischfressern durch einen ausgesprochenen Juckreiz charakterisiert. Bei Hunden, Katzen und Zweihufern verläuft die Krankheit fast ausnahmslos tödlich. Eine Übertragung auf den Menschen ist bisher nicht beobachtet worden. Antikörper gegen das Virus der Aujeszky-Krankheit neutralisieren das Virus der Tollwut nicht und auch umgekehrt bestehen keine serologischen Beziehungen. Die neutralisierende Wirkung von Antiherpesserum gegen Aujeszky-Virus ist nur schwach und nicht regelmäßig nachweisbar, umgekehrt hat das Aujeszky-Antiserum keine Wirkung gegen Herpesvirus. Da sowohl das Aujeszky-Virus als auch das Herpesvirus deutlich mit dem sog. B-Virus verwandt sind, dürfte trotz der schwachen Kreuzreaktion die Verwandtschaft zwischen Aujeszky- und Herpesvirus gesichert sein.

d) B-Virus.

Sabin und Wright[1] isolierten aus dem Gehirn eines Mannes, der von einem Affen gebissen worden war und unter Lähmungserscheinungen starb, ein neuartiges Virus, das sie als Virus B bezeichnen. Es ist besonders für Kaninchen hochpathogen. Bei intracutaner Injektion erzeugt es zunächst einen entzündlichen Lokalinfekt, der einen Juckreiz verursacht. Anschließend kommt es zu einer schlaffen Lähmung mit meist tödlichem Ausgang. Zwischen dem Virus B und dem Aujeszky-Virus scheint eine deutliche Verwandtschaft zu bestehen. Nach Sabin neutralisiert Aujeszky-Antiserum das B-Virus zwar nicht vollständig, verzögert jedoch die Infektion. Umgekehrt bewirkt Anti-B-Serum eine Neutralisation bzw. Abschwächung der Aujeszky-Krankheit. Die immunologischen Beziehungen des B-Virus zum Herpesvirus wurden von Burnet[2] bestätigt. Nach Ultrafiltrationsexperimenten kommt ihm ein Durchmesser von 125 mμ zu.

e) Viren anderer Bläschenerkrankungen.

Die auch als Pseudo-Maul- und Klauenseuche bezeichnete *Stomatitis papulosa* ist in Südafrika beim Rind aufgefunden worden. Sie scheint mit der von Ostertag und Bugge beschriebenen Krankheit in Deutschland identisch zu sein[3]. Die Krankheit steht in keiner Beziehung zur Maul- und Klauenseuche, es handelt sich wahrscheinlich um ein größeres

[1] Sabin, A. B., u. A. M. Wright: J. of Exper. Med. **59**, 115 (1934).

[2] Burnet, F. M., D. Lush u. A. V. Jackson: Austral. J. Exper. Biol. **17**, 41 (1939).

[3] De Kock, du Toit u. Neitz: Rep. Vet. Sev. Onderstepoort 8, 129 (1937).

Virus. Die Erkrankung soll auch auf den Menschen übertragbar sein. Kreuzimmunisierungsversuche mit dem Virus der *Blauzungenkrankheit* (blue tongue) sprechen für eine verwandtschaftliche Beziehung. Diese Erkrankung kommt vor allem bei den Wollschafen der Merinorasse in Südafrika vor, wurden aber neuerdings auch in den USA festgestellt. Sie äußert sich in hämorrhagischen Entzündungen der Kopfschleimhäute, besonders der Zunge, woher auch der Name rührt. Die Mortalität beträgt bis zu 90%. Das Virus ist auf Hühnerembryonen züchtbar. Eigenartigerweise tritt aber keine Vermehrung des Virus ein, wenn die Temperatur bei 38° C gehalten wird. Optimale Bedingungen ergeben sich bei 33,5° C. Durch dauernde Passagen auf dem Hühnerei gelang es, einen Stamm soweit abzuschwächen, daß er für Schutzimpfungen brauchbar wurde, die nun in großem Ausmaße durchgeführt werden[1]. Nach POLSON[2] besitzt es eine Größe von 100—150 mμ. Klinisch ähnliche Bläschenerkrankungen kommen auch bei anderen Haustieren vor. Hingewiesen sei auf die Bläschenseuche des Pferdes, *Stomatitis vesicularis specifica*, die große Ähnlichkeit mit der Maul- und Klauenseuche besitzt, aber im Unterschied zu dieser vor allem bei Pferden und Maultieren vorkommt. Ätiologisch bestehen sicher keinerlei Beziehungen zur Maul- und Klauenseuche, da das Virus wesentlich größer ist und einen Durchmesser von 80—100 mμ besitzen soll. Es gelingt relativ leicht, das Virus auf das bebrütete Hühnerei zu übertragen. Ebenfalls durch ein Virus hervorgerufen wird der ansteckende Ausschlag der Geschlechtsteile *Exanthema pustulosa coitale*, der bei Pferden und Rindern auftritt. Über die Größe dieses Virus ist nichts bekannt.

3. Viren der exanthemischen Erkrankungen des Menschen.

Es sind eine Reihe von Viruskrankheiten des Menschen bekannt, deren gemeinsames Merkmal eine starke Rötung des Exanthems der Haut ist. Von diesen sind Masern und Röteln die bedeutungsvollsten. Beim Scharlach nimmt man als Haupterreger hämolytische Streptokokken an, doch scheint auch hier die Mitbeteiligung einer Viruskomponente nicht ausgeschlossen.

Masern. Auf die klinischen Erscheinungen braucht hier wohl nicht näher eingegangen zu werden. Die Virusnatur des Erregers wurde durch Filtrationsexperimente sichergestellt. Es fehlen jedoch genauere Angaben über seine Morphologie, da geeignete Versuchstiere nicht gefunden wurden. Auch der Affe zeigt keine ausgeprägten Krankheitssymptome. Die Übertragbarkeit auf Hühnerembryonen scheint jedoch gesichert zu sein. Das Passagevirus[3, 4] rief auf Kindern, die Masern nicht durchgemacht hatten, die typische komplikationslos verlaufende Erkrankung hervor. Allerdings ist die biologische Auswertung des Virus im Hühnerei erschwert, da die Veränderungen auf der Eihaut sehr gering sind.

---

[1] ALEXANDER, R. A., u. D. A. HAIG: Onderstepoort J. Vet. Res. **25**, 3 (1951).
[2] POLSON, A. G.: Onderstepoort J. Vet. Sci. **3**, 137 (1948).
[3] WENCKEBACH, G. K., u. H. KUNERT: Dtsch. med. Wschr. **1937**, 1006.
[4] RAKE, G., u. M. F. SHAFFER: Nature (London) **144**, 672 (1939); J. of Immun. **38**, 177 (1940).

Durch passive Schutzimpfung mit Rekonvaleszentenserum kann bei Kindern der Ausbruch der Krankheit mit Sicherheit verhütet werden, selbst wenn bereits 4 Tage seit der Infektion verlaufen sind. Später schützen auch sehr viel stärkere Dosen nicht vor einem Ausbruch der Krankheit[1]. In neuerer Zeit werden zum Zwecke der Therapie auch Konzentrate von γ-Globulinen aus menschlichem Serum benutzt[2]. Die aktive Immunisierung stößt auf große Schwierigkeiten, da die Gewinnung und Einstellung des Titers praktisch unmöglich ist.

Röteln (Rubella, Rubeola). Auch diese klinisch von den Masern und den übrigen exanthemischen Erkrankungen scharf unterscheidbare Infektion wird durch ein Virus erzeugt. Nasenspülflüssigkeit behält auch nach der Filtration durch Berkeland- oder Seitz-Filter ihre Wirksamkeit. Über die Größe des Virus ist nichts bekannt.

4. Hepatitisvirus.

Es gibt zwei verschiedene Formen virusbedingter Leberkrankheiten des Menschen. Die eine wird als epidemische oder *infektiöse Hepatitis*, (Virus A) die andere als *Serumhepatitis* oder homologe Serumhepatitis bezeichnet (Virus B). Die klinischen und pathologischen Symptome sind nicht zu unterscheiden. Sie bestehen in Fieber, Übelkeit und Gelbsucht, die aber bei leichteren Fällen auch fehlen kann. Pathologisch-anatomisch zeigen sich im Anfangsstadium der Krankheit Schwellungen und Veränderungen der Leberzellen und zahlreiche Mitosen. Im späteren ikterischen Stadium findet man häufig eine sehr starke Zerstörung des Leberparenchyms. Unterschiede zwischen Virus A und B bestehen lediglich in der Länge der Inkubationszeit, die bei A 15—40 Tage, bei B 60—100 Tage beträgt, und im Infektionsmodus, da Virus A oral, Virus B dagegen nur parenteral aufgenommen wird, z. B. bei Blutübertragungen oder durch den Gebrauch mangelhaft sterilisierter ärztlicher Geräte.

Trotz zahlreicher Versuche ist es nicht eindeutig gelungen, den Erreger auf Laboratoriumstiere zu übertragen. Für die Erforschung der Krankheit ist man daher auf Freiwilligenversuche angewiesen. Neuerdings scheint jedoch die Kultivierung des A-Virus der infektiösen Serum-Hepatitis auf dem bebrüteten Hühnerei gesichert zu sein, da die Rückübertragung des Passagevirus auf den Menschen positiv verlief[3,4,5]. Durch Filtrationsexperimente wurde die Virusnatur des Erregers sichergestellt, über seine Größe ist jedoch nichts bekannt. Die Hepatitis-Viren sind sehr beständig gegen die üblichen Desinfektionsmittel, wie Kresol, Phenol und Äther, und werden auch durch die übliche Chlorierung

---

[1] Zusammenfassung s. bei DEGKWITZ u. DE RUDDER: Masernprophylaxe und ihre Technik. Berlin: Julius Springer 1923.

[2] COHN, E. J., J. L. ONCLEY, L. E. STRONG, W. L. HUGHES u. S. H. ARMSTRONG: J. Clin. Invest. **23**, 417 (1944).

[3] HENLE, W., S. HARRIS, G. HENLE, T. N. HARRIS, M. E. DRAKE, F. MANGOLD u. J. STOKES: J. of Exper. Med. **92**, 271 (1950).

[4] DRAKE, M. E., A. W. KITTS, M. C. BLANCHARD, J. D. FARQUHAR, J. STOKES u. W. HENLE: J. of Exper. Med. **92**, 283 (1950).

[5] HENLE, W., M. E. DRAKE, G. HENLE u. J. STOKES: Arch. Virusforsch. **4**, 612 (1952).

des Trinkwassers nicht mit Sicherheit abgetötet. Durch Kochen in Wasser oder durch Behandlung mit überhitztem Wasserdampf werden sie in 10 min abgetötet. Bei Trockensterilisation wird eine Temperatur von 170—180° C für eine Stunde vorgeschrieben[1].

5. Viren einiger tierischer Allgemeinerkrankungen[2].

a) Virus der infektiösen Anämie der Pferde.

Die ansteckende Blutarmut der Pferde ist in den USA und Europa weit verbreitet. Die Diagnose ist schwierig, da die Symptome wenig ausgeprägt sind. Die Krankheit äußert sich in erhöhter Körpertemperatur und Blutveränderungen. Die Leistungsfähigkeit der Pferde ist stark herabgesetzt. Befallene Tiere bleiben meistens dauernd Virusausscheider. Bei der Verbreitung der Seuche sind wahrscheinlich Insekten beteiligt. Trotz ihrer großen wirtschaftlichen Bedeutung ist über die Ätiologie der Krankheit wenig bekannt, da bisher noch kein Versuchstier gefunden wurde, das eine eingehendere Bearbeitung gestattet. Das Agens ist ultrafiltrierbar und soll nach unbestätigten Ergebnissen einen Durchmesser von 18—50 mμ besitzen.

b) Virus der südafrikanischen Pferdesterbe (Pestis equi).

Die Seuche ist im wesentlichen auf Pferde des afrikanischen Kontinents beschränkt, sie endet fast immer tödlich. Beim akuten Verlauf kommt es zu Lungenveränderungen, es sind aber auch chronische Formen bekannt, bei denen Ödeme im Bereich des Kopfes und an den Gliedmaßen auftreten. Die chronische Form kann in die akute übergehen. Wahrscheinlich wird die Krankheit durch Insekten übertragen. Ihre Bekämpfung ist wirtschaftlich wichtig. Erfolgversprechende Immunisierungsverfahren konnten ausgearbeitet werden, wobei man von Stämmen ausgeht, die durch intracerebrale Mauspassagen abgeschwächt wurden. Die Anwendung der Impfstoffe ist allerdings dadurch erschwert, daß das Virus in mehreren immunologisch verschiedenen Stämmen vorkommt. Der Durchmesser des Virus wurde durch Ultrafiltrationsverfahren zu 40—60 mμ bestimmt. Die biologisch bestimmte Diffusionskonstante beträgt $0{,}87 \cdot 10^{-7}$, woraus sich ein Teilchengewicht von etwa $40 \cdot 10^6$ errechnet[3].

c) Virus der asiatischen Rinderpest (Pestis bovina).

Von Asien aus wurde diese Krankheit früher häufig nach Europa eingeschleppt, auch Afrika ist von dort aus verseucht worden. Die Symptome bestehen in Fieber und Mattigkeit, die sich bis zur Benommenheit steigern kann. Ferner sind charakteristisch Schleimhautveränderungen, die auf den ganzen Magen-Darm-Kanal übergreifen können. Meist

---

[1] World Health Organization. Expert Comittee on Hepatitis. Report Ser. 62.

[2] Vgl. hierzu K. Beller u. R. Bieling: Die Viruskrankheiten der Haus- und Laboratoriumstiere. Leipzig: J. Ambr. Barth 1950.

[3] Polson, A.: Onderstepoort J. Vet. Sci. **16**, 33 (1941); **22**, 41 (1947).

gehen die erkrankten Tiere schon nach wenigen Tagen unter einem Temperatursturz zugrunde. Die Letalität hängt jedoch stark von der Resistenz der Rinderrassen ab. Bei den bodenständigen asiatischen Rindern ist die Sterblichkeit gering, während sie bei Hochzuchttieren in vorher seuchenfreien Gebieten nahezu 100% beträgt. Nach neueren Versuchen läßt sich der Erreger der Rinderpest auf Kaninchen übertragen. Die Bekämpfung der Seuche erfolgt in Europa durch strenge veterinärpolizeiliche Bestimmungen, in stark verseuchten außereuropäischen Gebieten wird eine Schutzimpfung mit durch Formalin abgeschwächtem Virus durchgeführt[1]. Der Erreger wird durch verhältnismäßig weitporige Filter zurückgehalten, doch kann das Mißlingen der Filtrationsversuche auch durch eine Adsorption des Virus an die Blutzellen erklärt werden[2].

d) Virus der Schweinepest (Pestis suum, hog cholera).

Die Krankheit scheint ihren Ursprung in den USA zu haben. Sie ist dort weit verbreitet, während es im benachbarten Kanada gelang, durch rigorose Vernichtung der erkrankten Tiere die Seuche auszumerzen. Von den USA aus wurde die Krankheit nach England eingeschleppt und verbreitete sich dann weiter über den Kontinent. Heute herrscht sie jedoch im größeren Umfang nur noch im Osten und auf dem Balkan. Die Krankheit ist diagnostisch nicht immer leicht zu erkennen, da insbesondere beim chronischen Verlauf charakteristische Symptome fehlen und das Bild durch bakterielle Infektionen kompliziert wird. Der akute Verlauf ist durch Blutungen in allen Organen gekennzeichnet, auch Änderungen im Zentralnervensystem werden beobachtet. Bei einem Seuchengang ist anfangs die Sterblichkeit sehr hoch, sie nimmt aber infolge der eintretenden Immunität allmählich ab. In den USA wird die Bekämpfung entweder durch passive Schutzimpfung durchgeführt, die aber nur einen Schutz von etwa 14 Tagen gewährt[3], oder durch die länger wirkende Simultanimpfung, bei der aktives Virus zusammen mit Immunserum verabfolgt wird. Diese Art der Immunisierung bringt die Gefahr mit sich, daß Dauerausscheider entstehen, die die Seuche weiter verschleppen. Neuerdings wurden auch erfolgversprechende Versuche mit einer Vaccine durchgeführt, bei der das Virus mit Kristall- oder Gentianaviolett inaktiviert wird. Da empfängliche Laboratoriumstiere bisher nicht aufgefunden wurden, sind unsere Kenntnisse über das Virus sehr gering. Der Durchmesser wird auf 35 $m\mu$ geschätzt. Das Virus ist besonders eng an die roten Blutkörperchen gebunden.

In Ostafrika tritt eine Form der Schweinepest auf, die der in den USA heimischen sehr ähnlich ist, aber von einigen Autoren von dieser unterschieden wird. Untersuchungen über eine immunologische Beziehung der Stämme liegen nicht vor.

---

[1] MITCHELL, u. LE ROUX: Onderstepoort J. Vet. Sci. **21**, 7 (1946).
[2] SHOPE, R. E.: J. Amer. Vet. Med. Assoc. **110**, 216 (1947).
[3] ZELLER u. K. BELLER: Dtsch. tierärztl. Wschr. **1928**, 827.

e) Das Virus der Hundestaupe (Canine distemper).

Die Staupe ist eine Jugenderkrankung der Hunde und anderer Fleischfresser. Ein Zusammenhang mit der menschlichen Grippe und der Schweinepest wird vermutet, bedarf aber noch der Bestätigung. Die reine Viruserkrankung ist verhältnismäßig harmlos, sie wird aber meistens durch sekundäre Infektionen kompliziert, vor allem mit Bacterium bronchisepticem, das zu der Gruppe der Influenzabakterien gehört. Das Virus kann auf Frettchen übertragen werden. Auch die Kultivierung auf dem bebrüteten Hühnerei scheint nach vielen negativen Versuchen endgültig geglückt zu sein[1]. Die Schutzmaßnahme gegen die Hundestaupe besteht in einer Simultanimpfung[2] oder durch Impfung mit einem abgeschwächten lebenden Stamm[3]. Durch Sulfonamid kann die Sterblichkeit herabgesetzt werden, was bei der Beteiligung bakterieller Erreger verständlich ist. Über die Größe des Virus liegen nur grobe Schätzungen vor, sie soll etwa 100 mμ betragen[4]. Bei der Katze wird eine ähnliche Erkrankung beobachtet, deren Identität mit der Hundestaupe jedoch fraglich ist. Möglicherweise kommt als Erreger dieser Krankheit das Virus der Bronchopneumonie der Katze in Frage, das zur Gruppe der Psittakose gehört (S. 255).

Verzeichnis größerer Sammelwerke.

Advances in Virus Research Vol. 1, herausgegeben von K. M. Smith und M. A. Lauffer. New York: Academic Press 1953.

Bawden, C. F.: Plant viruses and virus diseases. Waltham, Mass. USA: Chronica Botanica Company 1950.

Beller, K., u. R. Bieling: Viruskrankheiten. II. Teil: Die Viruskrankheiten der Haus- und Laboratoriumstiere. Leipzig: J. Ambr. Barth 1950.

British Medical Bulletin **9** (1953): Viruses in Medicine.

Doerr, R., u. C. Hallauer: Handbuch der Virusforschung. Wien: Springer 1938, 1939, 1944 und 1950.

Gildemeister, E., E. Haage u. O. Waldmann: Handbuch der Viruskrankheiten. Jena: Fischer 1939.

Germer, W. D.: Viruserkrankungen des Menschen. Stuttgart: G. Thieme 1954

Holmes, F. O.: The filterable viruses. Baltimore: The Williams and Wilkins Company 1948.

Horsfall. F. L.: Diagnosis of viral and rickettsial infections. New York: Columbia University Press 1949.

6th International Congress of Microbiology Symp. Interaction of viruses and cells. Roma, Fondazione Emanuele Paterno, Oxford (England): Blackwell 1953.

Luria, S. E.: General Virology. New York: J. Wiley u. Sons, London: Chapman a. Hall 1953.

Pollard, E. C.: The Physics of Viruses. New York: Academic Press 1953.

Rivers, T. M.: Viral and rickettsial infections of man. Philadelphia, London, Montreal: Lippincott Company 1948.

van Rooyen, C. E., u. A. J. Rhodes: Virus diseases of man. Baltimore, Maryland: Comp. Williams a. Wilkins 1948.

Smith, K. M.: Recent Advances in the study of plant viruses. London: Churchill 1951.

Society for General Microbiology: The nature of virus multiplication Symposium. Oxford 1952. Cambridge: University Press 1953.

---

[1] Haig, P. A.: Onderstepoort J. Vet. Sci. **23**, 149 (1948).

[2] Little, J.: J. Amer. Vet. Med. Assoc. **85**, 576 (1934).

[3] Zusammenfassung: K. Ullrich, Mh. Vet.-med. **1949**, 89.

[4] Hoffmann, E.: Dtsch. tierärztl. Wschr. **1943**, 244.

Namenverzeichnis.

Sachverzeichnis.

GPSR Compliance
The European Union's (EU) General Product Safety Regulation (GPSR) is a set of rules that requires consumer products to be safe and our obligations to ensure this.

If you have any concerns about our products, you can contact us on

ProductSafety@springernature.com

In case Publisher is established outside the EU, the EU authorized representative is:

Springer Nature Customer Service Center GmbH
Europaplatz 3
69115 Heidelberg, Germany

www.ingramcontent.com/pod-product-compliance
Lightning Source LLC
LaVergne TN
LVHW050533160826
845677LV00011B/2015
* 9 7 8 3 6 4 2 8 6 2 1 9 9 *